C#与开源虚拟仪器技术

——编程技术，信号处理，数据采集和自动化测试

宋文波　邵天宇　编著

HITP 哈爾濱工業大學出版社
HARBIN INSTITUTE OF TECHNOLOGY PRESS

内 容 简 介

本书主要介绍了 C#语言和虚拟仪器技术在测试、测量行业中的实际应用，包括软件编程方法、数据采集应用和自动化测试等。全书共分为三部分：第一部分入门篇，介绍了 C#语言的基础知识，包括语言基础、面向对象的概念、基本和高级数据类型、窗体控件的用法及常用文件类型的读写操作；第二部分高级篇，介绍了进阶内容，包括使用 C#语言进行数学分析和信号处理、如何实现多线程和异步编程、C#和其他编程语言的混合编程及如何进行复杂的用户界面设计；第三部分工程篇，介绍了在实际测试开发中经常遇到的工程应用，包括串口、网络和 Modbus 通信，数据库连接和 Office 报表生成，数据采集和仪器控制，此外还介绍了在开发大型测控程序时可以参考的设计模式及如何发布应用程序。本书内容由浅入深，语言通俗易懂，几乎涵盖了虚拟仪器技术的各个方面，并且包含大量的代码实例，以求给读者更好的学习体验。

本书可作为高等院校仪器仪表、机械工程、电子信息、航空航天、自动控制、物理等相关专业的教材和教学参考书，也可以作为研究所和企业相关工程技术人员和测试工程师开发数据采集应用和自动化测试系统的技术手册。

图书在版编目(CIP)数据

C#与开源虚拟仪器技术：编程技术，信号处理，数据采集和自动化测试/宋文波，邵天宇编著.—哈尔滨：哈尔滨工业大学出版社，2021.1(2024.12 重印)

ISBN 978－7－5603－9161－8

Ⅰ.①C…　Ⅱ.①宋…　②邵…　Ⅲ.①C#语言－程序设计　Ⅳ.①TP312.8

中国版本图书馆 CIP 数据核字(2020)第 214993 号

策划编辑　王桂芝
责任编辑　周一瞳　惠　晗
封面设计　刘长友
出版发行　哈尔滨工业大学出版社
社　　址　哈尔滨市南岗区复华四道街 10 号　邮编 150006
传　　真　0451－86414749
网　　址　http://hitpress.hit.edu.cn
印　　刷　哈尔滨圣铂印刷有限公司
开　　本　787mm×1092mm　1/16　印张 25.5　字数 653 千字
版　　次　2021 年 1 月第 1 版　2024 年 12 月第 3 次印刷
书　　号　ISBN 978－7－5603－9161－8
定　　价　69.00 元

序

虚拟仪器技术从诞生迄今已有近40年了。它伴随PC技术而生，随着National Instruments(NI)公司软件LabVIEW的开发而成长，已经成为测试测量的主流技术之一，在各行各业得到了广泛应用。

1994—1995年，我在NI公司的DSP组工作，负责国内的业务开拓。虚拟仪器技术的英文全名称是Virtual Instrumentation，我们在翻译这个词的时候着实费了一些神，当时没有广泛使用互联网，主要媒体还是杂志、书本。我们参考了当时虚拟内存(Virtual Memory)的翻译方法把“Virtual Instrumentation”翻译成了“虚拟仪器”，这个词被广泛使用至今，但很快我就意识到这个翻译是不准确的。Virtual Instrumentation在英文里是一个抽象的概念，它代表的是一种方法，而仪器在中文里代表的应该是一个具体的实物，我们把一个抽象的概念翻译成了一个具体的实物。实际上的虚拟仪器(VI)是LabVIEW里的一个图像软件面板和背后的程序，这些VI和硬件一起完成实现测试测量功能，组成了虚拟仪器技术(Virtual Instrumentation)。我曾经在很多场所试图阐述这一微小但是重要的区别，但是错误已经铸成，习惯已经养成，可能也只能将错就错了，故我也寄希望通过此书对此有一个交代。

除了虚拟仪器技术的名字之外，还有一些其它其他类似的名称，如合成仪器技术(Synthetic Instrumentation)、柔性测试、软件仪器技术等。“虚拟仪器技术”在众多的名称中保留下来，并促进了NI公司的快速发展。

虚拟仪器技术的关键是软件，这是它和大众传统台式仪器的最大区别所在。近40年来，软件技术日新月异，软件是知识产权的重要标杆之一，在各个领域都扮演着重要的角色。与LabVIEW相比，现代主流的软件开发环境和面向对象(Object Oriented)编程语言无论是在功能上、效率上、稳定性上和成本核算上都大大优于LabVIEW。

是金子总是会发光的，真正好的技术总是会脱颖而出的。上海简仪科技有限公司从2016年中开始推广基于开源平台开源社区的软件架构——锐视软件，其核心是微软的Visual Studio开发平台、C#编程语言和源于开源社区中的软件控件。我们把以锐视软件为主体，加上标准的使用方法、仪器驱动和硬件统称为锐视开源测控平台，这一技术也可以称为开源虚拟仪器技术。四年多来，锐视平台为众多的客户提供了优质的工具，得到了非常好的反馈，在国内已经成为可以对标LabVIEW的系统软件。

任何一个新技术在挑战成熟技术的路上都不会一帆风顺。同样，锐视软件的开发凝聚了上海简仪科技有限公司同仁的智慧和心血。宋文波和邵天宇是复旦大学和哈尔滨工业大学的硕士毕业生，加入上海简仪科技有限公司后，就积极地参与到锐视软件的开发工作中。这两位好友不仅在工作上勤奋努力、钻研技术，而且还充分地利用业余时间撰写本书。这本书是他们多年来工作心得的结晶，是他们不断挑战自我的成果。

写书难，写好书更难，写一本真正有用的书更是难上加难。本书以作者大量的实践为基础，内容通俗易懂，能够引导测控工程师通过 C#和相关工具来使用开源虚拟仪器技术。他们的实践证明我国测控行业还有更前进一步的可能，还有像他们一样热爱工程、脚踏实地、勤奋向上的有志青年。上海简仪科技有限公司希望这样的精神能促进我国测控技术的发展，这就是我们的希望和追求。

陈大庞

上海简仪科技总经理/前 NI 大中华区经理

2020 年 10 月

前　　言

关于 C#这个名称的来历有两种说法:一种说法是开发小组的人很不喜欢搜索引擎,因此把大部分搜索引擎无法识别的“#”字符作为该语言名字的一部分;另一种说法是在音乐中“#”是升调记号,微软借此表达希望 C#能够在 C 的基础上更上一层楼的美好愿望。

C#是目前三大主流的面向对象编程语言(C++、Java 和 C#)之一,也是最新的一种,其中必然借鉴了前两者的长处。微软将 C#描述为一种简单、现代、面向对象、类型安全、派生自 C 和 C++的编程语言。从语法上看,C#非常类似于 C++和 Java,许多关键字都相同,也使用块结构,并用花括号来标记代码块,各行语句通过分号来分隔。但是 C#学习起来要比 C++容易得多,与 Java 的难度相当。C#的设计比其他语言更适合现代开发工具,同时具有 VB 的易用性以及 C++的高性能、低级内存访问等。需要指出的是,C#不适合用于编写时间紧迫或性能要求极高的代码(如一个占用固定机器周期的循环,当在资源不需要使用时立即清理)。举例来讲,在测试测量应用中 C#不适合编写运行于实时操作系统中的代码,在这方面,C++可能仍然是所有语言中的佼佼者。

本书主要介绍了 C#语言和虚拟仪器技术在测试测量行业的实际应用,包括软件编程方法、数据采集应用和自动化测试等。全书共分为三部分:第一部分为入门篇,介绍了 C#语言的基础知识,包括语言基础,面向对象的概念,基本和高级数据类型,窗体控件的用法以及常用文件类型的读写操作等;第二部分为高级篇,介绍了进阶内容,包括使用 C#语言进行数学分析和信号处理,如何实现多线程和异步编程,C#和其他编程语言的混合编程,以及如何进行复杂的用户界面设计等;第三部分为工程篇,介绍了在实际测试开发中经常遇到的工程应用,包括串口、网络和 Modbus 通信,数据库连接和 Office 报表生成,数据采集和仪器控制,此外还介绍了在开发大型测控程序时可以参考的设计模式和如何发布应用程序等。

学习本书之前并不要求读者一定要有 C#基础,但是最好学过一门文本编程语言,比如 C 语言等。如果仅有图形化编程语言的经验也没有关系,编程语言之间的很多知识点都是相通的。阅读本书时,如果之前已经接触过 C#的基础语法,可以根据实际情况有选择性地阅读;如果之前没有任何 C#基础,建议从头开始阅读,这样有助于循序渐进地掌握 C#语言编程。建议读者在学习过程中,对于书中的实例代码,最好亲自多敲几遍,遇到问题的时候再去参考源码。

本书可作为高等院校仪器仪表、机械工程、电子信息、航空航天、自动控制、物理等相关专业的教材和教学参考书，也可以作为研究所和企业相关工程技术人员和测试工程师开发数据采集应用和自动化测试系统的技术手册。

本书由宋文波和邵天宇两位工程师合作撰写，两位作者均曾就职于 NI 公司，现在都在上海简仪科技有限公司负责技术销售和产品支持工作，并致力于 C#语言在测试测量行业的应用和推广。本书在写作过程中得到了上海聚星仪器有限公司两位资深研发工程师李远朝和王峰的大力支持，他们对书中的不少内容都提出了建设性的意见。此外，还要感谢上海简仪科技有限公司的景涛、李文林、唐策、周诗金等同事，他们都为本书的顺利完成提供了很多帮助。

因为本书的两位作者都是工程师，对写作并不擅长，书中难免出现一些疏漏及不足，恳请广大读者批评指正。如果读者在阅读过程中发现任何错误或者对内容有所疑问，可以直接和作者联系，作者邮箱为 opensource_donet@126.com。本书所有实例的源代码都可以在 http://www.jytek.com/press 中下载。

宋文波

2020 年 10 月

目　　录

入　门　篇

高 级 篇

入 门 篇

第1章　C#作为虚拟仪器平台的意义

虚拟仪器技术在过去的三十多年中取得了令人瞩目的成就。软件是虚拟仪器的核心，诸如合成仪器、柔性测试、软件仪器等各种各样的技术名词都描述了这一事实，其技术的发展又是与计算机硬件技术的发展紧密相连的。

PC机的诞生使得工程师能够用BASIC等语言编制一些软件，图形操作系统的诞生造就了LabVIEW这样有代表性的图形编程仪器软件。时代的脚步并没有停留在BASIC、C等面向过程的编程语言，面向对象的跨平台编程语言Java、C++、C#和Python等极大地提高了通用编程的效率，已经成为无可争议的主流编程软件。把这些语言引入到测试测量行业是必然的，这些新的软件技术加上开源社区已经把虚拟仪器技术提升到一个崭新的高度。

作为全书的第1章，本章将首先介绍虚拟仪器技术的发展历程，以及软件在虚拟仪器技术中的核心作用；然后介绍新一代虚拟仪器软件平台所使用的C#和.NET Framework技术，以及它们之间的关系；最后介绍C#平台上的虚拟仪器软件和工具。

1.1　虚拟仪器技术

虚拟仪器（Virtual Instruments）的概念源自于美国国家仪器公司（National Instruments Corporation，简称NI公司，成立于1976年）。1983年，NI公司创新地提出了虚拟仪器的概念，并将其贯穿到1986年发明的LabVIEW图形化编程语言中，最终形成了LabVIEW图形化虚拟仪器开发环境。

虚拟仪器和虚拟仪器技术的概念有如下不同。

（1）虚拟仪器。指虚拟仪器技术的具体应用实例。通俗地讲，“虚拟仪器”是“虚拟仪器技术”的产物或结果。

（2）虚拟仪器技术。指设计实现虚拟仪器的设计方法，包含高效的开发环境和硬件体系架构、软硬件之间的有效连接，是一整套复杂的现代技术集合。

PC在过去20年的迅速普及促成了测试、测量和自动化仪器技术的革命，推动了虚拟仪器技术概念的产生，为需要提高生产力、准确性和性能的工程师和科学家提供了许多好处。新的以软件为中心的虚拟仪器系统为用户提供了创新技术并大幅降低了生产成本。通过虚拟仪器技术，工程师和科学家们可以精确地构建满足其需求的测量和自动化系统，而不受传统固定功能仪器的限制。所有科学家和工程师都能够通过虚拟仪器技术来轻松地参与并主宰工业自动化测量和应用。简单来讲，采用虚拟仪器技术将降低科学家和工程师在工业自动化测量和应用方面的门槛。

下面介绍虚拟仪器技术在这几十年的发展路线。

虚拟仪器技术诞生于计算机辅助测试(CAT)开始实践的20世纪80年代,当时主流的方式是使用HP BASIC语言和GPIB仪器控制接口卡,通过个人计算机来控制台式仪器设备。测试工程师通过传统的文本编程实现从台式仪器中获得数据和结果显示。随着APPLE Ⅱ等带有开放插卡扩展的计算机的出现,有工程师开发出数据采集卡,软件方面则继续沿用HP BASIC编写相应的测试模块。

随着计算机图形处理能力的不断加强,NI公司提出了LabVIEW图形化的测试开发软件,提高了工程人员开发测试计算软件的效率和易用性。这个时代虚拟仪器技术几乎被NI公司一家垄断,LabVIEW几乎成了虚拟仪器的代名词,这期间是德科技(原Agilent电子测量部)的VEE同样是图形化测试开发软件,但并没有被广泛地应用。随着LabVIEW的不断发展,由NI公司最初定义的PXI模块化仪器也迅速发展,目前NI公司的LabVIEW在PXI模块仪器领域已经占领了超过一半的市场。

由于测试测量行业的发展相对封闭和缓慢,因此相比当今工程技术的迅速发展,有很多优秀的技术并没有得到足够的了解和重视,特别是在软件工程领域。现在的软件工程已经全面转向面向对象的编程思想,相比较而言,测控界的软件工具和编程方法还停留在面向过程阶段,LabVIEW就是面向过程软件的典型代表。面向过程能够快速解决小项目开发,但是对于中型和大型复杂的定制化测试项目,面向过程的图形编程的各种弊病就会显现出来,如可读性差、可维护性低、执行效率低和多线程实现难等。

相反,以C#为代表的面向对象语言的快速发展,可以完美解决以上问题,其智能文本编程的编译环境易学易用,同时所有的编程逻辑和结构都可以进行面向对象的设计,使得代码重用,团队项目协作变得轻松自如。Visual Studio是通用开发环境(IDE),其大量的应用并不在测试测量行业,一些测试测量行业专用的工具没有在此IDE中,这就导致了Visual Studio和C#工具没有成为测试仪器主流软件。尽管如此,很多用户都已发现了Visual Studio和C#的潜力,成功地开发了数不尽的测试测量应用。此外,在C#平台上也有越来越多的针对测试测量应用的软件工具,大大降低了测试工程师的开发难度,这部分内容将在1.4节中介绍。

1.2 虚拟仪器技术中的软件

一个虚拟仪器由一个工业标准的计算机或工作站组成,这些计算机或工作站配备有高性价比的硬件和强大的应用软件,如插件板和驱动程序软件,它们共同实现传统仪器的功能。虚拟仪器代表着从传统硬件为主的测量系统到以软件为中心的测量系统的根本性转变。以软件为主的测量系统充分利用了常用台式计算机和工作平台的计算、显示和互联网等诸多用于提高工作效率的强大功能。虽然PC机和集成电路技术在过去的20年里有巨大的发展和提高,但是软件才是在功能强大的硬件基础上创建虚拟仪器系统的真正关键所在。虚拟仪器的基本要素包括可自定义功能的仪器软件,以及和软件无缝结合的模块硬件和仪器。

软件是虚拟仪器最重要的组成部分,它在测试过程中集合了数据的采集与测量、测控过程中的控制决策和输出以及数据的处理、分析和管理等功能,是测试测量过程的重中之重。“软件就是仪器”,软件是虚拟仪器技术的灵魂所在。利用正确的软件工具,工程师和科学家可以通过设计和集成特定过程所需的例程来有效地创建自己的应用程序。他们可以创建一个最适合应用程序的用户界面及与之交互的用户界面,还可以自己定义应用程序如何以及何时从硬件设备中采集到数据,如何处理、分析并储存数据,以及如何显示结果。

软件所能提供的一个重要优势就是模块化。在处理一个大项目时,工程师和科学家通常会根据不同功能将其分成几个单元,分割之后的子任务更加容易处理,容易进行测试,也减少了会引起意外行为的依赖关系。用户可以设计不同的虚拟仪器来执行各个子任务,然后再将它们集成到一个完整的系统中执行大型任务。而能够如此简单地实现任务划分的根本原因在于软件的架构。

虚拟仪器软件的发展经历了文本语言编程(BASIC,VB.NET)到图形编程(LabVIEW,VEE)的发展历程。目前主流的测控软件采用 LabVIEW 这种图形编程的方法,虽然图形化编程支持复杂和通用的图形界面,并且在实时性以及分布式 IO 等方面具有优势,但其在进行大系统开发时易用性不足,维护起来也比较麻烦。同时,图形化编程不是开源软件,难以进行跨平台开发,这就导致使用图形化编程的测控软件不仅费用成本较高,且调试麻烦,效率低下。

从 LabVIEW 1.0 发布到现在的三十多年里,软件技术发生了翻天覆地的变化。面向对象(Object-Oriented Programming,OOP)的编程语言在 20 世纪 90 年代有了实质性的飞跃,有代表性的语言如 FoxPro 3.0、C++和 Delphi。1996 年,Java 的诞生对 OOP 的推广起到了极大的作用。1991 年发布的 Python、微软于 2000 年发布的跨平台 C#语言都是基于 OOP 技术的。这些 OOP 编程语言有以下共同的特点。

(1)都是现在的主流编程语言。2019 年 12 月由 TIOBE 公布的全球编程语言排行榜如图 1.1 所示。在前十名里,除 SQL 数据库语言和 C 语言外,其他都是 OOP 的。

(2)适合开发维护大规模的软件工程。

(3)稳定度高。OOP 技术是几代计算机专业领军人物潜心研究之作,又有成千上万的软件工程师和客户的参与,这些 OOP 语言的可靠性都非常高,这也是测控领域最关心的。

(4)跨平台。Java、Python、C#都是跨平台的,这对我国自主研发的麒麟操作系统来说是一个福音。跨平台对早期的编程语言如 LabVIEW 或 LabWindows/CVI 来说都是非常困难的。

OOP 程序语言看似简单,但实际上是几十年来计算机软件工程的重大成果。早期的编程语言如汇编 BASIC、FORTRAN、C 都是过程编程语言(Procedural Programming Language)。过程编程语言基本按照流程图的走向来完成编程,它比较直观,容易理解,但是在遇到比较大的工程时就遇到了很多障碍。

在 OOP 软件技术中,工程师把执行完成任务所需要的方法(Method)、属性(Property)

Dec 2019	Dec 2018	Change	Programming Language	Ratings	Change
1	1		Java	17.253%	+1.32%
2	2		C	16.086%	+1.80%
3	3		Python	10.308%	+1.93%
4	4		C++	6.196%	-1.37%
5	6	^	C#	4.801%	+1.35%
6	5	˅	Visual Basic .NET	4.743%	-2.38%
7	7		JavaScript	2.090%	-0.97%
8	8		PHP	2.048%	-0.39%
9	9		SQL	1.843%	-0.34%
10	14	^^	Swift	1.490%	+0.27%

图 1.1　2019 年 12 月由 TIOBE 公布的全球编程语言排行榜

与该任务放在一起，这样很容易知道这段程序的工作目的。简单来说，方法顾名思义就是完成任务的手段，属性是指用方法完成这些任务所需要的一些特性。

很多时候一个任务需要非常相似但是不同的方法来完成。在过去，我们需要对每一个方法起个单独的名字。但是在 OOP 技术下，同一个名字的方法可以有不同参数，这个技术称作重载(Overload)。有了重载技术，我们就可以更加关注用什么样的方法来完成任务了。OOP 技术把编制程序从简单的过程转变成了一个自上而下从完成任务角度出发的系统方法，这就是我们需要的顶层设计方法。一个设计良好的 OOP 系统非常便于使用，大大地减少维护工作，提高编程效率。

但是由于测控技术教育的滞后，因此 OOP 技术还没有被系统地引入到测控领域。另外，缺乏 OOP 语言在测控专业的生态圈支持也是 OOP 技术在测控领域里没有被广泛使用的一大原因。严格来说，LabVIEW 的 G 语言也包含 OOP 的技术成分，由于它和其他 OOP 技术的使用方式相差太大，因此这里没有把 LabVIEW 收录成为 OOP 语言。

除编程语言外，过去的 30 年里，软件开发环境也发生了巨大的变化。用户界面 GUI、错误处理、项目管理、软件工程管理等都有了惊人的发展，但是这些变化并没有被系统地融入通用测量技术中。特别在国内，测试工程师大多都还停留在 LabVIEW 或 LabWindows/CVI 平台。

近 30 年来，软件行业最大的变化是开源软件的兴起，开源软件运动是软件发展史上的一次革命。开源软件的实质是一场反垄断的理想主义运动，在开源软件的旗帜下聚集了成千上万有不同理想的软件工程师，他们在某一些点上共同发力，做出了任何一家商业公司都无法做出的伟大软件，众所熟知的有 Linux、Android、Java 和 Python，不太出名但是意义重大的有 RISC-V 指令集、ROS 机器人操作系统等。开源平台给国产软件带来了新的契机，如第一版国产麒麟操作系统就是基于伯克利大学开源软件 BSD 的 Unix 内核构建的。

1.3　C#和.NET Framework

1.3.1　什么是 C#?

C#(C Sharp)是微软开发的一种面向对象的编程语言,其语法与 C++类似,但在编程过程中要比 C++简单。C#语言是一种安全的、稳定的、简单的、面向对象的编程语言,它不仅去掉了 C++和 Java 语言中的一些复杂特性,还提供了可视化工具,能够高效地编写程序。C#语言具备了面向对象语言的特征,即封装、继承、多态,并且添加了事件和委托,增强了编程的灵活性。

C#语言具备以下四个特点。

1.简单、安全

在 C++和 C 语言中,程序员最头疼的问题就是指针问题,C#语言已经不再使用指针,而且不允许直接读取内存等不安全的操作,它比 C、C++、Java 提供了更多的数据类型,并且每个数据类型都是固定大小的。

2.面向对象

与其他面向对象语言一样,C#语言也具有面向对象语言的基本特征,即封装、继承、多态。

(1)封装。就是将代码看作一个整体,如使用类、方法等。在使用定义好的类、方法等对象时不必考虑其细节,只需要知道其对象名以及所需要的参数即可,这也是一种提升代码安全性的方法。

(2)继承。是一种体现代码重用性的特性,减少代码的冗余,C#仅支持单继承。

(3)多态。不仅体现了代码的重用性,也体现了代码的灵活性。它主要通过继承和实现接口的方式,让类或接口中的成员表现出不同的作用。

3.支持跨平台

最早的 C#语言仅能在 Windows 平台上开发并使用,目前版本已经能在多个操作系统上使用,如 Mac、Linux 等。此外,还能将其应用到手机、PDA 等设备上。

4.开发多种类型的程序

使用 C#语言不仅能开发在控制台下运行的应用程序,还能开发 Windows 窗体应用程序、网站、手机应用等多种应用程序,并且其提供的 Visual Studio 开发环境也支持多种类型的程序,让开发人员能快速地构建 C#应用程序。C#为开发应用程序提供了丰富的类库和图形控件,利用现有的控件就可以快速开发出界面美观的应用程序。

1.3.2 什么是.NET Framework?

.NET Framework 是一个多语言组件开发和执行环境,它提供了一个跨语言的统一编程环境。使用.NET Framework 可以快速开发、部署网站服务及应用程序,其特点如下。

(1)提供标准的面向对象开发环境,用户不仅可以在本地与对象交互,还可以通过 Web Service 和.NET Remoting 技术进行远程交互。

(2)提供优化的代码执行环境,具有良好的版本兼容性,并允许在同一台计算机上安装不同版本的.NET Framework。

(3)使用 JIT(Just In Time)技术,提高代码的运行速度。

.NET Framework 的体系结构如图 1.2 所示,下面从上而下详细介绍.NET Framework 体系结构中各部分的具体内容。

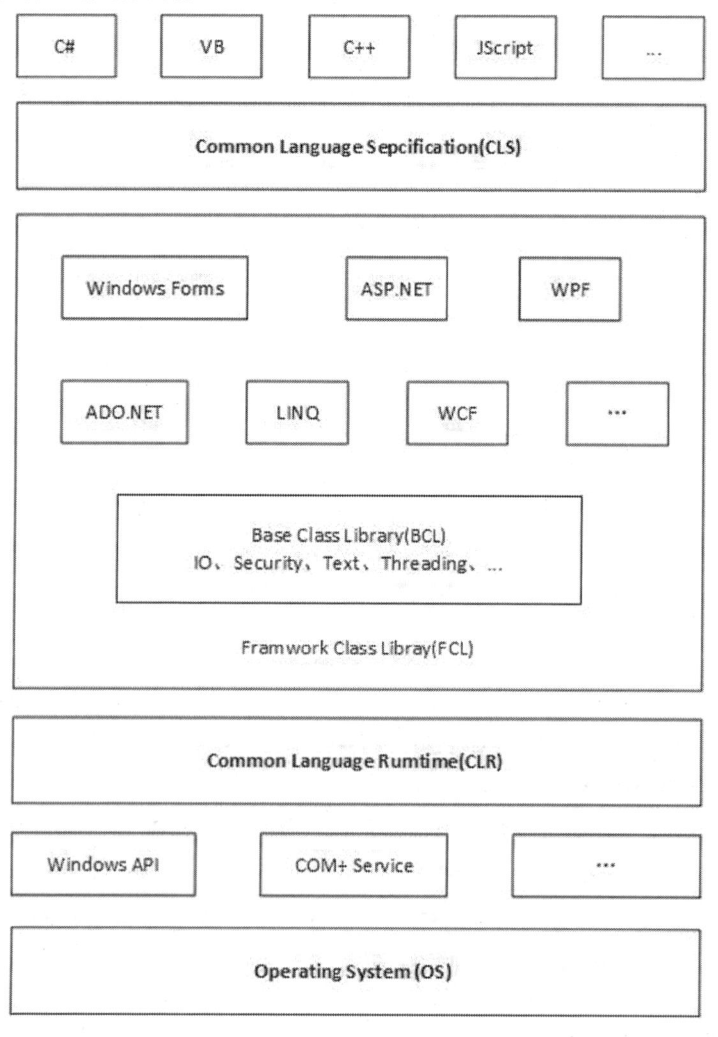

图 1.2 .NET Framework 的体系结构

1.编程语言

在.NET Framework 框架中支持的编程语言包括 C#、VB、C++、J#等,但目前使用最广泛的是 C#语言。由于.NET Framework 支持多种编程语言,因此.NET Framework 也配备了对应的编译器。

2.公共语言运行规范(Common Language Specification,CLS)

CLS 定义了一组规则,即可以通过不同的编程语言(C#、VB、J#等)来创建 Windows 应用程序、ASP.NET 网站程序以及所有在.NET Framework 中支持的程序。

3..NET Framework 类库(Framework Class Library,FCL)

在 FCL 中包括 Windows Forms(Windows 窗体程序)、ASP.NET(网站程序)、WPF(Windows 界面程序框架)、WCF(Windows 平台上的工作流程序)等程序所用到的类库文件。

4.公共语言运行时(Common Language Runtime,CLR)

CLR 是.NET Framework 的基础,用户可以将 CLR 看作一个在执行时管理代码的代码,它提供内存管理、线程管理和远程处理等核心服务,并且还强制实施严格类型安全及可提高安全性和可靠性的管理。以公共语言运行库为目标的代码称为托管代码,不以公共语言运行库为目标的代码称为非托管代码。

5.操作系统(Operating System,OS)。

.NET Framework 不仅支持在 Windows 上使用,还可以在 Linux 和 Mac 操作系统上使用。

1.4　C#平台上的虚拟仪器软件和工具

随着计算机技术高效、快速的数据处理功能越来越强大,基于微型计算机的虚拟仪器技术以其传统仪器所无法比拟的强大的数据采集、分析、处理、显示和存储功能得到了广泛应用,展现出强劲的生命力。与传统的仪器不同,虚拟仪器可以使用相同的硬件系统,通过不同的软件就可以实现各种功能完全不同的测量测试仪器。虚拟仪器技术最核心的思想就是利用计算机的软硬件资源,使本来需要硬件实现的技术软件化和虚拟化,以便最大限度地降低系统成本,增强系统的功能与灵活性。在虚拟仪器技术中,分析工具无疑是极为重要的。工程师们可以利用强大的 PC 技术,结合各种开发环境对海量数据进行实时或离线的分析和处理。

虽然面向对象的编程语言有着巨大的软件开发优势,但是因为多种原因,OOP 技术还没有被系统地引入到测控领域,其中很重要的一点就是 C#和.NET Framework 中并没有针对测试测量和数据采集应用而开发的现成可用的软件工具,如 GUI 控件、数学分析和信号处理算法。即使用户可以基于 C#原生的类库来做二次开发,但是对于科学家和工程师而言,他们不是专业的软件编程人员,这种方式不仅难度大,还会增加他们的开发时间。

因此，在本节中会介绍几个 C#平台上的虚拟仪器软件工具，它们可以提供数学分析、信号分析、图像分析、音频分析等常用的分析功能。

1.4.1 SeeSharpTools

锐视测控平台是由简仪科技自主开发的强大、易用、开源的测控系统开发平台。借助于 Microsoft®.NET 平台和 Microsoft® Visual Studio 开发环境的强大技术支撑，锐视测控平台已经成为业界第一个功能强大且完全开源的测控系统专业开发平台。锐视测控平台提供基于 Visual C#语言和 x86 架构的一系列软硬件解决方案，使得仅具有基本 C 语言基础的测控工程师也可以轻松快速地开发出功能强大、界面专业、易于维护和扩展的测控系统，从而大大提高测控系统的开发效率，实现软硬件之间的无缝连接。

SeeSharpTools 软件是简仪科技在锐视测控平台中提供的免费软件组件，包含一系列类库(Class Library)，提供方便易用的信号生成、分析和显示功能，帮助用户在 C#环境下快速搭建测试测量解决方案。SeeSharpTools 中包含了大量的算法工具，并且仍然在不断丰富和发展中。SeeSharpTools 中有些算法基于.NET 基类实现，有些高级算法则是基于 Intel 的 MKL 类库。MKL 是 Intel 提供的数学核心函数库，是一套高度优化、线程安全的数学例程与函数，面向高性能的工程、科学与财务应用。SeeSharpTools 软件组件中主要的类库名称以及对应的功能介绍如下。

(1)JY.ArrayUtility。提供常用数组运算和操作运算功能。

(2)JY.Audio。提供音频测试时常用的波形生成功能和指标算法。

(3)JY.DSP.Fundamental。提供常用波形生成和频谱计算功能。

(4)JY.GUI。提供测试测量常用控件及相关功能。

(5)JY.Database。提供数据库访问常用功能。

(6)JY.Localization。提供对 WinForms 程序实现本地化功能。

(7)JY.DSP.FilterMCR。提供基于 MATLAB 的滤波器计算相关功能。

(8)JY.Graph3D。提供 3D 图形功能。

(9)JY.File。提供常见文件的读写功能，如二进制、文本文件、CSV 等。

(10)JY.Report。提供 Office 报表生成功能。

(11)JY.TCP。提供通过网络 Socket 传输数据的功能。

JY.GUI 类库中包含的部分用户界面控件如图 1.3 所示。本书后续的章节中也会介绍上述提到的部分类库，并结合实例演示它们的用法。

SeeSharpTools 软件是免费开源的，除上述介绍的类库文件外，还提供了用户使用手册、范例程序和在线帮助。同时，软件的源代码也可以公开下载，用户可以根据需要进行修改。

1.4.2 MATLAB

目前，MATLAB 已经发展成为适合多学科的大型软件。在世界各大高校，MATLAB

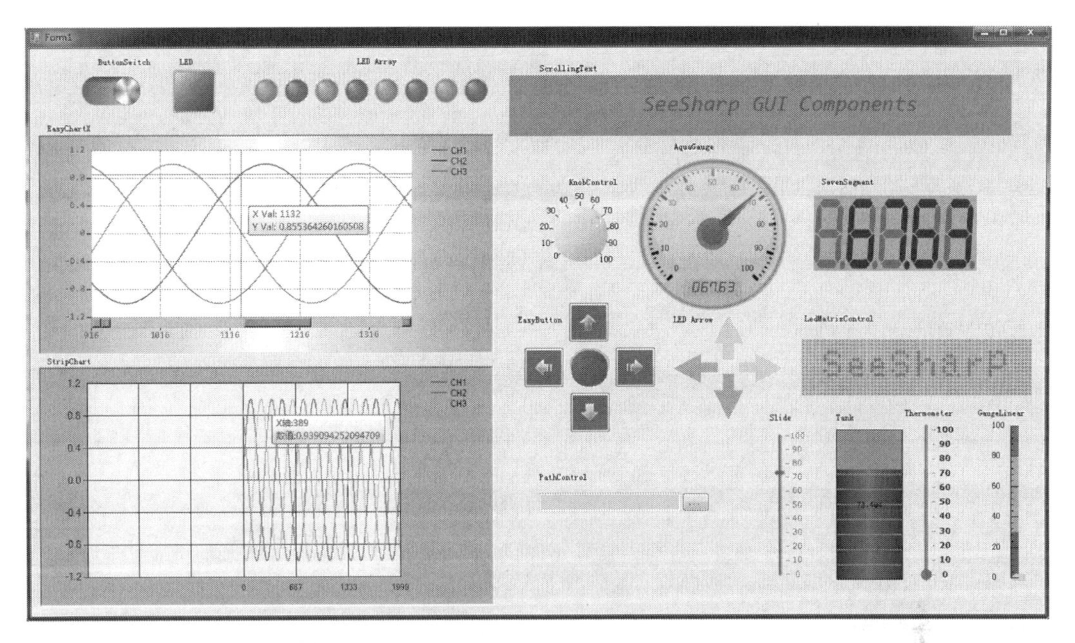

图 1.3　JY.GUI 类库中包含的部分用户界面控件

已经成为线性代数、数值分析、数理统计、优化方法、自动控制、数字信号处理、动态系统仿真等高级课程的基本教学工具。但对于虚拟仪器开发来说，MATLAB 还是有不足之处的。例如，界面开发能力较差，并且数据输入、网络通信、硬件控制等方面都比较烦琐。因此，很少有用 MATLAB 单独开发虚拟仪器的。通常都将其作为一种辅助工具，与其他语言结合起来，通过混合编程进行虚拟仪器的开发。

MATLAB 和 C#的混合编程，只需要简单的三个步骤，基本思路就是先用 MATLAB 编写包含算法的.m 文件，然后将 MATLAB 函数打包成 DLL 文件，最后在 C#中调用这个 DLL 就可以了。整个过程很简单，可移植性较好，并且目标机器不需要运行 MATLAB 环境，只需要安装一个免费的 MATLAB 运行时引擎(MCR)即可。

MATLAB 与 C#的混合编程，结合了 C#强大的界面开发、网络通信、硬件控制的优势以及 MATLAB 强大的信号处理和数学运算的优势，使其成为虚拟仪器技术实现的重要方法之一。

1.4.3　Measurement Studio

Measurement Studio 由 NI 公司开发，是 Microsoft Visual Studio 的扩展软件，提供了用于创建测试和测量应用程序的.NET 工具。Measurement Studio 包含了一系列专为开发工程应用而设计的.NET 工具。用户可以使用与硬件采集数据类型兼容的工程 UI 控件，清晰明了地展示数据。Measurement Studio 具有高级且直观的面向对象硬件类库，避免了硬件通信的复杂性。用户还可以对采集的信号进行实时在线分析，而无须编写自定义解析算法。Measurement Studio 中进行模拟温度采集和显示的范例如图 1.4 所示。

Measurement Studio 是一个收费软件，分为标准版、专业版和企业版这三个版本，可以访问 NI 官网查看关于此软件的更多信息。

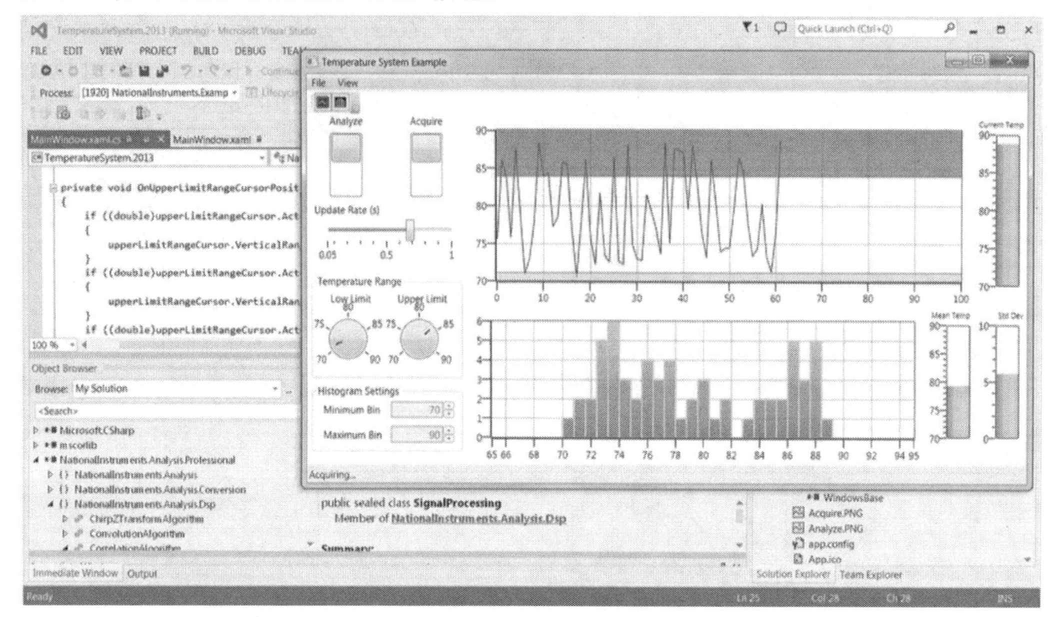

图 1.4　Measurement Studio 中进行模拟温度采集和显示的范例

1.4.4　其他第三方类库

除 SeeSharpTools 和 Measurement Studio 外,也有一些其他第三方类库提供了针对 C# 和.NET Framework 的开发工具,介绍如下。

1.Math.NET

工程技术人员不可避免地涉及数值计算程序的编制,目前也存在一些功能非常强大的数值计算库,如 IMSL 等,然而这些商用库通常都不便宜。Math.NET 是开源的数值计算库,完全免费。C#用于 Windows 桌面程序的开发,无论是速度还是语言易学性上,都有着无可比拟的优势。而 Math.NET 完全基于 C#编写,不会存在兼容性的问题。因此,对于只是开发小型非商业的数值计算程序的人来说,利用 C#与 Math.NET 的联合无疑是首要选择。

Math.NET 的初衷是开源建立一个稳定并持续维护的先进的基础数学工具箱,以满足.NET 开发者的日常需求。该组件也是跨平台的,可以广泛地支持 Windows、Linux、Android、IOS 等多种系统平台。Math.NET 项目中主要用到以下两个类库。

(1)Math.NET Numerics。核心功能是数值计算,主要提供日常科学工程计算相关的算法,包括一些特殊函数、线性代数、概率论、随机函数、微积分、插值、最优化等相关计算功能。它支持的主要特征如下。

①概率分布。离散型、连续型和多元。

②稀疏矩阵和向量的复杂线性代数解决方法。

③矩阵读写功能,支持 MATLAB 和一些分开的文件。

④复数计算。

⑤插值、线性回归、曲线拟合。

⑥数值积分、方程求解。

⑦Mono 平台，可选支持英特尔数学内核库（Microsoft Windows 和 Linux）。

（2）Math.NET Filtering。数字信号处理工具箱，提供了数字滤波器的基础功能，以及滤波器应用到数字信号处理和数据流转换的相关功能。

Math.NET 的官方网站是 https://www.mathdotnet.com，通过 NuGet 工具可以很方便地对类库进行下载。

2.Meta.Numerics

Meta.Numerics 是一个 Mono 兼容的.NET 开发包，用于科学数学计算编程。它包括矩阵代数（包括 SVD 和稀疏矩阵）、特殊功能的实数和复数（包括贝塞尔函数和复杂的误差函数）、统计和数据分析（包括 PCA、物流和非线性回归、统计测试和不均匀随机偏离），以及信号处理（包括任意长度的 FFT）。Meta.Numerics 完全基于面向对象的类库并且在执行速度上做了大量的优化，可以在 C#、Visual Basic、F#以及其他的.NET 环境中使用。项目的官方网站是 http://www.meta-numerics.net。

3.Accord.NET

Accord.NET 是一个专门为开发者和研究者基于 C#设计的框架，涵盖计算机视觉与人工智能、图像处理、神经网络、遗传算法、机器学习、模糊系统和机器人控制等领域。该框架架构合理、易于扩展，涉及多个前沿的技术模块，可以为相关开发人员或科研人员的工作提供极大的便利。Accord.NET 框架主要有以下三个主要功能模块。

（1）科学计算。

①Accord.Math。包括矩阵扩展程序、一组矩阵数值计算和分解的方法、一些约束和非约束问题的数值优化算法、一些特殊函数以及一些其他辅助工具。

②Accord.Statistics。包含概率分布、假设检验、线性和逻辑回归等统计模型和方法，隐马尔科夫模型、主成分分析、偏最小二乘判别分析等内核方法和许多其他相关的技术。

③Accord.MachineLearning。为机器学习应用程序提供支持向量机、朴素贝叶斯模型、高斯混合模型和通用算法（如交叉验证和网格搜索）等算法。

④Accord.Neuro。包括大量的神经网络学习算法，如 Levenberg-Marquardt、Nguyen-Widrow 初始化算法，以及深层的信念网络和许多其他神经网络相关的算法。

（2）信号与图像处理。

①Accord.Imaging。包含特征点探测器、图像过滤器、图像匹配和图像拼接方法，以及一些特征提取器。

②Accord.Audio。包含一些机器学习和统计应用程序需要的处理、转换过滤器以及处理音频信号的方法。

③Accord.Vision。实时人脸检测和跟踪，对人流图像中一般的检测、跟踪和转换方法，以及动态模板匹配追踪器。

(3)支持组件。

①Accord.Controls。包括科学计算应用程序常见的柱状图、散点图和表格数据浏览。

②Accord.Controls.Imaging。包括用来显示和处理图像的 WinForm 控件以及一个方便快速显示图像的对话框。

③Accord.Controls.Audio。显示波形和音频相关性信息的 WinForm 控件。

④Accord.Controls.Vision。包括跟踪头部、脸部和手部运动以及其他计算机视觉相关任务的 WinForm 控件。

Accord.NET 项目的官方网站是 http://accord-framework.net,在网站上可以找到类库源代码、使用范例及帮助说明文档。

第2章　C#小试牛刀

在介绍C#语言的基本特性之前，首先需要了解相关的背景知识，如开发环境的搭建和使用等。此外，在本章中将亲手创建一个简单的控制台程序和窗体应用程序，打开C#编程的大门。

2.1　Visual Studio介绍

用C#语言开发应用程序，首先需要了解它的编程开发环境，也就是Visual Studio。Microsoft Visual Studio(VS)是美国微软公司的开发工具包系列产品，也是目前最流行的Windows平台应用程序的集成开发环境。VS是一个基本完整的开发工具集，它包括了整个软件生命周期中所需要的大部分工具，如UML工具、代码管控工具、集成开发环境(IDE)等。VS所写的目标代码适用于微软支持的所有平台，包括Microsoft Windows、Windows Mobile、Windows CE、.NET Framework等。VS的最新版本为Visual Studio 2019，基于.NET Framework 4.8。本书介绍和使用的版本为Visual Studio 2017，所有的范例程序除特殊说明外都是基于.NET Framework 4.0。

VS分为Community、Professional和Enterprise三个版本，其中Community(社区)版本对于个人、小规模企业以及教学、学术研究、开源项目是免费的。对于绝大部分的开发者而言，社区版提供的功能已经足够了。

VS可以支持多种主流的开发语言编程，如C#、VB.NET、C++、Python等。VS强大的功能可以有助于开发者提高编程效率，下面介绍几个常用的特性。

(1)IntelliSense。中文名是“智能联想”。它通过光标悬停在函数上时显示类定义和注释，从而让用户可以分析源代码。当用户在代码中键入函数名时，IntelliSense还可以自动完成这些名称。IntelliSense功能演示如图2.1所示。

(2)波形曲线和快速操作。波形曲线是波浪形下划线，它可以在键入时对代码中的错误或潜在问题发出警报。这些可视线索使用户能立即修复问题，而无须等待在可执行程序生成期间或运行程序时发现错误。如果将鼠标悬停在波形曲线上，将看到关于此错误的其他信息，同时也会提供修复此错误的“快速操作”建议。波形曲线功能如图2.2所示。

(3)Visual Studio扩展。扩展是允许用户在Visual Studio中进行自定义并增强在其中体验的附加项，即添加新功能或集成现有工具实现，类似于实现插件的功能。扩展复杂程度不一，其主要用途在于提高工作效率并满足工作流需求。在菜单栏的工具选项中可以很方便地找到“扩展和更新”选项,在界面中可以进行扩展的搜索、安装和管理。Visual Studio 扩展和更新如图 2.3 所示。

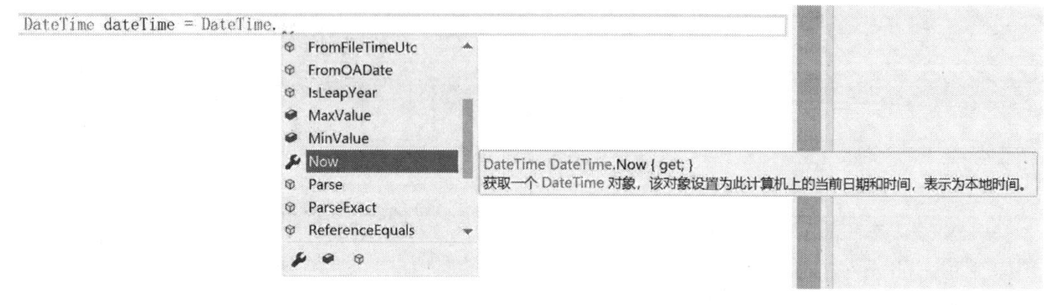

图 2.1　IntelliSense 功能演示

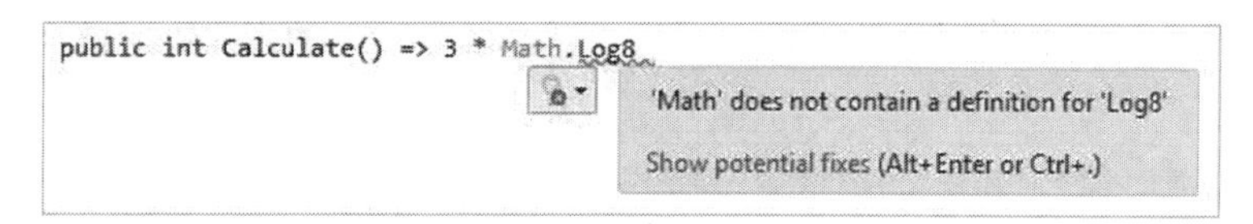

图 2.2　波形曲线功能

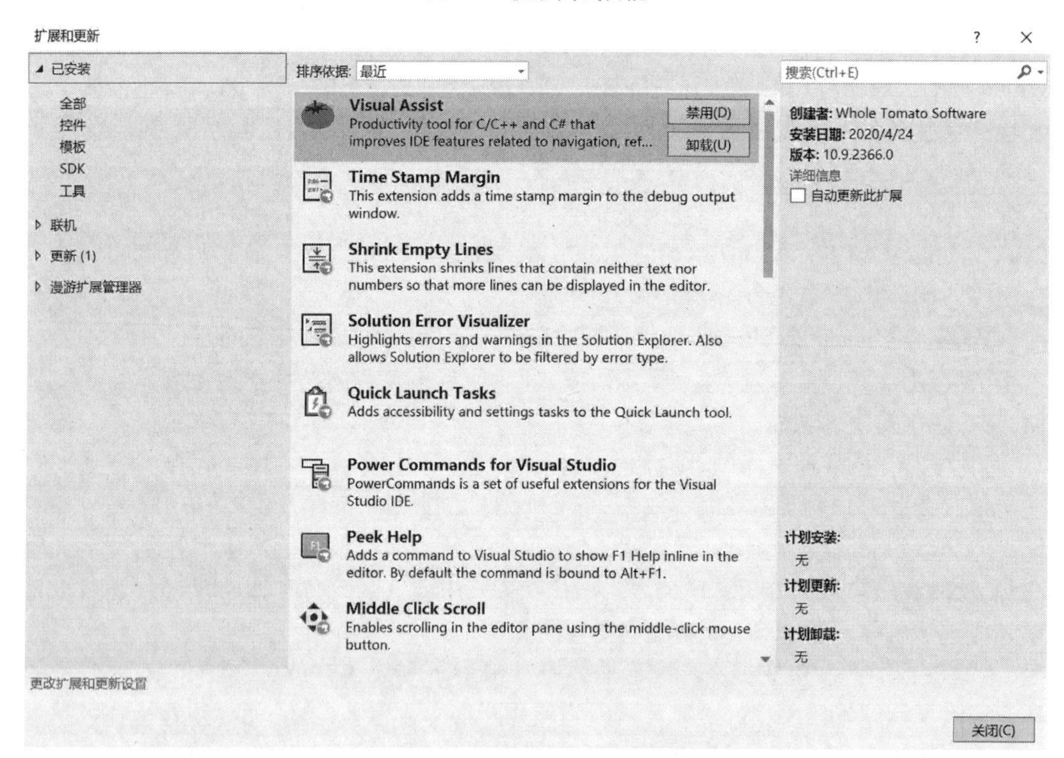

图 2.3　Visual Studio 扩展和更新

(4)NuGet。NuGet 是一个.NET 平台下的开源项目,它是 VS 的一个扩展,在最新的版本中已经集成到菜单栏中。NuGet 可以简单地合并第三方的组件库,自动在项目中添加、更新或删除引用,也可以把自己开发的类库分享给别人。

2.2　安装开发环境

VS的安装过程相对来讲是比较简单的,这里以Visual Studio 2017 Community为例介绍下载和安装过程。Visual Studio 2017的系统要求如下。

(1)支持的操作系统。Windows 7 SP1(带有最新的Windows更新)或更高版本。

(2)硬件。1.8 GHz或更快的处理器,2 GB以上内存,130 GB以上硬盘可用空间。

(3)支持的语言。可在安装过程中选择Visual Studio的语言。安装程序也提供同样的14种语言版本,且将与Windows的语言匹配,包括中文。

(4)其他要求。需要.NET Framework 4.7.2才能运行(会在设置过程中安装),需要管理员权限等。

访问Visual Studio的官网https://visualstudio.microsoft.com,在右上角的搜索框中输入"Visual Studio 2017"进行搜索,在搜索结果中选择如图2.4所示Visual Studio 2017的链接。

图2.4　Visual Studio 2017的链接

在打开的页面下方找到2017,需要注意下载非最新版本的Visual Studio是需要注册微软账户并登录的。Visual Studio 2017下载页面如图2.5所示。

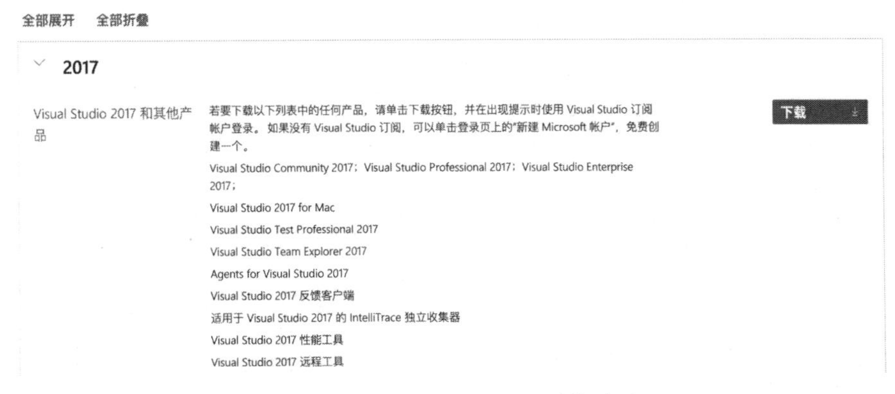

图2.5　Visual Studio 2017下载页面

登录成功后会出现一个列表,在列表中找到Visual Studio Community 2017,点击右侧的下载按钮(Download)即可。Visual Studio Community 2017下载页面如图2.6所示。

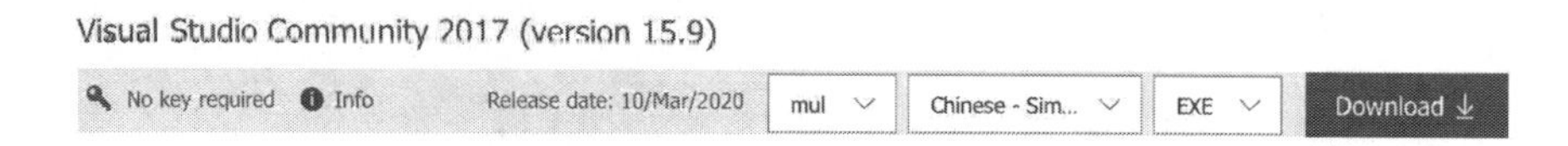

图 2.6　Visual Studio Community 2017 下载页面

下面介绍具体的安装步骤。

(1)双击 vs_community_2017.exe 文件打开安装包，在界面上选择“继续”，初始化安装界面如图 2.7 所示。Visual Studio 会下载一些必要组件，可能需要花费一点时间。

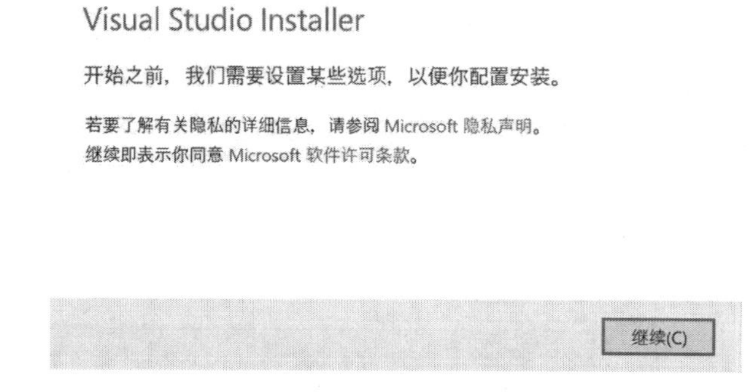

图 2.7　初始化安装界面

(2)在图 2.8 所示 Visual Studio 工作负载选择的界面中可以进行自定义的安装选择。界面上共分为四个选项卡，在工作负载中需要根据开发平台和功能选择安装项，如用 C# 开发桌面程序仅需要勾选.NET 桌面开发。此外，还可以选择 C++、Python 等其他语言的依赖环境。单个组件中可以单独选择某个版本的.NET 框架等其他组件。语言包中可以选择多种语言，这样后面可以进行多语种的自由切换。另外，也可以在安装位置界面中更改默认的安装位置。右下角可以选择下载时安装或者全部下载后再安装，界面右侧会显示安装的详细信息。

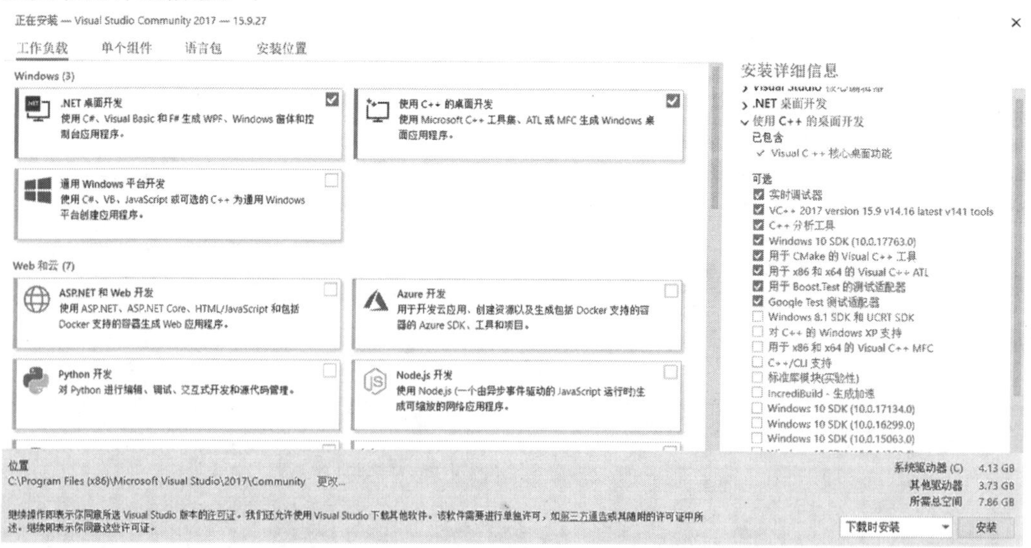

图 2.8　Visual Studio 工作负载选择

（3）Visual Studio 安装过程界面如图 2.9 所示。通过进度条可以看到当前的安装进程，同时也可以看到可用的其他版本的 VS。多个 VS 版本可以在同一台计算机中共存，可以通过 Visual Studio Installer 进行 VS 的修改、删除和更新。

Visual Studio Installer

已安装　可用

Visual Studio Community 2017　暂停

正在下载并验证: 4 MB/338 MB　(291 KB/秒)

0%

正在安装: 包0/0

0%

创建 Windows 恢复点...

发行说明

图 2.9　Visual Studio 安装过程界面

这样就完成了 Visual Studio Community 2017 的安装，打开 VS 后需要在右上角注册一个微软账户并登录，并定期更新账户的许可证信息。

2.3　Visual Studio 2017 常用菜单和功能简介

本节将对 Visual Studio 2017 中的常用菜单及其功能进行介绍。启动 Visual Studio 2017，其主界面如图 2.10 所示。

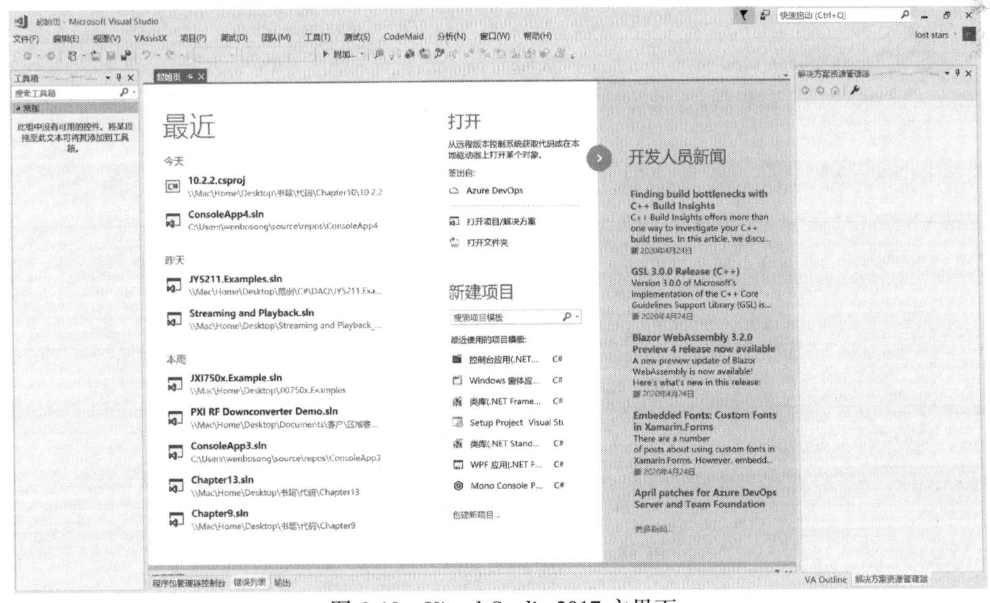

图 2.10　Visual Studio 2017 主界面

在该界面中首先看到的是起始页，它用于显示最近打开的项目，并且可以进行新建项目、打开项目等操作。此外，在该页面中还能了解 Visual Studio 2017 中的一些新功能和开发人员新闻。Visual Studio 2017 中提供了与以往版本相同的、便利的菜单项和工具栏。界面的右上角是登录选项，如果是 Community 版本，则需要注册微软账号并登录才可以持续使用。下面介绍菜单栏中常用的功能，部分选项需要打开项目后才可以看到。

（1）文件。该菜单主要用于新建项目、打开现有项目及保存项目等操作。

（2）编辑。该菜单与 Word 软件中的编辑菜单类似，主要用于文件内容的复制、剪切、保存、粘贴等操作。

（3）视图。该菜单用于在 Visual Studio 2017 界面中显示不同的窗口，常用的窗口包括解决方案资源管理器、服务器资源管理器、SQL Server 对象资源管理器、错误列表、输出、工具箱、属性窗口等。

（4）项目。该菜单用于向当前项目中添加新项，如类、组件等。

（5）生成。该菜单用于对项目或解决方案进行清理或生成。

（6）调试。该菜单主要在程序调试时使用。

（7）团队。该菜单在团队开发时使用。

（8）工具。该菜单用于连接到数据库、连接到服务器、选择工具箱中的工具等操作，此外还有以下几个选项需要说明。

①获取工具和功能。打开 Visual Studio Installer。

②扩展和更新。安装和管理 Visual Studio 扩展。

③NuGet 包管理器。通过 NuGet 安装和管理第三方组件。

④选项。对 Visual Studio 开发环境的设置，如图 2.11 所示。

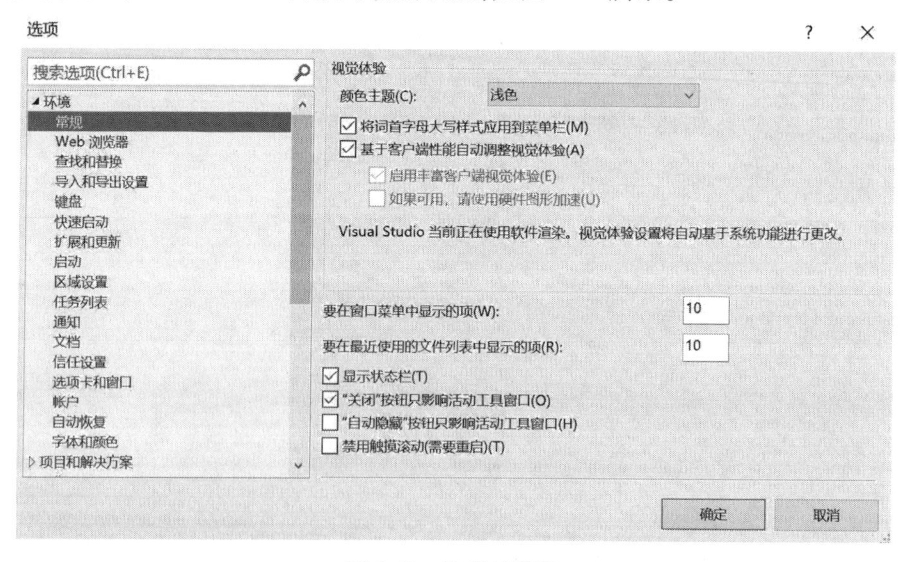

图 2.11　选项对话框

（9）测试。该菜单用于对程序进行测试。

（10）分析。该菜单用于分析程序的性能。

（11）窗口。该菜单用于设置在 Visual Studio 2017 界面中显示的窗口，并且提供了重置窗口的选项，方便用户重置 Visual Studio 2017 的操作界面。

(12)帮助。该菜单用于查看帮助文档、检查更新、查看当前 VS 版本信息等。

2.4　第一个 C#程序

搭建好 VS 开发环境后，下面学习编写第一个 C#程序，初步体验 C#的编程感觉。本节将创建一个控制台项目，编写 C#代码向控制台输出“Hello World!”显示。

2.4.1　控制台应用程序

了解控制台应用程序通常是认识 C#应用程序的第一步，它是一个在类似于 DOS 的界面中输入与输出的程序，是学习 C#程序的基本语法最方便的程序，一般用作不需要界面的程序或简单地查看算法的输出结果。下面按步骤介绍控制台应用程序。

(1)在 VS 中依次选择“文件”→“新建”→“项目”，弹出的对话框如图 2.12 所示。在界面左侧可以选择不同的编程语言，默认是 Visual C#。在中间的项目类型中选择“控制台应用程序”。在界面下方可以选择项目的名称，这里设置为“HelloWorld”。位置指的是项目保存的路径。在 VS 中多个项目是通过解决方案来管理的，这里把解决方案的名称也设置为“HelloWorld”。最后可以选择当前项目所使用的.NET 框架版本，点击确定。

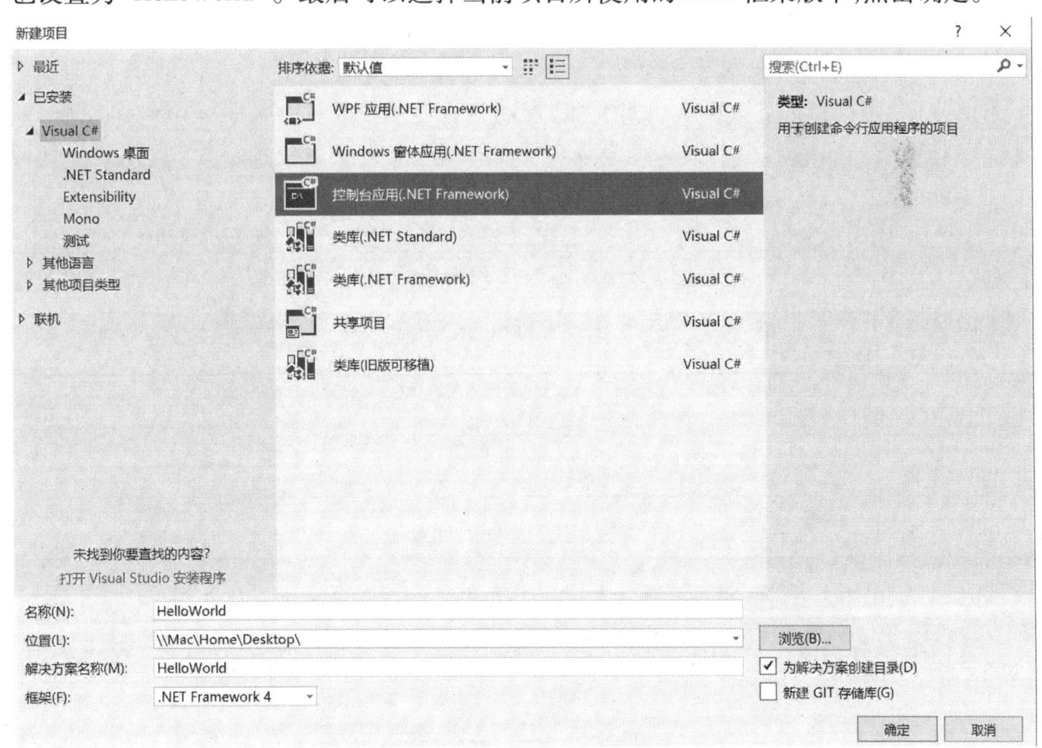

图 2.12　新建控制台应用程序

(2)控制台应用程序主界面如图 2.13 所示,图中显示了创建好的项目界面,主要分为三个部分:左侧是工具箱,由于控制台程序没有界面,因此现在是空的;右侧是解决方案资源管理器,可以看到创建了一个名为 HelloWorld 的解决方案,并在该解决方案中创建了一个同名的控制台应用程序;中间部分是代码编辑器,默认的文件名称是 Program.cs。

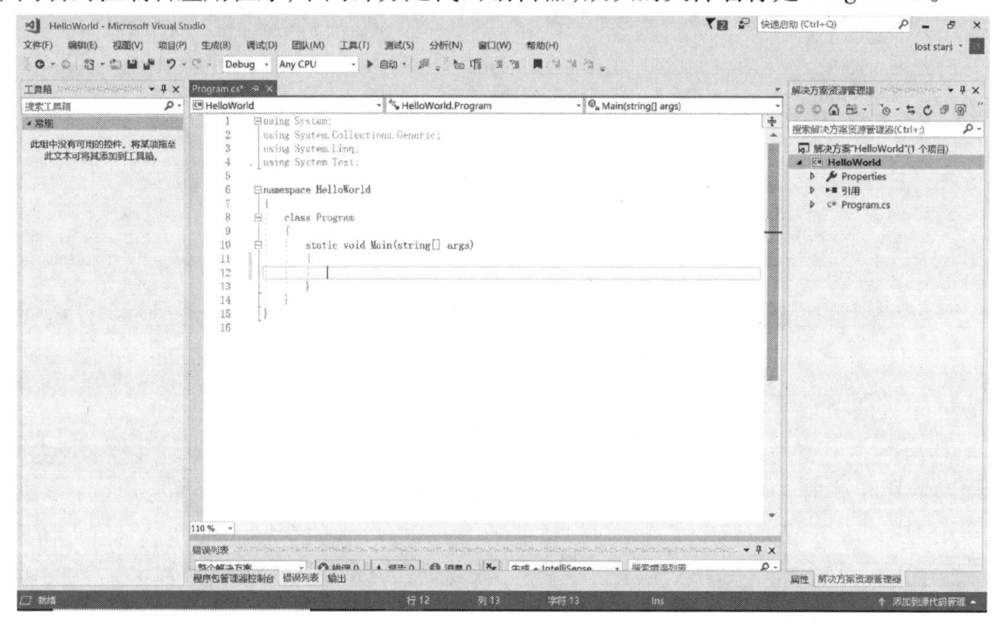

图 2.13　控制台应用程序主界面

(3)代码的顶部是引用部分,使用 using 关键词引用代码中需要用到的类库。第 6 行是命名空间,与项目同名。第 8 行是类名,控制台程序的默认类名都是 Program。代码的第 10~12 行是 Main 方法,它是一个特殊的方法,在每个类中只能有一个,只需要将代码写到 Main 方法中,在项目运行后 Main 方法中的代码就会被执行。

(4)下面使用控制台应用程序向控制台输出"第一个 C#程序"和"Hello World!",实现的代码如下。其中,Console.WriteLine()方法用于向控制台输出一行内容,Console.ReadKey()方法用于让控制台程序可见,直到用户按下任意字符,否则程序运行完后会立即退出。

```
namespace HelloWorld
{
    class Program
    {
        static void Main(string[] args)
        {
            Console.WriteLine("第一个 C#程序");
            Console.WriteLine("Hello World!");
            Console.ReadKey();
        }
    }
}
```

经过上面的步骤，第一个 C#控制台应用程序的创建就完成了。接下来介绍如何运行程序。

2.4.2　运行程序

在 Visual Studio 2017 中，有以下三种方式来运行程序。

(1) 在"调试"菜单下选择"开始调试"或者"开始执行(不调试)"菜单项，也可以按下对应的快捷键 F5 或 Ctrl+F5。它们的区别在于前者允许在运行过程中发生中断，并进行单步执行，这样可以在进行调试的同时查看变量值；后者仅仅是编译运行，无法进行程序调试，一般都使用"开始调试"选项。

(2) 单击工具栏的绿色箭头指示的"启动"按钮。

(3) 在解决方案中右键点击项目名称选择"调试"→"启动新实例"，这种方式也可以启动多个项目运行。通过"启动新实例"来运行项目如图 2.14 所示。

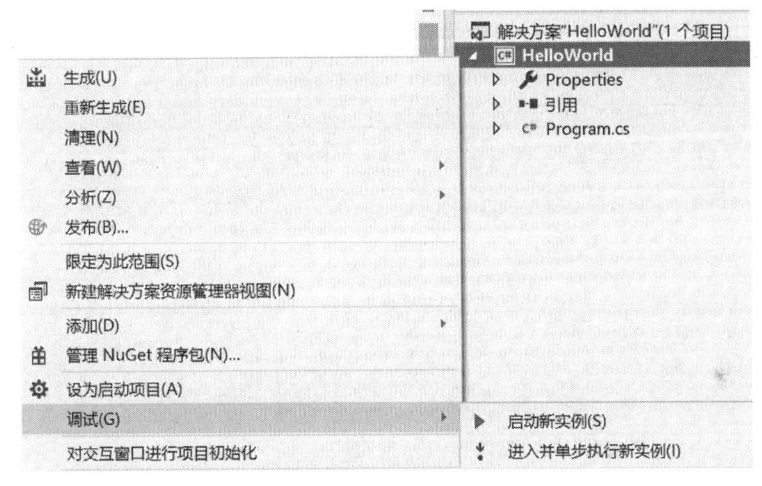

图 2.14　通过"启动新实例"来运行项目

按下快捷键 F5，运行结果如下：

```
第一个 C#程序
Hello World!
```

打开项目文件夹路径下的 bin\Debug 文件夹，可以看到已经有同名的 HelloWorld.exe 文件生成，后续运行也可以直接双击这个可执行文件。默认情况下，EXE 文件的名称是与项目名称一致的，该名称也可以在项目属性中进行修改：右键点击项目名称选择"属性"，打开如图 2.15 所示的界面，在应用程序选项卡中，可以在"程序集名称"一栏中修改生成程序的名称。

图 2.15　项目属性的应用程序界面

2.5　窗体应用程序

上一节中介绍了如何创建控制台应用程序,但是更多的时候,程序还是需要用户界面的,这就是窗体应用程序,或者称作 Windows Forms,简称 WinForm 程序。

创建窗体应用程序的步骤与创建控制台应用程序的步骤类似,在 Visual Studio 2017 中依次选择“文件”→“新建”→“项目命令”,在该对话框中选择“Windows 窗体应用程序”,并更改项目名称、项目位置、解决方案名称等信息,单击“确定”按钮,即可完成窗体应用程序的创建,如图 2.16 所示。

图 2.16　创建窗体应用程序

创建好的窗体应用程序主界面如图2.17所示。在每一个窗体应用程序的项目文件夹中,都会有一个默认的窗体程序Form1.cs,并且在项目的Program.cs文件中指定要运行的窗体。

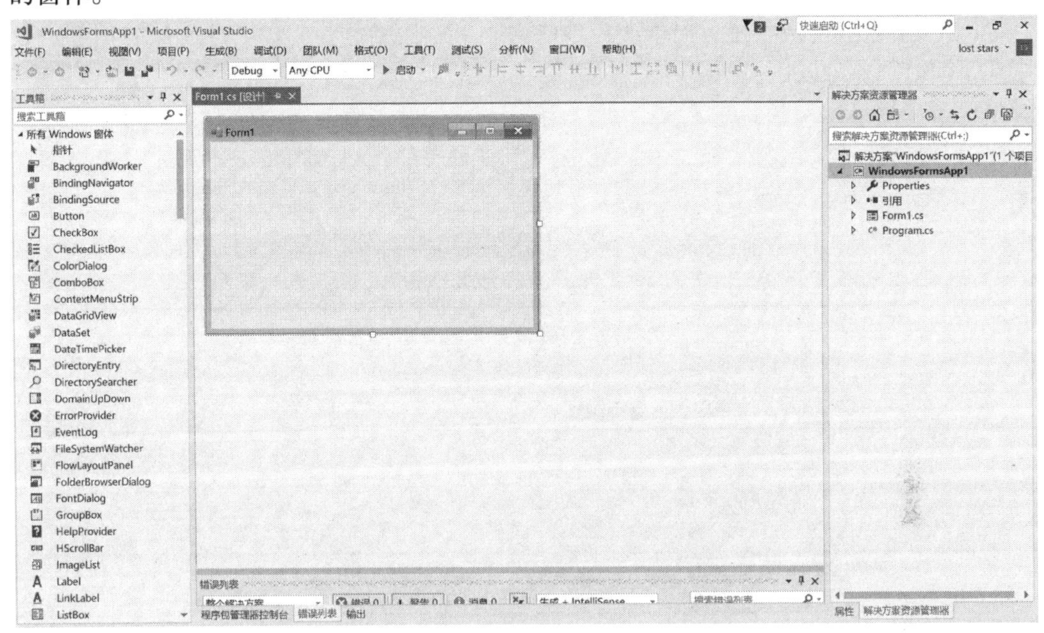

图 2.17　创建好的窗体应用程序主界面

在窗体应用程序中,界面是由不同类型的控件构成的,系统中默认的控件全部存放到工具箱中,如果没有看到工具箱,可以在菜单栏选择“视图”→“工具箱”,工具箱如图2.18所示。在工具箱中,控件划分为公共控件、容器、菜单和工具栏、数据、组件、打印、对话框等组件,在第7章中将介绍这些控件的使用方法。

图 2.18　工具箱

Windows窗体应用程序也称事件驱动程序,需要通过鼠标单击界面上的控件,键盘输入操作控件等操作来触发控件的不同事件完成相应的操作,如单击按钮、右击界面、向文本框中输入内容等。

下面编写一个简单的窗体应用程序。在工具箱中搜索 Button 和 Textbox 这两个控件,将其放置到窗体中。右键点击按钮选择“属性”会定位到属性窗口中,在这里可以对控件的属性进行配置,如可以修改按钮的 Text 属性,把按钮中显示的文本从默认的“button1”修改为“Start”,还可以修改控件的大小、位置、颜色等。在属性窗口的顶部点击第四个闪电图标可以切换到事件设置界面,在这里可以看到每种控件所支持的事件类型,对于按钮来讲最常用的就是 Click 事件,在“Click”标题右侧的空白处双击即可生成对应的代码,也可以直接在窗体上双击某个按钮生成对应的代码。Button 的事件设置界面如图 2.19 所示。

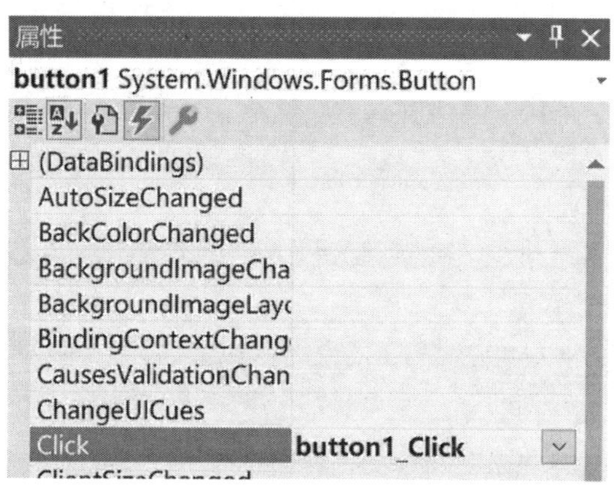

图 2.19　Button 的事件设置界面

此时会自动跳转到代码编辑界面,也就是 Form1.cs 文件对应的代码实现。在按钮的 Click 事件中可修改文本框的显示文本。Form1.cs 文件里面的代码是窗体程序的构造函数,构造函数的概念将在第 4 章中介绍。InitializeComponent( )是一个方法,主要对窗体上的控件进行初始化操作。这部分代码都是 VS 自动生成的,不需要修改。完整代码如下:

```
namespace WindowsFormsApp1
{
    public partial class Form1 : Form
    {
        public Form1()
        {
            InitializeComponent();
        }

        private void button1_Click(object sender,EventArgs e)
        {
            textBox1.Text = "这是第一个窗体应用程序!";
        }
    }
}
```

运行刚才编写好的程序,点击 Start 按钮,可以看到文本框中显示了对应的字符串信息,如图 2.20 所示,这样就完成了第一个窗体应用程序的开发。

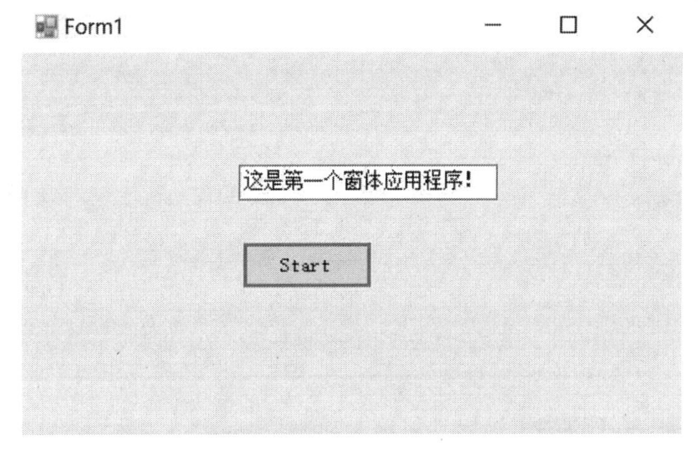

图 2.20　窗体应用程序运行结果

2.6　代码注释

在程序员的编程工作中,清晰明了的注释是至关重要的。一般一段复杂的代码经过一段时间后,即使是自己当时绞尽脑汁想出的代码,还是可能会忘得一干二净,这时如果当时做了注释,就能帮助程序员快速回忆起当时的编程思路和需求背景的内容,可以快速地投入修改和功能添加等工作中。本节将介绍 C#语言中常用的三种注释方式。

2.6.1　常规注释方式

常规注释方式分为单行注释和块注释两种,前者适用于较短的注释,后者一般是长段注释,如描述需求、标注版本信息等。

单行注释以"//"符号开始,任何位于"//"符号后的本行文字都视为注释。可以写一行注释内容,注释内容以绿色表示,以便和其他代码区分。对按钮的事件进行单行注释如图 2.21 所示。

```
//设置用户信息
private void btnTest1_Click(object sender, EventArgs e)
{
    string strUser = ""; //定义变量
    strUser = textBox1.Text;  //给变量赋值
}
```

图 2.21　对按钮的事件进行单行注释

块注释以"/＊"开始,以"＊/"结束,任何介于这对符号之间的文字块都视为注释。一块采集卡的范例程序中的块注释如图 2.22 所示,在开头部分使用块注释描述了范例的功能、版本等信息。

```
/*JYPCI69846H板卡AI单通道连续采集
 * 作者：简仪科技
 * 修改日期：2017.03.14
 * 版本：1.0.0
 *
 * 使用环境：
 * 1、.NET 4.0以上
 * 驱动版本：
 * 1、JYPCI69846H Driver V1.0.0.0
 *
 * 该范例是实现AI单通道连续采集，在窗体上可以配置板卡号、通道号、采样率、量程和输入阻抗。
*/
```

图 2.22 一块采集卡的范例程序中的块注释

2.6.2 XML 注释方式

“///”符号是一种 XML 注释方式。在用户自定义的类型(如类、枚举等)或其成员上方,包括命名空间的声明上方连续键入三个斜杠字符后,Visual Studio 会自动增加 XML 格式的注释,可以在键入方法名和参数的过程中看到用 XML 注释的智能提示。XML 注释如图 2.23 所示,对一个方法和它的参数进行了注释,VS 会根据参数的个数生成对应行数的注释标记,用户只需要在指定的两个尖括号之间填入注释就可以了。

```
/// <summary>
/// 整数相加
/// </summary>
/// <param name="a">整数a</param>
/// <param name="b">整数b</param>
1 reference
static void Add(int a, int b)
{
    Console.WriteLine("{0}+{1}={2}", a, b, a + b);
}
```

图 2.23 XML 注释

2.6.3 region 注释方式

region 预处理指令用于给程序段添加逻辑功能注释,让某一部分代码实现的逻辑功能看起来更清晰。当使用 Visual Studio 代码编辑器的大纲显示功能时,region 注释可展开或折叠指定的代码块。在较长的代码文件中,能够折叠或隐藏一个或多个区域会十分便利,这样用户可将精力集中于当前处理的文件部分,控制代码复杂度。#region 块如图2.24 所示,演示了如何定义区域。

从图 2.24 中可以看出,region 注释必须以#region 指令开始,以#endregion 指令结束。点击行号右侧的减号,就可以将#region 块中的代码进行折叠。在#region 后面也可以添加对代码块的注释。

对于编程者来讲,使用#region 块对代码结构进行分组是一个良好的习惯,如用来对程序中不同的结构进行分组。对于一个窗体应用程序来讲,推荐的方式是将私有变量、构造方法、事件和方法分成不同区块,如图 2.25 所示。

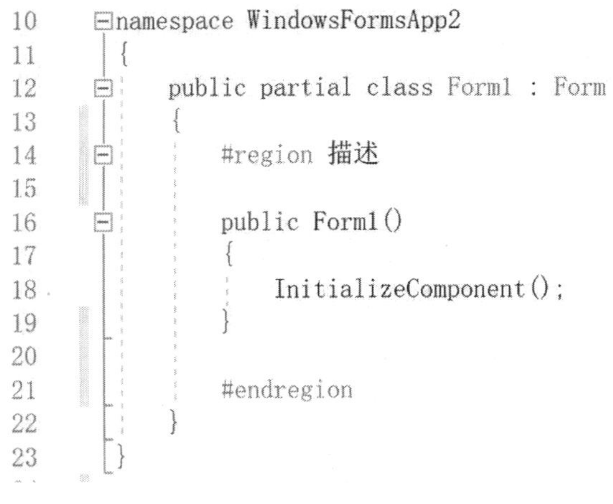

图 2.24　#region 块

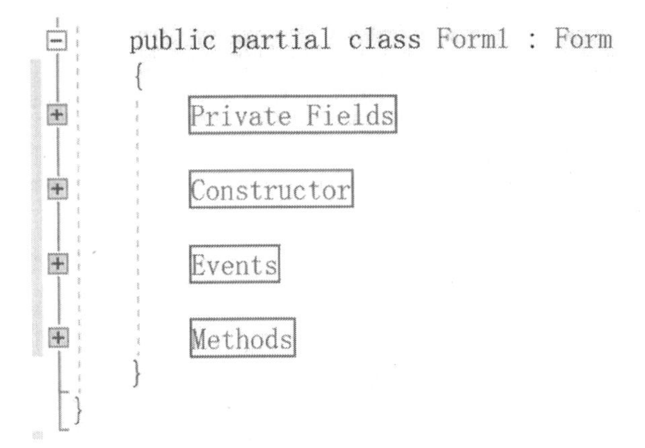

图 2.25　使用#region 块对代码分组

第 3 章　C#语言基础

C#语言是在 C、C++的基础上发展而来的,因此在语法形式上有些类似。掌握 C#的基本语法是学好 C#语言的前提,本章将对 C#的语言基础进行初步的说明。

3.1　基本数据类型

数据类型主要用于指明变量和常量存储值的类型,C#是一种强类型语言,要求每个变量都必须指定数据类型。在 C#语言中将数据类型分为值类型和引用类型。

(1)值类型包括整型、浮点型、字符型、布尔型、枚举型等。

(2)引用类型包括类、数组、委托、字符串等。

值类型的实例通常被分配在线程的堆栈上,变量保存的内容就是实例数据本身。而引用类型的实例被分配在托管堆上,变量保存的是实例数据的内存地址,这里堆栈和托管堆可以认为是计算机内存中存储数据的两种结构,它们存放的数据内容和存放数据的位置不同。本书不会深入介绍值类型和引用类型的区别,可以简单地认为它们之间有着不同的内存分布。

本节将会介绍比较基础的三种数据类型,分别是数值类型、字符和字符串类型及布尔类型。第 5 章将会介绍其他较为高级的数据类型。

3.1.1　数值类型

C#中数值类型分为整型、浮点型和十进制型三种。数值类型分类如图 3.1 所示。

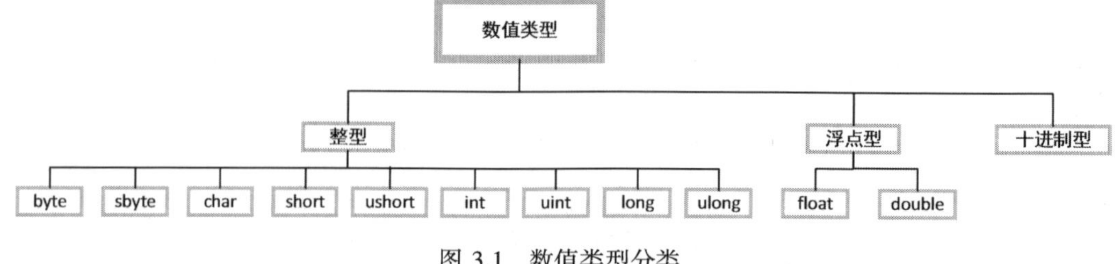

图 3.1　数值类型分类

1.整型

所谓整型,就是存储整数的类型,按照存储值的范围不同,C#语言将整型分成了 byte 类型、short 类型、int 类型、long 类型等,并分别定义了有符号数和无符号数。有符号数可以表示负数,无符号数仅能表示正数。整数类型及其取值范围见表3.1。此外,在C#中默认的整型是int类型。表格中的u代表unsigned(无符号),说明在这些变量中不可以存储负数。

表3.1　整数类型及其取值范围

类型	取值范围
sbyte	有符号数,占用1个字节,$-2^7 \sim 2^7-1$
byte	无符号数,占用1个字节,$0 \sim 2^8-1$
short	有符号数,占用2个字节,$-2^{15} \sim 2^{15}-1$
ushort	无符号数,占用2个字节,$0 \sim 2^{16}-1$
int	有符号数,占用4个字节,$-2^{31} \sim 2^{31}-1$
uint	无符号数,占用4个字节,$0 \sim 2^{32}-1$
long	有符号数,占用8个字节,$-2^{63} \sim 2^{63}-1$
ulong	无符号数,占用8个字节,$0 \sim 2^{64}-1$

2.浮点型

浮点型是指小数类型,在C#中共有两种:一种称为单精度浮点型,另一种称为双精度浮点型。浮点类型和取值范围见表3.2。

表3.2　浮点类型和取值范围

类型	大小	精度	取值范围
float	32位	7位	$-3.4\times10^{38} \sim +3.4\times10^{38}$
double	64位	15~16位	$\pm5.0\times10^{-324} \sim \pm1.7\times10^{308}$

在C#中默认的浮点型是double类型。如果要使用单精度浮点型,需要在数值后面加上f或F来表示,如123.45f或123.45F。

3.十进制型

十进制类型的关键字为decimal,表示128位的数据类型。与浮点型相比,它具有更高的精度和更小的范围,主要用于财务和货币的计算。十进制类型的精度是28~29个有效位,取值范围是$\pm1.0\times10^{-28} \sim \pm7.9\times10^{28}$。如果需要使用十进制类型,则需要加上后缀m或M,如下所示:

```
decimal money = 500.32m;
```

如果不做任何设置,则包含小数点的数值都会被认为是double类型,如果要将数值以float或decimal类型来处理,则要进行类型的强制转换。

3.1.2　字符型和字符串类型

C#中的字符类型数据只能存放一个字符,它占用两个字节,能存放一个汉字。字符型用char关键字表示,存放到char类型的字符需要使用单引号括起来,如"a""中"等。

字符串类型数据能存放多个字符,它是一个引用类型,在字符串类型中存放的字符数可以认为是没有限制的,因为其使用的内存大小不是固定的而是可变的。字符串类型的数据使用 string 关键字来表示。字符串类型的数据必须使用双引号括起来,如″abc″″123″等。

还有一些特殊的字符串,代表了不同的特殊作用。由于在声明字符串类型的数据时需要用双引号将其括起来,因此双引号就成了特殊字符,不能直接输出,转义字符的作用就是输出这个有特殊含义的字符。转义字符非常简单,常用的转义字符见表 3.3。

表 3.3　常用的转义字符

转义字符	等价字符
\′	单引号
\″	双引号
\\	反斜杠
\0	空
\a	警告(产生蜂鸣音)
\b	退格
\f	换页
\n	换行
\r	回车
\t	水平制表符
\v	垂直制表符

3.1.3　布尔类型

在 C#语言中,布尔类型使用 bool 关键字来声明,它只有两个值,即 true 和 false。在实际编程中,当某个值只有两种状态时可以将其声明为布尔类型,如设备是否开启、数值是否超过阈值等。此外,布尔类型的值也经常被用到条件判断的语句中,如判断某个值是否为偶数、判断某个日期是否是工作日等。示例代码如下:

```
bool isTaskStop = false; // 直接把 bool 值赋值给 bool 变量
while (! isTaskStop)
{
    //执行任务代码
}
```

3.2　变量和常量

常量和变量都是用来存储数据的容器,在定义时都需要指明数据类型,它们唯一的区别是变量中所存放的值是允许改变的，而常量中存放的值不允许改变。变量代表的是一块内存空间，它的存储值可以变化。正是因为有了变量，用户不需要记住复杂的内存地址，只需要通过变量名就可以完成内存的数据读取操作。与变量不同，常量是在赋值之后不能再发生变化的，对应的内存中的值不可以发生改变。

3.2.1　变量的定义

在定义变量时，首先要确认在变量中存放的值的数据类型，然后再确定变量的内容，最后根据 C#变量命名规则定义好变量名。

定义变量的语法如下：

```
数据类型 变量名;
```

例如，定义一个存放整数的变量，可以定义如下：

```
int num;
```

在定义变量后如何为变量赋值呢？很简单，直接使用“=”来连接要在变量中存放的值即可。C#变量的赋值语法有两种方式：一种是在定义变量的同时直接赋值；另一种是先定义变量然后再赋值。它们的格式如下。

（1）在定义变量的同时赋值：

```
数据类型 变量名 = 值;
```

（2）先定义变量然后再赋值：

```
数据类型 变量名;
变量名 = 值;
```

在定义变量时需要注意变量中的值要与变量的数据类型相兼容。另外，在为变量赋值时也可以一次为多个变量赋值，例如：

```
int a = 1,b = 2;
```

虽然一次为多个变量赋值方便了很多，但在实际编程中为了增强程序的可读性，建议在编程中每次声明一个变量并为一个变量赋值。

3.2.2　常量的定义

与变量不同的是，常量在第一次被赋值后值就不能再改变。定义常量需要使用关键字 const 来完成。具体的语法形式如下：

```
const 数据类型 常量名 = 值;
```

需要注意的是，在定义常量时必须为其赋值。另外，也可以同时定义多个常量。

在程序中使用常量也会带来很多好处，包括增强了程序的可读性以及便于程序的修改。例如，在一个计算税率的程序中，为保证程序中的税率统一，可设置一个名为 TAX 的常量来代表税率，如果需要修改税率，则只修改该常量的值即可。

3.2.3 局部变量

变量根据作用域也就是使用范围分为局部变量与全局变量,局部变量又称内部变量。由某对象或某个函数所创建的变量通常都是局部变量,只能被内部引用,而无法被其他对象或函数引用。全局变量既可以是某对象函数创建的,也可以是在本程序任何地方创建的。全局变量可以被本程序所有对象或函数引用。

当在超出局部变量的作用域而试图去操作变量时,会产生“当前上下文不存在名称×××”的类似错误。下面的例子演示了局部变量的用法。

在方法中进行局部变量定义的代码如下所示:

```
public void TestMethod()
{
    // 只能用在 TestMethod 中,以{}为边界
    string[] tempStringInMethod = new string[5] { "H","e","l","l","o" };
    //在定义循环的过程中,也定义 i 变量,i 的范围只能在循环中使用
    for (int i = 0; i < tempStringInMethod.Length; i++)
    {
        Console.WriteLine(tempStringInMethod[i]);
    }
    // 循环外不能读取 i 的变量
    // Console(i.ToString());
    // 循环外也不可以对 i 进行赋值
    // i=10;
}
```

全局变量是编程术语中的一种,源于变量。在 C#语言中,变量都是封装在类里面的,可以通过把一个类定义为 public static,或者把类中的变量定义为 public static,使该变量在内存中占用固定、唯一的一块空间,来实现全局变量的功能。这部分内容将在第 4 章中介绍。

3.2.4 命名规则

C#的命名规则是为了让整个程序代码统一以增强其可读性而设置的。每个单位在开发一款软件之前都会编写一份编码规范的文档。常用的命名方法有两种:一种是 Pascal 命名法(帕斯卡命名法);另一种是 Camel 命名法(驼峰命名法)。

(1)Pascal 命名法是指每个单词的首字母大写。

(2)Camel 命名法是指第一个单词小写,从第二个单词开始每个单词的首字母大写。

下面介绍 C#中常用的命名规则。

1.变量的命名规则

C#中变量的命名规则遵循 Camel 命名法,并尽量使用能描述变量作用的英文单词。

例如,存放学生姓名的变量可以定义成 name 或 studentName 等。另外,变量名字也不建议过长,最好是 1 个单词,最多不超过 3 个单词。

2.常量的命名规则

为与变量有所区分,通常将定义常量的单词的所有字母大写。例如,使用圆周率时,可以将其定义成一个常量以保证在整个程序中使用的值是统一的,如直接定义成 PI。

3.类的命名规则

类的命名规则遵循 Pascal 命名法,即每个单词的首字母大写。例如,定义一个存放学生信息的类,可以定义成 Student。

4.方法的命名规则

方法的命名规则遵循 Pascal 命名法,一般采用动词来命名。例如,实现添加用户信息操作的方法,可以将其命名为 AddUser。

在 C#语言中,除上面涉及的内容外,还有很多其他对象,它们的命名规则都是类似的,在涉及这些对象时还会对命名规则再次说明。

3.3　运算符和表达式

运算符是每一种编程语言必备的符号,如果没有运算符,那么编程语言将无法实现任何运算。运算符主要用于执行程序代码运算,如加法、减法、大于、小于等。下面将介绍算术运算符、逻辑运算符、比较运算符、三元运算符以及运算符的优先级。

3.3.1　算术运算符

算术运算符是最常用的一类运算符,包括加法、减法、乘法、除法等。具体的算术运算符见表 3.4。

表 3.4　算术运算符

运算符	说明
+	对两个数做加法运算
-	对两个数做减法运算
*	对两个数做乘法运算
/	对两个数做除法运算
%	对两个数做取余运算

这里需要强调以下几点。

(1)当对两个字符串类型的值使用“+”运算符时,代表的是两个字符串值的连接。例如,“123”+“456”的结果为“123456”。

(2)当使用“/”运算符时要注意操作数的数据类型。如果两个操作数的数据类型都为整数，那么结果相当于取整运算，不包括余数；而如果两个操作数中有一个操作数的数据类型为浮点型，那么结果则是正常的除法运算。

(3)当使用“%”运算符时，如果两个操作数都为整数，那么结果相当于取余数。经常使用该运算符来判断某个数是否能被其他的数整除。

3.3.2 逻辑运算符

逻辑运算符主要包括与、或、非等，它主要用于多个布尔型表达式之间的运算。在使用逻辑运算符时需要注意逻辑运算符两边的表达式返回的结果都必须是布尔型的。也就是说，只有布尔类型数值才可以进行逻辑运算。具体的逻辑运算符见表3.5。

表3.5 逻辑运算符

运算符	含义	说明
&&	逻辑与	如果运算符两边都为True，则整个表达式为True，否则为False；如果左边操作数为False，则不对右边表达式进行计算，相当于“且”的含义
||	逻辑或	如果运算符两边有一个或两个为True，整个表达式为True，否则为False；如果左边为True，则不对右边表达式进行计算，相当于“或”的含义
!	逻辑非	表示和原来逻辑相反的逻辑

3.3.3 比较运算符

比较运算符是在条件判断中经常使用的一类运算符，包括大于、小于、不等于、大于等于、小于等于等。具体的比较运算符见表3.6。使用比较运算符运算得到的结果是布尔类型，因此经常将使用比较运算符的表达式用到逻辑运算符的运算中。

表3.6 比较运算符

运算符	说明
==	表示两边表达式运算的结果相等，注意是两个等号
!=	表示两边表达式运算的结果不相等
>	表示左边表达式的值大于右边表达式的值
<	表示左边表达式的值小于右边表达式的值
>=	表示左边表达式的值大于等于右边表达式的值
<=	表示左边表达式的值小于等于右边表达式的值

3.3.4 位运算符

所谓位运算，通常是指将数值型的值从十进制转换成二进制后的运算，由于是对二进制数进行运算，所以使用位运算符对操作数进行运算的速度稍快。位运算符包括与、或、非、左移、右移等。具体的位运算符见表3.7。

表3.7 位运算符

运算符	说明
&	按位与。两个运算数都为1,则整个表达式为1,否则为0;也可以对布尔型的值进行比较,相当于“与”运算,但不是短路运算
|	按位或。两个运算数都为0,则整个表达式为0,否则为1;也可以对布尔型的值进行比较,相当于“或”运算,但不是短路运算
~	按位非。当被运算的值为1时,运算结果为0;当被运算的值为0时,运算结果为1。该操作符不能用于布尔型。对正整数取反,则在原来的数上加1,然后取负数;对负整数取反,则在原来的数上加1,然后取绝对值
^	按位异或。只有运算的两数据位不同时,结果才为1,否则为0
<<	左移。把运算符左边的操作数向左移动运算符右边指定的位数,右边因移动空出的部分补0
>>	有符号右移。把运算符左边的操作数向右移动运算符右边指定的位数。如果是正值,左侧因移动空出的部分补0;如果是负值,左侧因移动空出的部分补1
>>>	无符号右移。与>>的移动方式一样,只是不管正负,因移动而空出的部分都补0

3.3.5 三元运算符

三元运算符也称条件运算符,与后面要介绍的if条件语句类似。C#中的三元运算符只有一个,具体的语法形式如下:

```
布尔表达式 ? 表达式1 : 表达式2
```

(1)布尔表达式。判断条件,它是一个结果为布尔类型的表达式。

(2)表达式1。如果布尔表达式的值为True,则该三元运算符得到的结果就是表达式1的运算结果。

(3)表达式2。如果布尔表达式的值为False,则该三元运算符得到的结果就是表达式2的运算结果。

需要注意的是,在三元运算符中表达式1和表达式2的结果的数据类型要兼容。

3.3.6 赋值运算符

赋值运算符中最常见的是等号,除等号外还有很多赋值运算符,它们通常都是与其他运算符连用起到简化操作的作用。具体的赋值运算符见表3.8。

表 3.8 赋值运算符

运算符	说明
=	x=y,等号右边的值赋给等号左边的变量,即把变量 y 的值赋给变量 x
+=	x+=y,等同于 x=x+y
-=	x-=y,等同于 x=x-y
* =	x * =y,等同于 x=x * y
/=	x/=y,等同于 x=x/y
%=	x%=y,等同于 x=x%y
++	x++ 或 ++x,等同于 x=x+1
--	x-- 或 --x,等同于 x=x-1

3.3.7 运算符的优先级

前面介绍了 C#中基本的运算符,运算符接受的操作数可以是一个表达式,也可以是多个表达式的组合,在表达式中使用多个运算符进行计算时,运算符的运算有先后顺序。例如,在下面的语句中,num 的值是 7:

```
int num = 13 - 2 * 3;
```

如果想改变运算符的运算顺序,则必须依靠括号。

尽管运算符本身已经有了优先级,但在实际应用中还是建议尽量在复杂的表达式中多用括号来控制优先级,以增强代码的可读性。

3.4 语 句

C#的语句包含很多类型,如声明语句、表达式语句、条件语句、跳转语句、循环语句和异常处理语句等,本节将重点介绍其中的条件语句、循环语句和跳转语句三种类型。

3.4.1 条件语句

1.if else 语句

if else 语句是最常用的条件语句,并且有以下多种形式。

(1)单一条件的 if 语句。

单一条件的 if 语句是最简单的 if 语句,只有满足 if 语句中的条件才能执行相应的语句。

具体的语法形式如下:

```
if(布尔表达式)
{
```

```
    //语句块;
}
```

这里,语句块是指多条语句。当布尔表达式中的值为 True 时执行语句块中的内容,否则不执行。

(2)二选一条件的 if 语句。

二选一条件的 if 语句与前面介绍的三元运算符完成的效果是相同的,只是比三元运算符实现的过程灵活一些。具体的语法形式如下:

```
if(布尔表达式)
{
    //语句块 1;
}
else
{
    //语句块 2;
}
```

以上语句的执行过程是当 if 中的布尔表达式的结果为 True 时执行语句块 1,否则执行语句块 2。

(3)多选一条件的 if 语句。

多选一条件是最复杂的 if 语句,但是语法形式并不难。具体的语法形式如下:

```
if(布尔表达式 1)
{
    语句块 1;
}
else if(布尔表达式 2)
{
    语句块 2;
}
...
else
{
    语句块 n;
}
```

以上语句的执行过程是先判断布尔表达式 1 的值是否为 True。如果为 True,执行语句块 1,整个语句结束,否则依次判断每个布尔表达式的值;如果都不为 True,则执行 else 语句中的语句块 n。需要注意的是,在上面的语法中最后一个 else{}语句是可以省略的。如果省略了 else{}语句,那么多分支的 if 语句中如果没有布尔表达式的值为 True 的语句,则不会执行任何语句块。

2.switch case 语句

switch case 语句也是条件语句的一种,与上面介绍的 if else 语句是类似的,具体的语法形式如下:

```
switch(表达式)
{
    case 值 1:
        语句块 1;
        break;
    case 值 2:
        语句块 2;
        break;
        …
    default:
        语句块 n;
        break;
}
```

switch case 语句必须遵循如下规则。

(1)表达式的结果必须是整型、字符串类型、字符型、布尔型、类等数据类型。

(2)如果 switch 语句中表达式的值与 case 后面的值相同,则执行相应的 case 后面的语句块;如果所有的 case 语句与 switch 语句表达式的值都不相同,则执行 default 语句后面的值。

(3)语句结尾的 default 语句是可选的,它可用于在上面所有 case 语句都不为真时执行一个任务。

(4)当遇到 break 语句时 switch 控制流终止,控制流将跳转到 switch 语句后的下一行。

(5)不是每一个 case 语句都需要包含 break,如果 case 语句为空,则可以不包含 break,控制流将会继续后续的 case 语句,直到遇到 break 为止。

(6)不支持从一个 case 标签显式贯穿到另一个 case 标签。

下面的例子演示了 switch case 语句的用法:根据输入的考试成绩来输出对应的等级。可以看到很多 case 语句都是空的,代码如下:

```
class Program
{
    static void Main(string[] args)
    {
        Console.WriteLine("请输入学生考试的成绩(0~100 的整数)");
        int points = int.Parse(Console.ReadLine());
        if (points < 0 || points > 100)
        {
            points = 0;
        }
        switch (points / 10)
        {
            case 10:
```

```
                case 9:
                    Console.WriteLine("优秀");
                    break;
                case 8:
                    Console.WriteLine("良好");
                    break;
                case 7:
                case 6:
                    Console.WriteLine("及格");
                    break;
                default:
                    Console.WriteLine("不及格");
                    break;
            }
        }
    }
```

3.4.2　循环语句

循环语句与条件语句一样,都是每个程序中必不可少的,可让语句块中的代码持续执行,直到遇到跳转语句或者表达式条件为 false 的情况才停止或者退出循环,使用循环语句可以避免编写重复代码。C#中常用的循环语句有四种:while 语句、do-while 语句、for 语句、foreach 语句。

本节将主要介绍前三种语句的用法,foreach 语句通常用于遍历数组或集合中的元素,这部分内容将在第 5 章中介绍。

1.while 语句

while 语句将首先检查表达式的值,如果表达式的值为 True,则执行 while 语句中的代码,直到表达式的值为 False 或者执行中遇到指定的跳转语句时,才会停止循环。

下面使用 while 语句在控制台程序中输出 1~10 的数及它们的和,代码如下:

```
class Program
{
    static void Main(string[] args)
    {
        int i = 1;
        int sum = 0; // 存放 1~10 的和
        while (i <= 10)
        {
            sum = sum + i;
            Console.WriteLine(i);
            i++;
```

```
        }
        Console.WriteLine("1~10 的和为:" + sum);
    }
}
```

2.do-while 语句

do-while 循环可以说是上面介绍的 while 循环的另一个版本,与 while 循环最大的区别是它至少会执行一次。具体的语法如下:

```
do
{
    语句块;
}while(布尔表达式);
```

do-while 语句执行的过程是先执行 do{}中语句块的内容,再判断 while()中布尔表达式的值是否为 True。如果为 True,则继续执行语句块中的内容;否则,不执行。因此,do while 语句中的语句块至少会执行一次。

下面使用 do-while 语句改写之前的程序,代码如下:

```
class Program
{
    static void Main(string[] args)
    {
        int i = 1;
        int sum = 0; // 存放 1~10 的和
        do
        {
            sum = sum + i;
            Console.WriteLine(i);
            i++;
        }
        while (i <= 10)
        Console.WriteLine("1~10 的和为:" + sum);
    }
}
```

3.for 语句

for 循环是最常用的循环语句,语法形式非常简单,多用于固定次数的循环。具体的语法形式如下:

```
for(表达式 1; 表达式 2; 表达式 3)
{
    表达式 4;
}
```

表达式 1 为循环变量赋初值;表达式 2 为循环设置循环条件,通常是布尔表达式;表达式 3 用于改变循环变量的大小;当满足循环条件时执行表达式 4。

for 循环语句执行的过程如下。

(1)执行 for 循环中的表达式 1。

(2)执行表达式 2,如果表达式 2 的结果为 True,则执行表达式 4,再执行表达式 3 来改变循环变量。

(3)重复上述步骤,直到表达式 2 的结果为 False,循环结束。

需要注意的是,表达式 1、表达式 2、表达式 3 及表达式 4 都是可以省略的,但表达式 1、表达式 2、表达式 3 省略时它们之间的分号是不能省略的。

下面使用 for 循环改写之前的程序,代码如下:

```
class Program
{
    static void Main(string[] args)
    {
        // 设置存放和的变量
        int sum = 0;
        for(int i = 1; i <= 10; i++)
        {
            Console.WriteLine(i);
            sum += i;
        }
        Console.WriteLine("1~10 的和为:" + sum);
    }
}
```

此外,在一个 for 循环语句中还可以嵌套 for 循环或者再添加条件语句。例如,打印九九乘法表的代码如下:

```
class Program
{
    static void Main(string[] args)
    {
        for(int i = 1; i < 10; i++)
        {
            for(int j = 1; j <= i; j++)
            {
                Console.Write(i + "x" + j + "=" + i * j + "\t");
            }
            Console.WriteLine();
        }
    }
}
```

3.4.3　跳转语句

在循环语句中,如果需要在循环结束之前退出循环,则可以使用跳转语句。C#中有以下四种跳转语句。

(1)break 语句。直接退出整个循环。

(2)continue 语句。立即停止本次循环剩余执行的内容,但会继续执行下一次循环。

(3)goto 语句。跳出循环到已经标记好的位置上(不推荐使用)。

(4)return 语句。退出循环和循环所在的函数。

1.break 语句

break 语句用于中断循环,使循环不再执行。如果是多个循环语句嵌套使用,break 语句跳出的则是最内层循环。之前介绍的 switch case 条件语句中就用到了 break 语句,用于退出 switch 语句。

下面使用 for 循环输出 1~10 的数,当输出到 4 时结束循环,代码如下:

```
class Program
{
    static void Main(string[ ] args)
    {
        for(int i = 1; i <= 10; i++)
        {
            if (i == 4)
            {
                break;
            }
            Console.Write(i + " ");
        }
        Console.WriteLine("循环已退出!");
    }
}
```

上述代码的运行结果如下:

```
1 2 3 循环已退出!
```

可以看出,for 循环原本要完成 1~10 的输出,但是当输出到 4 时使用了 break 语句,结束了 for 循环,因此仅输出了 1~3 的数。

2.continue 语句

continue 语句有点像 break 语句,但它不是强制终止,continue 会跳过当前循环中的代码,强制开始下一次循环。对于 for 循环,continue 语句会导致执行条件测试和循环增量部分;对于 while 和 do-while 循环,continue 语句会导致程序控制回到条件测试上。

下面使用 for 循环输出 1~5 的数,但是不输出 4,代码如下:

```
class Program
{
    static void Main(string[ ] args)
    {
        for(int i = 1; i <=5; i++)
```

```
        {
            if (i == 4)
            {
                continue;
            }
            Console.Write(i + " ");
        }
    }
}
```

上述代码的运行结果如下：

1 2 3 5

可以看出，当 for 循环中的值迭代到 4 时，continue 语句结束了本次迭代，继续下一次迭代，因此在输出结果中没有 4。

3.goto 语句

goto 语句用于直接在一个程序中跳转到程序中标签指定的位置，标签实际上由标识符加上冒号构成。语法形式如下：

```
goto Label1;
    语句块 1;
Label1:
    语句块 2;
```

如果要跳转到某一个标签指定的位置，则直接使用 goto 加标签名即可。在上面的语句中使用了 goto 语句后，语句的执行顺序发生了变化，即先执行语句块 2，再执行语句块 1。此外，需要注意的是 goto 语句不能跳转到循环语句中，也不能跳出类的范围。由于 goto 语句不便于程序的理解，因此并不常用。

下例使用 goto 语句判断输入的用户名和密码是否正确，如果错误次数超过 3 次，则输出“用户名或密码错误次数过多！退出！”。代码如下：

```
class Program
{
    static void Main(string[] args)
    {
        int count = 1;
    login:
        Console.WriteLine("请输入用户名");
        string username = Console.ReadLine();
        Console.WriteLine("请输入密码");
        string userpwd = Console.ReadLine();
        if (username == "aaa" && userpwd == "123")
        {
            Console.WriteLine("登录成功");
        }
```

```
            else
            {
                count++;
                if (count > 3)
                {
                    Console.WriteLine("用户名或密码错误次数过多！退出!");
                }
                else
                {
                    Console.WriteLine("用户名或密码错误");
                    goto login;//返回 login 标签处重新输入用户名密码
                }
            }
        }
    }
```

执行上述代码,根据界面提示输入用户名和密码,程序运行结果如下:

```
请输入用户名
a
请输入密码
123
用户名或密码错误
请输入用户名
b
请输入密码
123
用户名或密码错误
请输入用户名
c
请输入密码
123
用户名或密码错误次数过多！退出!
```

可以看出,如果输错次数超过 3 次,则程序将会自动退出,达到了预期的效果。

4.return 语句

return 语句和 break 语句一样用于循环的退出,它与 break 语句的区别如下。

(1)break 语句只是退出了整个循环,但是循环体之后的代码仍然会被执行。

(2)return 语句不但退出了整个循环,还退出了循环所在的函数。

下面将之前例子中的 break 语句替换成 return 语句,此时"循环已退出"语句不会输出到控制台中,因为 return 语句会直接退出整个 Main 函数。代码如下:

```
class Program
{
    static void Main(string[] args)
```

```
    {
        for(int i = 1; i <= 10; i++)
        {
            if (i == 4)
            {
                return;
            }
            Console.Write(i + " ");
        }
        Console.WriteLine("循环已退出!");
    }
}
```

第4章　类和继承

C#是一种面向对象的语言，这点与 C 语言不一样（C 语言本身是一门面向过程的语言）。面向对象的编程语言在第 1 章中已经有介绍，它们的一个基本特征是它们都有类，可以把类看作面向对象的编程语言中一种相对复杂的数据结构。

继承（Inheritance）机制是面向对象程序设计中使代码可以复用的最重要手段，它允许程序员在保持原有类特性的基础上进行扩展，增加功能，产生新的类。继承呈现了面向对象程序设计的层次结构，体现了由简单到复杂的认知过程。在编程中灵活地使用类之间的继承关系能很好地实现类中成员的重用，有利于类的使用。本章将结合实例介绍类和继承的概念及使用方法。

4.1　对象和类

前面的章节中已经介绍了 C#语言的变量、数据类型、运算符和程序流语句等内容，那么 C#是如何使用这些基础元素来开发所需要的软件功能呢？在 C#中主要是通过“对象”来将这些内容组合在一起，形成完整的软件功能。C#是完全面向对象的语言，可以说在 C#中一切皆是对象，也必须是对象。在面向过程的语言（如 C 语言）中，用户可以定义一个单独的函数或常量，但是在 C#中就不允许这样定义，而是必须先定义一个对象（类），然后才能在对象（类）中定义函数和常量。

在 C#中，一个整型变量是一个对象，一个数组是一个对象，一个窗体是一个对象，窗体上的一个按钮也是一个对象，每一个对象都可以包含数据并提供相关功能。

举例来说，如果通过 int count;语句定义了一个名为 count 的变量，那么就可以直接在 count 变量上通过 count.ToString()方法来将该整型变量的值转换为对应的字符串，而不必通过其他的字符串转换函数。也就是说，count 不仅是一个变量，还是一个包含属性和功能的对象。

类似地，如果通过 double[] data = new double[4]{1,2,3,4};语句定义了一个名为 data 的浮点数组，那么就可以直接在 data 变量上通过 data.Max()方法来获取该浮点数组中元素的最大值，而不必通过其他查找数组最大值的函数。也就是说，data 不仅是一组数，还是一个包含属性和功能的对象。

C#语言包含许多基础对象的定义，在不同的.NET Framework 组件中更是提供了非常丰富的对象，用户也可以定义自己的对象，并通过使用这些对象快速高效地实现所需要的软件功能。

C#语言主要是用类(Class)和结构(Struct)来定义对象的。类和结构实际上是对象的模板,也就是说一个类或结构定义的是某种对象可以包含什么数据和功能。当用户要使用某个具体的对象时,需要用 new 关键字根据一个类(或结构)的定义来创建一个具体的对象,这个过程称为“实例化”,所创建的对象称为类的一个实例(Instance)。

下面通过一个简单的例子来了解如何在 C#中用类创建对象并使用其功能。假设要通过串口 1 向一台仪器发送一条 Reset 指令,让仪器重置到开机状态,代码如下:

```
//初始化串口 1,设置波特率为 9600,打开串口,发送"*RST"指令后关闭串口
SerialPort com1 = new SerialPort("COM1");
com1.BaudRate = 9600;
com1.Open();
com1.Write("*RST");
com1.Close();
```

代码中的 SerialPort 是 C#中提供的一个类,该类定义了串口包含的所有属性和操作。通过 SerialPort com1 = new SerialPort("COM1");这条语句,创建(即实例化)一个对应硬件串口 1 的对象并赋值给一个名为 com1 的变量,然后就可以通过此 com1 对象设置波特率,并调用方法依次完成打开串口、发送指令和关闭串口的操作。如果在应用中需要用多个串口去分别连接多台设备,那么就需要多次调用 new SerialPort(),创建 SerialPort 类的多个对象,每个实例对应不同的串口资源,这样就可以用不同的对象分别连接不同的设备了。

上例中使用 C#提供的 SerialPort 类轻松实现了一个简单的串口通信。C#作为面向对象的语言,提供了丰富的类和结构,使得开发人员可以快速高效地进行开发,再结合第三方或自己开发的测试测量类或结构,就可以实现所需的测试测量功能。本书的后续章节还会进一步介绍丰富的数学运算、数字信号处理、数据存储、用户控件等测试测量类库。

4.2 类的定义

在 C#中定义一个类的语法形式并不复杂,请记住 class 关键字,它是定义类的关键字。类定义的具体语法形式如下:

```
类的访问修饰符　修饰符　类名
{
    类的成员
}
```

1.类的访问修饰符

类的访问修饰符用于设定对类的访问限制,包括 public/private/protected/internal/protected internal,在定义一个类或类的成员时,可以使用访问修饰符来设定该类或类成员的可访问性(是否允许其他代码访问),关于不同访问修饰符的含义将在 4.3 节中介绍。如果在定义类或类成员时不使用访问修饰符,那么 C#会自动使用默认的访问修饰符。类

既可以直接在命名空间(即程序集)中定义,也可以在类中定义(如可以在 A 类中定义 B 类)。在这两种不同的情况下,类的默认访问修饰符和可使用的访问修饰符也不同。类的访问修饰符见表 4.1。

表 4.1　类的访问修饰符

类的位置	可使用的访问修饰符	默认访问修饰符
定义在命名空间中的类	public/internal	internal
定义在类中的类	所有访问修饰符	private

2.修饰符

修饰符是对类本身特点的描述,包括 static/virtual/abstract/sealed,其中 static 指定类为静态类,不能被实例化。virtual/abstract/sealed 用于指定类的继承特性,将在 4.5 节中介绍。在定义类时,可以不使用这些修饰符,也可以使用一个或多个相互不冲突的修饰符。

3.类名

类名用于描述类的功能,因此在定义类名时最好是具有实际意义的,这样方便用户理解类中描述的内容。在同一个命名空间下,类名必须是唯一的。

4.类的成员

在类中能定义的元素主要包括字段、属性和方法。

下面通过具体的代码介绍如何定义一个类。假定这样一个应用:有一块具有模拟信号输出功能的板卡,该板卡能按设定的更新率输出一个设定的波形,而现在要让这块板卡输出一个可设置频率和幅度的正弦波。根据这个需求,定义一个 SineGenerator 类,代码如下:

```
public class SineGenerator
{
    public double Amplitude;
    public double Frequency;
    public double SampleRate;
    public void Start();
    public void Stop();
}
```

上述定义的 SineGenerator 类包含五个成员,其中三个字段用于设定正弦波生成的幅度、频率和采样率等参数,还有两个方法用于开始和停止正弦波的输出。后面的小节中将对 SineGenerator 类中的代码进行补充和完善。

4.3　类的成员

定义完类后,还需要定义类中的成员。C#中类的成员分为数据成员和函数成员。顾名思义,数据成员用于存储类的数据,而函数成员则提供对这些数据进行操作的功能。除数据成员和函数成员外,类中还可以包含嵌套的类型,如类和结构。数据成员和函数成员的组成如下。

(1)数据成员。字段、常量和事件。

(2)函数成员。属性、方法、构造方法、析构方法、运算符和索引器。

本节将介绍最常用的字段、常量、属性、方法、构造方法和析构方法。

类的成员与类一样,也都有自己的访问权限,可以使用上一节提到的访问修饰符来修饰,也可以使用 static 关键字将其声明为静态成员。如果在定义字段、常量、属性和方法时没有显式地使用访问性修饰符,那么这些成员会默认使用 private 访问修饰符。

使用不同的访问修饰符将直接导致类的成员具有不同的访问权限。类成员的访问修饰符和访问权限。

表 4.2　类成员的访问修饰符和访问权限

访问修饰符	访问权限
public	同一程序或引用该程序集的其他程序都可以访问
private	只有同一个类可以访问
protected	只有同一个类或派生类可以访问
internal	只有同一个程序集中可以访问
protected internal	在同一个程序集、该类和派生类中都可以访问

4.3.1　字段和常量

字段的定义由访问修饰符、关键字、字段类型和字段名称四部分组成,其中关键字是可选的,主要有 readonly 和 static 两种。readonly 关键字代表只读字段,只有在声明阶段或者在这个类的构造方法里才允许对 readonly 的字段进行赋值。

也可以使用 static 关键字来声明静态字段,没有 static 修饰的字段称为实例字段。静态字段与实例字段的区别在于静态字段必须通过类来访问,而实例字段则需要将类的对象实例化之后再进行访问。

常量的定义与字段类似,只是固定使用 const 关键字,且在定义时必须赋值。如果没有在定义字段时初始化,就会产生编译错误,错误信息为“常量字段需要提供一个值”。定义常量的语法格式如下:

```
访问修饰符 const 常量类型 常量名称 = 常量值;
```

下面对上一节定义的 SineGenerator 类进行修改,演示字段和常量的用法。当输出波形时,假定总是使用板卡的最高输出更新率,因此更改类设计,将原先设计中的 SampleRate 字段改为常量,并新增一个只读字段来定义输出正弦波时所支持的最大频率,代码如下:

```
public class SineGenerator
{
```

```
    private const double SampleRate = 1000000;
    private readonly double MaxFrequency = 100000;

    public double Amplitude;
    public double Frequency;

    public void Start();
    public void Stop();
}
```

4.3.2 属性

属性应该算是字段的扩展。根据面向对象的封装思想,字段最好使用 private 访问修饰符,这样可以防止客户端对字段进行直接修改,从而保证了类内部功能运行的稳定性。但是必要的字段还是需要访问的,C#就提供了属性这种机制,属性经常与字段连用,并提供了 get 访问器与 set 访问器,分别用于获取和设置字段的值。get 访问器与 set 访问器的使用方法类似,可以在操作字段时根据一些规则和条件来设置或获取字段的值。定义属性的语法形式如下:

```
public 数据类型 属性名
{
    get
    {
        获取属性的语句块;
        return 值;
    }
    set
    {
        设置属性的语句块;
    }
}
```

下面对上述代码中的两种访问器进行介绍。

(1)get 访问器。用于获取属性的值,需要在 get 语句最后使用 return 关键字返回一个与属性数据类型相兼容的值。若在属性定义中省略了该访问器,则不能在其他类中获取私有类型的字段值,因此也称只写属性。

(2)set 访问器。用于设置字段的值,这里需要使用一个特殊的值 value,它是给字段赋的值。在 set 访问器省略后无法在其他类中给字段赋值,因此也称只读属性。

属性的命名通常使用的是 Pascal 命名法,即单词的首字母大写,如果由多个单词构成,则每个单词的首字母都大写。由于属性都是针对某个字段赋值的,因此属性的名称通常是将字段中每个单词的首字母大写。

下面对 SineGenerator 类进行修改,将原来的 Amplitude 和 Frequency 从字段改为属性,并新增一个属性 IsRuning 来让调用者判断当前是否已经启动了正弦波输出。这里使用简化的访问器写法,此时 SineGenerator 类的代码更新如下:

```
class SineGenerator
{
    private const double SampleRate = 1000000;
    private readonly double MaxFrequency = 100000;

    private double _amplitude;
    public double Amplitude { get; set; }
    private double _frequency;
    public double Frequency { get; set; }

    private bool _isRunning;
    public bool IsRunning { get; set; }

    public void Start();
    public void Stop();
}
```

在 set 访问器中可以对赋给字段的值加以限制,如先判断 value 值是否满足条件,如果满足条件则赋值,否则给字段赋默认值或进行其他操作。如果需要在对 Amplitude 和 Frequency 属性赋值时进行有效范围检查,则需要将 SineGenerator 类的代码进行如下更新:

```
class SineGenerator
{
    private const double SampleRate = 1000000;
    private readonly double MaxFrequency = 100000;

    private double _amplitude;
    public double Amplitude
    {
        get { return _amplitude; }
        set
        {
            if (_amplitude < 0)
            {
                throw new ArgumentOutOfRangeException("幅度不能小于0");
            }
            else
            {
                _amplitude = value;
            }
```

```
        }
    }

    private double _frequency;
    public double Frequency
    {
        get { return _frequency; }
        set
        {
            if (_frequency < 0 || _frequency > MaxFrequency)
            {
                throw new ArgumentOutOfRangeException("频率超出范围");
            }
            else
            {
                _frequency = value;
            }
        }
    }

    private bool _isRunning;
    public bool IsRunning { get; set; }

    public void Start();
    public void Stop();
}
```

4.3.3 方法

方法由方法签名和一些语句的代码块组成。其中,方法签名包括方法的访问级别(如 public 或 private)、修饰符、方法名称和参数。例如,控制台程序默认会生成一个主方法 Main(),它是执行程序的入口和出口。方法是将完成同一功能的内容放到一起、方便书写和调用的一种方式,体现了面向对象语言中封装的特性。定义方法的语法形式如下:

```
访问修饰符  修饰符  返回值类型  方法名(参数列表)
{
    语句块;
}
```

1.访问修饰符

所有类成员的访问修饰符都可以在方法中使用,如果省略访问修饰符,则默认是 private。

2.修饰符

定义方法时的修饰符和类的修饰符类似,包括 static/virtual/abstract/sealed。此外,类之间继承时还会用到 override 关键字。

3.返回值类型

返回值类型用于在调用方法后得到返回结果,返回值可以是任意的数据类型。如果指定了返回值类型,则必须使用 return 关键字返回一个与之类型匹配的值;如果没有指定返回值类型,则必须使用 void 关键字表示没有返回值。

4.方法名

方法名用于对方法所实现功能的描述。方法名是以 Pascal 命名法为规范命名的。

5.参数列表

在方法中允许有 0 到多个参数,如果没有指定参数,也要保留参数列表的小括号。参数的定义形式是"数据类型 参数名",如果使用多个参数,则多个参数之间需要用逗号隔开。

下面完善 SineGenerator 类中的 Start( ) 和 Stop( ) 方法,这两个方法都是没有参数的,因此用 void 关键字修饰。更新后的 SineGenerator 类的代码如下(这里仅列出更新的内容):

```
class SineGenerator
{
    public void Start( )
    {
        _isRunning = true;
        Console.WriteLine("开始输出正弦波……");
    }

    public void Stop( )
    {
        _isRunning = false;
        Console.WriteLine("停止输出正弦波");
    }
}
```

4.3.4　调用类成员

前面介绍了类中成员的定义,本节将介绍如何访问类中的成员,即调用类的成员。调用类的成员实际上使用的是类的对象,在 4.1 节中已经介绍过使用 new 关键字创建类对象,语法形式如下:

```
类名 对象名 = new 类名 (参数);
```

上面的语法形式是一种简单形式,括号内的参数是可选的。通过"对象名.类成员"即可调用类中的成员。

对之前创建的 SineGenerator 类进行实例化,并调用其中的属性和方法,代码如下:

```
static void Main(string[ ] args)
{
    SineGenerator sineGenerator = new SineGenerator( );
    sineGenerator.Amplitude = 1;
    sineGenerator.Frequency = 100000;
    sineGenerator.Start( );
    sineGenerator.Stop( );
}
```

如果将类中的成员使用修饰符 static 进行声明,则在访问类成员时直接使用"类名.类成员"的方式即可。需要注意的是,如果将一个方法声明成静态的,则在方法中只能直接访问静态类成员。通常将类中经常被调用的方法声明成静态的。

4.3.5 构造方法和析构方法

创建类的对象是使用"类名 对象名 = new 类名( )"的方式来实现的。实际上,"类名( )"的形式调用的是类的构造方法,也就是说构造方法的名字是与类的名称相同的。但是之前的 SineGenerator 类中并不存在与类名相同的构造方法。其实在 SineGenerator 类中并没有自定义构造方法,而是由系统自动生成了一个构造方法,并且该构造方法不包含参数。

构造方法的定义语法形式如下:

```
访问修饰符   类名 (参数列表)
{
    语句块;
}
```

这里构造方法的访问修饰符通常是 public 类型,这样在其他类中都可以创建该类的对象。如果将访问修饰符设置成 private 类型,则无法创建该类的对象。构造方法中的参数与其他方法一样,都是 0 到多个参数。此外,构造方法是在创建类的对象时被调用的,通常会将一些对类中成员初始化的操作放到构造方法中去完成。

可以在 SineGenerator 类中创建一个同名的构造方法,对幅度和频率字段设置一个默认值,代码如下:

```
public SineGenerator( )
{
    _amplitude = 1;
    _frequency = 1000;
}
```

构造方法是在创建类的对象时执行的,而析构方法则是在垃圾回收、释放资源时使用的。析构方法的定义语法形式如下:

```
~类名()
{
    语句块;
}
```

析构方法不带任何参数,它实际上是保证在程序中调用基类的垃圾回收方法 Finalize()。在 SineGenerator 类中添加析构方法并验证析构方法的效果,析构方法是在类操作完成后调用的,代码如下:

```
~SineGenerator()
{
    Debug.WriteLine("代码调用析构函数");
}
```

执行 Main()方法,输出窗口输出的析构方法内容如图 4.1 所示。从调用结果中可以看出,析构方法是在程序结束后自动被调用的,其实是.NET 架构进行垃圾回收,调用 GC.COLLECT 方法强制垃圾收集器来清理内存时才触发析构方法的,而这个操作往往是自动操作,无法手动干预。

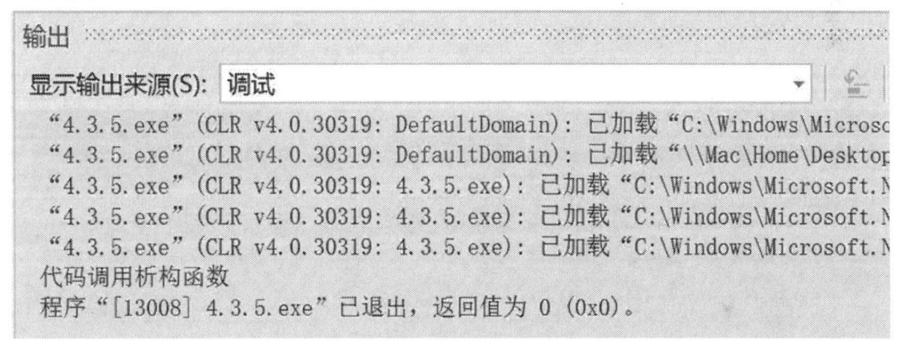

图 4.1　输出窗口输出的析构方法内容

最后介绍 Dispose()方法的概念。在 C++中,对象被销毁时析构方法会被立即执行。而在 C#中,析构方法是由垃圾收集器来执行的,这意味着 C#中对象的析构方法的运行具有不确定性,也就是说无法确定析构方法何时会被执行。因此,如果希望某些资源尽快被释放,或者希望一组对象的资源释放具有先后顺序,如在释放 A 对象的资源之前先释放 B 对象的资源,那么仅依赖于析构方法来释放这些资源是不够的,通常还应该在类中提供主动释放资源的方法。事实上,在 C#中如果类中包含非托管资源,则推荐使用 System.IDisposable 接口来实现析构方法,既允许调用者主动调用 Dispose()方法来释放资源,也可以将析构方法作为一种安全机制,以确保在调用者未调用 Dispose()方法时相关资源也会被释放。C#中很多用到非托管资源的类都使用了 IDisposable 接口,如 System.IO 的 SerialPort 串口通信类、FileStream 文件流读写类等。本质上,IDisposable 接口定义了一种释放非托管资源的模式,并且有语言级的支持。此外,还可通过 using 语法来隐式地调用 Dispose()方法以简化代码,这部分内容将在 4.4 节中介绍。

4.3.6 重载

上一节介绍定义构造方法时提到可以定义具有 0 到多个参数的构造方法,但构造方法的名称必须是类名。实际上,这就是一个典型的方法重载,即方法名称相同、参数列表不同。参数列表不同主要体现在参数个数或参数的数据类型不同。在调用重载的方法时,系统根据所传递参数的不同判断调用的是哪个方法。

创建一个名为 SumUtils 的类,在类中分别定义计算两个整数、两个小数、两个字符串类型的和,以及从 1 到给定整数的和。分别定义三个具有两个参数的方法,以及一个具有一个整型参数的方法,代码如下:

```
class Program
{
    static void Main(string[] args)
    {
        SumUtils s = new SumUtils();
        //调用两个整数求和的方法
        Console.WriteLine("两个整数的和为:" + s.Sum(3,5));
        //调用两个小数求和的方法
        Console.WriteLine("两个小数的和为:" + s.Sum(3.2,5.6));
        //调用两个字符串连接的方法
        Console.WriteLine("两个字符串的连接结果为:" + s.Sum("C#","方法重载"));
        //输出 1 到 10 的和
        Console.WriteLine("1 到 10 的和为:" + s.Sum(10));
    }

    public class SumUtils
    {
        public int Sum(int a,int b)
        {
            return a + b;
        }

        public double Sum(double a,double b)
        {
            return a + b;
        }

        public string Sum(string a,string b)
        {
            return a + b;
        }
```

```
        public int Sum(int a)
        {
            int sum = 0;
            for (int i = 1; i <= a; i++)
            {
                sum += i;
            }
            return sum;
        }
    }
}
```

上述代码中,Sum()方法有三个重载方法,它们的参数个数、参数类型都不尽相同,但是方法名是一样的。因此,在调用时需要根据不同的参数选择合适的重载方法。执行上面的代码,结果如下:

```
两个整数的和为:8
两个小数的和为:8.8
两个字符串的连接结果为:C#方法重载
1 到 10 的和为:55
```

4.3.7　方法的参数

方法中的参数分为实际参数和形式参数,实际参数称为实参,是在调用方法时传递的参数。而形式参数称为形参,是在方法定义中所写的参数。例如,在下面的方法定义中,a 和 b 是形式参数:

```
public int Add(int a,int b)
{
    return a + b;
}
```

以下代码中,在 Print()方法中调用 Add()方法,传递的参数 3 和 4 即为实际参数:

```
public void Print()
{
    Add(3,4);
}
```

在 C#语言中,方法中的参数除定义数据类型外,还可以定义引用参数和输出参数。引用参数使用 ref 关键字定义,输出参数使用 out 关键字定义。如果需要将方法中的每一个参数都设置为 ref 类型参数,则需要在每一个参数前面加上 ref 关键字修饰。针对 ref 参数进行操作的过程其实与 C++/C 的指针操作有点类似,都是针对数值操作之后,把操作后的数值保留在原来的内存地址的操作。从处理的角度看,避免了实际参数传递过程中的内存浪费,也避免了一些算法中需要中间变量来操作数据的麻烦。

初始化包含10个元素的一维数组,通过编程将原数组每个元素都变为原来的2倍,代码如下:

```
public static void ArrayCal(ref double[] ArrayNum)
{
    for (int i = 0; i < ArrayNum.Length; i++)
    {
        ArrayNum[i] = ArrayNum[i] * 2;
    }
}
private static void Main(string[] args)
{
    double[] ArrayTemp = new double[10];
    Console.WriteLine("原始数组为:");
    for (int i = 0; i < ArrayTemp.Length; i++)
    {
        ArrayTemp[i] = i;
        Console.Write(ArrayTemp[i].ToString() + ",");
    }
    Console.WriteLine("");
    ArrayCal(ref ArrayTemp);
    Console.WriteLine("新数组为:");
    for (int i = 0; i < ArrayTemp.Length; i++)
    {
        Console.Write(ArrayTemp[i].ToString() + ",");
    }
}
```

代码的运行结果如下:

```
原始数组为:
0,1,2,3,4,5,6,7,8,9,
新数组为:
0,2,4,6,8,10,12,14,16,18,
```

从该实例中可以看出,在调用带有引用参数的方法时,实际参数必须是一个变量,并且在传值时必须加上 ref 关键字。引用参数与平时使用的参数有些类似,但输出参数不同,输出参数相当于返回值,即在方法调用完成后可以将返回的结果存放到输出参数中,多用于一个方法需要返回多个值的情况。需要注意的是,在使用输出参数时,必须在方法调用完成前为输出参数赋值。

在上述实例中再创建一个方法,只需要输入两个参数,然后分别得到加、减、乘、除四种运算的结果。代码如下:

```
private static void CalFunc(double a,double b,out double addNum,out double SubNum,out double MultiNum,out double DivNum)
{
```

```
        addNum = a + b;
        SubNum = a - b;
        MultiNum = a * b;
        DivNum = a / b;
    }
    private static void Main(string[] args)
    {
        CalFunc(10,5,out double a,out double b,out double c,out double d);
        Console.WriteLine("加法:{0},减法:{1},乘法:{2},除法:{3}",a,b,c,d);
    }
```

执行上述代码,结果如下:

```
加法:15,减法:5,乘法:50,除法:2
```

从该实例中可以看出,在使用输出参数时,必须在方法操作结束前为带输出参数的形式参数赋值。在调用含有带输出参数的方法时,必须在传递参数时使用 out 关键字,但不必给输出参数赋值。

4.4　命名空间和 using 关键字

第 2 章在创建控制台应用程序时提到过命名空间和 using 关键字,但是没有详细介绍,本节将介绍这两个概念。

命名空间的设计目的是提供一种让一组名称与其他名称分隔开的方式,在一个命名空间中声明的类的名称与另一个命名空间中声明的相同的类的名称不冲突。举一个计算机系统中的例子,一个文件夹(目录)中可以包含多个文件夹,每个文件夹中不能有相同的文件名,但不同文件夹中的文件可以重名,如图 4.2 所示。

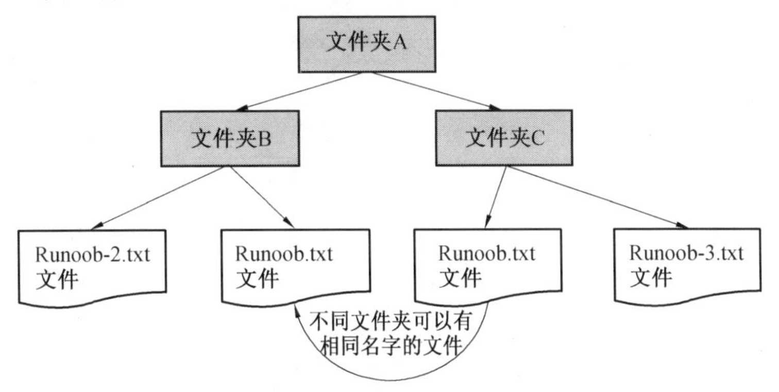

图 4.2　不同文件夹中的文件可以重名

命名空间的定义是以 namespace 关键字开始的,后跟命名空间的名称,代码如下:

```
namespace 名称
{
    //代码
```

```
}
```

using 关键字表明程序使用的是给定命名空间中的名称。例如,Console 类所在的命名空间是 System,因此调用时需要写完全限定名称:

```
System.Console.WriteLine("Hello World");
```

也可以在代码顶部使用 using 命名空间指令,该指令告诉编译器随后的代码使用了指定命名空间中的名称,这样在使用的时候就不用在前面加上命名空间名称。上述代码可以做如下简化:

```
Console.WriteLine("Hello World");
```

在 C#程序中,using 关键字除可以引入命名空间外,还可以用来简化资源释放。它可以定义一个范围,在范围结束时处理对象。例如,当在某个代码段中使用了类的实例时,希望无论什么原因,只要离开了这个代码段就自动调用这个类实例的 Dispose()方法来释放对象资源。并不是所有的类都适用 using 关键字,只有实现了 IDisposable 接口的类才可以使用。下面的代码段运行结束时,会自动调用 font3 和 font4 的 Dispose()方法来释放资源:

```
using (Font font3 = new Font("Arial",10.0f),font4 = new Font("Arial",10.0f))
{
    // Use font3 and font4.
}
```

4.5 类图的使用

在开发软件时,经常会在详细设计阶段使用类图的形式来表示类。在 Visual Studio 中提供了类图功能,可以将类文件直接转换成类图的形式。将类文件转换成类图非常简单,在解决方案资源管理器中点击类文件,在右键菜单中选择“查看类图”命令,如图 4.3 所示。

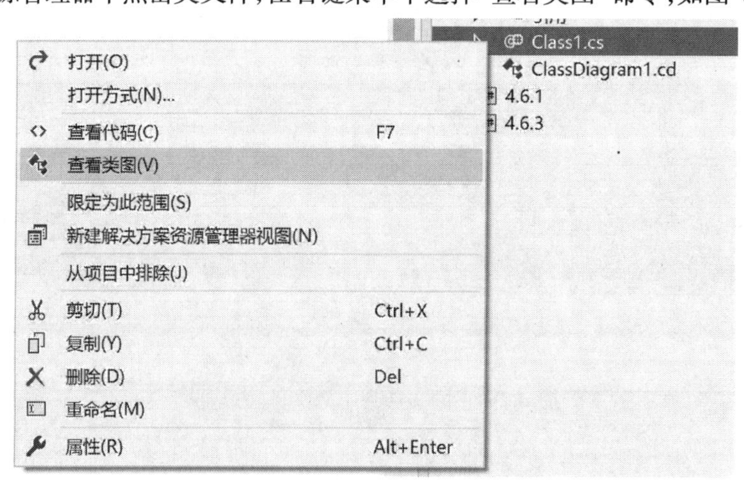

图 4.3 选择“查看类图”命令

如果在项目中没有看到查看类图选项，则需要安装类设计器工具。在 VS 2017 的菜单栏中选择“工具”→“扩展工具和功能”，打开 Visual Studio Installer。在工作负载中勾选 Visual Studio 扩展开发，并且一定要勾选右面摘要中的类设计器，如图 4.4 所示，然后点击修改等待安装完成。

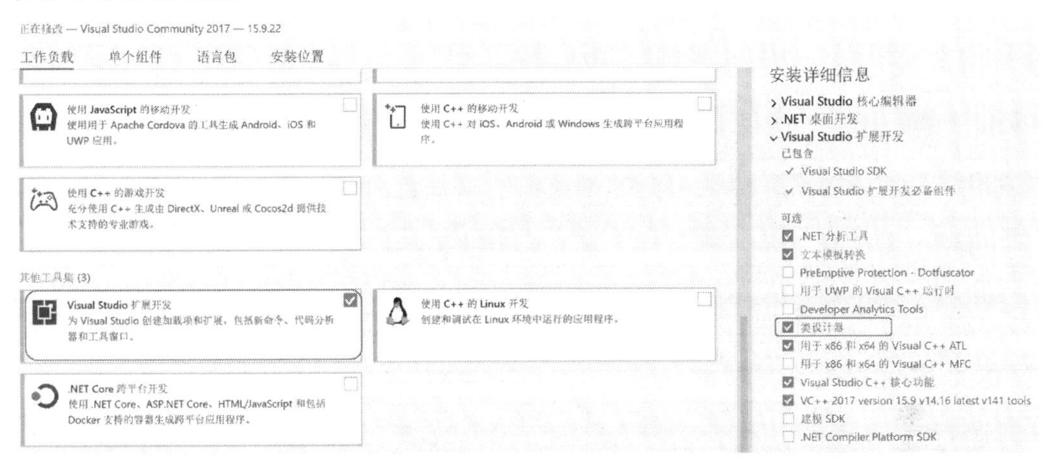

图 4.4　在 VS 中安装类设计器

假设要完成一个学校的校园管理信息系统，在员工管理系统中有不同的人员信息，包括学生信息、教师信息等。学生信息、教师信息会有一些公共的信息，如人员编号、姓名、性别、身份证号和联系方式都是共有的；但是也有些信息是教师独有的，如职称、工资号等。

直接为学生信息、教师信息创建两个类，并在两个类中分别定义属性和方法。在学生类中定义编号（Id）、姓名（Name）、性别（Sex）、身份证号（Cardid）、联系方式（Tel）、专业（Major）和年级（Grade）七个属性，并定义一个方法在控制台输出这些属性的值。

学生信息类（Student）的代码如下：

```
class Student
{
    public int Id { get; set; }
    public string Name { get; set; }
    public string Sex { get; set; }
    public string Cardid { get; set; }
    public string Tel { get; set; }
    public string Major { get; set; }
    public string Grade { get; set; }
    public void Print()
    {
        Console.WriteLine("编号:" + Id);
```

```
            Console.WriteLine("姓名:" + Name);
            Console.WriteLine("性别:" + Sex);
            Console.WriteLine("身份证号:" + Cardid);
            Console.WriteLine("联系方式:" + Tel);
            Console.WriteLine("专业:" + Major);
            Console.WriteLine("年级:" + Grade);
        }
    }
```

用同样的方法创建教师信息类(Teacher),属性包括编号(Id)、姓名(Name)、性别(Sex)、身份证号(Cardid)、联系方式(Tel)、职称(Title)和工资号(WageNo),并将上述属性输出到控制台,代码如下:

```
    class Teacher
    {
        public int Id { get; set; }
        public string Name { get; set; }
        public string Sex { get; set; }
        public string Cardid { get; set; }
        public string Tel { get; set; }
        public string Title { get; set; }
        public string WageNo { get; set; }
        public void Print( )
        {
            Console.WriteLine("编号:" + Id);
            Console.WriteLine("姓名:" + Name);
            Console.WriteLine("性别:" + Sex);
            Console.WriteLine("身份证号:" + Cardid);
            Console.WriteLine("联系方式:" + Tel);
            Console.WriteLine("职称:" + Title);
            Console.WriteLine("工资号:" + WageNo);
        }
    }
```

在项目中右键点击类文件选择“查看类图”,如图 4.5 所示。不仅可以从代码生成类图,在类图中右键点击某个类选择添加,也可以向类中添加类成员,如方法、属性和事件等,添加完后 VS 会自动生成相应的代码。

从 Student 类和 Teacher 类的类图中可以看到它们有很多重复的属性,如果将这些属性单独写到一个文件中,Student 类和 Teacher 类在使用这些属性和方法时直接复制这个文件中的内容就方便多了。下一节将介绍如何对这个问题进行简化。

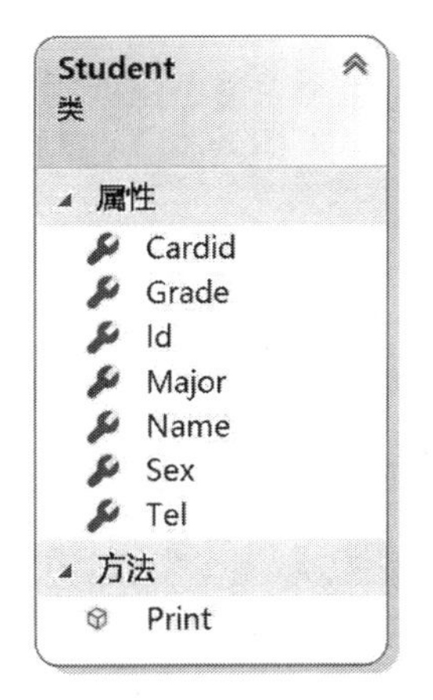

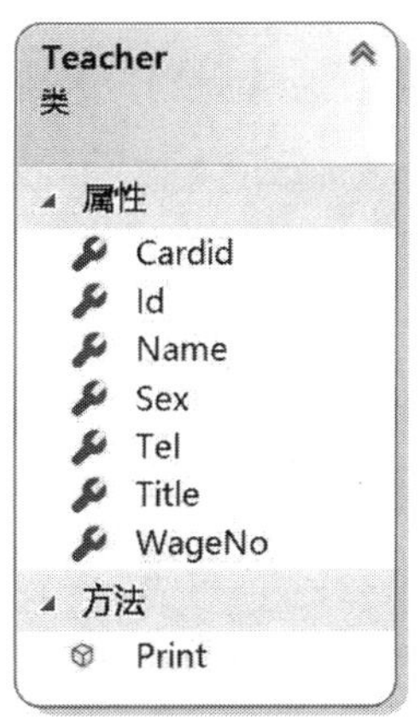

图 4.5　Student 类和 Teacher 类的类图

4.6　继　　承

继承是面向对象软件技术中的一个概念，与多态、封装共为面向对象的三个基本特征。在 C#语言中仅支持单重继承，主要用于解决代码的重用问题，当然也提供了其他方式来解决多重继承的关系。本节主要介绍继承的概念和用法。

4.6.1　基类和派生类

继承允许根据一个类来定义另一个类，这使得创建和维护应用程序变得更容易，同时也有利于重用代码和节省开发时间。当创建一个类时，不需要完全重新编写新的数据成员和成员函数，只需要设计一个新的类，继承已有的类的成员即可。这个已有的类称为基类，而新的类称为派生类。

继承的思想实现了属于(IS-A)关系。例如，哺乳动物属于(IS-A)动物，狗属于(IS-A)哺乳动物，因此狗属于(IS-A)动物。

继承有以下几个特点。

(1)派生类是对基类的扩展，可以添加新的成员，但不能移除已经继承的成员的定义。

(2)继承是可以传递的。如果 C 从 B 中派生，B 又从 A 中派生，那么 C 不仅继承了 B 中声明的成员，同样也继承了 A 中声明的成员。

(3)构造方法和析构方法不能被继承，除此之外，其他成员都能被继承。基类中成员的访问方式只能决定派生类能否访问它们。

(4)派生类如果定义了与继承而来的成员同名的新成员，那么就可以覆盖已继承的成员，但这并不是删除了这些成员，只是不能再访问这些成员。

在 C#语言中实现继承非常容易，只需要用“:”符号即可完成类之间继承的表示。类

之间的继承关系的定义语法形式如下:

```
访问修饰符 class ClassA:ClassB
{
    //类成员
}
```

(1)访问修饰符。包括 public、internal。

(2)ClassA。称为子类、派生类,在子类中能直接使用 ClassB 中的成员。

(3)ClassB。称为父类、基类。

注意:一个类只能有一个父类,但是一个父类可以有多个子类,并且在 C#语言中继承关系具有传递性,即 A 类继承 B 类、C 类继承 A 类,则 C 类也相当于继承了 B 类。

需要说明的是,父类和子类中会有同名的方法,但是这并不是重载,因为方法重载是指方法名相同而方法的参数不同的方法。在 C#语言中,子类中定义的同名方法相当于在子类中重新定义了一个方法,在子类中的对象是调用不到父类中的同名方法的,调用的是子类中的方法,因此也经常说成是将父类中的同名方法隐藏了。C#语法建议用 new 关键字来修饰子类中的同名方法。创建子类的对象仅能调用子类中的方法,而与父类中的对应方法无关。在继承的关系中,子类如果需要调用父类中的成员,则可以借助 base 关键字来完成,如果在同名的方法中使用 base 关键字调用父类中的方法,则相当于把父类中的方法内容复制到该方法中。具体的用法如下:

```
base.父类成员
```

使用继承的特性对 4.4 节中的例子进行修改,将 Student 类和 Teacher 类中共有的属性抽取出来定义为一个类,然后 Student 类和 Teacher 类都继承这个共有属性类即可。假设将共有属性类定义为 Person,在类中定义属性和方法的代码如下:

```
class Person
{
    public int Id { get; set; }
    public string Name { get; set; }
    public string Sex { get; set; }
    public string Cardid { get; set; }
    public string Tel { get; set; }
    public void Print()
    {
        Console.WriteLine("编号:" + Id);
        Console.WriteLine("姓名:" + Name);
        Console.WriteLine("性别:" + Sex);
        Console.WriteLine("身份证号:" + Cardid);
        Console.WriteLine("联系方式:" + Tel);
    }
}
```

创建了 Person 类之后,则 Student 类和 Teacher 类中仅保留不同的属性和方法即可。将 Student 类和 Teacher 类的代码更改为如下代码:

```
class Student
{
    public string Major { get; set; }
    public string Grade { get; set; }
    public void Print( )
    {
        Console.WriteLine("专业:" + Major);
        Console.WriteLine("年级:" + Grade);
    }
}
class Teacher
{
    public string Title { get; set; }
    public string WageNo { get; set; }
    public void Print( )
    {
        Console.WriteLine("职称:" + Title);
        Console.WriteLine("工资号:" + WageNo);
    }
}
```

现在需要借助类的继承功能分别完成 Student 类和 Teacher 类继承 Person 类的操作，直接根据语法添加:Person 即可，代码如下：

```
class Student:Person
{
    public string Major { get; set; }
    public string Grade { get; set; }
    public new void Print( )
    {
        Console.WriteLine("专业:" + Major);
        Console.WriteLine("年级:" + Grade);
    }
}
class Teacher:Person
{
    public string Title { get; set; }
    public string WageNo { get; set; }
    public new void Print( )
    {
        Console.WriteLine("职称:" + Title);
        Console.WriteLine("工资号:" + WageNo);
    }
```

```
}
```

Person 类、Student 类和 Teacher 类的继承关系如图 4.6 所示,在类图中使用箭头表示继承关系,箭头的三角形端指向父类,另一端是子类。

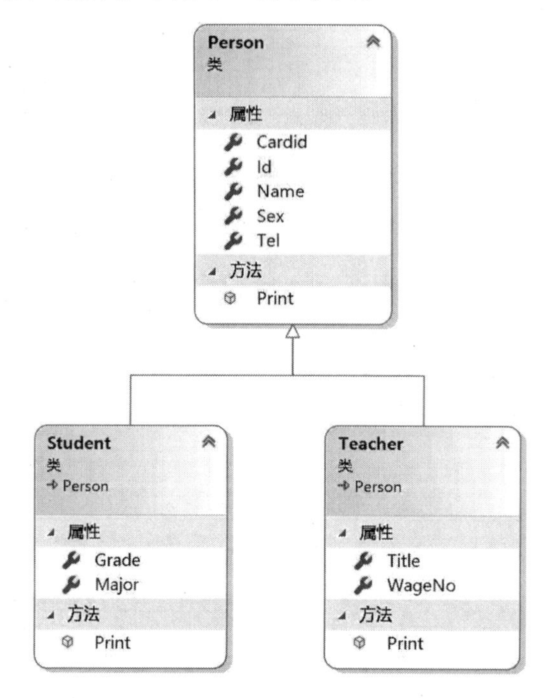

图 4.6　Person 类、Student 类和 Teacher 类的继承关系

4.6.2　虚类

C#语言中虚类是用 virtual 关键字来修饰的,默认情况下类中的成员都是非虚拟的。通常将父类中的成员定义成虚拟的,表示这些成员将会在被子类继承后重写其中的内容。virtual 关键字能修饰父类中的方法、属性及事件等成员。使用 virtual 关键字修饰属性和方法的语法形式如下:

```
//修饰属性
public virtual 数据类型 属性名{get; set; }
//修饰方法
public virtual 返回值类型 方法名
{
    //语句块;
}
```

需要注意的是,virtual 关键字不能修饰使用 static 修饰的成员。此外,virtual 关键字既可以添加到访问修饰符的后面,也可以添加到访问修饰符的前面,但实际应用中习惯将该关键字放到访问修饰符的后面。

子类继承父类后能重写父类中的成员,重写的关键字是 override。所谓重写,是指子

类和父类的成员定义一致，仅在子类中增加了 override 关键字修饰成员。

4.6.3　抽象类

C#语言中抽象类是用 abstract 关键字来修饰的，使用该关键字能修饰类和类中的方法，修饰的方法称为抽象方法，修饰的类称为抽象类。抽象方法因为不提供具体的实现，所以仅包含方法的定义，没有方法体（一对大括号所包含的内容），语句以分号结束，语法形式如下：

```
访问修饰符 abstract 方法返回值类型 方法名（参数列表）；
```

当 abstract 关键字用于修饰方法时，也可以将 abstract 放到访问修饰符的前面。抽象方法定义后面的"；"符号是必须保留的。需要注意的是，抽象方法必须定义在抽象类中。

在定义抽象类时，若使用 abstract 修饰类，需要将其放到 class 关键字的前面，语法形式如下：

```
访问修饰符 abstract class 类名
{
    //类成员
}
```

抽象类仅对成员进行声明，但不提供实现代码，等于设计了一个"空架子"，描绘一幅大致的蓝图，具体如何实现取决于派生类。正因为抽象类自身不提供实现，所以不能进行实例化，调用没有实现代码的实例没有实际意义。在抽象类中可以定义抽象方法，也可以定义非抽象方法。通常抽象类会被其他类继承，并重写其中的抽象方法或虚方法。在实际应用中，子类仅能重写父类中的虚方法（使用 virtual 关键字修饰的方法）或抽象方法。当不需要使用父类中方法的内容时，将其定义成抽象方法，否则将方法定义成虚方法。

抽象类在大型应用程序中会经常用到，不少 C#的设计模式中都使用了抽象类，利用子类重写父类中的内容，有利于代码的维护和可重构。

分别定义数学专业和英语专业的学生类继承抽象类 ExamResult，重写计算总成绩的方法并根据科目分数的不同权重计算总成绩。其中，数学专业的数学分数占 60%、英语分数占 40%；英语专业的数学分数占 40%、英语分数占 60%。代码如下：

```
abstract class ExamResult
{
    //学号
    public int Id { get; set; }
    //数学成绩
    public double Math { get; set; }
    //英语成绩
    public double English { get; set; }
    //计算总成绩
    public abstract void Total();
}
```

```
class MathMajor : ExamResult
{
    public override void Total()
    {
        double total = Math * 0.6 + English * 0.4;
        Console.WriteLine("学号为" + Id + "数学专业学生的总分为:" + total);
    }
}

class EnglishMajor : ExamResult
{
    public override void Total()
    {
        double total = Math * 0.4 + English * 0.6;
        Console.WriteLine("学号为" + Id + "英语专业学生的总分为:" + total);
    }
}
```

在 Main()方法中分别创建 MathMajor 和 EnglishMajor 类的对象,并调用其中的 Total()方法来计算总分。代码如下:

```
static void Main(string[] args)
{
    MathMajor mathMajor = new MathMajor();
    mathMajor.Id = 1;
    mathMajor.English = 80;
    mathMajor.Math = 90;
    mathMajor.Total();
    EnglishMajor englishMajor = new EnglishMajor();
    englishMajor.Id = 2;
    englishMajor.English = 80;
    englishMajor.Math = 90;
    englishMajor.Total();
}
```

代码的运行结果如下:

```
学号为 1 数学专业学生的总分为:86
学号为 2 英语专业学生的总分为:84
```

4.6.4 密封类

C#语言中密封类是用 sealed 关键字来修饰的,使用该关键字能修饰类和类中的方法,修饰的类称为密封类,修饰的方法称为密封方法。密封方法必须出现在子类中,并且是子类重写的父类方法,即 sealed 关键字必须与 override 关键字一起使用。

密封类不能被继承,密封方法不能被重写。在实际应用中,在发布的软件产品里有些类或方法不希望再被继承或重写,可以将其定义为密封类或密封方法。

最后,总结一下之前介绍的三个关键字 virtual、abstract 和 sealed 之间的联系和区别。

1.abstract,抽象

(1)如果使用 abstract 定义方法,那么类就一定得用 abstract 定义,只有抽象类才能有抽象方法。

(2)abstract 类不能被实例化,只能继承,而且必须被子类使用 override 关键字重写。

(3)abstract 方法不能被实现(不带方法体)。

(4)abstract 不能和 sealed 一起用,二者相斥。

2.virtual,虚拟

(1)virtual 方法必须有代码实现。

(2)virtual 在子类中可以被重写,如果重写了 virtual 方法,则前面必须加上 override 关键字,而且必须有实现。也可以使用方法隐藏,将会访问父类的方法。

3.sealed,密封

(1)sealed 修饰类时表示此类不能被再继承。

(2)sealed 修饰的方法和属性不能被重写,而且必须与 override 一起使用。

第5章　高级数据类型

第3章中介绍了数值、字符串和布尔三种基本数据类型的用法，在C#中还有着许多更为高级的数据类型，包括数组、枚举、泛型等，本章将会详细地进行介绍。

5.1　数组类型

5.1.1　数组定义

数组从字面上理解就是存放的一组数，但在数组存放的并不一定是数字，也可以是其他数据类型，如布尔、字符串等。数组代表了相同类型元素的集合，并且可以通过循环以及数据操作的方法对数组的值进行运算或操作。

数组分为一维数组和多维数组。一维数组在数组中最常用，即将一组值存放到一个数组中，并为其定义一个名称，通过数组中元素的位置来存取值。声明一维数组的语法形式如下：

```
数据类型[]　数组名;
```

这里的数据类型可以是值类型，也可以是引用类型。需要注意，方括号放在数据类型之后和数组名之前，这点与C语言有所不同。

多维数组中比较常用的是二维数组，它与一维数组的定义类似，每多一个维度则在定义时的[]中增加一个“,”。二维数组的声明形式如下，其中m表示行数，n表示列数：

```
数据类型[,]　数组名;
数据类型[,]　数组名 = new 数据类型[m,n];
```

在定义数组的同时也可以对数组中元素进行初始化，初始化数组时指定了数组的长度，也就是数组中能存放的元素个数。在指定数组的长度后，数组中的元素会被系统自动赋予初始值，数值类型的值为0，布尔类型的值为false，引用类型的值为null。如果在初始化数组时直接对数组进行了赋值，那么数组中值的个数就是数组的长度，此时可以隐藏数组长度的说明。一维数组的初始化有以下三种格式，多位数组的初始化也类似：

```
数据类型[]　数组名 = new　数据类型[长度];
数据类型[]　数组名 = {值1,值2,...};
数据类型[]　数组名 = new　数据类型[长度]{值1,值2,...};
```

数据类型[,]　数组名 = new 数据类型[m,n]{{a1,a2…},{b1,b2…}};

数组中某个指定的元素是通过索引(也叫下标)来访问的。所有的数组都是由连续的内存位置组成的。最低的地址对应第一个元素,最高的地址对应最后一个元素。可以用下面的方法访问数组的元素:

数据类型 元素名称 = 数组名[索引];

这里的数组的索引从 0 开始,最大不能超过数组长度-1。如果索引超过这个范围,则程序会出现异常报错。

二维数组的大小对应的是矩形,每一行的元素个数都是相等的。还有一种特殊的数组称为交错数组,也称为锯齿数组,它的大小设置比较灵活,每一行的元素个数可以不相等,可以把交错数组看作"数组的数组"。两个行数相等的二维数组和交错数组的比较如图 5.1 所示,二维数组是 3×3 的大小,而交错数组有 3 行,第 1 行有 3 个元素,第 2 行有 6 个元素,第 3 行有 2 个元素。

1	2	3
4	5	6
7	8	9

1	2	3			
4	5	6	7	8	9
10	11				

图 5.1　两个行数相等二维数组和交错数组的比较

在声明交错数组时,要依次放置左右括号。在初始化交错数组时,需要在第 1 对方括号中设置该数组的行数,第 2 对方括号留空,因为每行的元素个数是不同的,语法形式如下:

数据类型[][]　数组名 = new 数据类型[交错数组的长度][];

下面的代码演示了如何对交错数组进行初始化:

```
int[][]jaggedArray = new int[3][];
jaggedArray [0] = new int[] { 1,2,3,4,5 };
jaggedArray [1] = new int[] { 6,7,8 };
jaggedArray [2] = new int[] { 9,10 };
```

数组经常与 foreach 语句一起使用,用于列举数组中所有元素。foreach 语句中的表达式由关键字 in 隔开的两个项组成,in 右边的项是集合名,in 左边的项是变量名,用来存放该集合中的每个元素。具体的语法形式如下:

```
foreach(数据类型 变量名 in 数组名)
{
    //语句块;
}
```

每次循环时,foreach 语句从集合中取出一个新的元素值,放到变量中去。如果要输出数组中的元素,则不需要使用数组中的下标,直接输出变量名即可。foreach 语句仅能用于数组、字符串或集合类数据类型。

5.1.2 数组操作

C#中的数组实际上是对象,System.Array 是所有数组类型的抽象基类型,提供了创建、操作、搜索和排序数组的方法,因此所有数组都可以使用它的属性和方法。Array 类的属性和方法见表 5.1。

表 5.1 Array 类的属性和方法

属性			
序号	属性名称	数据类型	功能描述
1	Length	int	获取数组所有维度中元素的总数
2	Rank	int	获取数组的秩(维度)

方法		
序号	方法名称	功能描述
1	void Clear (Array array, int index, int length)	将数组从 index 处开始,长度为 length 的元素设置为 0、false 或者 null
2	void Copy(Array array1, long Index1, Array array2, long Index2, long length);	从数组 1 的索引处开始复制某个长度的元素到数组 2 的指定索引处
3	int GetLength(int dimension)	获取指定维度的数组中的元素总数
4	object GetValue( )	获取维数组中指定位置的值
5	void SetValue( )	将值设置为数组中指定位置的值
6	void Reverse(Array)	反转整个一维数组中元素的顺序
7	void Sort(Array array, int index, int length)	对一维数组从指定索引处开始部分元素进行排序
8	Min( )	一维数组中的最小值
9	Max( )	一维数组中的最大值
10	Average( )	一维数组中的平均值
11	Sum( )	一维数组中所有元素之和

创建一维数组和二维数组,分别输出数组中所有元素,然后调用表 5.1 中的属性和方法获取数组的参数或者进行操作,代码如下:

```
//定义一维数组
int[ ] a = new int[ ] { 1,2,3,4,5 };
Console.WriteLine("输出一维数组中所有元素:");
foreach (int element in a)
{
    Console.Write(element + " ");
}
Console.WriteLine( );
```

```
Array.Reverse(a);
Console.WriteLine("输出反转的一维数组中所有元素:");
for (int i = 0; i < a.Length; i++)
{
    Console.Write(a[i] + " ");
}
Console.WriteLine();
Console.WriteLine("一维数组最小值:" + a.Min());
Console.WriteLine("一维数组最大值:" + a.Max());
Console.WriteLine("一维数组平均值:" + a.Average());
Console.WriteLine("一维数组元素和:" + a.Sum());
//定义二维数组
int[,] b = new int[,] { { 1,2,3 },{ 4,5,6 } };
Console.WriteLine("输出二维数组中所有元素:");
for (int i = 0; i < b.GetLength(0); i++)
{
    for (int j = 0; j < b.GetLength(1); j++)
    {
        Console.Write(b[i,j] + " ");
    }
    Console.WriteLine();
}
Console.WriteLine("二维数组长度:" + b.Length);
Console.WriteLine("二维数组维度:" + b.Rank);
Console.WriteLine("二维数组行数:" + b.GetLength(0));
Console.WriteLine("二维数组列数:" + b.GetLength(1));
```

代码的输出结果如下：

```
输出一维数组中所有元素:
1 2 3 4 5
输出反转的一维数组中所有元素:
5 4 3 2 1
一维数组最小值:1
一维数组最大值:5
一维数组平均值:3
一维数组元素和:15
输出二维数组中所有元素:
1 2 3
4 5 6
二维数组长度:6
二维数组维度:2
二维数组行数:2
二维数组列数:3
```

5.1.3 SeeSharpTools 中的数组类库

上一节中介绍的是数组本身的属性和方法，以及静态类 Array 的方法，就绝大多数应用而言是非常方便的，但是在实际项目中也会用到更复杂的数组操作，如数组运算、数组转置等，而 C#自身的类库并没有提供现成的方法。SeeSharpTools 提供了针对数组操作的类库，包括更多数组操作和数组计算，命名空间为 SeeSharpTools.JY.ArrayUtility。此命名空间中包括两个静态类：ArrayCalculation 和 ArrayManipulation。

ArrayCalculation 类方法见表 5.2，主要提供了数组之间的运算功能，如加、减、乘、除、绝对值、平均等，注意所有方法均有支持各种数值类型的重载，表格中仅以 int 类型为例，每个方法的参数列表中使用 ref 关键词修饰的参数存放的是数组的运算结果。

表 5.2　ArrayCalculation 类方法

序号	属性名称	功能描述
1	void Add(int[] a,int[] b,ref int[] c)	将两个一维数组按照顺序进行数值相加
2	void AddOffset(ref int[] a,int offset)	将数组中每个元素都加上一个偏置量
3	void Subtract(int[] a,int[] b,ref int[] c)	将两个一维数组按照顺序进行数值相减
4	void Multiply(int[] a,int[] b,ref int[] c)	将两个一维数组按照顺序进行数值相乘
5	void MultiplyScale(ref int[,] a,int scale)	将数组中每个元素都乘以一个系数
6	void Abs(int[] a,ref int[] b)	计算输入一维数值数组中各元素的绝对值
7	bool AreEqual(int[] a,int[] b)	比较两个一维数组中的元素是否依次相等
8	void InitializeArray(ref int[] a,int b)	初始化一维数组中的每个元素

ArrayManipulation 类方法见表 5.3 所示，主要提供了数组之间的操作功能，如获取数组子集、连接数组、数组转置等，表中的枚举类型 MajorOrder 是指行列方向。

表 5.3　ArrayManipulation 类方法

序号	属性名称	功能描述
1	void Concatenate<T>(T[] a,T[] b,ref T[,] c,MajorOrder majorOrder)	将两个一维数组按照行或列方向连接为二维数组
2	void Concatenate<T>(T[,] a,T[,] b,ref T[,] c,MajorOrder majorOrder)	将两个二维数组按照行或列方向进行连接
3	void Connect_1D_Array<T>(T[] a,T[] b,ref T[] c)	将两个一维数组连接成新的一维数组，新数组长度为原来两个数组长度之和
4	void Connected_2D_Array<T>(T[] a,T[] _b,ref T[,] c)	将两个一维数组连接为二维数组，列数为 2，行数为两个一维数组中长度较短者

续表5.3

序号	属性名称	功能描述
5	void Convert2StringArray<T>(T[,] a,ref string[,] b)	将二维数值数组中的每个元素都转换成字符串
6	void GetArraySubset<T>(T[] a,int index,ref T[] b)	从一维数组 a 中的起始索引处拷贝部分元素至数组 b,元素个数等于数组 b 长度
7	void GetArraySubset<T>(T[,] a,int index,ref T[] b,MajorOrder majororder)	将二维数组 a 的指定行或列拷贝至一维数组 b[],索引号为 index
8	void Insert_1D_Array<T>(T[] a,T b,int index,ref T[] c)	向一维数组中的指定索引处插入新元素,得到新数组
9	void Insert_2D_Array<T>(T[,] a,T[] b,int columnIndex,ref T[,] c)	向二维数组中的指定列索引位置插入一维数组,得到新数组
10	void ReplaceArraySubset<T>(T[] a,ref T[] b,int index)	将一维数组 a 的所有元素拷贝至一维数组 b 的指定位置,索引号为 index
11	void ReplaceArraySubset<T>(T[] a,ref T[,] b,int index,MajorOrder majororder)	将一维数组 a 的所有元素拷贝至二维数组 b 中的指定行或列,索引号为 index
12	void Transpose<T>(T[,] a,ref T[,] b)	二维数组行列转置

ArrayCalculation 类方法比较简单,这里不再举例。ArrayManipulation 类中最常用的是对二维数组的操作,如按照行或列提取数组子集。在数据采集应用中,多通道的数据都是以二维数组形式获取的,但是针对每个通道进行实际的分析则需要对一维数组做处理。

首先初始化一个二维数组,然后提取数组第一行子集,将每个元素乘以 5 后再替换原二维数组的第一行,这个操作其实就是将二维数组第一行的每个元素都乘以 5,最后把二维数组进行转置操作,代码如下:

```
static void Main(string[] args)
{
    int[,] array1 = new int[,] { { 1,2,3 },{ 4,5,6 } };
    Console.WriteLine("原二维数组:");
    // 输出数组元素
    PrintArray(array1);
    int[] tempArray = new int[array1.GetLength(1)];
    // 拷贝二维数组的第一行到一维数组中
    ArrayManipulation.GetArraySubset(array1,0,ref tempArray,Majororder.Row);
    // 数组中每个元素自乘 5
    ArrayCalculation.MultiplyScale(ref tempArray,5);
    // 把新的一维数组替换原数组的第一行
    ArrayManipulation.ReplaceArraySubset(tempArray,ref array1,0);
```

```
    Console.WriteLine("操作后数组:");
    PrintArray(array1);
    // 转置二维数组,行列数和原二维数组互换
    int[,] array2 = new int[array1.GetLength(1),array1.GetLength(0)];
    ArrayManipulation.Transpose(array1,ref array2);
    Console.WriteLine("转置后数组:");
    PrintArray(array2);
}
```

PrintArray()是事先定义好的一个静态方法,用于向控制台输出数组中所有元素。代码的运行结果如下:

```
原二维数组:
1 2 3
4 5 6
操作后数组:
5 10 15
4 5 6
转置后数组:
5 4
10 5
15 6
```

5.1.4 动态数组

数组是一种指定长度和数据类型的对象,在实际应用中有一定的局限性。动态数组正是为这种局限性而生的,其长度能根据需要更改,也允许存放任何数据类型。

动态数组的类名称是 ArrayList,命名空间是 System.Collections,与数组的操作方法也是类似的。ArrayList 代表了可被单独索引的对象的有序集合,它基本上可以替代一个数组。ArrayList 可以使用索引在指定的位置添加和移除元素,并且自动重新调整数组大小。同时,ArrayList 也允许进行动态内存分配、增加、搜索和排序各项。创建 ArrayList 类的对象需要使用该类的构造方法,它有以下三种形式。

(1)ArrayList()。创建 ArrayList 的实例,集合的容量是默认初始容量。

(2)ArrayList(ICollection c)。创建 ArrayList 的实例,该实例包含从指定实例中复制的元素,并且初始容量与复制的元素个数相同。

(3)ArrayList(int capacity)。创建 ArrayList 的实例,并设置其初始容量。

ArrayList 类中提供了很多属性和方法供开发人员调用,以便简化更多的操作。ArrayList 类的常用属性和方法见表 5.4,其中与数组重复的属性和方法在这里不再列举。

表 5.4　ArrayList 类的常用属性和方法

属性			
序号	属性名称	数据类型	功能描述
1	Count	int	只读属性,获取集合中实际含有的元素个数
2	Capacity	int	设置或获取集合中可容纳的元素个数

方法		
序号	方法名称	功能描述
1	int Add(object value)	向集合中添加 object 类型的元素,返回元素在集合中的下标
2	void AddRange(ICollection c)	向集合中添加另一个集合 c
3	bool Contains(object item)	判断集合中是否含有某个元素
4	void Insert(int index,object value)	向集合中的指定索引处插入元素
5	void InsertRange(int index,ICollection c)	向集合中的指定索引处插入一个集合
6	void Remove(object obj)	将指定元素 obj 从集合中移除
7	void RemoveAt(int index)	移除集合中指索引处的元素
8	void RemoveRange(int index,int count)	移除集合中从指定索引处的 count 个元素

首先新建一个 ArrayList,然后向其中插入一个新的 ArrayList,最后删除其中部分元素,代码如下:

```
static void Main(string[] args)
{
    ArrayList list = new ArrayList() {"aaa","bbb","abc",123,456};
    Console.WriteLine("List 包含的元素个数是:" + list.Count);
    Console.WriteLine("List 当前的容量是" + list.Capacity);
    Console.WriteLine("输出 List 中所有元素");
    PrintList(list);
    ArrayList insertList = new ArrayList() {"A","B","C"};
    // 在指定索引处中插入新列表
    list.InsertRange(1,insertList);
    Console.Write("插入元素后的 List:");
    PrintList(list);
    // 在指定索引处删除部分元素
    list.RemoveRange(2,3);
    Console.Write("删除元素后的 List:");
    PrintList(list);
}
```

代码中需要添加对 System.Collections 的引用，运行结果如下：

```
List 包含的元素个数是:5
List 当前的容量是 8
输出 List 中所有元素
aaa bbb abc 123 456
插入元素后的 List:aaa A B C bbb abc 123 456
删除元素后的 List:aaa A abc 123 456
```

Capacity 属性表示当前 ArrayList 可容纳的最大容量，默认是 8，当数组中元素个数大于等于此容量时，ArrayList 会自动扩充一倍，这正是动态数组的意义所在。

5.2 枚举类型

枚举类型属于数值类型，它用于声明一组命名的常数，每个值之间用逗号分隔。枚举类型是使用 enum 关键字来完成声明的。枚举类型的定义如下：

```
enum 枚举名称 {枚举值 1,枚举值 2}
```

枚举中值的数据类型只能是整数类型，包括 byte、short、int、long 等，默认的数据类型是 int。枚举中的每个值都被自动赋予了一个整数类型值，并且值是递增加 1 的，默认是从 0 开始的，也就是枚举值 1 的值是 0，枚举值 2 的值是 1。如果不需要系统自动为枚举值指定值，也可以直接为其赋一个整数值。通常设置的枚举值都是不同的，其整数值也是不同的。

在 C#中，枚举类型的基类是 Enum，类中提供了和枚举类型有关的方法，Enum 类方法见表 5.5，其中参数 enumType 指的是枚举类型，需要使用 typeof(enum)来获取。

表 5.5 Enum 类方法

序号	方法名称	功能描述
1	string GetName(Type enumType,object value)	静态方法，在指定枚举中检索具有指定值的常数的名称
2	string[ ] GetNames(Type enumType)	静态方法，检索指定枚举中常数名称的数组
3	Array GetValues(Type enumType)	静态方法，检索指定枚举中常数值的数组
4	object Parse(Type enumType,string value)	静态方法，将一个或多个枚举常数的名称或数字值的字符串表示转换成等效的枚举对象

首先定义一个星期的枚举类型，然后使用表格中的方法对此枚举类型进行操作，代码如下：

```
class Program
{
    private enum Week { Monday,Tuesday,Wednesday,Thursday,Friday,Saturday,Sunday }

    static void Main(string[ ] args)
```

```
    {
        // 将枚举类型转换成字符串
        string day1 = Week.Friday.ToString();
        Console.WriteLine(day1);
        // 获取枚举中数值为 2 的,转换成字符串
        string day2 = Enum.GetName(typeof(Week),2);
        Console.WriteLine("第二个元素是:" + day2);
        // 获取指定字符串在枚举中的数值
        int index = (int)Enum.Parse(typeof(Week),"Monday");
        Console.WriteLine("Monday 位于第{0}项",index.ToString());
        // 获取枚举中所有元素,转换成字符串数组
        Console.WriteLine("输出枚举中所有元素:");
        string[] days = Enum.GetNames(typeof(Week));
        for (int i = 0; i < days.Length; i++)
        {
            Console.Write(days[i] + " ");
        }
        Console.WriteLine();
        Console.WriteLine("输出枚举中所有元素和对应数值:");
        foreach (var day in Enum.GetValues(typeof(Week)))
        {
            Console.WriteLine(day.ToString()+"="+(int)day);
        }
    }
}
```

代码的运行结果如下:

```
Friday
第二个元素是:Wednesday
Monday 位于第 0 项
输出枚举中所有元素:
Monday Tuesday Wednesday Thursday Friday Saturday Sunday
输出枚举中所有元素和对应数值:
Monday=0
Tuesday=1
Wednesday=2
Thursday=3
Friday=4
Saturday=5
Sunday=6
```

5.3 字　符　串

5.3.1 常用的属性和方法

与数组相同,字符串实际上也是对象,它的基类是 String 类。在任何一个软件中对字符串的操作都是必不可少的,在 C#语言中提供了对字符串类型数据操作的方法,如截取字符串中的内容、查找字符串中的内容等。常用的字符串操作包括获取字符串的长度、查找某个字符在字符串中的位置、替换字符串中的内容、拆分字符串等,把握好字符串的操作将会在编程中起到事半功倍的作用。

字符串实际上是由多个字符组成的,其中的第一个字符使用字符串[0]即可得到。[0]中的 0 称为索引或者下标,这一点与数组中元素的概念是一致的。获取字符串中的第一个字符使用的下标是 0,则字符串中最后一个字符的下标是字符串的长度减 1。如果要获取字符串的长度,则使用 Length 属性即可。另一个常用的属性是空字符串,属性名称是 Empty。

字符串类常用的方法见表 5.6。其中,不少方法具有多种重载形式,如可以同时对字符串或者字符进行操作、操作时是否带参数等,可以在使用时查看 String 类中的方法定义。下一节中将举例介绍部分方法的使用。

表 5.6　字符串类常用的方法

序号	方法名称	功能描述
1	int IndexOf(String value, int startIndex, int count)	返回指定字符串的第一个匹配项的索引,未找到则返回-1
2	int LastIndexOf(String value, int startIndex, int count)	返回指定字符串的最后一个匹配项的索引,未找到则返回-1
3	bool StartsWith(String value)	判断某个字符串是否以指定的字符串开头
4	bool EndsWith(String value)	判断某个字符串是否以指定的字符串结尾
5	String ToLower()	将字符串中的大写字母转换成小写字母
6	String ToUpper()	将字符串中的小写字母转换成大写字母
7	String Trim()	将原字符串中前后的空格删除
8	String TrimStart(params char[] trimChars)	移除指定的一组字符的所有前导匹配项,数组为空则删除空格
9	String TrimEnd(params char[] trimChars)	移除指定的一组字符的所有尾部匹配项,数组为空则删除空格
10	String Remove(int startIndex,int count)	在原字符串的指定位置删除指定数目的字符

续表5.6

序号	方法名称	功能描述
11	String Replace(String oldValue, String newValue)	将原字符串中所有指定字符串都替换为另一个指定的字符串
12	String[ ] Split(String[ ] separator, StringSplitOptions options)	返回字符串数组,包含此字符串中的子字符串(由指定字符串数组的元素分隔)
13	String Substring(int startIndex,int length)	从指定字符位置截取指定长度的子字符串
14	String Insert(int startIndex,String value)	将一个字符串插入到另一个字符串中指定索引的位置
15	String Concat(String str0,String str1)	将多个字符串合并成一个字符串
16	String PadLeft(int totalWidth)	从字符串的左侧填充空格到指定字符串长度
17	String PadRight(int totalWidth)	从字符串的右侧填充空格到指定字符串长度
18	String Join(String separator, params object[ ] values)	串联字符串数组的所有元素,其中在每个元素之间使用指定的分隔符

5.3.2　字符串操作

本节主要介绍表 5.6 中的部分方法,如字符串的查找、截取、插入等操作。

1.查找字符串

(1)在字符串中查找是否含有某个字符串是一个常见的应用,如在输入的字符串中查找特殊字符、获取某个字符串在原字符串中的位置等。

(2)字符串的查找方法有 IndexOf( )和 LastIndexOf( ),前者得到的是指定字符串在原字符串中第一次出现的位置,后者得到的是指定字符串在查找的字符串中最后一次出现的位置。

(3)查找字符串还可以使用 IndexOfAny( )和 LastIndexOfAany( )方法,参数是一个字符数组,可以查找数组中任意一个匹配的字符是否存在,如果存在则返回索引位置。

(4)如果要判断字符串中是否仅含有一个指定的字符串,则需要将 IndexOf( )和 LastIndexOf( )两个方法一起使用,只要通过这两个方法得到的字符串出现的位置是同一个即可。

(5)字符串中每个字符的位置是从 0 开始的,无论是哪个方法,只要指定的字符串在查找的字符串中不存在,结果都为-1。

2.替换字符串

(1)字符串的替换操作是指将字符串中指定的字符串替换成新字符串,也可以替换字符。

(2)字符串替换的方法是 Replace( ),方法的返回值就是替换后的新字符串。

3.截取字符串

(1)从字符串中截取一部分字符串和从数组中提取数组子集的含义是类似的，如从身份证号码中取得出生年月日、截取手机号码的前3位、截取邮箱的用户名等。

(2)截取字符串的方法是Substring( )，可以从指定位置开始截取到字符串结束，也可以从指定位置开始截取指定字符个数的字符，方法的返回值是截取的字符串。

4.插入字符串

可以使用Insert( )方法在一个字符串的指定位置插入另一个字符串，需要指定插入的位置和待插入的字符串，方法的返回值是插入后的新字符串。

5.删除字符串

(1)字符串的删除操作使用的方法是Remove( )，可以删除从指定位置到最后位置的所有字符，也可以从指定位置开始删除指定数量的字符。

(2)可以使用Trim( )方法删除字符串开头和结尾处的所有空格，返回剩余字符串。

(3)可以使用TrimStart( )和TrimEnd( )方法删除开头和结尾所有匹配的字符，方法参数就是指定删除的字符数组，如果数组为空则删除空格。

6.连接/分隔字符串

(1)多个字符串可以进行连接，使用的方法是Concat( )，它具有多个重载形式，连接的实例可以是字符串、数值等多种数据类型，也可以是集合类型中的所有元素。

(2)Join( )方法用于字符串数组的内部连接，也可以是对象数组或集合，元素之间可以使用指定的分隔符，如空格、引号等。

(3)分隔字符串的操作和连接字符串相反，使用的方法是Split( )，可以指定一个或多个分隔字符，方法的返回值就是分隔后的字符串数组。

原始字符串是一张数据采集卡的参数设置，对此字符串进行查找、替换和插入操作，最后将字符串分隔成字符串数组并输出，代码如下：

```
static void Main(string[ ] args)
{
    string str = "BoardType = USB101,SampleRate = 100,SamplesToAcquire = 100";
    Console.WriteLine("输出原始字符串:" + str);
    Console.WriteLine("字符串长度是:" + str.Length);
    if (str.IndexOf("SampleRate") != -1)
    {
        Console.WriteLine("已包含采样率信息,位于第{0}个字符",str.IndexOf("SampleRate") +
1);
    }
    else { Console.WriteLine("未找到采样率信息!"); }
    str=str.Replace("USB101","USB61902");
    Console.WriteLine("输出新字符串:" + str);
    Console.WriteLine("输出板卡型号:" + str.Substring(0,20));
    str = str.Insert(str.Length,",ChannelCount = 2");
```

```
        Console.WriteLine("输出新字符串:" + str);
        Console.WriteLine("输出分隔的字符串数组:");
        foreach (var item in str.Split(','))
        {
            Console.WriteLine(item);
        }
}
```

代码的输出结果如下,可以看到已经对原始字符串进行了相应的操作:

```
输出原始字符串:BoardType = USB101,SampleRate = 100,SamplesToAcquire = 100
字符串长度是:58
已包含采样率信息,位于第 20 个字符
输出新字符串:BoardType = USB6902,SampleRate = 100,SamplesToAcquire = 100
输出板卡型号:BoardType = USB6902
输出新字符串:BoardType = USB6902,SampleRate = 100,SamplesToAcquire = 100,ChannelCount =2
输出分隔的字符串数组:
BoardType = USB6902
SampleRate = 100
SamplesToAcquire = 100
ChannelCount =2
```

5.4　泛　　型

在编程时经常会遇到功能非常相似的模块,它们处理的数据类型不一样,按照之前的方法,只能分别使用多个名称相同参数类型不同的方法来处理不同的数据类型,也称重载,它们的差异仅仅在于数据类型不同。那么是否可以使用同一个方法来处理传入的不同种类型参数呢?泛型的出现就是专门来解决这个问题的。

5.4.1　泛型的定义和使用

泛型是在 System.Collections.Generic 命名空间中的,用于约束类或方法中的参数类型,它是 C# 2.0 框架升级提供的功能。泛型的应用非常广泛,包括方法、类、集合等。泛型可以支持整型、字符串、object 甚至类等多种数据类型。

泛型方法是指通过泛型来约束方法中的参数类型,也可以理解为对数据类型设置了参数。如果没有泛型,则每次方法中的参数类型都是固定的,不能随意更改;在使用泛型后,方法中的数据类型则由指定的泛型来约束,即可以根据提供的泛型来传递不同类型的参数。定义泛型方法需要在方法名和参数列表之间加上<>,并在其中使用 T 来代表参数类型。

创建静态泛型方法,实现对两个数的求和运算,泛型方法的代码如下:

```
private static void Add<T>(T a,T b)
```

```
{
    double sum = double.Parse(a.ToString()) + double.Parse(b.ToString());
    Console.WriteLine(sum);
}
```

可以看到,方法名后面需要加上<T>,参数列表中的每个参数类型都是 T,方法中的代码将泛型都转换成 double 类型,求和并且输出。在主函数中调用可以直接使用方法名,无须再添加<T>,VS 会自动识别输入的参数类型,代码如下:

```
static void Main(string[] args)
{
  // 将 T 设置为 double 类型
  Add(3.3,4);
  // 将 T 设置为 int 类型
  Add(3,4);
  // 将 T 设置为 string 类型
  Add("1","2");
}
```

执行上面的代码,结果如下:

```
7.3
7
3
```

可以看出,在调用 Add()方法时能指定不同的参数类型执行加法运算。如果在调用 Add 方法时没有按照 <T> 中规定的类型传递参数,则会直接出现带有红色波浪线的编译错误,这样就可以尽量避免程序在运行时出现异常而中断执行。

5.4.2 泛型集合

集合与数组类似,都用于存放一组值,但集合中提供了特定的方法,能直接操作集合中的数据,并提供了不同的集合类来实现特定的功能。集合的长度能根据需要更改,也允许存放任何数据类型的值。上一节中介绍的动态数组就是一种最常用的集合。

泛型集合是泛型中最常见的应用,主要用于约束集合中存放的元素。由于在集合中能存放任意类型的值,在取值时经常会遇到数据类型转换异常的情况,因此推荐在定义集合时使用泛型集合。

使用泛型集合 List<T> 实现对学生信息的添加和遍历,代码如下:

```
class Program
{
    static void Main(string[] args)
    {
        //定义泛型集合
        List<Student> list = new List<Student>
        {
```

```
            //向集合中存入2名学员
            new Student(1,"小明",20),
            new Student(2,"小李",21),
        };
        //遍历集合中的元素
        foreach (Student stu in list)
        {
            Console.WriteLine(stu);
        }
    }
}
class Student
{
    //提供有参构造方法,为属性赋值
    public Student(int id,string name,int age)
    {
        Id = id;
        Name = name;
        Age = age;
    }
    public int Id { get; set; } //学号
    public string Name { get; set; } //姓名
    public int Age { get; set; }   //年龄
    //重写 ToString 方法
    public override string ToString()
    {
        return Id + ":" + Name + ":" + Age;
    }
}
```

代码的运行结果如下：

```
1:小明:20
2:小李:21
```

可以看出在该泛型集合中存放的是 Student 类的对象,当从集合中取出元素时并不需要将集合中元素的类型转换为 Studen 类的对象,而是直接遍历集合中的元素即可,这也是泛型集合的一个特点。

5.5　字　　典

通常情况下,用户可以通过 int 类型的索引号来从数组或者集合中查询所需的数据。但是如果情况稍微复杂一点,索引号是非 int 型数据(如 string 或其他类型)该如何操作呢? 这时就可以使用字典了。

字典是一种让用户可以通过索引号查询到特定数据的数据结构类型,它包含在System.Collections.Generic 命名空间中,表示一组键和值的集合,结构如下:

Dictionary< Tkey,TValue >

关于字典的用法有以下几点说明。

(1)Dictionary 中的每个元素都是一个由键和值两个元素组成键值对。

(2)键必须是唯一的,而值不需要是唯一的。

(3)键和值都可以是任何类型(如 string、int、自定义类型等)。

(4)用 foreach 遍历 Dictionary<Tkey,TValue>集合返回一个键值对<Tkey,TValue>,该结构包含数据项的键和值拷贝。

(5)可通过 Key 和 Value 属性访问每个元素,但是元素是只读的,无法进行修改。

字典的常用属性和方法见表 5.7,其中 Keys 和 Values 属性的返回值都是集合类型。

表 5.7　字典的常用属性和方法

属性			
序号	属性名称	数据类型	功能描述
1	Count	int	只读属性,获取包含在字典中键值对的数目
2	Keys	KeyCollection	只读属性,获取包含字典中的键的集合
3	Values	ValueCollection	只读属性,获取包含字典中的值的集合

方法		
序号	方法名称	功能描述
1	void Add(TKey key,TValue value)	将指定的键和值添加到字典中
2	void Clear()	从字典中移除所有的键和值
3	bool ContainsKey(TKey key)	确定字典是否包含指定的键
4	bool ContainsValue(TValue value)	确定字典是否包含特定值
5	bool Remove(TKey key)	从字典中移除所指定的键的值
6	bool TryGetValue (TKey key, out TValue value)	获取与指定的键相关联的值

上述表格中部分属性和方法的用法中,key 的类型为 int,value 的类型为 string。可以看到通过 foreach 对字典进行遍历是很方便的,代码如下:

```
static void Main(string[] args)
{
    //创建及初始化
    Dictionary<int,string> language = new Dictionary<int,string>();
    //添加元素
    language.Add(1,"C#");
    language.Add(2,"C++");
    language.Add(3,"Python");
```

```
        language.Add(4,"LabVIEW");
        //通过 Key 查找元素
        Console.WriteLine("For Key = 1,Value = {0}.",language[1]);
        //更改指定 Key 对应的 Value
        language[1] = "Java";
        Console.WriteLine("For Key = 1,Value = {0}.",language[1]);
        //仅遍历键 Key 属性
        foreach (int key in language.Keys)
        {
            Console.WriteLine("Key = {0}",key);
        }
        //仅遍历值 Value 属性
        foreach (string value in language.Values)
        {
            Console.WriteLine("Value = {0}",value);
        }
        //通过 KeyValuePair 遍历元素
        foreach (KeyValuePair<int,string> kvp in language)
        {
            Console.WriteLine("Key = {0},Value = {1}",kvp.Key,kvp.Value);
        }
        //通过 Remove 方法移除指定的键值
        language.Remove(3);
        if (! language.ContainsKey(3))
        {
            Console.WriteLine("Key 3 is not found.");
        }
}
```

代码的运行结果如下：

```
For Key = 1,Value = C#.
For Key = 1,Value = Java.
Key = 1
Key = 2
Key = 3
Key = 4
Value = Java
Value = C++
Value = Python
Value = LabVIEW
Key = 1,Value = Java
Key = 2,Value = C++
Key = 3,Value = Python
```

```
Key = 4,Value = LabVIEW
Key 3 is not found.
```

5.6 数据类型转换

C#是一门强类型语言,对类型要求比较严格,但是在一定的条件下也是可以相互转换的,如将 int 类型数据转换成 double 类型数据。C#中允许使用两种转换方式,分别是隐式类型转换和显式类型转换。

(1)隐式类型转换。这些转换是 C#默认的以安全方式进行的转换,不会导致数据丢失。例如,从小的整数类型转换为大的整数类型,从派生类转换为基类。

(2)显式类型转换。也称强制类型转换,显式转换需要强制转换运算符,而且强制转换会造成数据丢失。

接下来介绍数据类型转换的隐式转换、强制类型转换及 Parse()和 Convert()方法的使用。

5.6.1 隐式类型转换

隐式转换是指不需要其他方法即可直接进行数据类型的转换。隐式转换主要是在整型、浮点型之间的转换,将存储范围小的数据类型直接转换成存储范围大的数据类型。例如,将 int 类型的值转换成 double 类型的值,将 int 类型的值转换成 long 类型的值,或者将 float 类型的值转换成 double 类型的值。示例代码如下:

```
int a = 124;
double d = a; //将 int 类型转换为 double 类型
float f = 3.14f;
d = f; //将 float 类型转换为 double 类型
```

隐式数值转换包括以下几种。

(1)从 sbyte 类型到 short、int、long、float、double 或 decimal 类型。

(2)从 byte 类型到 short、ushort、int、uint、long、ulong、float、double 或 decimal 类型。

(3)从 short 类型到 int、long、float、double 或 decimal 类型。

(4)从 ushort 类型到 int、uint、long、ulong、float、double 或 decimal 类型。

(5)从 int 类型到 long、float、double 或 decimal 类型。

(6)从 uint 类型到 long、ulong、float、double 或 decimal 类型。

(7)从 long 类型到 float、double 或 decimal 类型。

(8)从 ulong 类型到 float、double 或 decimal 类型。

(9)从 char 类型到 ushort、int、uint、long、ulong、float、double 或 decimal 类型。

(10)从 float 类型到 double 类型。

其中,从 int、uint 或 long 到 float,以及从 long 到 double 的类型转换可能会导致精度下降,但不会引起数量上的丢失,其他的隐式数值转换则不会有任何信息丢失。总体来讲,隐式数值转换实际上就是从低精度的数值类型到高精度的数值类型的转换。

5.6.2　显式类型转换

显式类型转换,即强制类型转换。显式类型转换需要强制转换运算符,而且强制转换会造成数据丢失。强制类型转换主要用于将存储范围大的数据类型转换成存储范围小的,但数据类型需要兼容。例如,int 型转换成 float 型是可行的,但 float 型转换成 int 型则会造成数据精度丢失,而且字符串类型与整数类型之间是无法进行强制类型转换的。

强制类型转换的语法如下:

```
数据类型 变量名 = (数据类型) 变量名或值;
```

示例代码如下:

```
double dbl_num = 12345678910.456;
int k = (int)dbl_num; //此处运用了强制转换
```

这样虽然能将值进行类型的转换,但损失了数据的精度,造成了数据的不准确,因此在使用强制类型转换时还需要注意数据的准确性。

5.6.3　Parse 和 Convert 方法

上面提到两种转换方式都不适用于字符串,下面介绍的两种方法对于任意数据类型包括字符串都是适用的。

1.Parse()方法

Parse()方法可以将字符串类型转换成任意类型,具体的语法形式如下:

```
数据类型变量名 = 数据类型.Parse(字符串);
```

5.2 节中介绍枚举类型的时候就用过 Parse()方法将字符串类型转换成枚举类型,示例代码如下:

```
int num1 = int.Parse("100");
double num2 = double.Parse("10.001");
float num3 = float.Parse(Console.ReadLine());
int index = (int)Enum.Parse(typeof(Week),"Monday");
```

上述代码中有一点需要值得特别注意:第一行代码中使用 Parse()方法将字符串类型转换成整数类型 int,所转化字符串必须是数字并且不能超出 int 类型的取值范围。

2.Convert()方法

Convert()方法是数据类型转换中最灵活的方法,它能够将任意数据类型的值转换成任意数据类型,前提是不要超出指定数据类型的范围。具体的语法形式如下:

```
数据类型变量名 = Convert.To 数据类型(变量名);
```

示例代码如下:

```
float num1 = 82.26f;
```

```
int integer;
string str;
integer = Convert.ToInt32(num1); // 输出为 82
str = Convert.ToString(num1); // 输出"82.26"
```

对于整型和浮点型的强制数据类型操作也可以使用 Convert( )方法代替,但是依然会损失存储范围大的数据类型的精度。

5.6.4 装箱和拆箱

第 3 章中提到过 C#中的数据类型分为值类型和引用类型两种:值类型包括整型、浮点型、字符型、布尔型、枚举型等;引用类型包括类、数组、委托、字符串等。这两种数据类型一般是无法直接转换的,装箱和拆箱正是为解决这个问题而出现的。

装箱(Boxing)和拆箱(Unboxing)是 C#的核心概念。通过装箱和拆箱操作,能够在值类型和引用类型中架起一座桥梁。换言之,可以轻松地实现值类型与引用类型的互相转换,装箱和拆箱能够统一考查系统,任何类型的值最终都可以按照对象进行处理。

装箱和拆箱是值类型和引用类型之间相互转换时要执行的操作,将值类型转换为引用类型的操作称为装箱,将引用类型转换成值类型的操作称为拆箱。上一节中使用 Parse 和 Convert 方法将字符串类型转换为整型,这其实就是一个拆箱的工作。

利用装箱和拆箱的功能,可以允许值类型与 Object 类型相互转换,从而将值类型与引用类型链接起来。Object 类型又称"上帝类",C#中的所有类型都派生于 System.Object 类。

下面演示装箱和拆箱的过程,代码运行的结果都是 100,代码如下:

```
static void Main(string[ ] args)
{
    int val = 100;
    object obj = val; //装箱过程
    Console.WriteLine("对象的值 = {0}",obj);
    int num = (int)obj; //拆箱过程
    Console.WriteLine("num: {0}",num);
}
```

第 6 章　C#异常与调试

在编写程序中会不可避免地出现一些错误，错误主要包括编译错误和逻辑错误。由于有强大的 Visual Studio 编译器的加持，因此编译错误是很容易发现的。Visual Studio 通过红色的波浪线来提醒编程人员语法错误，如忘加了语句末尾的分号、大括号不匹配或者类型不匹配等问题。而逻辑错误是很难发现的，通常需要借助调试工具来查找。此外，程序在运行过程中也会出现一些不可预料的问题，如将字符串类型转换成整数类型时出现的异常、除数为 0 等。

在 C#语言中，异常也称运行时异常，它是在程序运行过程中出现的错误。对于异常的处理需要编程人员积累的经验，在可能出现异常的位置加入异常处理语句，从而将所编写的程序的鲁棒性变得更强，不至于因为一个硬件问题或操作异常而导致程序整个崩溃掉。另外，利用代码的禁用特性也可以很有效地增强程序的鲁棒性，如必须执行一些步骤才可以将后续步骤开启。本章将介绍在 C#编程中常见的异常信息，以及如何对这些异常进行调试和处理。

6.1　异　常　类

.NET Framework 类库中的所有异常都派生于 Exception 类，异常包括系统异常和应用异常。默认所有系统异常派生于 System.SystemException，所有的应用程序异常派生于 System.ApplicationException。.NET Framework 中的异常类派生关系如图 6.1 所示。

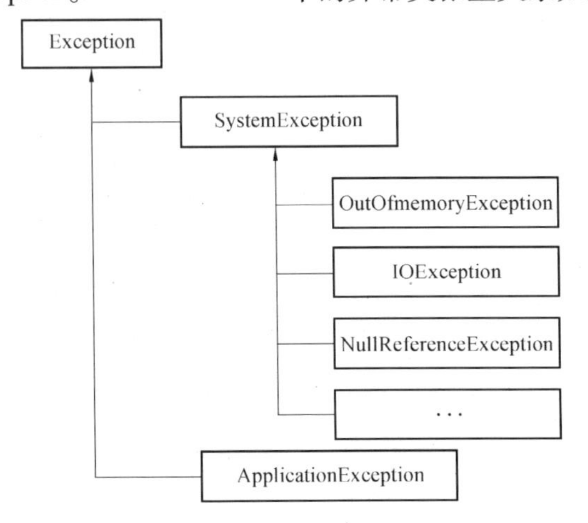

图 6.1　.NET Framework 中的异常类派生关系

常见的系统异常类说明见表 6.1。

表 6.1 常见的系统异常类说明

异常类	说明
System.OutOfMemoryException	用 new 分配内存失败
System.StackOverflowException	递归过多、过深
System.NullReferenceException	对象为空
Syetem.IndexOutOfRangeException	数组越界
System.ArithmaticException	算术操作异常的基类
System.DivideByZeroException	除零错误

6.2 异 常 处 理

在 C#语言中,异常与异常处理语句包括三种形式,即 try catch、try finally 和 try catch finally。在上述三种异常处理的形式中所用到关键字的含义如下。

(1)try。用于检查发生的异常,并帮助发送任何可能的异常。

(2)catch。以控制权更大的方式处理错误,可以有多个 catch 子句。

(3)finally。无论是否引发了异常,finally 的代码块都将被执行。

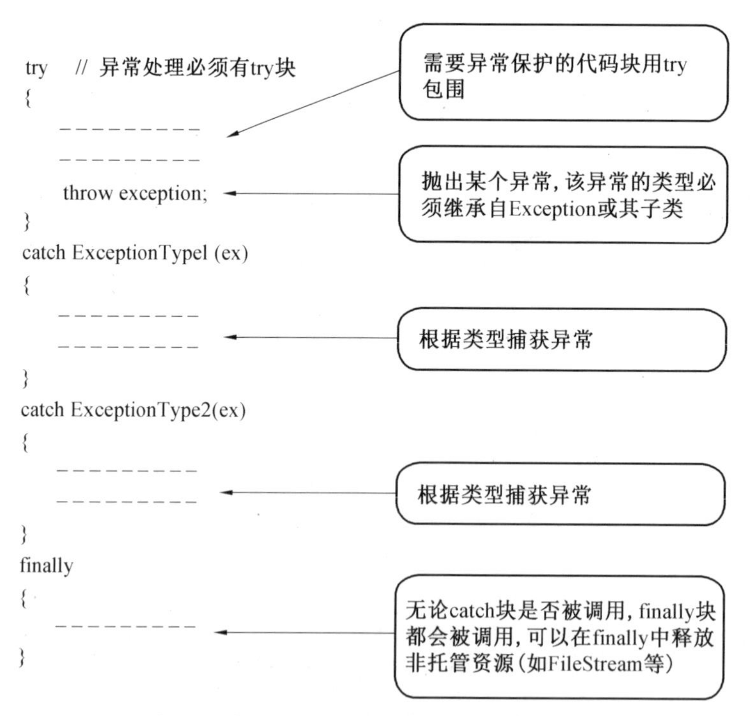

图 6.2 完整的 try catch finally 结构通用模板

完整的 try catch finally 结构通用模板如图 6.2 所示,可以看出可以使用多个 catch 块来捕获不同类型的异常,在出现不同的异常时都会有相应的异常类来处理异常,这也是比较推荐的一种编程方法。当然,在编写代码的时候,没有办法保证使用所有功能,这里主要介绍 try catch 和 try catch finally 两种异常处理形式。

1.try catch

在 try 语句中放置可能出现异常的语句,而在 catch 语句中放置异常时处理异常的语句,通常在 catch 语句中输出异常信息或者发送邮件给开发人员等。

在控制台中输入一个整数,并判断其是否大于 100。如果输入的是一个字符串或浮点数,就会出现类型转换错误,程序会出现中断,并出现如图 6.3 所示的类型转换异常错误提示。

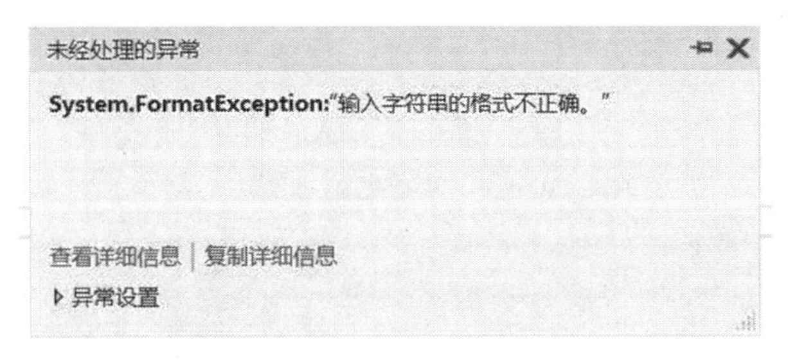

图 6.3　类型转换异常错误提示

这种程序运行过程时的中断会带来不友好的用户体验,如果使用异常处理的语句来处理数据类型转换,就不会出现图中的提示。用户可以在 catch 语句中进行异常处理,如向用户输出异常信息。实现的代码如下:

```
static void Main(string[ ] args)
{
    string str = Console.ReadLine( );
    try
    {
        int num = int.Parse(str);
        if (num > 100)
        {
            Console.WriteLine("您输入数值大于 100");
        }
        else
        {
            Console.WriteLine("您输入数值不大于 100");
        }
    }
    catch (Exception ex)
    {
        Console.WriteLine(ex.Message);
    }
}
```

如果向控制台输入字符串而非数值,就会输出以下的异常信息:

abc

输入字符串的格式不正确。

try catch 是一个非常常用的语句,在 Visual Studio 编译器中,输入 try 之后连续按两下 Tab 键就可以快速生成语句模板。

2.try catch finally

try catch finally 语句相比 try catch 语句多了一个 finally 语句,这样无论 try 中的语句是否正确执行,都会执行 finally 语句。try catch finally 语句是一种使用最多的异常处理语句,它在出现异常时能提供相应的异常处理,并能在 finally 语句中保证资源的回收。通常在 finally 语句中编写的代码是关闭流、关闭数据库连接等操作,以免造成资源的浪费。

从文本框中输入当天的天气情况,并将其写入文件中,无论写入是否成功都将文件流关闭。文件写入操作需要使用 System.IO 类,在第 8 章中详细介绍,这里仅仅关注错误处理部分。写入事件中的代码如下:

```
private void button_write_Click(object sender,EventArgs e)
{
    string city = textBox_city.Text;
    string weather = textBox_weather.Text;
    string temp = textBox_temp.Text;
    //将文本框中的内容组成一个字符串
    string message = city + ":" + weather + ":" + temp;
    //定义文件路径
    string path = "D:\\C#_test\\weather.txt";
    FileStream fileStream = null;
    try
    {
        //创建 fileSteam 类的对象
        fileStream = new FileStream(path,FileMode.OpenOrCreate);
        //将字符串转换成字节数组
        byte[] bytes = Encoding.UTF8.GetBytes(message);
        //向文件中写入字节数组
        fileStream.Write(bytes,0,bytes.Length);
        //刷新缓冲区
        fileStream.Flush();
        //弹出录入成功的消息框
        MessageBox.Show("天气信息录入成功!");
    }
    catch (Exception ex)
    {
```

```
            MessageBox.Show("出现错误!" + ex.Message);
        }
        finally
        {
            if (fileStream ! = null)
            {
                //关闭流
                fileStream.Close();
            }
        }
    }
```

当程序出现错误时会弹出 catch 语句中的提示消息，如当文件路径不存在时会出现如图 6.4 所示文件路径不存在的异常信息。修改正确的文件路径，可以看到录入成功，如图 6.5 所示。

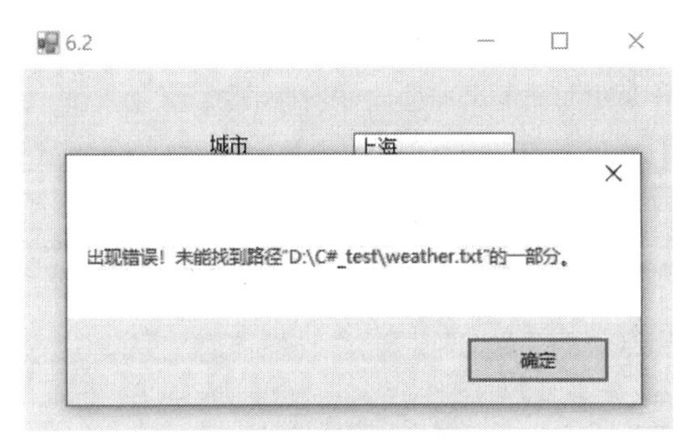

图 6.4　文件路径不存在的异常信息

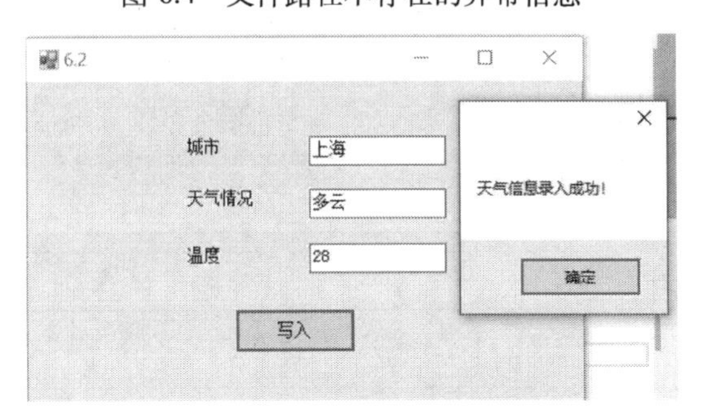

图 6.5　录入成功

6.3　自定义异常

虽然 C#语言中已经提供了很多异常处理类，但在实际编程中还是会遇到一些未涉及的异常处理。例如，想将数据的验证放置到异常处理中，即判断所输入的采集板卡通道号必须为 0~7，此时需要自定义异常类来实现。自定义异常类必须要继承 Exception 类。

声明异常的语句如下:

```
class 异常类名 : Exception
{
}
```

抛出自己的异常,语句如下:

```
throw(异常类名);
```

下面是自定义异常的应用,代码中自定义了一个异常类,输入开始采集的通道号,判断通道号是否在0~7的范围内,代码如下:

```
class Program
{
    static void Main(string[] args)
    {
        Console.WriteLine("请输入需要开启的通道");
        try
        {
            int chanel = int.Parse(Console.ReadLine());
            if (chanel < 0 || chanel > 7)
            {
                throw new MyException("选择通道号在0~7之间!");
            }
            else
            {
                Console.WriteLine("成功开启通道!");
            }
        }
        catch (MyException myException)
        {
            Console.WriteLine(myException.Message);
        }
        catch (Exception ex)
        {
            Console.WriteLine(ex.Message);
        }
        Console.ReadLine();
    }
}
class MyException : Exception
{
    public MyException(string message) : base(message) { }
}
```

运行程序,如果输入的通道号不在0~7之间即会抛出自定的异常,如下所示:

请输入需要开启的通道

12

选择通道号在 0~7 之间!

值得注意的是,自定义异常也继承自 Exception 类,因此即使不直接处理 MyException 异常,也可以直接使用 Exception 类来处理该异常。但由于已经 catch 了子类,因此父类则会不做处理。

6.4　输出调试信息

在 C#语言中允许在程序运行时输出程序的调试信息,类似于使用 Console.WriteLine()的方式向控制台输出信息。所谓调试信息,是程序员在程序运行时需要获取的程序运行的过程,以便程序员更好地解决程序中出现的问题,这种调试也称非中断调试。输出调试信息的类位于 System.Diagnostics 命名空间中,通常用 Debug 类或 Trace 类实现调试时输出调试信息,具体的语句如下:

```
Debug.WriteLine();
Trace.WriteLine();
```

其中,Debug.WriteLine()是在调试模式下使用的,在其他模式下则不会出现调试信息提示;Trace.WriteLine()除可以在调试模式下使用,还可以用于发布的程序中。

下面是 Debug 类和 Trace 类的使用,代码中创建了一个字符串类型的数组,在数组中存入从控制台输入的值,并输出每次向数组中存入的值,代码如下:

```
static void Main(string[] args)
{
    string[] str = new string[5];
    Debug.WriteLine("开始向数组中存值:");
    for (int i = 0; i < str.Length; i++)
    {
        str[i] = Console.ReadLine();
        Debug.WriteLine("存入的第{0}个值为{1}",i,str[i]);
    }
    Debug.WriteLine("向数组中存值结束!");
}
```

从输出窗口的内容可以看出,通过 Debug 类所打印的内容全部显示在该窗口中,运行结果如图 6.6 所示。使用 Trace 类也能完成同样的效果,只需将上述代码中的 Debug 类换成 Trace 类即可。但是 Trace 类的 WriteLine()方法中的参数不支持上述代码中 Debug 类的 WriteLine()方法的参数形式,只能传递字符串。

需要注意的是,当程序在 Debug 状态下执行时使用 Debug 类打印的信息才会在输出窗口中显示,在 Release 状态下执行时只有 Trace 类输出的内容才会显示在输出窗口中。默认情况下,在 Visual Studio 中的执行方式是 Debug,如果需要更改为其他状态,可以在其下拉列表框中选择 Release,设置项目输出模式为 Release 如图 6.7 所示。在一个解决方案中,不同的项目可以选择不同的执行方法,在下拉列表中选择“配置管理器”选项即可,这里不再介绍。

图 6.6　运行结果

图 6.7　设置项目输出模式为 Release

6.5　程序调试详解

程序调试主要指在 Visual Studio 中调试程序,包括设置断点、监视断点,以及逐语句、逐过程、使用一些辅助窗口来调试程序。在 Visual Studio 2017 的菜单栏中单击“调试”,调试菜单项如图 6.8 所示,其中列出的内容即为调试时可用的选项,下面介绍常用的调试功能。

1.设置断点

所谓断点,是程序自动进入中断模式的标记,即当程序运行到此处时自动中断。在断点所在行的前面用红色的圆圈标记,设置标记时直接用鼠标单击需要设置断点的行前面的灰色区域即可,或者直接按键盘上的 F9 键。

生成一个元素个数为 50 的一维数组的随机数,随机范围在 0~1 之间,并通过控制台程序打印出来,代码如下:

```
static void Main(string[] args)
{
    double[] randonData = new double[50];
    Random random = new Random();
    for (int i = 0; i < randonData.Length; i++)
    {
        randonData[i] = random.NextDouble();
```

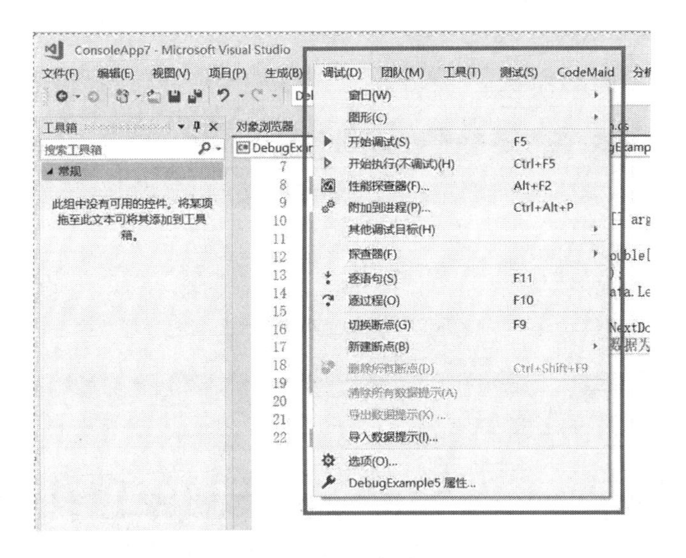

图 6.8　调试菜单项

```
        Console.WriteLine("当前数据为" + i.ToString() + ":" +
            randonData[i].ToString("f2"));
    }
    Console.ReadLine();
}
```

设置断点时会出现两个图标,齿轮图标是断点设置,黑白圆圈图标是禁用断点。单击齿轮图标进入断点设置界面,如图 6.9 所示。在该界面中允许为断点设置条件或操作,条件是在满足指定条件时才会命中该断点。此外,每个断点也允许设置多个条件,每个条件之间的关系是“与”的关系。设置断点条件如图 6.10 所示,把条件设为当前随机数数值大于 0.9。运行程序,可以看到在 i=12 时,当前随机数值为 0.98 值的时候进入断点,断点调试界面如图 6.11 所示。通过利用断点条件形式,可以快速定位问题,省去多数情况下单步调试的麻烦。

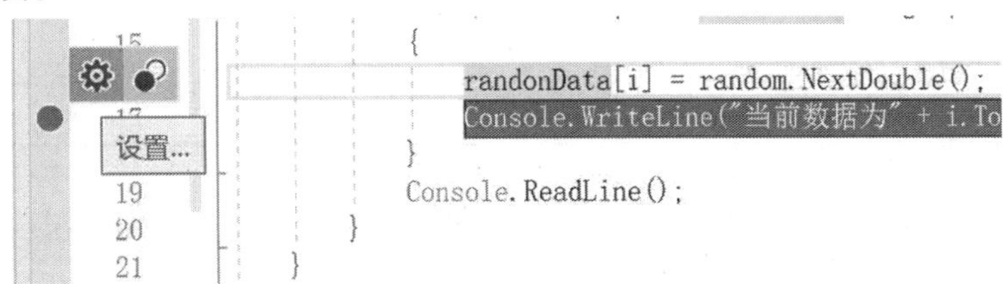

图 6.9　断点设置界面

在断点设置界面点击“操作”,用于指定在命中断点时打印追踪信息。在“将消息记录到输出窗口”文本框中输出断点直接写入展示的字符串,然后需要表达的变量用{}确认即可,取消勾选“继续执行”,输出消息记录如图 6.12 所示。可以看到,当 i=15 时进入断点,在输出窗口可以看到刚才输入的调试字符串。

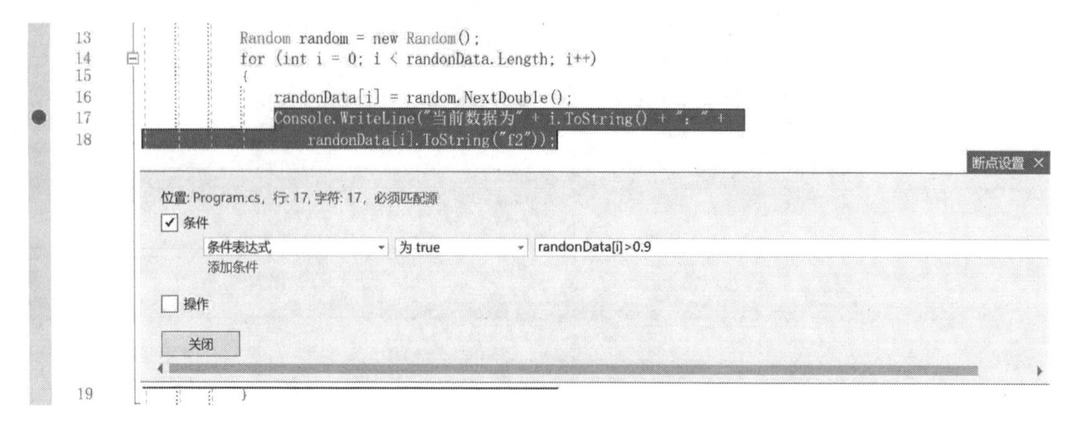

图 6.10　设置断点条件

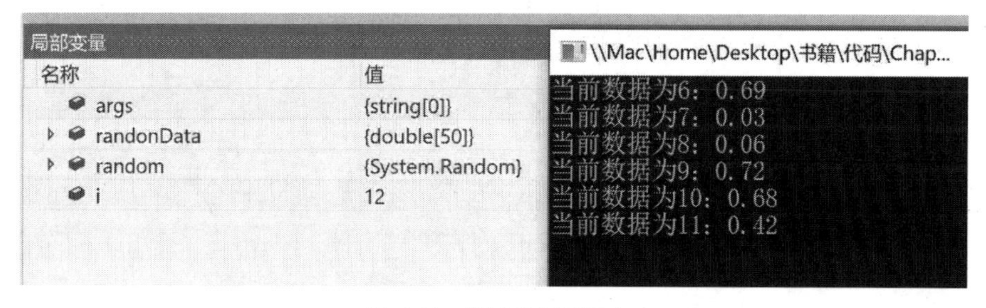

图 6.11　断点调试界面

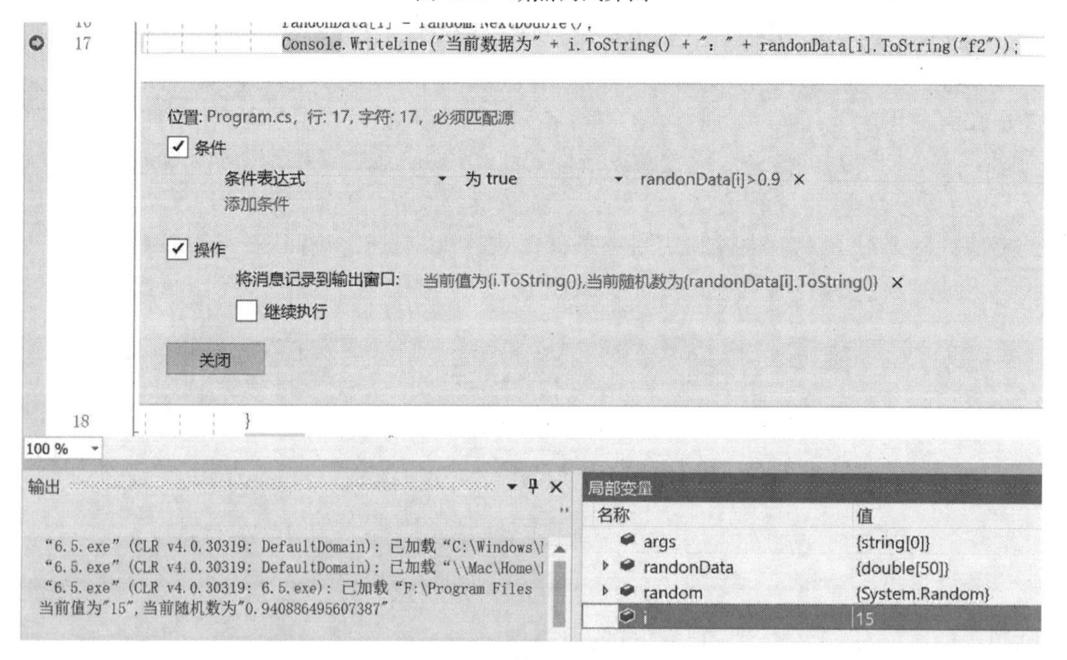

图 6.12　输出消息记录

2.管理断点

在断点设置完成后，还可以右键点击断点，在弹出的右键菜单中选择删除断点、禁用断点、编辑标签、导出等操作，管理断点如图 6.13 所示。

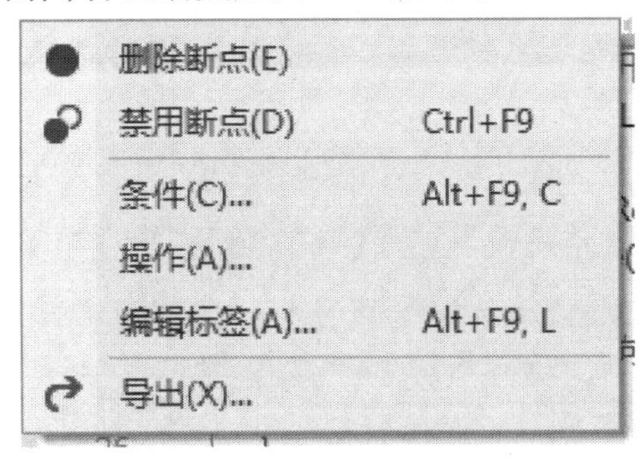

图 6.13　管理断点

(1)删除断点。取消当前断点，也可以再次单击断点的红点取消。

(2)禁用断点。暂时跳过该断点，将断点设置为禁用状态后，断点的右键菜单中的“禁用断点”选项更改为“启用断点”，在需要该断点时还可以选择“启用断点”恢复断点。

(3)编辑标签。为断点设置名称。

(4)导出。将断点信息导出到一个 XML 文件中存放。

3.程序的调试过程

设置好断点后，调试程序可以直接按 F5 键，或者直接在菜单栏中选择“调试”→“开始调试”命令。在调试程序的过程中，可以直接使用工具栏中的调试快捷键，红框内命令从左到右依次是逐语句、逐过程和跳出，工具栏中的调试快捷键如图 6.14 所示，也可以直接在菜单栏中选择所需的调试命令。

图 6.14　工具栏中的调试快捷键

(1)逐语句。用于逐条语句运行，快捷键是 F11。

(2)逐过程。过程是指将方法作为一个整体去执行，不会跳进方法中执行，快捷键是 F10。

(3)跳出。跳出是将程序的调试状态结束，并结束整个程序，快捷键是“Shift+F11”。

4.监视器

在调试程序的过程中经常需要知道某些变量的值在运行过程中发生的变化，以便发现其在何时发生错误，将程序中的变量或某个表达式放入监视器中即可监视其变化状态。在调试状态下假设将 for 循环中的循环变量 i 加入监视器，在程序中右键点击变量 i，在弹出的菜单中选择“添加监视”命令，使用监视器查看变量名如图 6.15 所示。

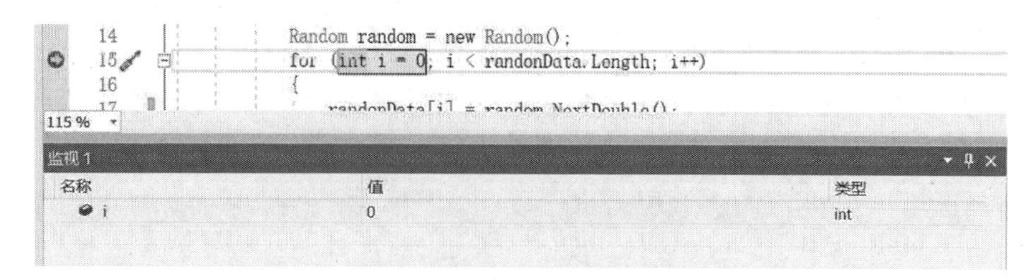

图 6.15　使用监视器查看变量名

从图 6.15 中可以看出,监视器界面的“名称”列中是变量名,“值”列中是当前变量 i 的值,“类型”列中是当前变量的数据类型。在一个监视器中可以设置多个需要监视的变量或表达式。对于监视器中不需要再监视的变量,可以右键点击该变量,在弹出的右键菜单中选择“删除监视”命令。此外,还可以对变量进行编辑值等操作,如第一次进入 for 循环在执行第一条语句前,将 i 值编辑为 25,则 i 就不从 0 开始取值而从 25 开始取值,方便用户更灵活地调试代码。

5.即时窗口

在调试程序时,如果需要对变量或表达式做相关运算,在即时窗口中都可以实现,并显示当前状态下变量或表达式的值。在调试时可以在菜单栏中选择“调试”→“窗口”→“即时”打开即时窗口。在即时窗口中输入变量 i 的值并按回车键,即出现当前 i 在程序运行到此时的值,即时窗口如图 6.16 所示。

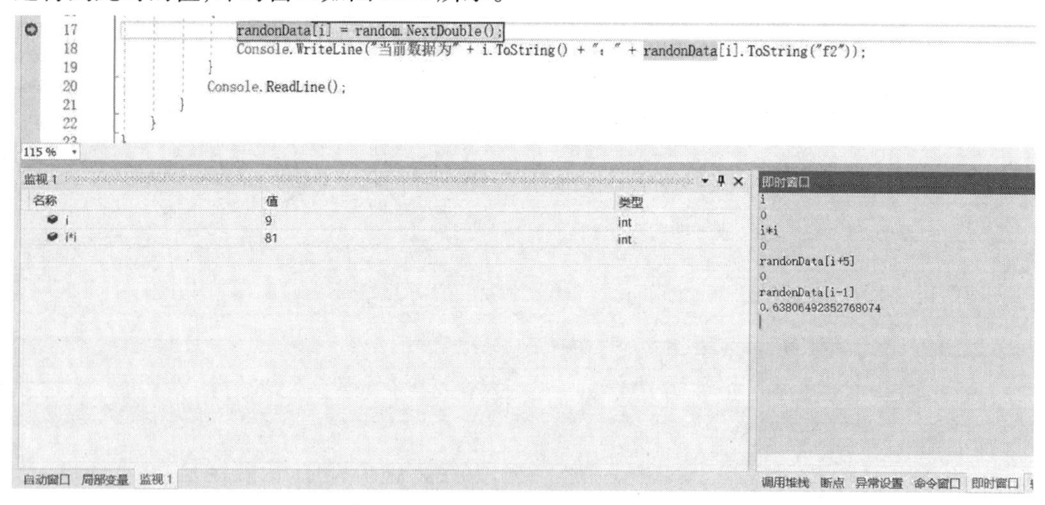

图 6.16　即时窗口

第 7 章　WinForm 控件

常见编程语言创建的应用程序一般由两部分组成,即一个图形界面窗口(Graphical User InterFace,GUI)和文本编辑窗口组成。在 WinForm 程序中,前者称为窗体,后者称为文本编辑器。

当在 Visual Studio 中新建一个 Windows 窗体应用程序后,模板会自动准备一个窗体呈现在用户面前。窗体上是需要放置各种控件的,文本编辑器是用来编写功能性代码的。在窗体应用程序中,所有的控件位于工具箱中,如果没有看到,可以在菜单栏中点击“视图”→“工具箱”,就可以调出隐藏的工具箱界面。Visual Studio 将所有自带控件分为以下几个类别。

(1)公共控件。公共控件构成了大多数 Visual Studio 中的用户界面,常见控件包括按钮(Button)、复选框(CheckBox)、组合框(ComboBox)、列表框(ListBox)、数值控件(NumericUpDown)、进度条(ProgressBar)和文本框(TextBox)等。

(2)容器。容器类别的控件主要用于窗体界面的布局,常见控件包括分组框(GroupBox)、面板(Panel)和选项卡(TabControl)等。

(3)菜单栏和工具栏。菜单栏和工具栏控件,包括右键菜单(ContextMenuStrip)、菜单栏(MenuStrip)和状态栏(StatusStrip)等。

(4)数据。用于数据显示的控件,包括图表控件(Chart)、表格控件(DataGridView)等。

(5)组件。此类控件没有界面,即程序运行时无法在窗体中显示,常用的组件包括串口控件(SerialPort)和计时器(Timer)。

(6)对话框。主要包含各种不同功能的对话框控件,与组件类控件一样,这些控件运行时在窗体中也是无法显示的,包括颜色对话框(ColorDialog)、文件浏览对话框(FolderBrowseDialog)、打开文件对话框(OpenFileDialog)和存储文件对话框(SaveFileDialog)等。

本章将详细介绍常见的 WinForm 控件的用法。

7.1　在工具箱中添加第三方类库

除自带的窗体控件外,也可以向窗体中添加 ActiveX 控件和自定义控件,如添加第三方厂商提供的控件或者创建自己的控件。这里以简仪科技公司提供的 SeeSharpTools 第三方类库作为演示介绍。

SeeSharpTools 包含一些免费开源的 C#类库,其中 SeeSharpTools.JY.GUI 这个类库中包含了测试测量领域中常用的控件,对 Visual Studio 自带的控件库做了极大的丰富,使得用 C#开发虚拟仪器程序的上位机界面有了更多的选择。下面介绍如何在工具箱中添加 SeeSharpTools 控件库,其他第三方控件库的添加步骤也是类似的。

(1)在工具箱中的空白处右键点击并选择"添加选项卡",给新的控件类别取一个名字。在工具箱中添加选项卡如图 7.1 所示。

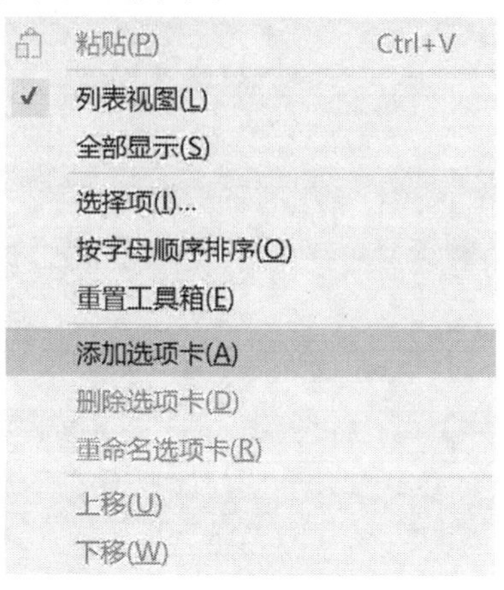

图 7.1　在工具箱中添加选项卡

(2)选中新建的选项卡,右键点击选择"选择项"(也可以点击菜单栏的"工具"→"选择工具箱项"),在弹出的对话框中选择".NET Framework 组件"选项卡,点击"浏览"按钮。选择工具箱项如图 7.2 所示。

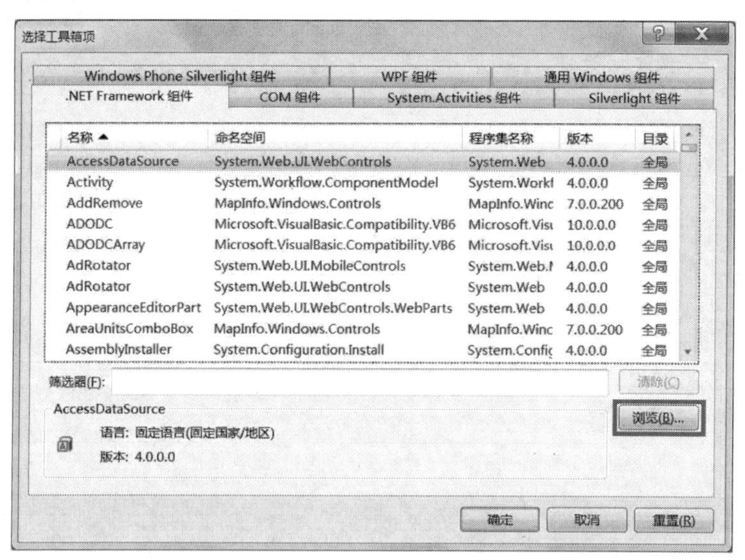

图 7.2　选择工具箱项

(3)在弹出的浏览文件对话框中浏览至 SeeSharpTools 软件安装目录的 Bin 子目录中(默认路径为 C:\SeeSharp\JYTEK\SeeSharpTools\Bin),选择"SeeSharpTools.JY.GUI"文件,然后点击"打开"按钮继续。选择 SeeSharpTools.JY.GUI.dll 文件如图 7.3 所示。

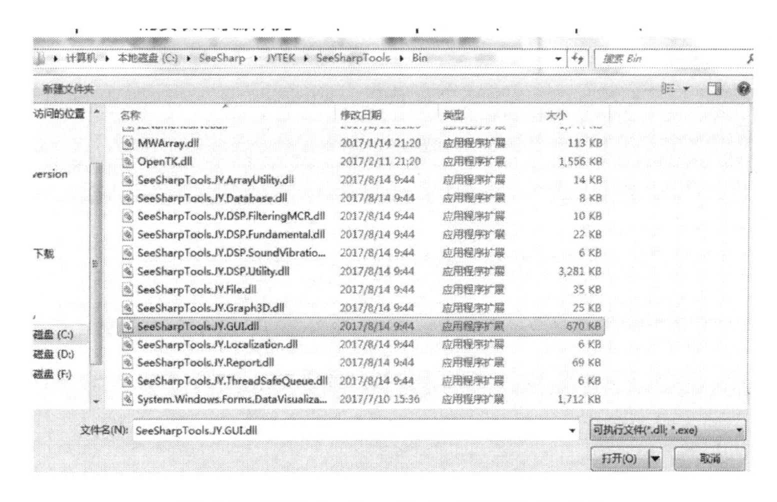

图 7.3　选择 SeeSharpTools.JY.GUI.dll 文件

(4)等待加载完成后,点击“确定”按钮完成此步骤。等待控件加载完成如图 7.4 所示。

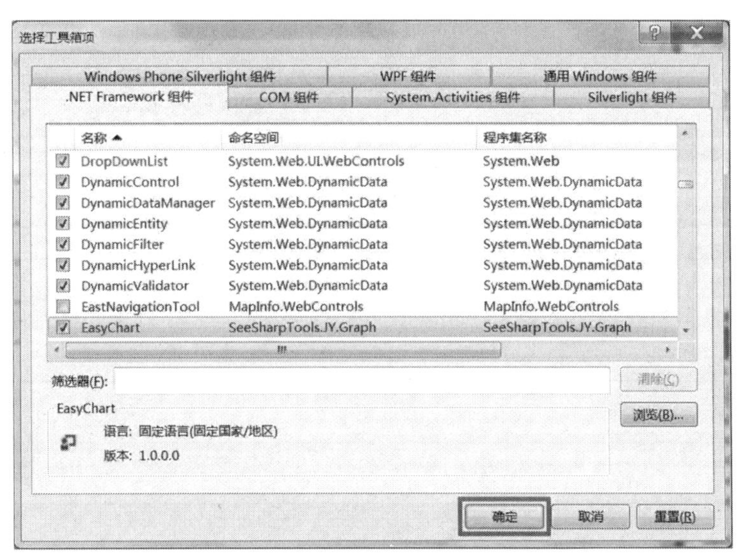

图 7.4　等待控件加载完成

至此,SeeSharpTools 中的所有控件已经添加到工具箱中新建的“简仪科技”选项卡中,添加完成的 SeeSharpTools 控件如图 7.5 所示,可以使用这些控件进行软件界面的设计。接下来将详细介绍常用控件,包括 Visual Studio 中的自有控件及 SeeSharpTools 包含的第三方控件。

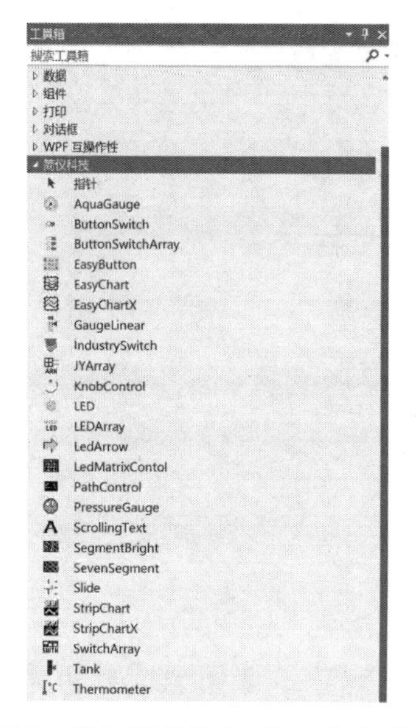

图 7.5　添加完成的 SeeSharpTools 控件

7.2　基本控件及其使用方法

首先必须熟悉的基本控件包括文本控件、数值控件和布尔控件,因为它们是最常用的,是构成一个 WinForm 程序的基本控件对象。绝大部分情况下窗体控件既可以作为用户输入控件,也可以作为显示控件,它们的属性也都是可读可写的。

7.2.1 文本控件

文本控件用于显示或者输入文本,常见的文本控件有 TextBox、Label、ScrollingTextBox 和 PathControl。

1.TextBox(WinForm)

TextBox 也称文本框控件,用于获取用户输入或显示文本。文本框控件通常用于可编辑文本,也可将其设为只读属性。文本框可以设置为单行或多行显示,文本框控件的常用属性见表 7.1。

表 7.1　文本框控件的常用属性

序号	属性名称	数据类型	功能描述
1	Text	string	文本框对象中显示的文本,最多显示 2 048 个字符
2	MaxLength	int	指定用户可在文本框中输入的最大字符数。设置为 0 时,不限制输入的字符数

续表7.1

序号	属性名称	数据类型	功能描述
3	WordWrap	bool	文本框中的文本是否自动换行。如果为 True，则自动换行；如果为 False，则不能自动换行，默认为 True
4	PasswordChar	char	将文本框中出现的字符使用指定的字符替换，通常会使用“ * ”字符，用于输入密码
5	MultiLine	bool	指定文本框是否为多行文本框。如果为 True，则为多行文本框；如果为 False，则为单行文本框。默认为 False
6	ReadOnly	bool	指定文本框中的文本是否为只读。值为 True 时为只读，值为 False 时可读可写
7	Lines	string[ ]	当 MultiLine 属性设置为 True 时，指定文本框中文本的行数，显示字符串数组，文本框中的每一行存放在 Lines 数组的一个元素中
8	ScrollBars	ScrollBars (enum)	当 MultiLine 属性设置为 True 时，用来设置滚动条模式，有四种选择：ScrollBars. None（无滚动条），ScrollBars. Horizontal（水平滚动条），ScrollBars. Vertical（垂直滚动条），ScrollBars. Both（水平和垂直滚动条）

文本框控件的常用方法见表 7.2。

表 7.2　文本框控件的常用方法

序号	方法名称	功能描述
1	AppendText(string text)	把一个字符串添加到文件框中文本的后面
2	Clear()	清空文本框当前显示的内容

文本框控件最常使用的事件是文本改变事件(TextChanged)，即在文本框控件中的内容改变时触发该事件。无论是通过编程修改还是用户交互更改文本框的 Text 属性值，均会触发此事件。

2.Label(WinForm)

Label 控件也称标签控件，用于为控件提供说明性文本。它们用于显示只读文字信息，通常用于装饰和注释。Label 控件的使用比较简单，主要用到的就是 Text 属性。

Text 属性用来设置或返回标签控件中显示的文本信息。

3.ScrollingTextBox 控件(SeeSharpTools)

ScrollingTextBox 控件也称滚动文本框控件，与文本框控件使用方法类似，差异在于可以以循环滚动的方式显示当前字符串。常用属性如下。

(1)Text 属性。滚动显示的字符串文本。

(2)SrollSpeed 属性。滚动文本速度,数值范围为 1~1 000,数值越小,速度越快。

(3)ScrollDirection 属性。文本的滚动方向,可以设置为 TextDirection.LeftToRight(从左向右)、TextDirection.RightToLeft(从右向左)及 TextDirection.Bouncing(来回滚动)。

(4)BorderVisible 属性。布尔类型,设置滚动文本框的边框是否可见。

4.PathControl(SeeSharpTools)

PathControl 控件也称路径控件,专门用来表示文件或者目录的路径。常规语言一般都是用文本框控件加上一些特殊格式来表示路径的。与文本框控件不同的是,路径控件除包含显示路径的文本框外,还有一个浏览按钮。在窗体运行过程中单击浏览按钮,将弹出选择对话框,可以选择相应的文件或者目录的绝对路径。

PathControl 提供四种输入模式,分别是浏览按钮、文字框输入、鼠标拖放及程序输入,拖动文件或文件夹到路径控件中,将会直接显示它们的绝对路径,并可利用属性将路径读出供程序使用。需要注意的是,路径控件内部自带检查机制,如果用户通过文字框输入的路径在当前系统中不存在,会直接提示"Cannot find the assigned path or folder"。路径控件显示效果如图 7.6 所示。

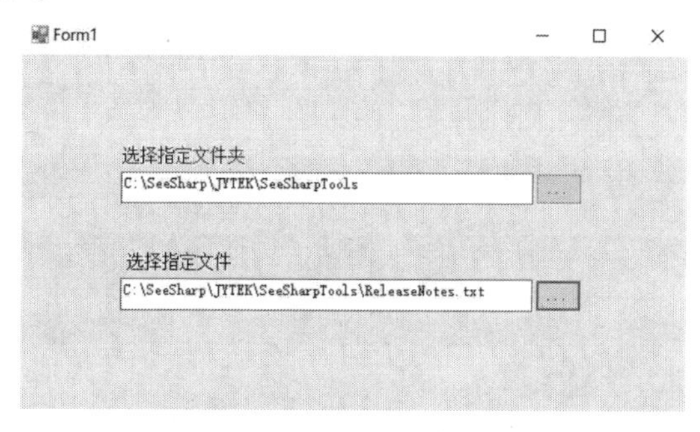

图 7.6　路径控件显示效果

路径控件的属性设置除常用的属性窗口和属性文本外,还可以在编辑状态下单击控件右上方的黑色小三角,会弹出一个路径控件选项对话框,可以选择浏览类型为文件还是文件夹,以及设置文件类型后缀名。路径控件选项对话框如图 7.7 所示。

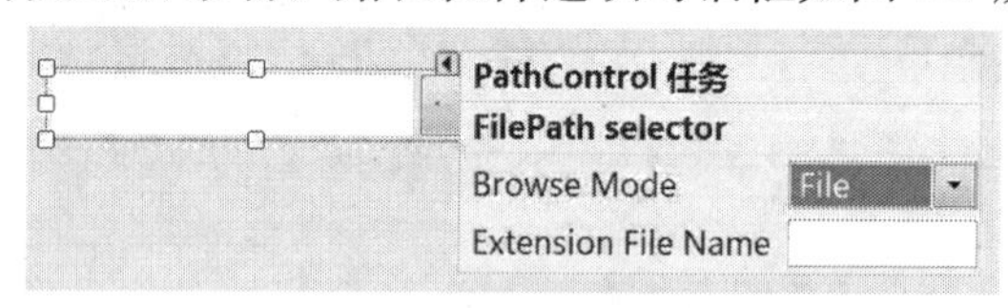

图 7.7　路径控件选项对话框

路径控件的常用属性如下。

(1)Path 属性。字符串类型,设置路径控件的文本框显示的绝对路径。

(2)BrowseMode 属性。设置浏览对话框的选择模式,分为文件和文件夹,默认选择文件。

(3)ExtFileType 属性。字符串类型,当 BrowseMode 设置为 File 时设置选择的文件类型,全部文件(*.*)是内部存在的,不需要设置。如果要选择 Word 文档,可以设置该属性为"*.doc",那么在对话框右下角的文件类型中将用 Word(*.doc)显示所有 doc 类型文档。若要选择多种文件类型,可以用分号隔开,注意不要有空格,如“ *.doc; *.txt”表示显示所有 doc 和 txt 类型文件。

7.2.2　数值控件

数值控件有多种显示方式,但是所有数值控件所表示的数据类型都是数值类型的。数值控件可以作为用户的数据输入,也可以作为数值结果的显示。数值控件的外观有多种形式,但是使用方式基本类似,常见的数值控件有 NumericUpDown、AquaGuage、PressureGuage、KnobControl 和 Slide,它们对应的名称分别是数字显示框、仪表盘、旋钮和滑动杆。

1.NumericUpDown(WinForm)

NumericUpDown 控件又称 up-down 控件,看起来像是一个文本框与一对箭头的组合,用户可单击箭头来调整值。该控件会显示并设置选择列表中的单个数值,用户可通过单击向上和向下按钮、按下键盘的向上键和向下键或键入一个数字来增大和减小数字。单击向上键时,值沿最大值方向增加;单击向下键时,则沿最小值方向移动。控件的文本框中显示的数字可以是不同格式的,包括十六进制。up-down 控件既可以显示整型数据,也可以显示 double 类型的数据。up-down 控件的常用属性如下。

(1)Value。decimal 类型,获取或设置该控件的当前值,必须位于最大值和最小值之间。默认情况下只能显示整型数据,如果要显示小数,赋值时要在数值后面加上“M”。另一种方式是在数值前面加上“(decimal)”,这样可以将 double 类型数据强制转换为 decimal 类型数据。

(2)Increment。decimal 类型,获取或设置单击向上或向下按钮时,该控件递增或递减的值。默认情况下只能显示整型数据,如果要显示小数,赋值时要在数值后面加上“M”。

(3)DecimalPlaces。int 类型,获取或设置该控件中显示的小数位数,默认值为 0。

(4)Maximum。decimal 类型,获取或设置该控件的最大值。

(5)Minimum。decimal 类型,获取或设置该控件的最小值。

(6)Hexadecimal。布尔类型,设置当前数值是否以十六进制方式显示。

(7)ThousandsSeparator。布尔类型,设置是否显示千位分隔符。

NumericUpDown 控件的常用事件如下。

ValueChanged 事件。该事件在 Value 属性值更改时发生。无论是通过编程修改还是用户交互更改 up-down 控件的 Value 属性值,均会触发此事件。

2.AquaGuage(SeeSharpTools)

AquaGauge 控件是一个仪表盘控件,用于显示数值,仪表盘控件如图 7.8 所示。控件的右上角同样有黑色小三角,用于快速属性设置。

AquaGuage 控件的常用属性如下。

(1)Value 属性。double 类型,获取或设置仪表盘当前显示的数值,即指针所指向的位置。

图 7.8　仪表盘控件

(2)BackColor。设置控件的背景色。

(3)Glossiness。float 类型,设置控件背景的光泽度,值需要为 0~100,数值越大,显示的虚化效果越明显。

(4)Max。double 类型,获取或者设置仪表盘的最大值。

(5)Min。double 类型,获取或者设置仪表盘的最小值。

(6)NumberOfDivisions。int 类型,表盘分隔区个数,数值范围为 1~25。

(7)NumberOfSubDivisions。int 类型,表盘每个分隔区中字分隔区的个数,数值范围为 1~10。

(8)DescriptionText。string 类型,仪表中央的文字说明。

3.PressureGuage(SeeSharpTools)

PressureGauge 是一个压力表盘控件,功能类似于刚才介绍的仪表盘,只是显示风格不同,压力表盘控件如图 7.9 所示。相比于仪表盘控件,压力表盘控件只是多了以下两个属性。

(1)UnitText。设置表盘显示数值的单位信息。

(2)BorderWidth。设置表盘边框厚度。

图 7.9　压力表盘控件

4.KnobControl **控件**(SeeSharpTools)

KnobControl 控件也称旋钮控件,该控件可以完成数值的输入操作,旋钮控件如图7.10 所示。

旋钮控件的常见属性如下。

(1)Value。double 类型,设置旋钮显示的当前值。

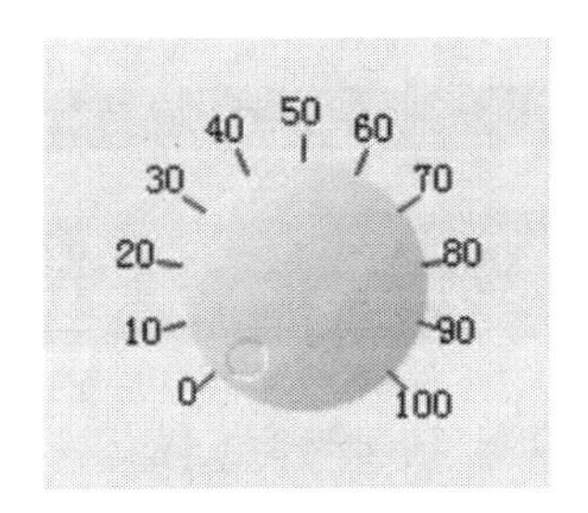

图 7.10　旋钮控件

(2)Max。double 类型,设置旋钮显示的最大值。

(3)Min。double 类型,设置旋钮显示的最小值。

(4)NumberOfDivisions。int 类型,设置旋钮分隔的个数。

旋钮控件的两个常用事件如下。

(1)ValueChanged。默认事件,用户停止操作旋钮时触发。

(2)ValueChanging。用户操作旋钮过程中的触发事件。

5.Slide(SeeSharpTools)

Slide 控件也称滑动杆控件,可以设置水平或者竖直显示,该控件可以完成数值的输入操作,滑动杆控件如图 7.11 所示。

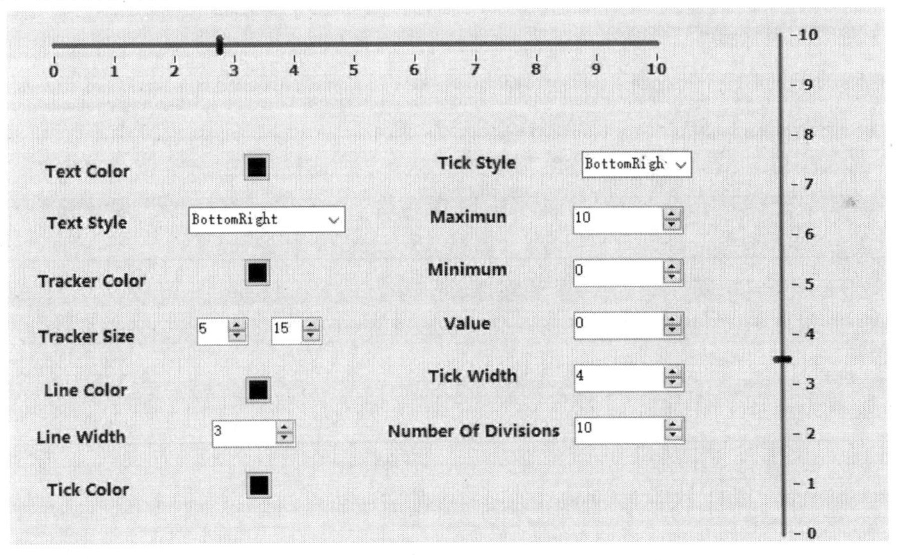

图 7.11　滑动杆控件

滑动杆控件的常见属性如下。

(1)Value。double 类型,滑动杆当前所指示的数值大小。

(2)Max。double 类型,设置滑动杆显示的最大值。

(3)Min。double 类型,设置滑动杆显示的最小值。

(4)NumberOfDivisions。int 类型,设置滑动杆的分割区间个数,数值大小为 1~25。

(5)Orientation。设置滑动杆的方向,有水平方向(Horizontal)和竖直方向(Vertical)

选择。

(6)TextStyle。滑动杆上数值的显示位置,可以选择 None、TopLeft、BottomRight 和 Both。

(7)TickStyle。滑动杆上 Tick 的显示位置,可以选择 None、TopLeft 、BottomRight 和 Both

(8)TickWidth。int 类型,滑动杆 Tick 的高度设置。

(9)TrackerSize。int 类型,设置滑动杆的滑块大小,宽度 Width 必须小于等于高度 Height,当二者相等时滑块会变成圆形。

7.2.3 布尔控件

布尔控件是使用频率很高的常用控件,也称开关型控件,因为它们只有两种状态,在物理上是开和关,对应的信号类型是高电平和低电平,而在编程语言中一般使用真和假描述,这样更具有普遍性。在测试测量和工业领域中布尔控件是非常重要的,如各类开关、按钮、继电器、灯,以及数据采集卡的数字通道,都要用布尔控件来表示它们的状态。

布尔控件分为三大类,按钮布尔控件、开关布尔控件和指示灯控件,前两者一般作为用户输入,指示灯控件一般作为状态显示。

1.Button(WinForm)

Button 控件又称按钮控件,是 Windows 应用程序中最常用的控件之一,可以显示文本和图像。Button 控件允许用户通过单击来执行某项操作。

单击该按钮时,看上去它像是被按下并释放。每当用户单击一个按钮,便调用事件处理程序。如果按钮具有焦点,就可以使用鼠标左键、回车键或空格键触发该按钮的 Click 事件。一般不使用 Button 控件的方法。Button 控件的常用属性如下。

(1)DialogResult 属性。当使用 ShowDialog()方法显示窗体时,可以使用该属性设置当用户按了该按钮后 ShowDialog()方法的返回值,如 OK、Cancel、Abort、Retry、Yes、No 等。

(2)Text 属性。string 类型,设置按钮显示的文本,如果键入的文本长度超出按钮宽度,将会自动切换到下一行。

(3)Image 属性。用来设置显示在按钮上的图像。

(4)FlatStyle 属性。用来设置按钮的外观,有 Flat、Popup、Standard 和 System 四种选择。

Button 控件的常用事件如下。

(1)Click 事件。当用户用鼠标左键单击按钮控件时,将发生该事件。如果用户尝试双击 Button 控件,每次单击将单独处理,因此该控件不支持双击事件。

(2)MouseDown 事件。当用户在按钮控件上按下鼠标按钮时,将发生该事件。

(3)MouseUp 事件。当用户在按钮控件上释放鼠标按钮时,将发生该事件。

2.ButtonSwitch(SeeSharpTools)

ButtonSwitch 控件是一个按钮开关控件,相比于自带的 Button 控件,ButtonSwitch 控件提供了更多丰富的外观选择,可以通过设置 Style 属性选择不同的风格。ButtonSwitch 控件如图 7.12 所示。其他属性和方法与 Button 控件一样,在此不过多介绍。

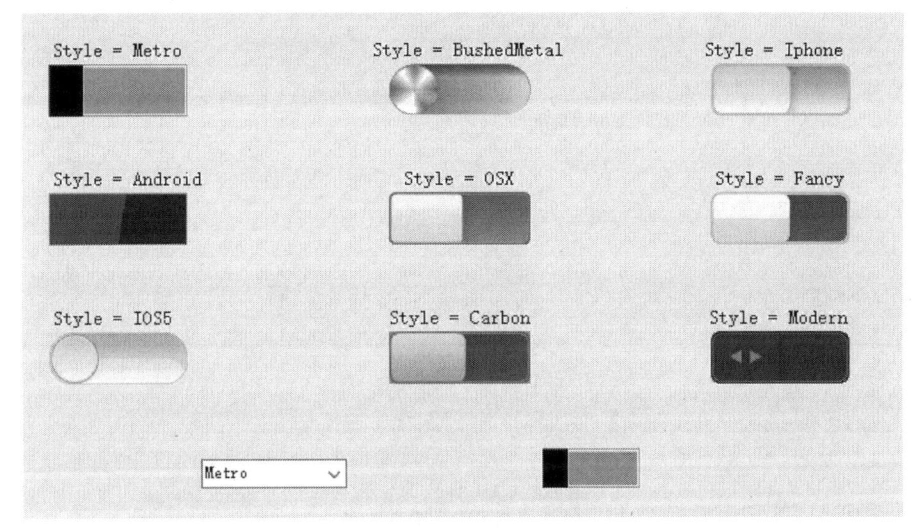

图 7.12　ButtonSwitch 控件

3.EasyButton(SeeSharpTools)

EasyButton 类是 Button 的一个衍生类,可以预设部分图片在控件上,增强 Button 的显示效果。可以通过设置 PreSetImage 属性选择按钮显示的图片。EasyButton 控件如图 7.13 所示。

图 7.13　EasyButton 控件

4.IndustrySwitch(SeeSharpTools)

IndustrySwitch 类是一个工业开关的控件类,模拟了实际工业场景下物理开关的外形。工业开关如图 7.14 所示。工业开关控件的常用属性如下。

(1)OnColor 属性。设置开关开启状态的外观颜色。

(2)OffColor 属性。设置开关关闭状态的外观颜色。

(3)Style 属性。设置开关的样式,有七种样式风格可选。

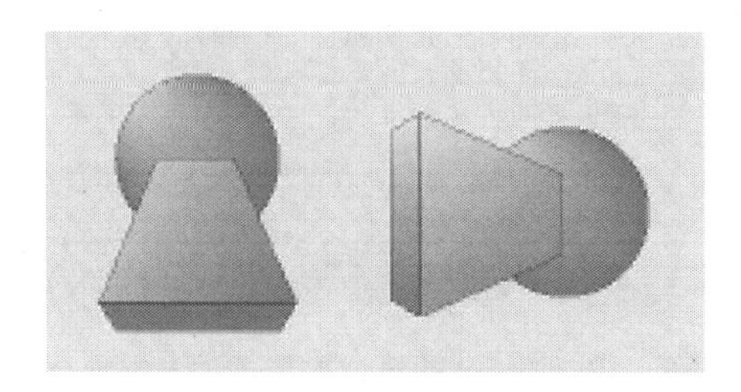

图 7.14 工业开关

5.LED(SeeSharpTools)

LED 控件可以完成布尔类型的显示,用来作为开关量状态的显示,如报警灯。LED 控件的常用属性如下。

(1)Value 属性。bool 类型,设置灯的开关状态。

(2)Style 属性。灯的样式选择,LED 控件灯的六种样式如图 7.15 所示。

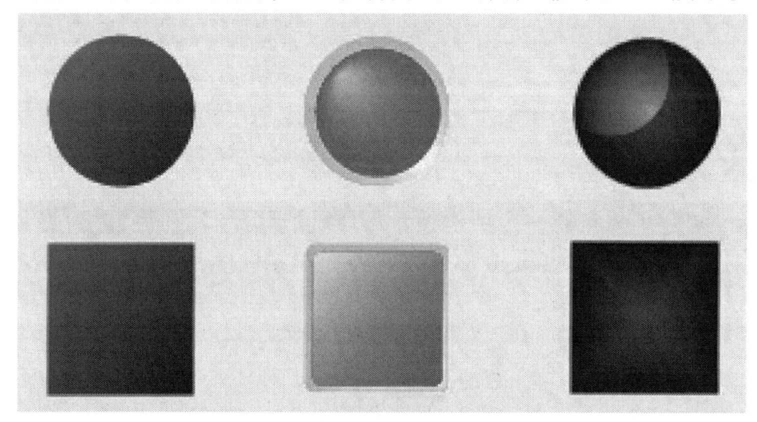

图 7.15 LED 控件灯的六种样式

(3)OnColor 属性。设置灯开启状态的外观颜色。

(4)OffColor 属性。设置灯关闭状态的外观颜色。

(5)BlinkOn 属性。bool 类型,设置灯是否闪烁。

(6)BlinkColor 属性。设置灯闪烁状态的颜色。

(7)BlinkInterval 属性。设置灯光的闪烁间隔时间,数值范围为 100~5 000,单位为 ms。

7.3 高级控件及其使用方法

在设计应用程序界面时,简单的界面可以用上述介绍的基本控件构成,但是对于复杂的程序如工控程序而言,仅仅使用简单控件无论是外观还是功能上都是无法满足界面设计要求的。常规的 Windows 应用程序显示界面包括组合框、列表框、树形目录控件、表格等,而 SeeSarpTools 还提供了丰富的图形显示控件,用于显示测试和控制的测量数据。下面介绍部分高级控件。

7.3.1　ComboBox(WinForm)

ComboBox 控件也称组合框控件,用于显示下拉组合框中的数据。组合框中的数据类型是 object,也就是对象,用户可以在列表中选择需要的项,每一项的数据类型可以是数值、布尔、字符串、枚举甚至是类。默认情况下,组合框分两个部分显示:顶部是一个允许输入文本的文本框,下面的列表框则显示列表项。可以认为组合框就是文本框与列表框的组合,与文本框和列表框的功能基本一致。

1.组合框中项的选中和修改

组合框控件最常用的属性是 Items,它是组合框中所有项的一个集合。通过该属性,可以添加、移除、插入组合框中的项。以下两种方式可以修改组合框中的项。

(1)点击组合框右上方的黑色小三角,或者在属性窗口中单击"Items",可以打开字符串集合编辑器,在里面添加、删除或修改项名。

(2)通过代码实现,参考如下例子,注意组合框中项的索引从 0 开始:

```
string[] color = { "Red","Green","White","Blue","Yellow" }; //创建一个颜色的字符串数组
comboBox1.Items.AddRange(color); //向组合框中添加数组中的每一项
comboBox1.SelectedIndex = 0; //设置组合框当前选中项的索引为 0,显示第一项"Red"
```

其中,Items.AddRange(object[] items)用于向组合框中添加一个数组,如果添加单独某一项可以用 Items.Add(object item)方法。其他常用属性和方法如下。

①Items.Count。获取当前组合框中项的个数。

②Items.Clear()。清空组合框中的所有项。

③Items.IndexOf(object value)。返回指定项在集合中的索引。

④Items.Insert(int index,object item)。在集合指定索引处插入指定项。

⑤Items.Remove(object value)。从集合中删除指定项。

⑥Items.RemoveAt(int index)。从集合中删除指定索引的项。

组合框经常和枚举类型搭配使用,如在窗体加载时对组合框进行初始化,将枚举中的所有项显示在组合框中,然后设置初始的索引值。下面的代码定义了一个星期的枚举,然后填充到组合框中,再把初始值设置成 Monday:

```
enum Week { Monday,Tuesday,Wednesday,Thursday,Friday,Saturday,Sunday }
comboBox1.Items.AddRange(Enum.GetNames(typeof(Week)));
comboBox1.SelectedIndex = 0;
```

2.将组合框绑定到数据源

组合框的另一个用法是通过 DataSource 属性与其他数据源进行绑定,如数组、DataTable 和 List。例如,与上例中的 color 数组进行绑定,可以用以下代码,效果与 Add()方法一样,但是更简洁:

```
string[] color = { "Red","Green","White","Blue","Yellow" }; //创建一个颜色的字符串数组
comboBox1.DataSource = color; //将组合框的项绑定到 color 数组
```

如果要将组合框绑定到数据表中的某一列,需要将 DisplayMember 属性设置为列的名称,具体的用法将在第 14 章的数据库部分介绍。一个简单的例子如下:

```
comboBox1.DataSource = dataSet1.Tables["Suppliers"];
comboBox1.DisplayMember = "ProductName";
```

7.3.2 ListBox(WinForm)

ListBox 控件也称列表框控件,用法与组合框控件极为类似,上面介绍的组合框的用法也都适用于列表框。组合框和列表框的区别如下。

(1)组合框只能单选,没有 SelectionMode 属性,而列表框可以多选。

(2)组合框包含一个文本框,用户可以键入不在列表中的项,而列表框的选择仅限于列表中的项。

(3)组合框在窗体上更节省空间,因为默认状态下它只显示用户选中的项,而列表框会显示完整列表。

列表框的使用很广泛,下面通过一些具体例子介绍列表框的用法。

1.在列表框中选择多项

SelectionMode 是列表框很重要的属性,主要用于设置列表框的选择模式,有以下几个选项。

(1)None。不能选择项。

(2)One。只能选择一项,也就是单选,这也是默认模式。

(3)MultiSimple。可以选择多项。

(4)MultiExtended。可以选择多项,用户可以使用 Shift、Control 和箭头键来选择内容。

2.从当前列表框中选择部分项组成新列表

从当前列表框中选择合适的项添加到一个新列表,这也是列表框的典型用法。例如,某套测试系统中包含不同的仪器,对于不同的被测对象需要选择多种不同的仪器,代码如下:

```
private void Button_Insert_Click(object sender,EventArgs e)
{
    //获取 listbox1 的所有选中的项
    if (listBox1.SelectedItems.Count > 0)
    {
        string instrument = listBox1.SelectedItem.ToString();
        //判断是否添加到 listbox2
        if (! listBox2.Items.Contains(instrument))
        {
            //添加仪器到 listbox2 中
            listBox2.Items.Add(instrument);
```

```
        }
        else
        {
            MessageBox.Show("该设备已经添加过,无法重复添加!");
        }
    }
    else
    {
        MessageBox.Show("没有选中任何设备!");
    }
}
```

从列表框中选择部分项如图 7.16 所示。

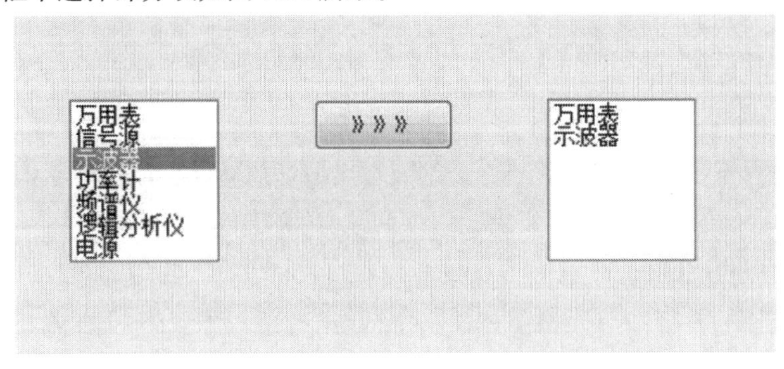

图 7.16　从列表框中选择部分项

最后,有以下两点补充说明。

(1)如果需要从当前列表框中删除某项,可以用 Items 集合的 Remove()方法。

(2)如果列表框是多选模式,需要用 SelectedItems 属性获取当前选中项的集合,如选中第一项就是 SelectedItems[0]。

3.罗列出当前文件夹中的文件名

列表框的另一个应用是列举出指定文件夹中的所有文件或指定后缀名文件。下例会使用到 System.IO 类库中的文件函数实现此功能,在第 8 章中将会详细介绍此函数的用法。代码如下:

```
private void ListFileNames()
{
    //指定文件夹目录
    DirectoryInfo dinfo = new DirectoryInfo(@"C:\SeeSharp\JYTEK\SeeSharpTools");
    FileInfo[] files = dinfo.GetFiles(); //获取文件夹下的所有文件
    listBox1.Items.AddRange(files); //将所有文件显示在列表框中
}
```

罗列文件夹中的文件名如图 7.17 所示。

如果一次性向列表框中添加大量列表项,可以使用 BeginUpdate()和 EndUpdate()方法来避免在绘制 ListBox 时的闪烁现象,使所有项都添加完毕后再绘制列表框控件。

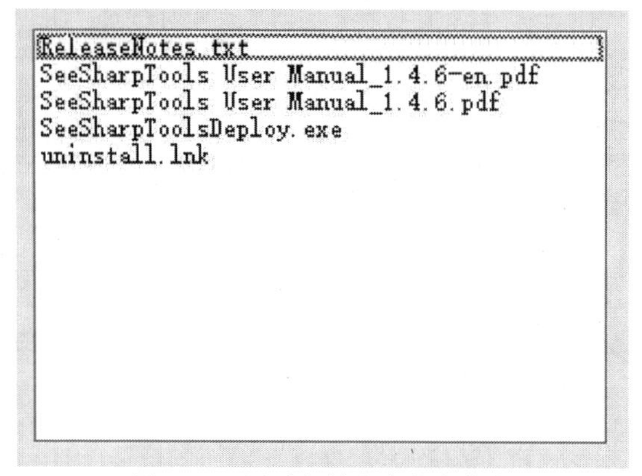

图 7.17　罗列文件夹中的文件名

7.3.3　DataGridView(WinForm)

DataGidView 控件简称 DGV，以表格形式显示数据，可以自由添加行和列，也可以手动填充数据。它可以将前面介绍的多种不同数据类型的控件显示在表格中，如 TextBox、ComboBox、Button 等。DGV 还可以绑定到数据源，实现数据的自动填充。

1.DGV 控件的组成

控件主要由列、行和单元格组成。其中，数据列可以配置不同的格式，如 TextBox、ComboBox、Button 等，数据行用来配置数据集合，单元格是存在数据行中的对象。下面通过 DGV 提供的属性和方法，结合应用举例说明控件的用法。

2.向 DGV 中添加并编辑列

点击 DGV 右上角的黑色小三角，选择“添加列”，也可以在窗体上选中 DGV 控件右键选择“添加列”。在图 7.18 所示的添加列对话框中设置列的属性，名称就是该列的名称，用于代码编辑；类型是该列的显示格式，有六种格式可选，默认是 TextBoxColumn，即显示字符串文本；页眉文本就是列首。

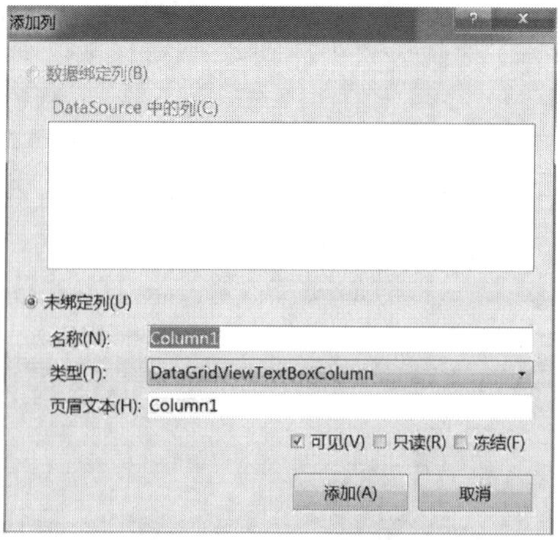

图 7.18　添加列对话框

如果需要对已经添加好的列进行修改，可以用和添加列相同的方式选择“编辑列”，在对话框中可以对每个列的属性进行修改，编辑列对话框如图7.19所示。部分常用列的属性如下。

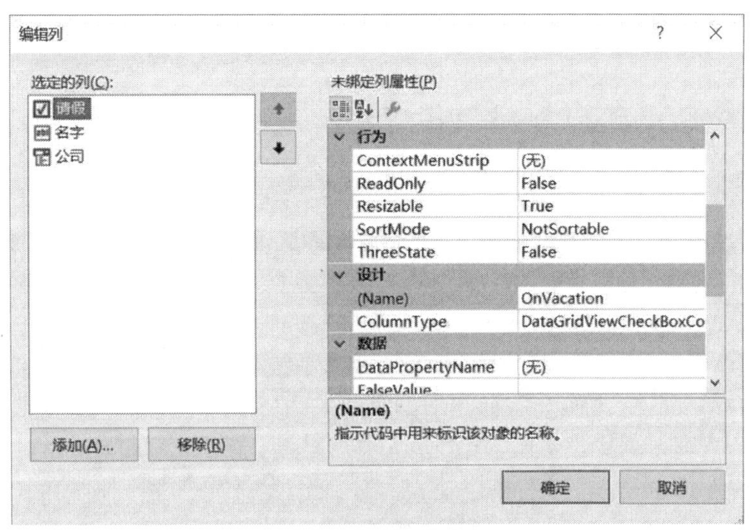

图7.19 编辑列对话框

(1)AutoSizeMode。确定此列的自动调整大小模式。

(2)ReadOnly。指示用户是否可以编辑此列的单元格。

(3)SortMode。列的排序模式。

(4)ColumnType。列的类型，即添加类的时候设置的类型。

(5)HeaderText。列标题单元格的标题文本，即列首。

(6)ToolTipText。用于工具提示的文本，当鼠标移动到相应单元格上时，弹出说明信息，单元格、列首和行首均可以单独设置。

3.向 DGV 中添加数据行

通常 DGV 的列使用鼠标在窗体上进行配置，行的配置通过代码来实现。

(1)添加行。

调用 Add()方法，添加新 Row，返回当前最后一行的行索引值。代码如下：

```
int rowIndex = dataGridView1.Rows.Add();
```

(2)编辑行单元格内容。

①Cells 属性。获取 Row 中所有 Cell 的集合。

②行索引为要编辑的行的索引值，Cells 的索引可以是所属列的索引或列名，Cell 值根据该列显示格式不同可以是数字、文本、布尔值等。代码如下：

```
dataGridView1.Rows[rowIndex].Cells[columnIndex].Value =true; // 列的类型是 Button
dataGridView1.Rows[rowIndex].Cells["employeeName"].Value = "员工"; //列的类型是 TextBox
```

(3)编辑行标题。

HeaderCell。设置 Row 的 header 对象，默认为空。代码如下：

```
dataGridView1.Rows[rowIndex].HeaderCell.Value = " rowHeaderName";
```

(4)在界面上添加行。

AllowUsersToAddRows。用于指示是否向用户显示用于添加行的选项。默认值为true,也就是在DGV的末尾会自动加上一个新的空行,用户可以在里面用键盘鼠标编辑数据。如果设置为false,则只能通过代码添加行。

7.3.4 EasyChartX(SeeSharpTools)

最后介绍的两个控件都是用于波形数据的显示,分别是EasyChartX和StripChartX,中文名分别称为波形图和波形图表,它们是在测试测量尤其是数据采集应用中最常用到的两个控件。一般数据采集卡返回的数据就是波形数据,因此EasyChartX控件特别适合用来显示采集卡返回的测量结果,尤其是采集间隔时间很短但是数据量很大的波形数据。

EasyChartX支持单通道或多通道的连续或离散波形显示,此处的连续波形是指波形上任意相邻的两个点在X轴上均有相同的间隔,通常用于时域采样波形或频谱显示,在调用Plot()方法显示连续波形时,除了输入波形数据,还可设定X轴上的起始位置和间隔。而离散波形是指波形上的任意一个点,都由独立的一对X轴和Y轴数组来确定其在图表上的位置,在调用Plot()方法显示离散波形时,必须输出等长的两个数组,一一对应各点在图表上的位置。离散波形显示在一些其他编程语言中也称XY图显示。

1.图例设置

在窗体上放置EasyChartX控件后,默认情况下图例Legend是显示的,可以在属性窗口设置LegendVisible属性为false从而隐藏图例。默认情况下图例上只显示一条曲线,可以设置SeriesCount属性的大小使图例能够显示多条曲线。

2.曲线设置

在属性窗口点击“LineSeries”打开图7.20所示的曲线集合编辑器,其中可以对每条曲线进行自定义设置,主要属性如下。

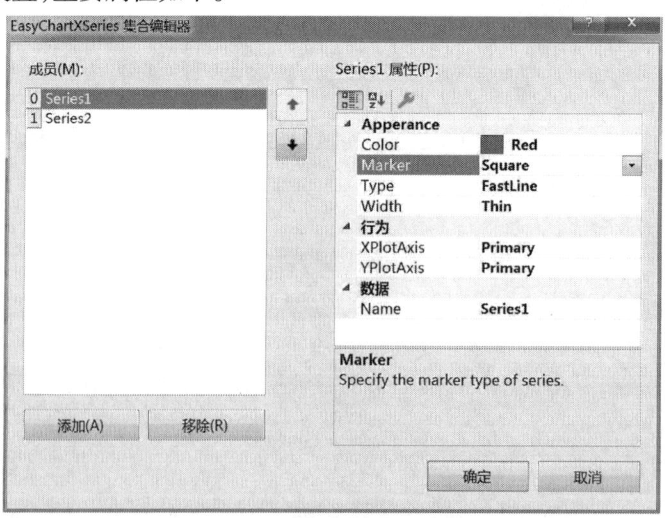

图7.20 曲线集合编辑器

(1) Color。曲线的颜色。

(2) Marker。点样式,如 Square/Diamond/Star 等,只有在 Type 为 Line 时生效。

(3) Type。线条样式,可以选择 Point/Line/StepLine/FastLine。

(4) Width。线宽,可以选择 Thin/Middle/Thick。

(5) Name。曲线名称,会显示在图例中。

在绘图过程中也可以对图例进行实时的修改。鼠标左键单击控件的图例部分,会出现一个曲线设置的右键快捷菜单,同样可以对上述属性进行修改。

3. 坐标轴设置

在属性窗口点击"Axes"属性打开图 7.21 所示的坐标轴集合编辑器,在这里可以配置 *X* 轴、副 *X* 轴、*Y* 轴和副 *Y* 轴的相关属性,更多其他属性需要通过代码编程的方式设置,这里显示的主要属性如下。

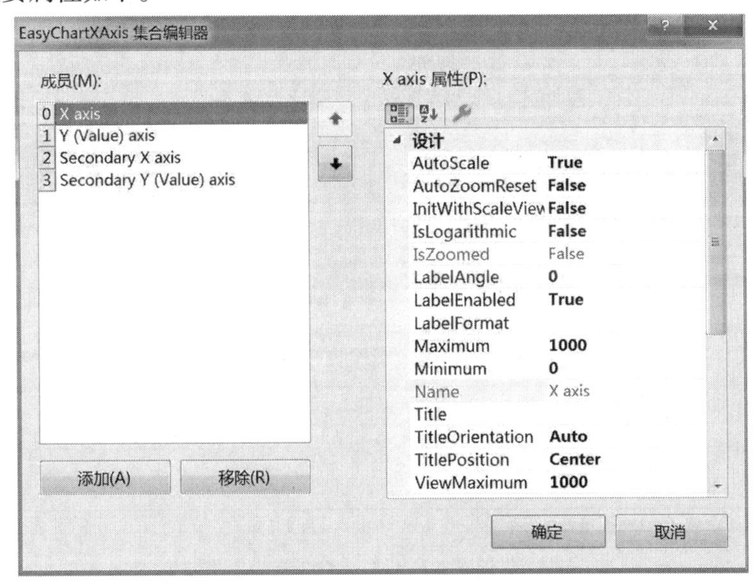

图 7.21 坐标轴集合编辑器

(1) AutoScale。设置坐标轴范围是否自动缩放,默认情况 *X* 轴为 false,*Y* 轴为 true。

(2) AutoZoomReset。设置每次绘图是是否取消缩放,默认值为 false,也就是如果上次绘图时当前坐标轴为缩放状态,绘制新数据时仍维持此状态。

(3) LabelAngle。设置坐标轴数值显示标签的角度,默认为 0。

(4) LabelEnabled。设置是否显示坐标轴的值,默认为 true。

(5) LabelFormat。设置坐标轴数值标签显示的字符串格式,如科学计数法、保留几位小数等,默认为空。

(6) Maximum。获取或设置坐标轴最大值,未绘图或者绘图且 AutoScale 属性为 false 时有效。

(7) Minimum。获取或设置坐标轴最小值,未绘图或者绘图且 AutoScale 属性为 false 时有效。

(8) Title。设置坐标轴标题。

(9)TitleOrientation。设置坐标轴标题的显示方向。

(10)TitlePosition。设置坐标轴标题的显示位置，可选 Near/Far/Center。

(11)ViewMaximum。获取或设置缩放状态时坐标轴可见的最大值。

(12)ViewMimimum。获取或设置缩放状态时坐标轴可见的最小值。

(13)Color。设置坐标轴颜色。

(14)MajorGridEnabled。是否使能主网格，默认值为 true。

(15)MinorGridEnabled。是否使能副网格，默认值为 false。

4.右键菜单设置

在 EasyChartX 绘图过程中，可以使用右键快捷菜单对当前绘图界面进行实时调整，根据菜单选项的名称就可以清晰地了解它们的功能。选中后菜单项名称前会打上对号。EasyChartX 右键快捷菜单如图 7.22 所示。

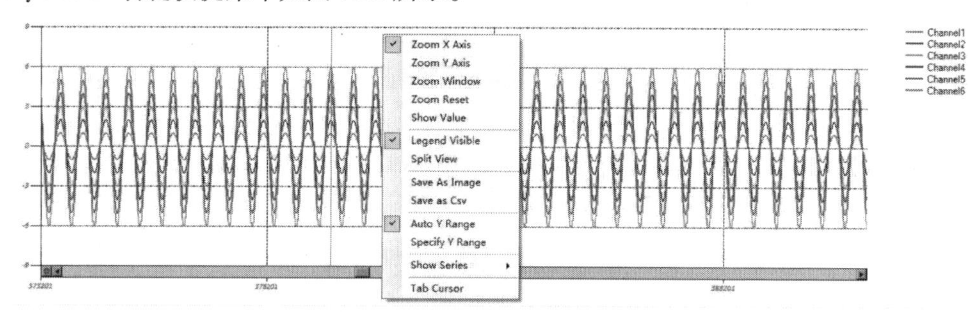

图 7.22　EasyChartX 右键快捷菜单

快捷菜单一共有 12 项，分为 6 组。最上面的五种是设置鼠标当前的模式，只能选择其中的一种模式，选中某种模式后，使用鼠标左键在控件上进行操作。每种模式介绍如下。

(1)Zoom X Axis。对 X 轴进行缩放。

(2)Zoom Y Axis。对 Y 轴进行缩放。

(3)Zoom Window。窗口缩放，同时对 X 轴和 Y 轴进行缩放。

(4)Zoom Reset。重置绘图窗口到初始状态。

(5)Show Value。使能游标，游标会跟踪指定的某条曲线，当游标移动到某个位置时，会显示当前跟踪曲线的 X 轴和 Y 轴坐标，此时可以在右键快捷菜单新增的 Cursor Series 子菜单中选择跟踪的曲线。EasyChartX 的游标如图 7.23 所示。

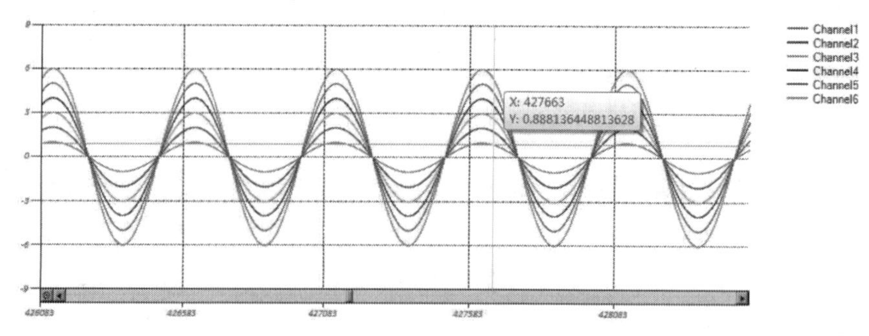

图 7.23　EasyChartX 的游标

其余右键子菜单可以和鼠标模式独立设置，每个子菜单介绍如下。

(1)LegendVisible。设置是否显示图例，与属性窗口的设置效果相同。

(2)Split View。是否启用分区视图，启用后会自动将每条曲线显示在一个控件中，否则将以普通视图显示。EasyChartX 启用分区视图如图 7.24 所示。分区视图中的每张图都可以独立操作。

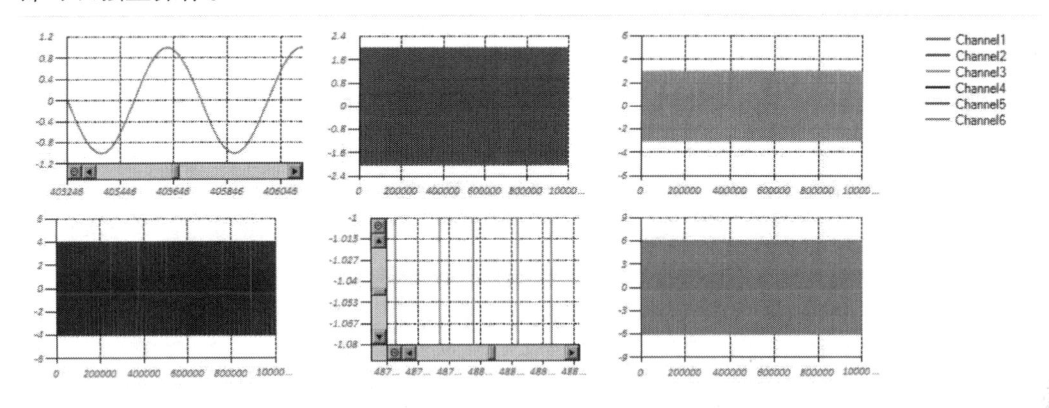

图 7.24　EasyChartX 启用分区视图

(3)Save As Image。将当前绘图区域保存成 PNG 格式的图片文件。

(4)Auto Y Range。设置 Y 轴坐标为自动缩放模式。

(5)Specify Y Range。点击后可以在对话框中指定 Y 轴坐标的最大值和最小值。

(6)Show Series。是否显示某条曲线。

(7)Tab Cursor。点击后可以在对话框中添加标签游标，添加后可以设置标签游标的颜色、名称和跟踪曲线，设置完成后在控件上就可以自由移动游标。EasyChartX 的标签游标如图 7.25 所示。

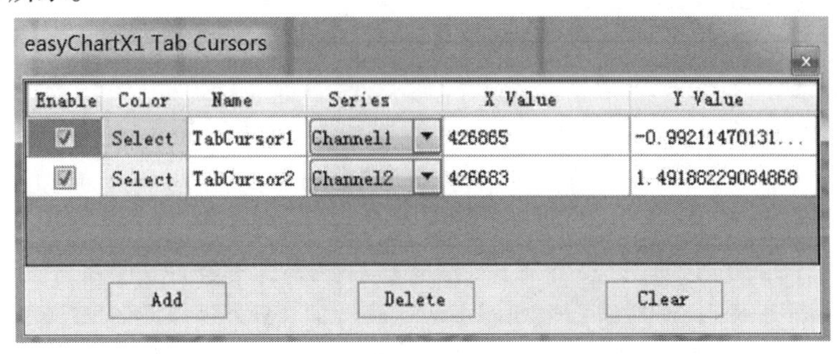

图 7.25　EasyChartX 的标签游标

下面通过几个具体的实例介绍 EasyChartX 在编程时的用法。

(1)多条曲线显示。

EasyChartX 可以用来绘制单条或多条连续曲线，对应的数据输入类型就是一维数组和二维数组。默认情况下 X 轴横坐标是数组元素的序号，也就是采样点数。

一维数组的调用方法如下：

```
public void Plot(double[] yData,double xStart = 0,double xIncrement = 1);
```

可以看到，有三个参数可以设置：第一个参数是 Y 轴数组数据，也就是采集卡返回的波形数据;第二个参数代表数据起始点,也就是 *X* 轴最小值,默认是 0;第三个参数是 *X* 轴坐标间隔,默认是 1。其中,后面两个参数有默认参数。

二维数组的调用方法如下:

```
public void Plot(double[,] yData,double xStart = 0,double xIncrement = 1,
MajorOrder majorOrder = MajorOrder.Row);
```

相比一维数组的参数列表有两个区别;一是 *Y* 轴数据变成了二维数组数据类型;二是多了一个可选参数 MajorOrder 用来指示二维数组的绘图方向,默认情况下是按照行绘制,但是有些采集卡返回的多通道数据是按照列排列的,所以绘图之前需要对二维数组进行转置,或者把 MajorOrder 属性设置为 MajorOrder.Column 即可。

(2)其他数据类型显示。

除上述 double 数据类型外,EasyChartX 还可以接受多种其他数据类型输入,如 float/int/uint/short/ushort。一维数组的调用方法如下,其中 TDataType 是泛型类型:

```
public void Plot<TDataType>(TDataType[] yData,double xStart = 0,double xIncrement = 1);
```

(3)显示频域数据。

数据采集卡采集的数据是时域的,有时需要将时域波形经过 FFT,分析它的频率、谐波等信息。下面这段代码演示了 EasyChartX 如何显示频域波形:

```
private void FFT()
{
    double[] data = new double[1000];//时域数据数组
    // 生成方波信号,幅度为 1,占空比 50%,频率 50 Hz,采样率 10 kHz
    Generation.SquareWave(ref data,1,50,50,10000);
    easyChartX1.Plot(data);
    double[] spectrumData = new double[data.Length / 2]; //频域数据数组
    double df;//定义频谱分辨率
    //进行 FFT 运算
    Spectrum.PowerSpectrum(data,10000,ref spectrumData,out df);
    easyChartX2.Plot(spectrumData,0,df);
}
```

代码中用到了简仪科技提供的类库 SeeSharpTools.JY.DSP.Fundamental,此类库中封装了常见的波形生成和信号处理的算法,在第 9 章中会详细介绍。这段代码首先生成了频率为 50 Hz 的方波信号,然后对其进行 FFT 运算,最后将时域数据和频域数据分别显示在两个 EasyChartX 控件中。最后一行代码就是 EasyChartX 如何显示频域数据的,需要注意的是要将 Plot()方法的第三个参数即 xIncrement 赋值为 dt,dt 在信号处理中表示采样时间间隔,大小等于采样率的倒数。EasyChartX 显示频域数据如图 7.26 所示。

(4)不同数据长度的多条曲线显示。

图表一般用来显示相同长度的多条曲线,如使用数据采集卡时,每个通道的采样点数都必须相同。在某些情况下曲线的长度是不同的,如在做数据回放时,可能会存在不同文件中的数据长度不等的情况,这时就可以用图表显示不同数据长度的曲线,从而方便在一张图中作比较。

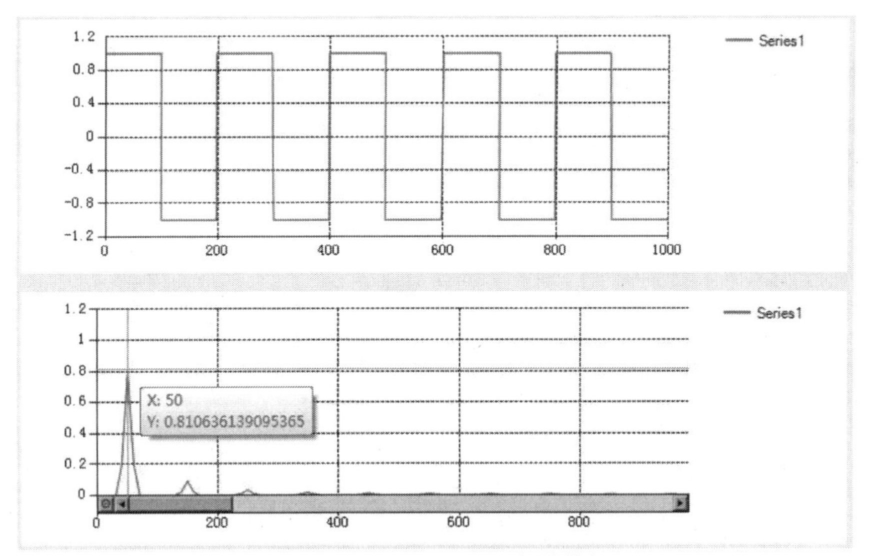

图 7.26 EasyChartX 显示频域数据

Plot()有一个重载方法,两个参数都是交错数组。交错数组的用法在第5章中已经介绍过,数组中每一行的元素个数可以不相等,因此实现了这个应用需求,具体的演示代码如下:

```
private void PlotJaggedArray()
{
    double[] yData1 = new double[2000];
    // 生成正弦信号1,幅度为2,相位为0,频率10 Hz,采样率1 kHz
    Generation.SineWave(ref yData1,2,0,10,1000);

    double[] xData1 = new double[yData1.Length];
    for (int i = 0; i < xData1.Length; i++)
    {
        xData1[i] = i;
    }

    double[] yData2 = new double[1000];
    // 生成正弦信号2,幅度为1,相位为0,频率10 Hz,采样率1 kHz
    Generation.SineWave(ref yData2,1,0,10,1000);

    double[] xData2 = new double[yData2.Length];
    for (int i = 0; i < xData2.Length; i++)
    {
        xData2[i] = i;
    }
```

```
    double[][] xData = new double[][] { xData1,xData2 };
    double[][] yData = new double[][] { yData1,yData2 };

    easyChartX1.Plot(xData,yData);
}
```

上述代码生成了两个长度不等的正弦数组,然后显示在 EasyChartX 中。EasyChartX 显示不等长数据如图 7.27 所示。

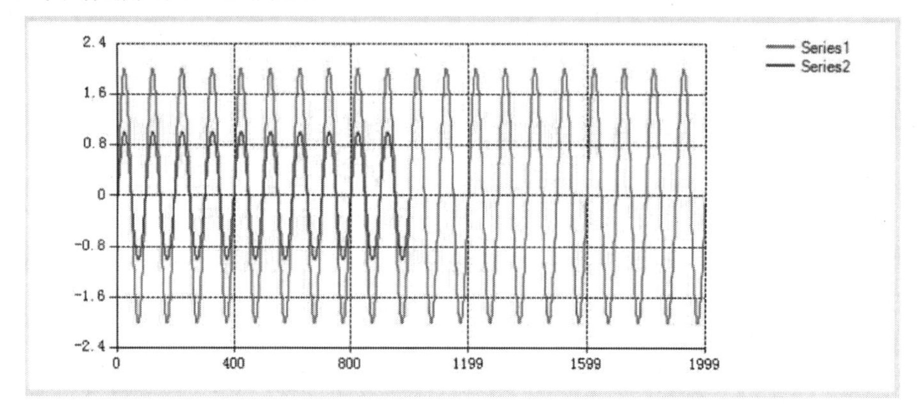

图 7.27　EasyChartX 显示不等长数据

(5)对数坐标显示。

默认情况下,EasyChartX 使用普通直角坐标系来绘图,有时也需要使用对数坐标。EasyChartX 中 *X* 轴和 *Y* 轴都可以设置成对数坐标,对应的属性是 EasyChartX.AxisX.IsLogarithmic 和 EasyChartX.AxisY.IsLogarithmic。

(6)*XY* 图显示。

EasyChartX 控件显示离散数据波形也称 *XY* 图显示。*XY* 图中的曲线是由一系列坐标点组成,所以这种模式下的输入数据本质上就是点坐标的集合,每个点都有各自的 *X* 轴和 *Y* 轴坐标。

①显示单条曲线。

Plot 有个重载的方法,方法中有两个参数,分别代表 *X* 轴坐标和 *Y* 轴坐标这两个一维数组,这两个数组长度必须相等,对应索引的值如(xData[0],yData[0])就代表了第一个点的横坐标和纵坐标,方法定义如下:

```
public void Plot(double[] xData,double[] yData);
```

下面的代码演示了如何使用 EasyChartX 绘制一个椭圆:

```
private void PlotCircle()
{
    const int length = 10000;
    double[] xData = new double[length];
    double[] yData = new double[length];

    for (int i = 0; i < length; i++)
```

```
    {
        xData[i] = Math.Sin(2 * Math.PI * i / length);
        yData[i] = Math.Cos(2 * Math.PI * i / length);
    }
    easyChartX1.Plot(xData,yData);
}
```

EasyChartX 绘制椭圆如图 7.28 所示。

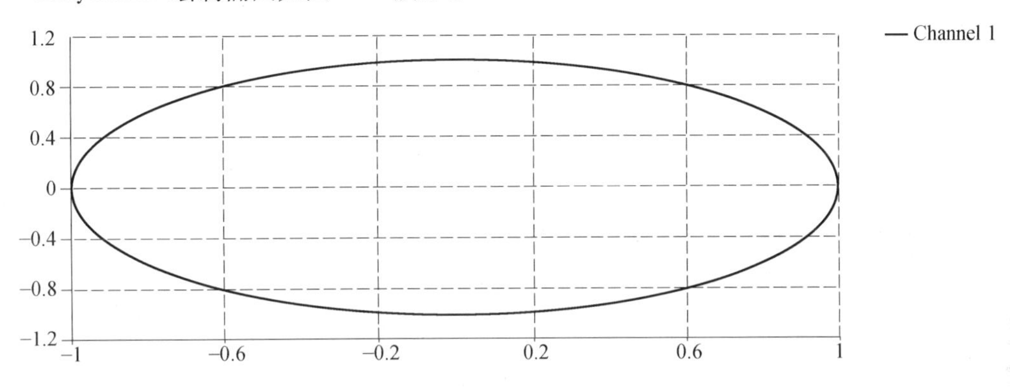

图 7.28　EasyChartX 绘制椭圆

②显示多条曲线。

显示多条曲线的方法和之前绘制不同长度曲线的方法相同,方法中两个参数都是交织数组,每个数组代表一条曲线的 *X* 轴或者 *Y* 轴坐标,从而可以实现多条曲线的绘制,方法定义如下:

```
public void Plot(double[][] xData,double[][] yData);
```

下面的代码演示了如何在 EasyChartX 显示一个椭圆和一个矩形:

```
private void SquareCircle()
{
    const int length = 10000;
    double[] x1Data = new double[length];
    double[] y1Data = new double[length];
    for (int i = 0; i < length; i++)
    {
        x1Data[i] = Math.Sin(2 * Math.PI * i / length);
        y1Data[i] = Math.Cos(2 * Math.PI * i / length);
    }
    double[] x2Data = new double[] { 1,-1,-1,1,1 };
    double[] y2Data = new double[] { 1,1,-1,-1,1 };
    double[][] xData = new double[][] { x1Data,x2Data };
    double[][] yData = new double[][] { y1Data,y2Data };
    easyChartX1.Plot(xData,yData);
}
```

EasyChartX 绘制椭圆和矩形如图 7.29 所示。

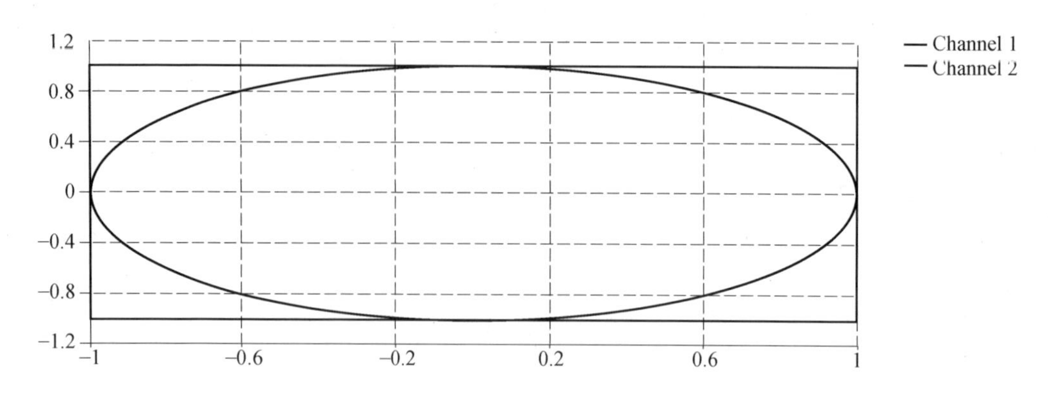

图 7.29　EasyChartX 绘制椭圆和矩形

(7)事件响应。

下面介绍 EasyChartX 常用的两个事件。

①AxisViewChanged。

当坐标轴范围发生变化时(如进行缩放操作等),会触发此事件。此事件提供了以下四个事件参数。

a.Axis。触发事件的坐标轴。

b.ParentChart。触发事件的 EasyChartX 实例。

c.IsScaleViewChanged。是否是缩放视图变更触发的事件。

d.IsRaisedByMouseEvent。是否是鼠标操作触发的事件。

②CursorPositionChanged。

当游标的位置发生变化时,触发事件。此事件提供了以下几个事件参数。

a.Cursor。触发事件的游标。

b.ParentChart。触发事件的 EasyChartX 实例。

c.SeriesIndex。触发 Cursor 事件的曲线索引。

d.IsRaisedByMouseEvent。是否是鼠标操作触发的事件。

这两个事件用法的代码如下:

```
private void Form1_Load(object sender,EventArgs e)
{
    const int DataLength = 1000000;
    const int cycle = 500;
    double[,]_sineData = new double[2,DataLength];

    for (int i = 0; i < DataLength; i++)
    {
        _sineData[0,i] = 1 * Math.Sin(i * 2 * Math.PI / cycle);
        _sineData[1,i] = 2 * Math.Sin(i * 2 * Math.PI / cycle);
    }
    easyChartX1.Plot(_sineData);
}
```

```
private void EasyChartX1_AxisViewChanged(object sender,SeeSharpTools.JY.GUI.EasyChartXViewEventArgs e)
{
    RefreshAxisValue();//坐标轴范围改变,更新坐标轴参数
}

private void EasyChartX1_CursorPositionChanged(object sender,SeeSharpTools.JY.GUI.EasyChartXCursorEventArgs e)
{
    RefreshCursorValue();//游标位置改变,更新游标对应点的坐标
}

private void RefreshAxisValue()
{
    numericUpDown_axisXMax.Value = (decimal)easyChartX1.AxisX.Maximum;
    numericUpDown_axisXMin.Value = (decimal)easyChartX1.AxisX.Minimum;
    numericUpDown_viewXMax.Value = (decimal)easyChartX1.AxisX.ViewMaximum;
    numericUpDown_viewXMin.Value = (decimal)easyChartX1.AxisX.ViewMinimum;
}

private void RefreshCursorValue()
{
    numericUpDown_xCursorValue.Value = (decimal)easyChartX1.XCursor.Value;
    numericUpDown_yCursorValue.Value = (decimal)easyChartX1.YCursor.Value;
}
```

代码运行的结果如图 7.30 所示。当鼠标右键选择 Zoom 方法进行坐标轴缩放操作时,会触发 AxisViewChanged 事件,此时 ViewXMax 和 ViewXMin 就会更新为当前视图 X 轴的最大值和最小值。当鼠标右键选择 Show Value 方法移动游标时,对应点的坐标信息也会在界面上更新。

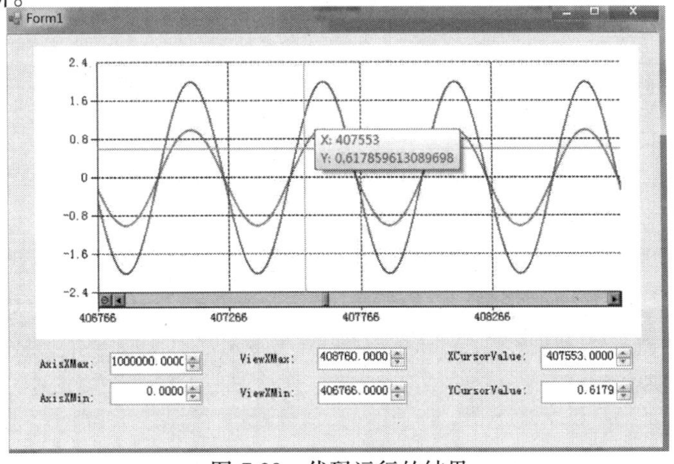

图 7.30　代码运行的结果

7.3.5 StripChartX(SeeSharpTools)

波形图表和波形图名字看起来很相似,实际用法还是有不少差异的。波形图表最大的特点是控件内部包含有一个先入先出的缓冲区,与队列的概念类似。这个缓冲区大小可以事先设置好。当控件中有新数据来临时,会自动填充到缓冲区尾部。当数据持续增加到超过设置的缓冲区大小时,旧数据将会被覆盖,从而保证波形图表上显示的点数始终是设置的缓冲区大小。

StripChartX 是基于微软 MSChart 控件实现的波形图表控件,加入了测试测量很多常用的特性,尽量简化了对外接口并提高了绘图效率,支持单通道或多通道的连续或离散波形记录显示,同时新增分区视图,可以将每条线独立显示到不同的绘图区中。

StripChartX 中缓冲区的大小通过 DisplayPoints 属性来设置,也就是图形上同时显示的最大点数。StripChartX 有两种更新模式:累积模式(Cumulation)和滚动模式(Scroll)。累积模式的点数一直累积,直到超过 DisplayPoints 的值时开始滚动;滚动模式从开始的一侧开始滚动,点数少于 DisplayPoints 的配置时,部分绘图区显示空白。StripChartX 的两种更新模式如图 7.31 所示。

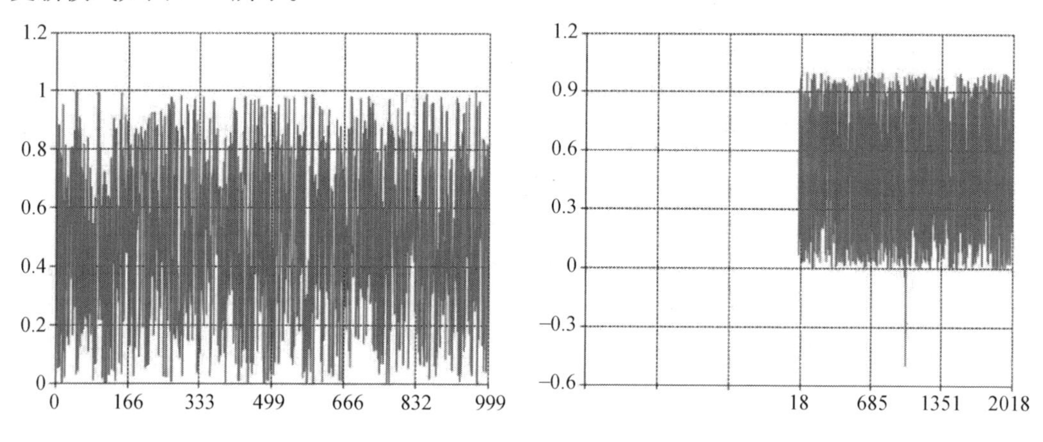

图 7.31 StripChartX 的两种更新模式

StripChartX 绝大部分用法与 EasyChartX 类似,如坐标轴、曲线、右键菜单、游标的设置等,这里就不再介绍,可以参考前面 EasyChartX 的说明部分。下面介绍几个 StripChartX 的应用案例。

1.数据输入

StripChartX 主要支持两种绘图方式:第一种是单点绘图,调用的方法是 PlotSingle();第二种是多点绘图,调用的方法是 Plot()。与 EasyChartX 一样,绘图的输入数据也是通过泛型支持多种数据类型,包括 double/int/short/ushort 等。单点绘图的例子如下:

```
private void PlotSinglePoint()
{
    Random rand = new Random();
```

```
    double yData = rand.NextDouble() - 0.5;
    stripChartX1.PlotSingle(yData);
}
```

多点绘图的例子如下：

```
private void PlotMultiplePoints()
{
    Random rand = new Random();
    double[] yData = new double[100];
    for (int i = 0; i < 100; i++)
    {
        yData[i] = rand.NextDouble() - 0.5;
    }
    stripChartX1.Plot(yData);
}
```

2.以绝对时间显示 *X* 轴坐标

默认情况下，StripChartX 控件的横坐标表示采样点数，纵坐标表示信号的幅值。在某些应用中，用户需要查看采样数据随着历史时间变化的趋势，将 *X* 轴坐标变为系统的绝对时间。这里需要设置以下四个属性。

(1) XDataType。数据类型为 StripChartX.XAxisDataType，配置 *X* 轴坐标显示的格式，如 Index/TimeStamp/String，如果需要绝对时间，就设置此属性为 TimeStamp。

(2) TimeStampFormat。数据类型为 string，设置当坐标轴类型为时间戳时显示的格式，如"HH:mm: ss"就表示24小时制下的时分秒显示。

(3) TimeInterval。数据类型为 TimeSpan，设置相邻点的时间间隔，对于数据采集应用来讲一般设置成采样率的倒数，也就是 dt，该设置仅在绘制数组时有效，单点绘图时无效。

(4) NextStamp。配置下次绘图的起始时间戳，默认是系统当前时间。

范例代码如下，其中调用的 PlotMultiplePoints()方法就是之前多点绘图部分的代码：

```
private void PlotAbsoluteTime()
{
    stripChartX1.XDataType = SeeSharpTools.JY.GUI.StripChartX.XAxisDataType.TimeStamp;
    stripChartX1.TimeStampFormat = "HH:mm:ss"; //24小时进制显示时分秒
    stripChartX1.TimeInterval = new TimeSpan(0,0,1);//设置相邻点时间间隔为1 s
    stripChartX1.Series[0].Type = SeeSharpTools.JY.GUI.StripChartXSeries.LineType.StepLine;
    PlotMultiplePoints();
}
```

以绝对时间显示 StripChartX 的横坐标如图7.32所示，可以看到相邻点的时间间隔是1 s。由于整条曲线有100个点，因此最左边和最右边的时间戳相减就是100 s。

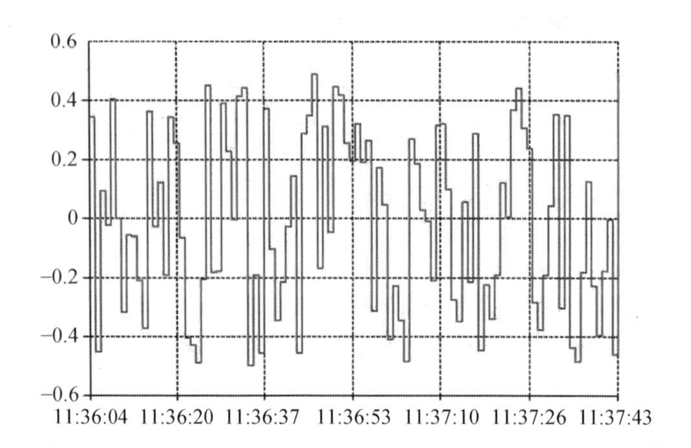

图 7.32　以绝对时间显示 StripChartX 的横坐标

7.3.6　定时器(Timer)

在 Windows 窗体应用程序中,定时器与其他控件略有不同,它并不直接显示在窗体上,而是与其他控件连用,表示每隔一段时间执行一次 Tick 事件。

定时器常用的属性是 Interval,用于设置时间间隔,以毫秒(ms)为单位。此外,还会用到定时器的以下两个方法。

(1)Start()。启动定时器,效果与将 Enabled 属性设置为 True 相同。

(2)Stop()。停止计数器,效果与将 Enabled 属性设置为 False 相同。

在窗体中按照一定的时间间隔更新当前的系统时间,更新的步骤是在定时器的 Tick 事件中完成的。代码中用到了表示时间的 DateTime 类,通过它的静态属性 Now 获取当前系统日期和时间,并以完整的年/月/日/ 时:分:秒:毫秒的格式显示。代码如下:

```
//窗体加载事件,显示当前系统时间,设置定时器时间间隔
private void TimerForm_Load(object sender,EventArgs e)
{
    DateTime now = System.DateTime.Now;//定义当前时刻
    textBox1.Text = now.ToString() + " " + now.Millisecond.ToString();
    timer1.Interval = 1000; //设置每隔 1 s 调用一次定时器 Tick 事件
}

private void Button_start_Click(object sender,EventArgs e)
{
    timer1.Start(); //启动定时器
}

private void Button_stop_Click(object sender,EventArgs e)
{
```

```
        timer1.Stop( ); //停止计数器
    }

    //触发定时器的事件,在该事件中更新界面时间
    private void Timer1_Tick( object sender, EventArgs e)
    {
        DateTime now = DateTime.Now;
        textBox1.Text = now.ToString( ) + " " + now.Millisecond.ToString( );
    }
```

运行程序,使用定时器显示当前系统时间如图 7.33 所示,可以看到每隔 1 s 就会在界面上更新当前的系统时间。

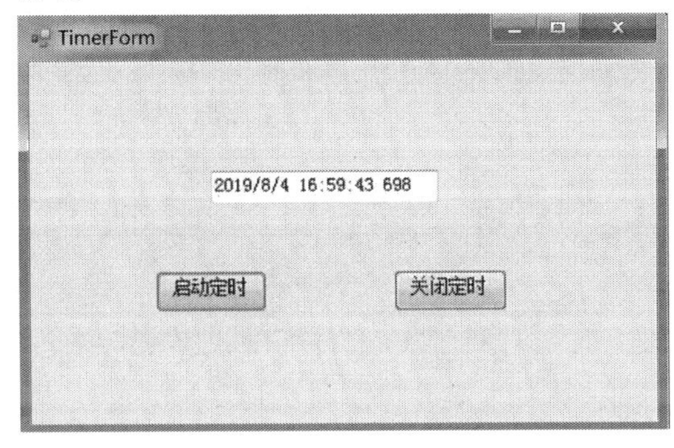

图 7.33　使用定时器显示当前系统时间

第 8 章　文件操作

在开发应用程序中,经常需要对文件进行各种操作。例如,对于一个完整的测试系统或者数据采集应用,用户可能需要将各种采集数据按照需要的格式保存到文件中,并对数据进行查看或回放。此外,有时用户也需要将各种配置信息写入配置文件,以便在执行程序时直接调用之前的软硬件配置。C#中提供了丰富而强大的文件 I/O 类库用于文件操作。本章将会介绍常见文件类型的区别,以及如何对它们进行读写操作。

8.1　文本文件与二进制文件

常见编程语言支持的文件类型有文本文件和二进制文件两种,但是从广义上讲二进制文件是包含文本文件的。因为计算机的存储在物理上是二进制的,所以文本文件与二进制文件的区别并不是物理上的,而是逻辑上的,这二者只是在编码层次上有差异。简单来说,文本文件是基于字符编码的文件,常见的编码有 ASCII 编码、Unicode 编码等。二进制文件是基于值编码的文件,用户可以根据具体应用,指定某个值的含义。从读写角度看,二进制读写是将内存里面的数据直接读写入文本中,而文本文件则是将数据先转换成字符串,再写入到文本中。

在操作系统中,文件的后缀名代表文件类型。例如,AVI 代表视频文件,JPG 代表图片文件。文件类型可以帮助用户读取保存在其中的数据。同样的文本文件,如果对格式做了不同的规定,就会有不同的后缀名。例如,TXT 是 Windows 系统自带的一种文本文件格式,CSV 代表以字符分隔的文本文件格式,INI 是配置文件的文本文件格式。

常用的编辑器软件就可以对文本文件进行读写,如记事本、Excel、NotePad++等,而二进制文件需要特别的解码器才能够读取其中的信息,如 bmp 文件需要图像查看器,rmvb 文件需要视频播放器。因此,文本文件的可读性要比二进制文件好,但是二进制文件的安全性更高,如果不了解内部数据的格式,是无法解读二进制文件的。

此外,从存储空间角度而言,这二者存储字符型数据时并没有差别。但是在存储数字特别是浮点型数据时,二进制文件更节省空间。

最后,内存中参加计算的数据都是用二进制格式储存起来的,因此使用二进制储存到文件更快捷。文本文件的存储需要一个转换成二进制格式的过程,因此在数据量很大的时候二进制文件的读写速度要比文本文件快得多。在进行高速采集应用时,由于数据的吞吐量比较大,因此一般会存储成二进制格式。

8.2　文件操作类

在介绍具体的文件操作之前，首先需要了解下.NET Framework 提供的文件操作类，如常用的路径、文件常量、文件夹的读取方式等。这些文件操作类基本都位于 System.IO 命名空间下。

8.2.1　DriverInfo 类

DriverInfo 类主要用于查询当前计算机上磁盘驱动器的信息，包括查看磁盘的空间、磁盘的文件格式、磁盘的卷标等。DriverInfo 类是一个密封类，在实例化时需要提供一个字符串类型的参数 dirveName，即有效驱动器路径或驱动器号，Null 值是无效的。DriverInfo 类的常用属性见表 8.1。

表 8.1　DriverInfo 类的常用属性

序号	属性名称	数据类型	功能描述
1	DriveFormat	string	只读属性，获取文件系统格式的名称，例如 NTFS 或 FAT32
2	DriveType	DriverType	只读属性，获取驱动器的类型，例如可移动驱动器、网络驱动器或固定驱动器
3	Name	string	只读属性，获取驱动器的名称，例如 C:\
4	RootDirectory	DirectoryInfo	只读属性，获取驱动器的根目录
5	TotalFreeSpace	long	只读属性，获取驱动器上的可用空闲空间总量（以字节为单位）
6	TotalSize	long	只读属性，获取驱动器上存储空间的总大小（以字节为单位）
7	VolumeLabel	string	获取或设置驱动器的卷标

获取指定盘符中的驱动器类型、名称、文件系统名称、可用空间及总空间大小，代码如下：

```
static void Main(string[] args)
{
    DriveInfo driveInfo = new DriveInfo("F");
    Console.WriteLine("驱动器的名称:" + driveInfo.Name);
    Console.WriteLine("驱动器类型:" + driveInfo.DriveType);
    Console.WriteLine("驱动器的文件格式:" + driveInfo.DriveFormat);
    Console.WriteLine("驱动器中可用空间大小:" + driveInfo.TotalFreeSpace);
    Console.WriteLine("驱动器总大小:" + driveInfo.TotalSize);
```

```
}
```

上述代码的运行结果如下：

驱动器的名称:F:\
驱动器类型:Fixed
驱动器的文件格式:NTFS
驱动器中可用空间大小:39077638144
驱动器总大小:161060220928

驱动器类型中的 Fixed 值代表本地磁盘,可用空间大小和总大小的单位是字节 Byte。如果需要对空间大小的单位进行转换,按照规则进行运算即可,即 1 KB=1 024 B,1 MB=1 024 KB,1 GB=1 024 MB。

8.2.2 Directory 和 DirectoryInfo 类

Directory 类和 Directoryinfo 类都是对文件夹进行操作的,它们的区别如下。

(1)Directory 类是静态类,其成员也是静态的,通过类名即可访问类的成员。

(2)DirectoryInfo 类是非静态类,需要创建该类的实例,通过类的实例访问类成员,在实例化时需要指定文件或文件夹的路径。

需要指出的是,在 C#中"\"是特殊字符,要表示它的话需要使用"\\"。由于这种写法不方便,因此 C#语言提供了@ 对其简化。只要在字符串前加上@ 即可直接使用"\"。例如,"c:\\windows"可以写成@"c:\windows"。

DirectoryInfo 类的常用属性和方法见表 8.2。Directory 类所提供的成员与 DirectoryInfo 类相似,只是省去了类实例化的步骤。大部分情况下,这两个类可以互换使用。

表 8.2 DirectoryInfo 类的常用属性和方法

属性			
序号	属性名称	数据类型	功能描述
1	Exists	bool	只读属性,获取指定目录是否存在
2	Name	string	只读属性,获取 DirectoryInfo 实例的名称
3	Parent	DirectoryInfo	只读属性,获取指定的子目录的父目录
4	Root	bool	只读属性,获取目录的根部分

方法		
序号	方法名称	功能描述
1	void Create()	创建目录
2	void Delete()	如果目录中为空,则将目录删除
3	void Delete(bool recursive)	指定是否删除子目录和文件,如果 recursive 参数的值为 True,则删除,否则不删除
4	DirectoryInfo CreateSubdirectory (string path)	在指定路径上创建一个或多个子目录,返回值是在 path 中指定的最后一个目录

续表 8.2

方法		
序号	方法名称	功能描述
5	IEnumerable<DirectoryInfo> EnumerateDirectories( )	返回当前目录中的目录信息的可枚举集合
6	IEnumerable<FileInfo> EnumerateFiles( )	返回当前目录中的文件信息的可枚举集合
7	DirectoryInfo[ ] GetDirectories( )	返回当前目录的子目录
8	FileInfo[ ] GetFiles( )	返回当前目录的文件列表
9	void MoveTo(string destDirName)	将当前 DirectoryInfo 实例及其内容移动到新路径

下面的代码实例演示了 DirectoryInfo 类的使用。首先在 F 盘新建名为“code”的文件夹,然后在其中创建 code1 和 code2 两个子文件夹,最后列举出 code 文件夹下的所有目录。代码如下:

```
static void Main(string[ ] args)
{
    DirectoryInfo directoryInfo = new DirectoryInfo("F:\\code");
    directoryInfo.Create( );
    directoryInfo.CreateSubdirectory("code1");
    directoryInfo.CreateSubdirectory("code2");
    //列举文件夹
    IEnumerable<DirectoryInfo> dir = directoryInfo.EnumerateDirectories( );
    foreach (var v in dir)
    {
        Console.WriteLine(v.Name);
    }
}
```

8.2.3　File 和 FileInfo 类

File 类和 FileInfo 类都是用来操作文件的,并且作用相似,它们都能完成创建文件、更改文件名称、删除文件、移动文件等操作。二者的区别如下。

(1)File 类是静态类,其成员也是静态的,通过类名即可访问类的成员。

(2)FileInfo 类是非静态类,其成员需要类的实例来访问,在实例化时需要指定文件路径。

FileInfo 类的常用属性和方法见表 8.3。

表 8.3　FileInfo 类的常用属性和方法

属性

序号	属性名称	数据类型	功能描述
1	Attributes	FileAttributes	获取或设置文件的属性,如只读、隐藏、系统文件、临时文件等,默认为只读
2	Directory	DirectoryInfo	只读属性,获取父目录的实例
3	DirectoryName	string	只读属性,获取表示目录的完整路径字符串
4	Exists	bool	只读属性,获取指定的文件是否存在,若存在返回 True,否则返回 False
5	IsReadOnly	bool	获取或设置指定的文件是否为只读的
6	Length	long	只读属性,获取文件的大小
7	Name	string	只读属性,获取文件的名称
8	CreationTime	DateTime	获取或设置当前文件或目录的创建时间

方法

序号	方法名称	功能描述
1	StreamWriter AppendText()	向当前文件追加文本,返回一个 StreamWriter 对象
2	FileStream Create()	创建或覆盖文件,返回一个 FileStream 对象
3	void Delete()	删除文件
4	bool Exists()	检查文件是否存在
5	FileStream Open(FileMode mode, FileAccess access, FileShare share)	用读、写或读/写访问权限和指定的共享选项在指定的模式中打开文件,返回一个 FileStream 对象
6	void MoveTo(string destFileName)	将指定文件移到新位置,提供要指定新文件名的选项

File 类的实例成员提供了和 FileInfo 类差不多的功能,如也包含 AppendText、Create、Open 等方法。在大多数情况下,这两个类可以互换使用。但是由于 File 类是静态类,无需实例化就可以直接调用其中的静态方法,因此如果只想执行一个操作,使用 File 类要更方便些。一般来讲,FileInfo 类的使用场合会更多些。下面的例子演示了 FileInfo 类的使用方法:

```
static void Main(string[] args)
{
    string path = "F:\\test.txt";
    FileStream fileStream = null;
    StreamWriter streamWriter = null;
    FileInfo fileInfo = new FileInfo(path);
```

```
    if (! fileInfo.Exists)
    {
        fileStream = fileInfo.Create();
        Console.WriteLine("新建一个文件:{0}",path);
    }
    else
    {
        fileStream = fileInfo.Open(FileMode.Open);
        Console.WriteLine("文件已存在,直接打开");
    }
    fileInfo.Attributes = FileAttributes.Normal;//设置文件属性
    streamWriter = new StreamWriter(fileStream);
    streamWriter.WriteLine("测试文本");
    Console.WriteLine("向文件写入测试数据");
    streamWriter.Flush();
    streamWriter.Close();
    fileStream.Close();
    Console.WriteLine("文件路径:" + fileInfo.Directory);
    Console.WriteLine("文件名称:" + fileInfo.Name);
    Console.WriteLine("文件是否只读:" + fileInfo.IsReadOnly);
    Console.WriteLine("文件大小:" + fileInfo.Length);
}
```

以上代码首先使用 Exist()方法判断指定路径下的文件是否存在,如果存在就使用 Open()方法直接打开,如果不存在就使用 Create()方法创建指定名字的新文件。然后,代码调用文件流类库 FileStream 和 StreamWriter 向文本文件中写入新的字符串,这部分内容会在 8.3 节中介绍。关闭文件后,调用 FileInfo 类中的一些属性获取文件的相关信息,如文件路径、文件名称、是否只读、文件大小等。运行程序,结果如下:

```
新建一个文件:F:\test.txt
向文件写入测试数据
文件路径:F:\
文件名称:test.txt
文件是否只读:False
文件大小:14
```

8.2.4　Path 类

Path 类主要用于文件路径的操作,它也是一个静态类。Path 类中的常用方法见表8.4。

表 8.4　Path 类中的常用方法

序号	方法名称	功能描述
1	void Combine(params string[] paths)	将字符串数组组合成一个路径
2	void Combine(string path1,string path2)	将两个字符串组合成一个路径
3	void GetDirectoryName(string path)	返回指定路径字符串的目录信息
4	void GetExtension(string path)	返回指定路径字符串的扩展名
4	void GetFileName(string path)	返回指定路径字符串的文件名和扩展名
5	void GetFileNameWithoutExtension(string path)	返回不具有扩展名的指定路径字符串的文件名
6	void GetFullPath(string path)	返回指定路径字符串的绝对路径
7	void GetPathRoot(string path)	获取指定路径的根目录信息
8	bool HasExtension(string path)	确定路径是否包括文件扩展名
9	bool IsPathRooted(string path)	指示路径字符串是包含绝对路径还是包含相对路径

下面的代码演示了 Path 类中部分方法的使用,从控制台输入一个路径,输出该路径的不含扩展名的路径、扩展名、文件全名和文件路径:

```
static void Main(string[] args)
{
    Console.WriteLine("请输入一个文件路径:");
    string path = Console.ReadLine();
    Console.WriteLine("不包含扩展名的文件名:" +
        Path.GetFileNameWithoutExtension(path));
    Console.WriteLine("文件扩展名:" + Path.GetExtension(path));
    Console.WriteLine("文件全名:" + Path.GetFileName(path));
    Console.WriteLine("文件路径:" + Path.GetDirectoryName(path));
    Console.ReadLine();
}
```

当提示输入文件路径时,输入 F:\code\code1\test1.txt,结果如下:

```
请输入一个文件路径:
F:\code\code1\test1.txt
不包含扩展名的文件名:test1
文件扩展名:.txt
文件全名:test1.txt
文件路径:F:\code\code1
```

可以看到,使用 Path 类能很方便地获取与文件路径相关的信息。

8.3　文　件　流

8.2.3 节的例中使用了文件流类库 FileStream 和 StreamWriter 向文本中写入字符串,

但在当时没有过多介绍。本节主要介绍文件流的概念,接下来会介绍文件流的使用方法。

在计算机编程中,流(Stream)就是一个类的对象,很多文件的输入输出操作都以类的成员函数的方式来提供。计算机中的流是字节序列的抽象概念,如文件、输入/输出设备、内部进程通信管道等。通常把对象接收外界的信息输入称为输入流,相应地从对象向外输出信息为输出流,合称为输入/输出流(I/O Streams),因此可以把流看作一种数据的载体,通过它可以实现数据的交换和传输。

流所在的命名空间也是System.IO,主要包括文本文件的读写、图像和声音文件的读写、二进制文件的读写等。Stream类是所有流的抽象基类,根据数据源的不同,Stream类派生的每个子类代表一种具体的数据流类型,包括磁盘文件直接相关的文件流类FileStream、与套接字相关的网络流类NetworkStream、与内存相关的内存流类MemoryStream及提供数据压缩和解压缩流的GZipStream。

System.IO命名空间中的流类库通常是成对出现的,一个从流中读取数据,一个向流中写入数据,它们也称流的读写器。不同类型的读写器分别适用于处理文本、字符串、二进制数据和流等,如下所示。

(1)文本读写器。TextReader和TextWriter类。

(2)字符串读写器。StringReader和StringWriter类。

(3)二进制读写器。BinaryReader和BinaryWriter类。

(4)流读写器。StreamReader和StreamWriter类。

8.4　文本文件读写

文本文件是最常见的文件格式,Windows、Linux、MacOS等各种操作系统都能支持文本文件。它以ASCII码方式(也称文本方式)来存储字符信息,包括能用ASCII码字符表示的回车、换行等信息,通过在文本文件最后一行后放置文件结束标志来指明文件的结束。

常见的文本文件格式包括批处理文件、TXT文件、CSV文件和INI文件等,它的结构比较简单,数据易于读取,不需要使用专门的编译器,如使用Windows系统自带的记事本就可以读取。文本文件的缺点在于存储效率较低,相同数据量比二进制文件占用系统空间要更大,并且由于译码简单,因此安全性较差。

在读写文本文件时需要注意的一点是换行符的使用,不同操作系统的行结束符是不一样的。在Windows系统中,每行结尾是“<回车><换行>”,即“\r\n”。

8.4.1　TXT文件

TXT是微软在操作系统上附带的一种文本格式,也是最常见的一种文件格式,早在DOS时代应用就很多,主要用于存放文本信息。TXT格式有四种编码:ANSI(扩展的ASCII编码)、Unicode、Unicode big endian和UTF-8。打开记事本,选择“文件”→“另存为",可以进行各种编码方式的转换。记事本的编码格式选择如图 8.1 所示。

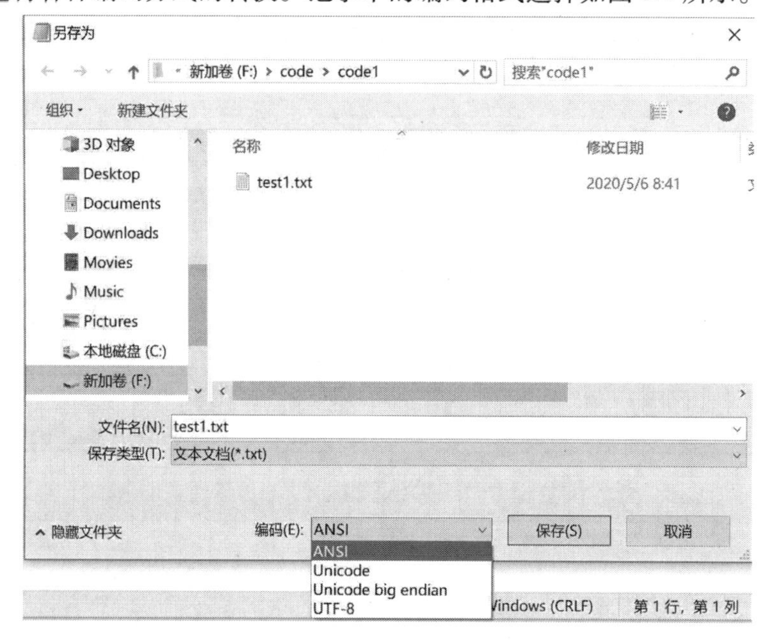

图 8.1　记事本的编码格式选择

TXT 文件的读写有两种方式:第一种是调用 FileStream 文件流类库,它操作的是字节和字节数组;第二种是调用流读写器 StreamReader 和 StreamWriter,它们操作的是字符数据。下面分别介绍如何使用这两种类库读写文本文件。

1.FileStream 类

FileStream 类主要用于文件的读写,不仅能读写普通的文本文件,还可以读取图像文件、声音文件等不同格式的文件。在创建 FileStream 类的实例时还会涉及多个枚举类型的值,包括 FileMode、FileAccess、FileShare、FileOptions 等。构造方法提供多种重载方式,也可以使用这些枚举类型的默认值,最常用的就是 FileMode 和 FileAccess。

(1)FileMode 枚举类型主要用于设置文件打开或创建的方式,具体的枚举值如下。

①CreateNew。创建新文件,如果文件已经存在,则会抛出异常。

②Create。创建文件,如果文件不存在,则删除原来的文件,重新创建文件。

③Open。打开已经存在的文件,如果文件不存在,则会抛出异常。

④OpenOrCreate。打开已经存在的文件,如果文件不存在,则创建文件。

⑤Truncate。打开已经存在的文件,并清除文件中的内容,保留文件的创建日期。如果文件不存在,则会抛出异常。

⑥Append。打开文件,用于向文件中追加内容,如果文件不存在,则创建一个新文件。

(2)FileAccess 枚举类型主要用于设置文件的访问方式,具体的枚举值如下。

①Read。以只读方式打开文件。

②Write。以写方式打开文件。

③ReadWrite。以读写方式打开文件。

在创建好 FileStream 类的实例后，即可调用该类中的成员完成读写文件的操作。FileStream 类常用的属性和方法见表 8.5。

表 8.5 FileStream 类常用的属性和方法

属性			
序号	属性名称	数据类型	功能描述
1	Position	long	获取或设置当前流中的位置
2	Length	long	只读属性，获取用字节表示的流长度
3	Name	string	只读属性，获取传递给构造方法的 FileStream 的名称

方法		
序号	方法名称	功能描述
1	int Read(byte[ ] array,int offset,int count)	从流中读取字节块并将该数据写入给定缓冲区中
2	int ReadByte( )	从文件中读取一个字节，并将读取位置提升一个字节
3	void Write (byte [ ] array, int offset, int count)	向当前流写入字节序列，并将流当前位置设置为写入字节数
4	void WriteByte(byte value)	将一个字节写入文件流中的当前位置
5	void Flush( )	清除该流的所有缓冲区，并将所有缓冲数据写入到存储设备中
6	void Close( )	关闭当前流并释放与之关联的所有资源

下面的代码演示了使用 FileStream 类创建一个新的文本文件，并向其中写入字符串数据。由于 FileStream 类只能对字节和字节数组进行操作，因此在写入字符串数据前需要使用 Encoding 类中的 GetBytes( )方法将数据从字符串类型转换为字节类型。当需要写入多行数据时，使用\r\n 作为换行符。代码如下：

```
private void Button_fileStreamWrite_Click(object sender,EventArgs e)
{
    string path = @"F:\test.txt"; //定义文件路径
    string message = "SampleRate = 100" + "\r\n" + "SamplesToAcquire = 100"; //定义要写入的
数据
    //创建 FileStream 类的实例，文件模式为新建，文件访问权限为读写
    FileStream fileStream = new FileStream(path,FileMode.Create,FileAccess.ReadWrite);
    byte[ ] bytes = Encoding.UTF8.GetBytes(message); //将字符串转换为字节数组
    fileStream.Write(bytes,0,bytes.Length); //向文件中写入字节数组
    fileStream.Flush( );  //刷新缓冲区
    fileStream.Close( ); //关闭文件流
```

```
}
```

下面介绍如何把刚才写入的数据从文件中读取回来。由于刚才是以 UTF-8 的编码格式写入的，因此读取的时候也需要按照此编码格式。当读取到\r\n 编码时，会自动识别为换行符。代码如下：

```
private void Button_fileStreamRead_Click(object sender,EventArgs e)
{
    string path = @"F:\test.txt"; //定义文件路径
    if (File.Exists(path)) //判断指定路径的文件是否存在
    {
        //创建 FileStream 类的实例，文件模式为打开，文件访问权限为读取
        FileStream fileStream = new FileStream(path,FileMode.Open,FileAccess.Read);
        byte[] bytes = new byte[fileStream.Length]; //定义存放文件信息的字节数组
        fileStream.Read(bytes,0,bytes.Length); //读取文件信息
        string message = Encoding.UTF8.GetString(bytes); //将字节型数组重写编码为字符串数据
        textBox_fileStream.Text = message;
        fileStream.Close(); //关闭流
    }
    else
    {
        MessageBox.Show("文件不存在!");
    }
}
```

2.StreamReader 和 StreamWriter 类

流读写器 StreamReader 和 StreamWriter 通过使用特定编码在字符与字节之间进行转换，提供了高效的流读写功能，可以直接用字符串进行读写，而不用转换成字节数组，因此相比于 FileStream 类更适合文本文件的读写，使用起来更加灵活。

StreamReader 类的构造方法有很多，使用指定的构造方法即可创建 StreamReader 类的实例，通过实例调用其提供的类成员能进行文件的读取操作。这里介绍一些常用的构造方法。

(1)StreamReader(Stream stream)。为指定的流创建 StreamReader 类的实例。

(2)StreamReader(string path)。为指定路径的文件创建 StreamReader 类的实例。

(3)StreamReader(Stream stream,Encoding encoding)。用指定的字符编码为指定的流初始化 StreamReader 类的一个新实例。

(4)StreamReader(string path,Encoding encoding)。用指定的字符编码为指定的文件名初始化 StreamReader 类的一个新实例。

其中，Encoding 指的是编码格式，常见的有 Unicode、ASCII、UTF-8 等，FileStream 类的例子中也用到了 Encoding 类中的方法用于字符串和字节数组的转换。

StreamReader 类常用的属性和方法见表 8.6。

表 8.6　StreamReader 类常用的属性和方法

属性			
序号	属性名称	数据类型	功能描述
1	CurrentEncoding	Encoding	只读属性,获取当前流中使用的编码方式
2	EndOfStream	bool	只读属性,获取当前的流位置是否在流结尾

方法		
序号	方法名称	功能描述
1	int Read( )	获取流中的下一个字符的整数
2	int Read(char[ ] array,int index,int count)	从 index 开始,从当前流中将最多 count 个字符读入 array
3	string ReadLine( )	从当前流中读取一行字符并将数据作为字符串返回
4	string ReadToEnd( )	读取来自流的当前位置到末尾的所有字符
5	void Close( )	关闭流

与 StreamReader 类对应,StreamWriter 类主要用于向流中写入数据。它的构造方法与 StreamReader 类基本一致,只是名称改变了而已。唯一有区别的是有个可选的 bool 类型参数 append,表示是否将数据追加到文件;如果该文件存在并且 append 为 False,则该文件被覆盖;如果该文件存在并且 append 为 True,则数据被追加到该文件中,否则将创建新文件。StreamWriter 类常用的属性和方法见表 8.7。

表 8.7　StreamWriter 类常用的属性和方法

属性			
序号	属性名称	数据类型	功能描述
1	Encoding	Encoding	只读属性,获取当前流中使用的编码方式
2	AutoFlush	bool	获取或设置是否自动刷新缓冲区

方法		
序号	方法名称	功能描述
1	void Write(char value)	将字符写入流中
2	void WriteLine(char value)	将后跟行结束符的字符写入流中
3	void Flush( )	清理当前所有缓冲区,并将所有数据写入基础流
4	void Close( )	关闭当前的 StreamWriter 对象和基础流

下面用读写器修改上面 FileStream 类的例子,实现相同的文件读写功能,代码如下:

```
private void Button_streamWriter_Click(object sender,EventArgs e)
{
    string path = @"F:\test.txt"; //定义文件路径
    //创建 StreamWriter 类的实例,创建新文件或覆盖已有文件,编码方式 UTF-8
```

```
        StreamWriter streamWriter = new StreamWriter(path,false,Encoding.UTF8);
        streamWriter.WriteLine("SampleRate = 1000");
        streamWriter.WriteLine("SamplesToAcquire = 1000");
        streamWriter.Flush(); //刷新缓存
        streamWriter.Close(); //关闭流
    }

    private void Button_streamReader_Click(object sender,EventArgs e)
    {
        string path = @"F:\test.txt"; //定义文件路径
        //创建 StreamReader 类的实例,创建新文件或覆盖已有文件,编码方式 UTF-8
        StreamReader streamReader = new StreamReader(path,Encoding.UTF8);
        string message = streamReader.ReadToEnd();//读取文件中所有数据
        textBox_stream.Text = message;
        streamReader.Close(); //关闭流
    }
```

可以看到，由于读写器可以直接对字符串进行操作，无须再做二次转换，因此在读写 TXT 文件时要比 FileStream 类方便些。另外，读写器也可以基于整行的数据进行操作，用户无须再关心换行符的使用。这几个例子的运行结果如图 8.2 所示。

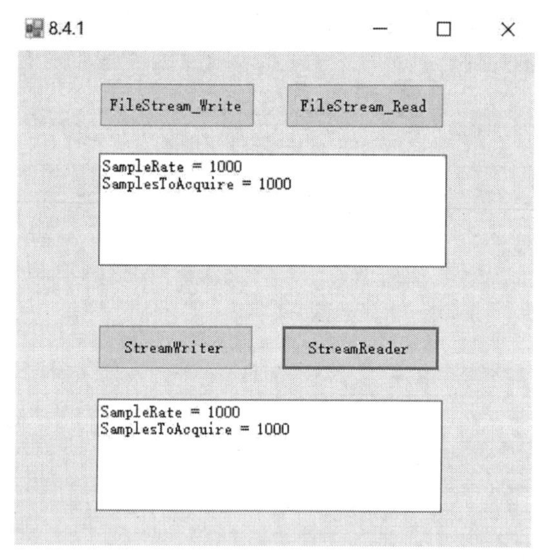

图 8.2　运行结果

最后，需要注意的一点是无论是使用 FileStream 类还是读写器，在进行连续存储时，都最好不要频繁打开和关闭文件，这样会影响文件操作的效率和存储速度。推荐的方式是先打开文件，然后在循环中多次进行读写操作，最后关闭文件。

8.4.2　CSV 文件

CSV 是一种通用的、相对简单的文件格式，被用户、商业和科学广泛应用，最广泛的应用是在程序之间转移表格数据。CSV 的全称是逗号分隔值文件格式，但其实分隔符也可以不是逗号。CSV 文件以纯文本形式存储表格数据（数字和文本）。纯文本意味着该文件是一个字符序列，不含必须像二进制数字那样被解读的数据。

CSV 文件由任意数目的记录组成，记录间以某种换行符分隔。每条记录由字段组成，字段间的分隔符是其他字符或字符串，最常见的是逗号或制表符。CSV 文件一般用 Excel 打开或修改，也可以使用记事本或 Word。Excel 文件另存为可以选择 CSV 格式，但是会丢失其中的格式信息。

CSV 文件属于文本文件，因此上一节介绍的 FileStream 和 StreamReader/StreamWriter 读写器都可以用来读写 CSV 文件。但是如前所述，由于 CSV 文件中字段间有分隔符，而且常用来存储的表格数据一般都有行列信息，因此使用这两种方式来操作 CSV 文件会比较麻烦。SeeSharpTools 中提供了封装好的 CSV 类库 CsvHandler，能够非常方便地以数组的形式读写 CSV 文件。CsvHandler 是静态类，实现从 CSV 文件读取和写入数据的功能，主要包含 Write 和 Read 两类方法。所有方法都只需要调用一行代码，内部已经封装了打开文件和关闭文件功能，因为 CSV 文件一般不用来做大数据量的连续存储，所以不会对文件存储的效能产生太大影响。

Write 方法理论上支持所有实现 ToString( ) 方法的类型，包括 double/float/int/short/byte 等类型的数据。Write 方法支持写入一维和二维数组，支持包含路径的入参和不包含路径的入参（不包含路径入参时会弹出文件选择窗口）。支持配置写入的编码格式，如果不配置则使用系统的默认编码格式，大多数系统为 Unicode。CsvHandler 类的写入方法，可以指定文件路径或者弹窗方式选择，可以写入一维数组或二维数组。WriteMode 枚举类型设置文件的写入模式，Append 表示向现有文件追加数据，Overlap 表示覆盖当前文件的数据，默认为 Append。

表 8.8　CsvHandler 类的写入方法

序号	方法名称	功能描述
1	void WriteData<T>(string filePath, T[ ] data, WriteMode writeMode, Encoding encoding)	向指定路径的文件中写入一维数组数据
2	void WriteData<T>(string filePath, T[,] data, WriteMode writeMode, Encoding encoding)	向指定路径的文件中写入二维数组数据
3	void WriteData<T>(T[ ] data, WriteMode writeMode, Encoding encoding)	通过弹窗选择文件路径，向文件中写入一维数组数据
4	void WriteData<T>(T[,] data, WriteMode writeMode, Encoding encoding)	通过弹窗选择文件路径，向文件中写入二维数组数据

Read 方法通过泛型支持 double/float/int/short/byte 等多种数据类型。Read 方法有多

个重载，分别支持读取指定行，从某行起始的多行，从某行起始的所有行、指定列和多个指定列，支持包含路径的入参和不包含路径的入参（不包含路径入参时会弹出文件选择窗口）。同时，支持配置读取的编码格式，如果不配置，则使用系统的默认编码格式，大多数系统为 Unicode。CsvHandler 类部分常用的读取方法见表 8.9，表中列举的读取方法都是通过弹窗的方式选择文件，另外也有指定文件路径的重载方法。所有方法的返回值都是从文件中读回的数据，类型和设置读取的数据类型一致。方法的参数列表中不少都有默认参数，如起始行/列索引默认值都是 0，编码的默认方式是 null（系统默认编码）。

表 8.9　CsvHandler 类部分常用的读取方法

序号	方法名称	功能描述
1	T[,] Read<T>(long startRow, long startColumn, long rowSize, long columnSize, Encoding encoding)	设置起始行/列索引值，-1 表示读取全部，返回二维数组
2	T[,] Read<T>(long startRow, long[ ] columns, long rowSize, Encoding encoding)	设置起始行、行数和列索引集合，返回二维数组
3	T[,] Read<T>(long[ ] rows, long[ ] columns, Encoding encoding)	设置行索引和列索引集合，返回二维数组
4	T[ ] Read<T>(MajorOrder majorOrder, long index, long startIndex, long size, Encoding encoding)	设置行/列读取模式，起始索引和数组长度，返回一维数组

下面的代码演示了如何对 CSV 文件进行读写操作。可以看到，只需要一行代码就可以很方便地对文件进行读写，需要说明是 CSV 文件一般按照列存储数据，而图表是按照行来绘图的，所以中间需要经过数组转置的操作。代码如下：

```
private void Button_browse_Click(object sender, EventArgs e)
{
    saveFileDialog1.Filter = ".CSV 文档|*.csv";
    if (saveFileDialog1.ShowDialog() == DialogResult.OK)
    {
        textBox_path.Text = saveFileDialog1.FileName.ToString();
    }
}


private void Button_writeCSV_Click(object sender, EventArgs e)
{
    //生成二维波形数组数据并绘图
    double[,] sineData = new double[1000,2];
    double[,] transposedData = new double[2,1000];
    for (int i = 0; i < 1000; i++)
    {
        sineData[i,0] = 1 * Math.Sin(i * 2 * Math.PI / 500);
        sineData[i,1] = 2 * Math.Sin(i * 2 * Math.PI / 500);
    }
```

```
        //向文件中写入二维数组数据,覆盖旧数据
        CsvHandler.WriteData(textBox_path.Text,sineData,WriteMode.OverLap);
        //对二维数组进行转置操作
        ArrayManipulation.Transpose(sineData,ref transposedData);
        easyChartX1.Plot(transposedData);
    }

    private void Button_readCSV_Click(object sender,EventArgs e)
    {
        //读取文件中的全部数据,返回二维数组
        double[,] readData = CsvHandler.Read<double>(textBox_path.Text);
        double[,] transposedData = new double[readData.GetLength(1),readData.GetLength(0)];
        ArrayManipulation.Transpose(readData,ref transposedData);
        easyChartX2.Plot(transposedData);
    }
```

图 8.3 所示为上述代码的运行结果。

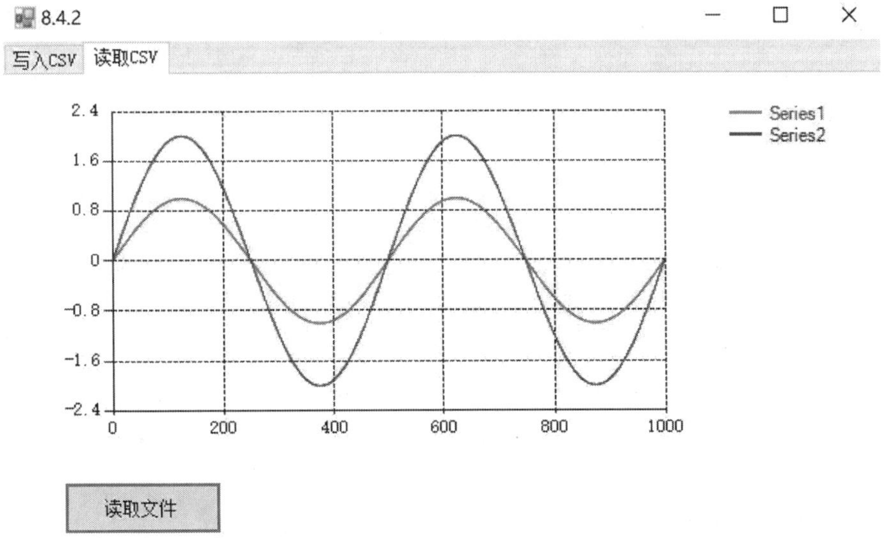

图8.3　运行结果

最后,如果要读取当前 CSV 文件中表格数据的行数和列数,可以通过 StreamReader 类中的 ReadLine()方法来获取,代码如下:

```
int rowCount = 0;
int ColumnCount = 0;
StreamReader sr = File.OpenText(filePath); //打开指定路径的 CSV 文件
string strLine = "";
//不断读取新行数据直至到达文件末尾处
while ((strLine = sr.ReadLine()) ! = null)
{
```

```
        //去掉逗号分隔符所占用的列数
        columnCount = strLine.Split(',').Length;
        rowCount += 1; //行数+1
    }
    sr.Close();
```

8.4.3 INI 文件

INI 文件是 Initialization File 的缩写,即初始化文件,后缀名是.ini。INI 是 Window 的系统配置文件所采用的存储格式,统管 Window 系统的各项配置。在测试程序中,用户可以使用 INI 文件存储硬件的配置参数、界面上所有参数的当前值及某次程序运行的结果并在下次启动程序时调用。

INI 文件是特殊格式的文本文件,可以用记事本直接打开并编辑。INI 文件由节、键和值三部分组成,典型的 INI 文件格式如下:

```
[Section1 Name]
KeyName1 = KeyValue1
KeyName2 = KeyValue2
… …
[Section2 Name]
KeyName21 = KeyValue21
KeyName22 = KeyValue22
```

从上面的代码中可以看出,INI 文件结构很简单,每个 INI 文件由一个或多个节组成,由"[ ]"内部的字符串名称来区别不同的节,而每个节由一系列键名和键值组成,等号左边的字符串表示键名,等号右边的字符串表示键值。

Windows 提供了丰富的 API 函数来操作 INI 文件,SeeSharpTools 中也提供了封装好的静态类库 IniHandler 实现对 INI 文件的读写操作,可以无须实例化直接调用其中的方法。文件的打开和关闭也都已经封装在类库中,因为 INI 文件一般不会做大数据量的频繁读写。

IniHandler 类中提供的写入方法如下,可以添加或修改某个路径下的键值对,所有参数都必须填写:

```
public static void Write(string section,string key,stringvalue,string path);
```

下面的代码演示了此方法的使用,向文件中写入 Section1 和 Section2,每个 Section 中添加不同数据类型的键值对,包括布尔、数值和字符串等。运行后用记事本打开文件,CSV 文件中的内容如图 8.4 所示。代码如下:

```
private void Button_saveINIFile_Click(object sender,EventArgs e)
{
    //写入 Section1 数据
    IniHandler.Write("Section1","Boolean","TRUE",path);
    IniHandler.Write("Section1","Double","2.00000",path);
    IniHandler.Write("Section1","Path","/C/a/b/c.txt",path);
```

```
    //写入 Section2 数据
    IniHandler.Write("Section2","String1","First Data String",path);
    IniHandler.Write("Section2","String2 ","Second Data String",path);
}
```

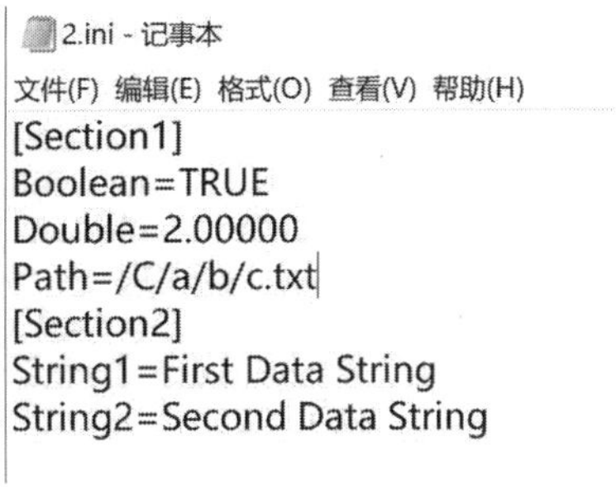

```
2.ini - 记事本
文件(F) 编辑(E) 格式(O) 查看(V) 帮助(H)
[Section1]
Boolean=TRUE
Double=2.00000
Path=/C/a/b/c.txt
[Section2]
String1=First Data String
String2=Second Data String
```

图 8.4　CSV 文件中的内容

IniHandler 类中提供的读取方法如下,用来读取指定路径文件的 section、key 或 value 值,返回类型是字符串数组。如果 section 为 null,则返回所有 section 的名称;如果 key 为 null,则返回 section 下所有的键名;如果 section 和 key 都不为 null,则返回 key 对应的值。因此,这个方法既可以用来读取指定 section 下某个 key 的值,也可以查询当前文件中所有的 section 及 section 下的所有 key。代码如下:

```
public static string[] Read(string section,string key,string path,int length = 10000);
```

下面使用 Read 方法读取刚才写入的 INI 文件,根据已知的 section 和 key 的名称不断获取键值。由于读取的都是字符串数据,因此需要把它转化为实际的原始数据类型。代码如下:

```
private void Button_loadINIFile_Click(object sender,EventArgs e)
{
    //读取 Section1 中的键值对
    string[] value = IniHandler.Read("Section1","Boolean",path);
    checkBox1.Checked = bool.Parse(value[0]);
    value = IniHandler.Read("Section1","Double",path);
    numericUpDown1.Value = decimal.Parse(value[0]);
    value = IniHandler.Read("Section1","Path",path);
    textBox1.Text = value[0];
    //读取 Section2 中的键值对
    value = IniHandler.Read("Section2","String1",path);
    textBox2.Text = value[0];
    value = IniHandler.Read("Section2","String2",path);
    textBox3.Text = value[0];
}
```

图 8.5 所示为 CSV 文件读写的程序界面,根据值的数据类型显示在对应的控件中。

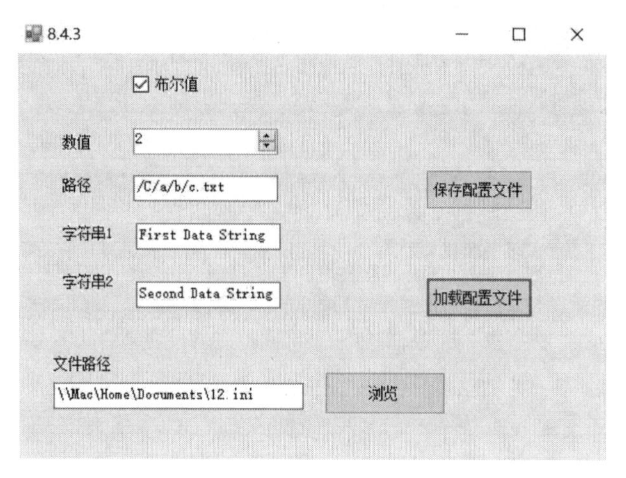

图 8.5　CSV 文件读写的程序界面

8.5　二进制文件读写

二进制文件格式的优势在于占用空间小、读写速度快、具有很高的安全性。但是在读取之前需要了解文件中的数据格式,而且必须用专门的编译器才可以打开。

8.5.1　读写二进制文件

System.IO 命名空间下的 BinaryReader 类提供了读取二进制文件的方法,它有以下两个构造方法。

(1)BinaryReader(Stream input)。input 指输入流,一般是 FileStream 的实例,使用默认的 UTF-8 编码。

(2)BinaryReader(Stream input,Encoding encoding)。用户可以指定编码格式。

BinaryReader 类提供了多种读取方法,可以支持布尔、整型、浮点型、十进制、字符、字节及字符和字节数组等,不同数据类型占用字节长度不等,执行完方法后流的当前位置也会提升对应的字节数,如 bool 占 1 个字节,double 占 8 个字节,decimal 占 16 个字节,可以通过 sizeof()方法来查询每种数据类型所占用的字节数。此外,BinaryReader 类也能够支持以字符/字节为单位的随机读取,如在指定位置处读取指定数量的字符/字节数。

文本文件其实也是特殊的二进制文件,下面的例子演示了使用 BinaryReader 类的 Read()方法读取文件中的内容。Read()方法每次返回流中的下一个字符,并提升流的当前位置,如果当前无可用字符则返回-1。代码如下:

```
static void Main(string[] args)
{
    FileStream fileStream = new FileStream(@"F:\test.bin",FileMode.Open);
    BinaryReader binaryReader = new BinaryReader(fileStream);
```

```
        //读取文件的一个字符
        int a = binaryReader.Read( );
        //判断文件中是否含有字符,若不含字符,a 的值为 -1
        while (a ! = -1)
        {
            //输出读取到的字符
            Console.Write( (char)a);
            a = binaryReader.Read( );
        }
    }
```

除使用 Read( )方法每次读取一个字符外,也可以使用 Read( )方法的其他重载方法将字符读取到一个字节数组或字符数组中。下面的代码功能与上一个例子一样,都是读取文件中的全部内容,差别在于此代码先获取文件的长度,然后从文件中读取此长度的字节内容存放到字节数组中,这样可以提高读取效率。代码如下:

```
static void Main(string[ ] args)
{
    FileStream fileStream = new FileStream(@"F:\test.bin",FileMode.Open,FileAccess.Read);
    BinaryReader binaryReader = new BinaryReader(fileStream);
    //获取文件长度
    long length = fileStream.Length;
    byte[ ] bytes = new byte[length];
    //读取文件中的内容并保存到字节数组中
    binaryReader.Read(bytes,0,bytes.Length);
    //将字节数组转换为字符串
    string str = Encoding.Default.GetString(bytes);
    Console.WriteLine(str);
}
```

BinaryWriter 类用于向二进制文件写入数据,整体用法与 BinaryReader 类相似。它的构造方法同样有两种,区别在于是否指定编码方式。BinaryWriter 类提供了多种写入方法,支持的数据类型与 BinaryReader 类一样,也可以设定起始位置和偏移量,再写入数据。

使用不同重载形式的 Write( )方法向文件中写入不同的数据类型,然后再使用 BinaryReader 类中的方法回读文件内容,注意读取的数据类型要和写入时的数据类型保持一致,代码如下:

```
static void Main(string[ ] args)
{
    FileStream fileStream = new FileStream(@"F:\test.bin",FileMode.OpenOrCreate,
        FileAccess.Write);
    //创建二进制写入流的实例
    BinaryWriter binaryWriter = new BinaryWriter(fileStream);
    //向文件中写入板卡属性
    binaryWriter.Write("采样率");
```

```
        //向文件中写入采样率大小
        binaryWriter.Write(1000);
        //清除缓冲区的内容,将缓冲区中的内容写入到文件中
        binaryWriter.Flush();
        //关闭二进制流
        binaryWriter.Close();
        fileStream.Close();

        fileStream = new FileStream(@"F:\test.bin",FileMode.Open,FileAccess.Read);
        //创建二进制读取流的实例
        BinaryReader binaryReader = new BinaryReader(fileStream);
        //输出板卡属性
        Console.WriteLine(binaryReader.ReadString());
        //输出属性值
        Console.WriteLine(binaryReader.ReadInt32());
        //关闭二进制读取流
        binaryReader.Close();
        //关闭文件流
        fileStream.Close();
        Console.Read();
    }
```

8.5.2 数组的读写

在数据采集应用中,通常情况从采集卡读取到的数据都是 double 类型的数组格式,如单通道是一维数组,多通道采集是二维数组。另外,某些情况下也需要将整型数组写入二进制文件中,然后再读取。BinaryReader/BinaryWriter 类只可以支持字节/字符数组的读取和写入,无法直接对上述的数值型数组进行读写,因此中间需要经过某种格式转换。

这里需要使用 Buffer 类中的 BlockCopy()方法,它的功能是将指定数目的字节从起始于特定偏移量的源数组复制到起始于特定偏移量的目标数组,完整的方法如下:

```
public static void BlockCopy(Array src,int srcOffset,Array dst,int dstOffset,int count);
```

其中,src 代表源数组,也就是被拷贝的对象,dst 是目标数组,它们的数据类型都是 Array,Array 类是 C#语言中所有数组的基类,因此理论上可以支持任意数据类型的数组;srcOffset 表示源数组中从零开始的字节偏移量;dstOffset 是目标数组中从零开始的字节偏移量;count 代表要复制的字节数。Buffer.BlockCopy()方法本质上以字节为复制单位,它的拷贝效率接近于内存直接拷贝,因此效率是极高的,尤其是在大数据量拷贝时优势明显。

以二维 double 数组为例演示二进制文件的读写过程。首先创建一个 double 类型的二维数组,然后创建一个字节数组,字节数组的长度等于二维数组中总元素个数和当前数据类型以字节为单位大小的乘积,如 double 类型就是 8 个字节。通过 BlockCopy()方法

把 double 数组中的数据全部复制到字节数组中,这里是按照行顺序来复制,最后将字节数组写入文件流中。代码如下:

```
private void Button_writeBinary_Click(object sender,EventArgs e)
{
    //生成二维波形数组数据并绘图
    double[,] sineData = new double[2,1000];
    for (int i = 0; i < 1000; i++)
    {
        sineData[0,i] = 1 * Math.Sin(i * 2 * Math.PI / 500);
        sineData[1,i] = 2 * Math.Sin(i * 2 * Math.PI / 500);
    }
    easyChartX1.Plot(sineData);
    //获取字节数组总长度
    byte[] buffer = new byte[sineData.Length * sizeof(double)];
    FileStream fileStream = new FileStream(textBox_path.Text,FileMode.OpenOrCreate,
        FileAccess.Write);
    //创建二进制写入流的实例
    BinaryWriter binaryWriter = new BinaryWriter(fileStream);
    //把 double 数组转换成字节数组
    Buffer.BlockCopy(sineData,0,buffer,0,buffer.Length);
    //把数据储存到 bin 文件中
    binaryWriter.Write(buffer,0,buffer.Length);
    //关闭二进制流
    binaryWriter.Close();
    //关闭文件流
    fileStream.Close();
}
```

文件的读取过程与写入过程相反,首先从文件中把数据按照字节数组的方式读回来,然后同样通过 BlockCopy()方法把数据从字节数组中复制到 double 数组中。代码如下:

```
private void Button_readBinary_Click(object sender,EventArgs e)
{
    double[,] readData = new double[2,1000];
    FileStream fileStream = new FileStream(textBox_path.Text,FileMode.Open,
        FileAccess.Read);
    //创建二进制读取流的实例
    BinaryReader binaryReader = new BinaryReader(fileStream);
    //从 bin 文件中读取数据
    var buf = binaryReader.ReadBytes(readData.Length * sizeof(double));
    //把字节数组转换成 double 数组
    Buffer.BlockCopy(buf,0,readData,0,buf.Length);
    easyChartX2.Plot(readData);
```

```
}
```

代码的运行结果如图 8.6 所示,把两路幅度不等的正弦波形写入二进制文件,然后再读取回来并显示,读取的波形和写入的波形是完全一致的。

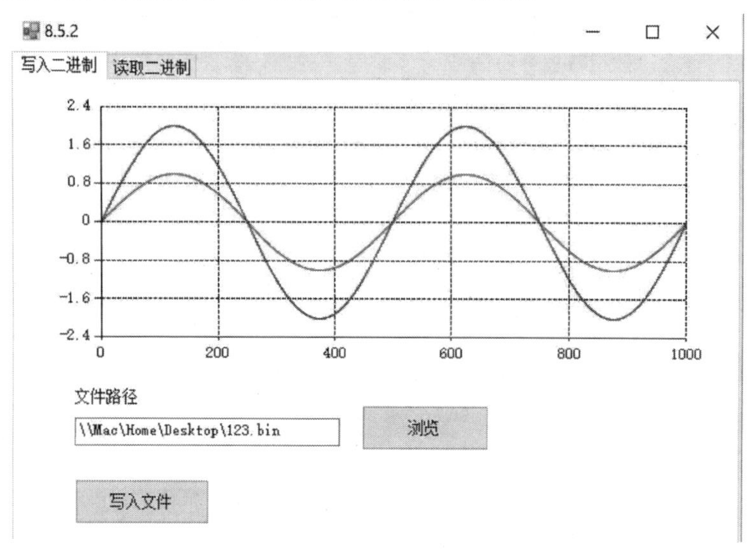

图 8.6 运行结果

8.6 mat 文件读写

mat 文件是 MATLAB 的数据存储的标准格式。mat 文件是标准的二进制文件,在 MATLAB 中打开显示类似于 Excel 表格。C#语言适合搭建用户界面以及实现数据采集应用,得到的数据可以保存成 mat 文件,然后用 MATLAB 做离线分析,这种情况在科研工作者中是很广泛的。一般来讲,mat 文件中保存的都是矩阵类型数据,因此本节将介绍如何使用 C#来读写 mat 文件中的矩阵。

下面使用开源数学分析类库 Math.NET 来实现 mat 文件读写功能,Math.NET 的详细介绍将在第 9 章中进行。除会使用到 MathNet.Numerics.Data.Matlab 命名空间中的 MatlabReader 和 MatlabWriter 类进行 mat 文件格式的读写外,还需要用到 MathNet.Numerics.LinearAlgebra 类库,它里面的 Matrix<T>类提供了常见的矩阵格式的数据类型和分析算法。

MatlabReader 类中有多个重载方法来进行文件的读取,可以按照指定的矩阵名称读取单个或多个矩阵,也可以一次性将文件中所有矩阵读取出来放入字典中,下面的代码是一些举例:

```
//从 collection.mat 文件中,读取第一个 double 矩阵
Matrix<double> m = MatlabReader.Read<double>("collection.mat");
//从 collection.mat 中读取一个名称为 vd 的特定矩阵
Matrix<double> m = MatlabReader.Read<double>("collection.mat","vd");
```

```
//读取名为 Ad 和 vd 的矩阵到字典
var ms = MatlabReader.ReadAll<double>("collection.mat","vd","Ad");
//将文件的所有矩阵及其名称存入字典中
Dictionary<string,Matrix<double>> ms = MatlabReader.ReadAll<double>("collection.mat");
```

MatlabWriter 类同样有多个重载方法保存数据到文件，Store( )和 Write( )方法都可以实现单个或多个矩阵的写入，举例如下：

```
//定义矩阵列表
var matrices = new List<MatlabMatrix>();
//向矩阵列表中添加第一个矩阵，名称为 m1
matrices.Add(MatlabWriter.Pack(matrix1,"m1"));
//向矩阵列表中添加第二个矩阵，名称为 m2
matrices.Add(MatlabWriter.Pack(matrix2,"m2"));
//把矩阵列表写入文件中
MatlabWriter.Store("file.mat",matrices);
//写入单个矩阵 matrix1，并命名为"m1".
MatlabWriter.Write("file.mat",matrix1,"m1");
//写入多个矩阵，注意矩阵列表和名称列表
MatlabWriter.Write("file.mat",new[] { m1,m2 },new[] { "m1","m2" });
//写入字典矩阵，和读取的原理类似
var dict = new Dictionary<string,Matrix<double>>();
dict.Add("m1",m1);
dict.Add("m2",m2);
MatlabWriter.Write("file.mat",dict);
```

以二维数组为例对 mat 文件进行读写，代码如下：

```
public partial class Form1 : Form
{
    const int signalLength = 2000; //波形数组大小
    double[,] combinedSignal = new double[2,signalLength]; //合并的波形数组
    double[,] transposedSignal = new double[signalLength,2]; //转置数组

    public Form1()
    {
        InitializeComponent();
    }

    private void Button_browse_Click(object sender,EventArgs e)
    {
        saveFileDialog1.Filter = ".mat 文档| *.mat";
        if (saveFileDialog1.ShowDialog() == DialogResult.OK)
        {
            textBox_path.Text = saveFileDialog1.FileName.ToString();
```

```
        }
    }

    private void Button_generate_Click(object sender,EventArgs e)
    {
        double[] squareSignal = new double[signalLength]; //方波数组
        double[] sineSignal = new double[signalLength]; //正弦波数组
        Generation.SineWave(ref sineSignal,1,30,10,10000);
        Generation.SquareWave(ref squareSignal,1.0,50,10,10000);
        ArrayManipulation.ReplaceArraySubset(squareSignal,ref combinedSignal,0,
            MajorOrder.Row);
        ArrayManipulation.ReplaceArraySubset(sineSignal,ref combinedSignal,1,
            MajorOrder.Row);
        easyChartX1.Plot(combinedSignal);
    }

    private void Button_save_Click(object sender,EventArgs e)
    {
        if (textBox_path.Text != string.Empty)
        {
            ArrayManipulation.Transpose(combinedSignal,ref transposedSignal);
            //新建矩阵,大小和转置的波形数组一致
            var matrix = new DenseMatrix(transposedSignal.GetLength(0),
                transposedSignal.GetLength(1));
            //将波形数组的值复制到矩阵中
            for (int i = 0; i < transposedSignal.GetLength(0); i++)
            {
                for (int j = 0; j < transposedSignal.GetLength(1); j++)
                    matrix[i,j] = transposedSignal[i,j];
            }
            //将矩阵写入文件,命名为 WaveFormData
            MatlabWriter.Write(textBox_path.Text,matrix,"WaveFormData");
        }
        else
        {
            MessageBox.Show("请输入文件保存路径!");
        }
    }

    private void Button_read_Click(object sender,EventArgs e)
    {
        //从文件中读取名称为 WaveFormData 的矩阵
```

```
        Matrix<double> m = MatlabReader.Read<double>(textBox_path.Text,"WaveFormData");
        double[,] waveData = new double[m.ColumnCount,m.RowCount];
        ArrayManipulation.Transpose(m.ToArray(),ref waveData);
        easyChartX2.Plot(waveData);
    }
}
```

代码中生成了正弦波和方波组成的二维数组,将二维数组转换成矩阵形式并写入 mat 文件。最后从刚才保存的文件中读取矩阵数据。代码的运行结果如图 8.7 所示,可以看到读取的数据与写入的数据完全一致。

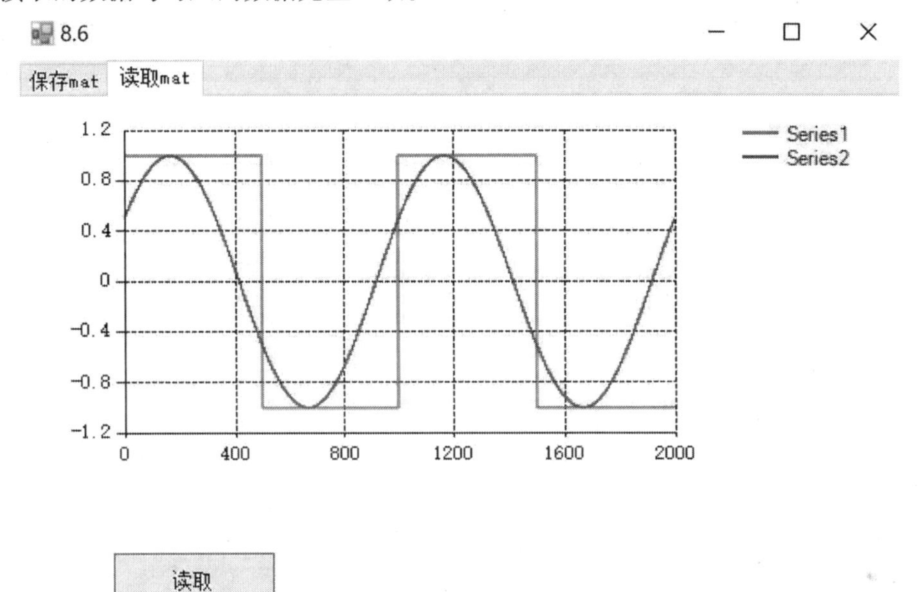

图 8.7　运行结果

高级篇

第 9 章　数学分析和信号处理

在测试测量中,信号处理和数学分析是紧密结合的。信号处理中的很多概念从本质上来讲也都依赖于数学公式。举例来讲,信号处理的一大基石是傅里叶变换,这在高等数学中对应的是傅里叶级数。而傅里叶级数只是高等数学中很多级数的一种,从这个意义上说,信号处理是数学分析的一个分支。

本章将会介绍在测试测量中常用的数学分析类库和信号处理算法,如线性代数、概率统计、曲线插值、信号生成、频域分析等。

9.1　数 学 分 析

C#主要可以通过以下几种方法进行数学分析。

(1)使用.NET Framework 自带的类库,如 Math 类。

(2)使用第三方公司提供的类库,如简仪科技的 SeeSharpTools 工具包和 NI 公司的 Measurement Studio 软件。

(3)使用网上的开源分析类库,如最常用的就是 Math.NET Numerics。

(4)使用 MATLAB 中的数学类库,然后在 C#中通过混合编程的方式调用,具体方式将在 11.1 节中介绍。

本节将主要介绍 C#中的 Math 类和开源数学分析类库 Math.NET Numerics。

9.1.1　基本数学函数

C#中的 Math 类主要用于一些与数学相关的计算,并提供了很多静态方法便捷访问,如三角函数、指数函数、对数函数、比值函数、绝对值函数、取整函数等,支持 decimal、double、int 等多种数值类型,此外还提供了 π 和自然对数 e 的值。Math 类常用方法见表 9.1。

表 9.1　Math 类的常用方法

序号	方法名称	功能描述
1	Abs	取绝对值
2	Ceiling	返回大于或等于指定的双精度浮点数的最小整数值
3	Floor	返回小于或等于指定的双精度浮点数的最大整数值

续表9.1

序号	方法名称	功能描述
4	Equals	返回指定的对象实例是否相等
5	Max	返回两个数中较大数的值
6	Min	返回两个数中较小数的值
7	Sine	返回指定角度的正弦值,以弧度为单位
8	Sqrt	返回指定数字的平方根
9	Round	返回四舍五入后的值

9.1.2 Math.NET 介绍

Math.NET 是在 C#平台应用最广泛的免费开源的数序分析工具,它的初衷是开源建立一个稳定并持续维护的先进的基础数学工具箱,以满足.NET 开发者的日常需求。Math.NET 的官方网站是 https://www.mathdotnet.com/,同时源代码也可以在 GitHub 上免费下载。目前,Math.NET 包含以下几个组件。

(1)Math.NET Numerics。核心功能是数值计算,主要提供日常科学工程计算相关的算法,包括一些特殊函数、线性代数、概率论、随机函数、微积分、插值、最优化等相关计算功能。之前在 8.6 节中也介绍了使用此类库下的功能读写 MATLAB 的 mat 文件,下面小节介绍的主要是这个组件。

(2)Math.NET Symbolics。用于基础代数计算。

(3)Math.NET Filtering。数字信号处理工具箱,提供了数字滤波器的基础功能,以及滤波器应用到数字信号处理和数据流转换的相关功能。

(4)Math.NET Spatial。几何处理工具箱。

用户可以通过 Visual Studio 中的 NuGet 工具来安装最新版本的 Math.NET 类库,步骤如下。

(1)新建项目后,在菜单栏中选择“工具”→“NuGet 包管理器”→“管理解决方案的 NuGet 工具包”。

(2)切换到浏览选项卡,在搜索框中输入“Math.NET Numerics”,在右侧勾选需要引用到此类库的项目,选择需要安装的版本,点击“安装”。在 NuGet 中安装 Math.NET 如图9.1 所示。

(3)安装完成后,在解决方案路径下就会自动出现名为 Packages 的文件夹,从中可以找到对应版本的类库文件,同时在项目的引用中也可以发现名为 MathNet. Numerics 的类库的引用已经被自动添加。

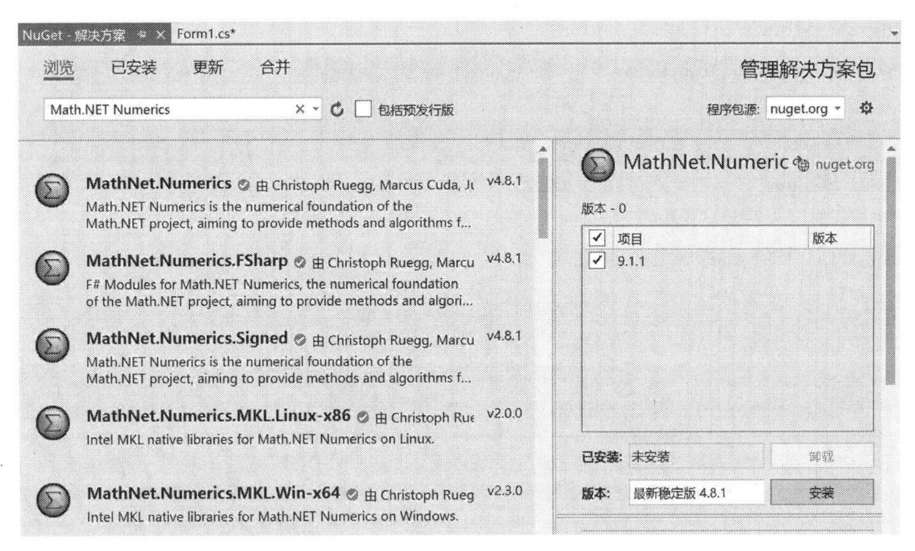

图 9.1　在 NuGet 中安装 Math.NET

9.1.3　线性代数

线性代数是数学的一个分支,它的研究对象是向量、向量空间(或称线性空间)、线性变换和有限维的线性方程组,在现代工程和科学领域有着广泛的应用。矩阵与向量计算是数学计算的核心,因此也是 Math.NET Numerics 的核心和基础。

MathNet.Numerics.LinearAlgebra 命名空间提供了对向量(Vector)和矩阵(Matrix)的支持,类型也很多。需要注意索引从 0 开始,不支持空的向量和矩阵,也就是说维数或长度最少为 1。它支持稀疏矩阵、非稀疏矩阵和对角矩阵这三种矩阵类型,也支持稀疏矩阵和非稀疏矩阵的向量类型。下面的例子主要以矩阵类为例,向量类的使用方式也类似。

用户常用的主要是 MatrixBuilder<T>和 Matrix<T>两个类,前者中用于矩阵的创建,后者用于矩阵的算数运算,支持的数据类型包括 double、single 和 complex。

创建一个 double 类型的矩阵,在引用部分添加以下两个命名空间:

```
using MathNet.Numerics.LinearAlgebra;
using MathNet.Numerics.LinearAlgebra.Double;
```

下面的代码演示了创建矩阵的几种方式,可以直接从 MatrixBuilder 类创建,也可以通过数组创建。代码如下:

```
//初始化一个矩阵的构建对象
var mb = Matrix<double>.Build;
//获取随机矩阵,也可以设置随机数所属的分布
var randomMatrix = mb.Random(2,3);
//创建稀疏矩阵
var denseMatrix = mb.Dense(2,2,0.55);
//直接从数组中创建矩阵
double[,] x = {{1.0,2.0},{3.0,4.0}};
var arrayMatrix = mb.DenseOfArray(x);
```

```
//输出矩阵结果
Console.WriteLine("randomMatrix: " + randomMatrix.ToString());
Console.WriteLine("denseMatrix: " + denseMatrix.ToString());
Console.WriteLine("arrayMatrix: " + arrayMatrix.ToString());
```

值得一提的是，Matrix 对象已经对 ToString()方法进行了重载，以比较标准化的格式化字符串输出，便于显示和观察。上述代码运行的结果如下：

```
randomMatrix: DenseMatrix 2x3-Double
-0.018436     2.08507     -1.15928
-1.29569      0.455833    1.59041

denseMatrix: DenseMatrix 2x2-Double
0.55   0.55
0.55   0.55

arrayMatrix: DenseMatrix 2x2-Double
1   2
3   4
```

矩阵的相关操作是线性代数的核心和基础，而 Matrix 的基础功能也是非常强大的，支持矩阵和标量、矩阵和矩阵之间的算术运算，支持常见矩阵分解算法，如 LU、QR、Cholesky 等，而且还支持一些线性方程的求解。下面的代码创建了两个 2×2 的矩阵，然后分别演示了矩阵和标量的相乘及矩阵之间的相乘，注意可以用运算符（+、-、*、/），也可以用 Matrix 中的方法（Add、Subtract、Multiply、Divide）：

```
//创建 A,B 矩阵
var matrixA = DenseMatrix.OfArray(new[,] { { 1.0,2.0 },{ 3.0,4.0 } });
var matrixB = DenseMatrix.OfArray(new[,] { { 1.0,3.0 },{ 2.0,4.0 } });
//矩阵与标量相乘,使用运算符 *
var resultM = 2.0 * matrixA;
Console.WriteLine(@"Multiply matrix by scalar using operator *. (result = 2.0 * A)");
Console.WriteLine(resultM.ToString("#0.00\t"));
//2 个矩阵相乘,要注意矩阵乘法的维数要求
resultM = matrixA * matrixB;
Console.WriteLine(@"Multiply matrix by matrix using operator *. (result = A * B)");
Console.WriteLine(resultM.ToString("#0.00\t"));
```

上述代码运行的结果如下，结果保留两位小数精度：

```
Multiply matrix by scalar using operator *. (result = 2.0 * A)
DenseMatrix 2x2-Double
2.00        4.00
6.00        8.00

Multiply matrix by matrix using operator *. (result = A * B)
DenseMatrix 2x2-Double
5.00        11.00
11.00       25.00
```

9.1.4　曲线拟合

在分析测试的实验数据时，经常需要用到曲线拟合，它可以从实际的离散数据中以数学公式的形式找到内在规律。在对数据进行曲线拟合时，需要输入数据的坐标(x,y)，曲线拟合的目的就是找出y和x之间的函数关系$y=f(x)$。Math.NET支持多种不同的拟合算法，如线性拟合、幂函数拟合、指数函数拟合、对数拟合、多项式拟合等。MathNet.Numerics中的Fit类提供了上述几种拟合算法，使用的方法都是最小二乘法。另外，LinearRegression命名空间下还提供了用于回归分析的类库，支持简单回归、多元回归、加权回归等，这里不再做介绍。下面以多项式拟合举例介绍使用方法，其余方法使用类似。

多项式拟合提供了三个方法，第一个方法返回的是拟合完成的函数式，第二个和第三个方法返回的都是拟合完成的系数，如果是k阶多项式拟合，会返回$k+1$个系数，需要注意的是此时数组中也至少要有$k+1$个元素。参数中order指的是多项式的阶数，可选参数DirectRegressionMethod指的是分解方式，默认是NormalEquations。三个方法的定义如下：

```
(1)Func<double,double> PolynomialFunc(double[] x,double[] y,int order,
   DirectRegressionMethod method);
(2)double[] Polynomial(double[] x,double[] y,int order,DirectRegressionMethod method);
(3)double[] PolynomialWeighted(double[] x,double[] y,double[] w,int order);
```

二次多项式的拟合过程如下，这里将代码放到一个定时器中，这样在界面上修改多项式系数时就可以立即看到曲线拟合结果。首先生成一个指定阶数的多项式，其中常数项代表噪声，它将对最后的拟合结果产生重要影响，然后直接调用多项式拟合方法计算拟合系数，并得到拟合的函数式和函数值。代码如下：

```
private void Timer1_Tick(object sender,EventArgs e)
{
    textBox1.Clear();
    int dataLength = 30;
    double[] xRawData = new double[dataLength];
    double[] yRawData = new double[dataLength];
    double[] xFittedData = new double[dataLength];
    double[] yFittedData = new double[dataLength];
    double[] noise = new double[dataLength];
    Generation.UniformWhiteNoise(ref noise,(double)numericUpDown_noise.Value);
    //生成带有噪声的原始数据
    for (int i = 0; i < dataLength; i++)
    {
        xRawData[i] = i;
        yRawData[i] = (double)numericUpDown_a.Value + (double)numericUpDown_b.Value *
              i +(double)numericUpDown_c.Value * i * i + noise[i];
    }
    //多项式拟合,返回函数系数
```

```
    double[] coef = Fit.Polynomial(xRawData,yRawData,(int)numericUpDown_order.Value);
    for (int i = 0; i < coef.Length; i++)
    {
        textBox1.Text += ("p" + (i + 1).ToString() + "=" + coef[i].ToString() + "\r\n");
    }
    //多项式拟合,根据返回的函数式计算拟合数据
    Func<double,double> func = Fit.PolynomialFunc(xRawData,yRawData,
        (int)numericUpDown_order.Value);
    for (int i = 0; i < dataLength; i++)
    {
        xFittedData[i] = i;
        yFittedData[i] = func(xFittedData[i]);
    }
    //对原始数据和拟合的数据进行绘图
    double[,] displayData = new double[2,dataLength];
    for (int i = 0; i < displayData.GetLength(1); i++)
    {
        displayData[0,i] = yRawData[i];
        displayData[1,i] = yFittedData[i];
    }
    easyChartX1.Plot(displayData);
}
```

程序的运行结果如图 9.2 所示,由于原始数据中添加了随机噪声,因此拟合的系数和实际系数会稍有差异。用户可以自行修改界面的参数,可以发现 noise 越小,拟合结果越接近理论值。

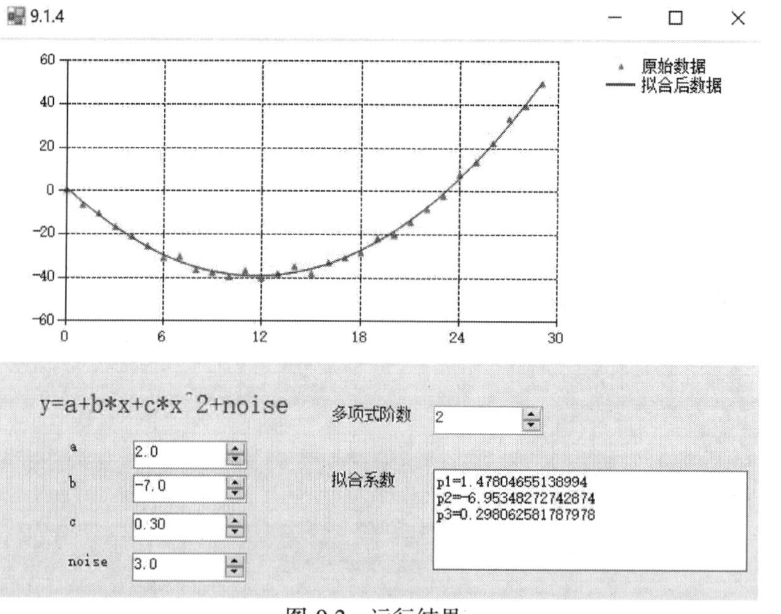

图 9.2 运行结果

9.1.5　插值

插值是离散函数逼近的重要方法，它主要是在离散数据的基础上补插连续函数，使得这条连续曲线通过全部给定的离散数据点。MathNet.Numerics.Interpolation 命名空间中提供了多个插值函数，包括线性样条插值(LinearSpline)、对数线性插值(LogLinear)、多项式插值(Polynomial)、三次样条插值(CubicSpline)、步进插值(StepInterpolation)、重心插值(Barycentric)等。某些插值类型根据数学原理的不同也有进一步细分，如果有需要可以参考数学方面的专业书籍。

每种插值方法都有对应的类，使用方式基本类似。例如，线性样条插值中常用的函数如下：

(1) LinearSpline Interpolate(IEnumerable<double> x, IEnumerable<double> y);

(2) LinearSpline InterpolateInplace(double[ ] x, double[ ] y);

(3) LinearSpline InterpolateSorted(double[ ] x, double[ ] y);

可以看到，用户要输入原始的 *X* 轴和 *Y* 轴两组数据，前两个方法可以针对未排序的数据，最后一个方法针对已排序的数据(按 *X* 轴数据大小正向排序)。方法返回的是对应插值方法的 method，通过这个 method 可以对新的插值点进行插值，从而得到插值点的函数值。

工程测试中使用较多的插值方法是三次样条插值，样条插值能够保证三次插值多项式在各点的一阶导数和二阶导数是连续的，每个点都支持微分和积分。三次样条插值有不同的边界条件，这里选择的是自然边界条件。以三次样条插值算法为例，其中等差数列的产生使用了 MathNet.Numerics 中的 Generate 类，代码如下：

```
private void Form1_Load(object sender, System.EventArgs e)
{
    //定义原始 X 和 Y 数组
    double[ ] xData1 = new double[ ] { 0,2,3,5,8,9 };
    double[ ] yData1 = new double[ ] { 10,10,10,10.5,20,45 };
    //选择三次样条无边界插值方法
    var method = CubicSpline.InterpolateNaturalSorted(xData1, yData1);
    //产生等间距的新数组，从 0 到 9，公差为 0.01
    double[ ] xData2 = Generate.LinearRange(0,0.01,9);
    double[ ] yData2 = new double[xData2.Length];
    //使用插值函数对新的 X 数组进行插值
    for (int i = 0; i < yData2.Length; i++)
    {
        yData2[i] = method.Interpolate(xData2[i]);
    }
    //对原始数据和插值后数据进行绘图
    double[ ][ ] xData = new double[ ][ ] { xData1,xData2 };
    double[ ][ ] yData = new double[ ][ ] { yData1,yData2 };
```

```
    easyChartX1.Plot(xData,yData);
}
```

程序的运行结果如图 9.3 所示，可以看到连续光滑的插值曲线。

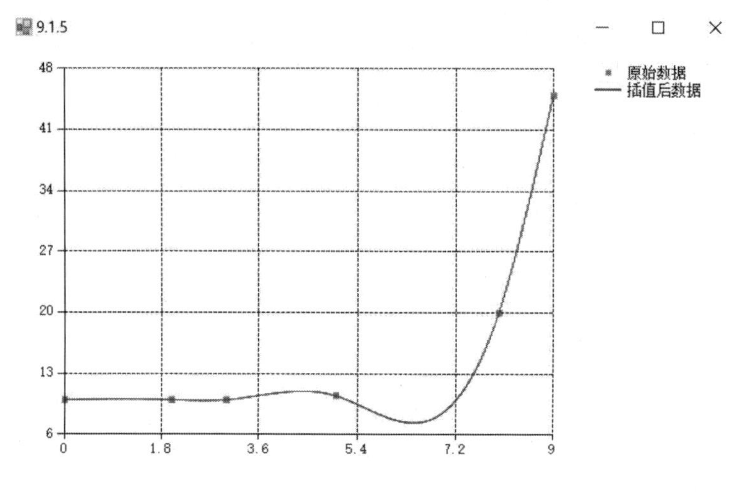

图 9.3 运行结果

最后，某些插值方法需要输入插值点的一阶导数或二阶导数值，如三次样条插值中的 Hermite()方法就需要输入一阶导数。可以使用 Interpolation 类中的 IInterpolation 接口计算指定点的导数值，然后再使用插值函数完成插值。

9.1.6 数值积分和数值微分

数值积分和数值微分的使用相对简单，前者位于 MathNet.Numerics 中的 Integrate 类，后者位于 MathNet.Numerics 中的 Differentiate 类，提供的都是静态方法，可以直接调用。在数据采集中，一个常见的应用是对位移传感器、速度传感器和加速度传感器的信号进行采集，而位移、速度和加速度这三个变量之间是互相关联的，可以用数值积分和数值微分进行互相转换。

对于数值积分，最常用的是闭区间的定积分求解。Math.NET 中对定积分的近似求解用到了"梯形法则"，可以实现近似解析光滑函数在闭区间上的定积分，调用方法如下：

```
double OnClosedInterval(System.Func<double,double> f,double intervalBegin,
double intervalEnd,double targetAbsoluteError);
```

上述方法的参数介绍如下。

(1)f。积分函数。

(2)intervalBegin。积分起始位置。

(3)intervalEnd。积分终止位置。

(4)targetAbsoluteError。期望误差上限。

对于数值微分，Math.NET 提供全微分和偏微分的计算，并且支持多阶微分。Derivative()方法用于计算单变量函数的导数，PartialDerivative()方法用于计算多变量函数的偏微分。常用的一元函数导数计算的方法如下，前者返回的是函数 f 在指定自变量处和指定阶数的导数值，后者返回的是函数f在指定阶数的导数函数：

(1) double Derivative(System.Func<double,double> f,double x,int order);

(2) Func<double,double> DerivativeFunc(System.Func<double,double> f,int order);

积分和微分的使用方法如下。函数$f(x) = \sin x * \cos x$，计算此函数在区间$[0,\pi]$上的定积分和导数：

```
private void Form1_Load(object sender,EventArgs e)
{
    double[] xData1 = Generate.LinearRange(0,0.01,Math.PI);
    double[] yData1 = new double[xData1.Length];
    double[] yData2 = new double[xData1.Length];
    //定义原函数 y=sin(x) * cos(x)
    double func(double x) => Math.Sin(x) * Math.Cos(x);
    //计算原函数在区间[0,π]上的定积分值
    textBox1.Text = Integrate.OnClosedInterval(func,0,Math.PI).ToString();
    //计算原函数的一阶微分
    Func<double,double> func1 = Differentiate.DerivativeFunc(func,1);
    //计算原函数和导数在每个横坐标对应的纵坐标值
    for (int i = 0; i < xData1.Length; i++)
    {
        yData1[i] = func(xData1[i]);
        yData2[i] = func1(xData1[i]);
    }
    //对原函数和导数进行绘图
    double[][] xData = new double[][] { xData1,xData1 };
    double[][] yData = new double[][] { yData1,yData2 };
    easyChartX1.Plot(xData,yData);
}
```

图9.4所示为程序的运行结果。

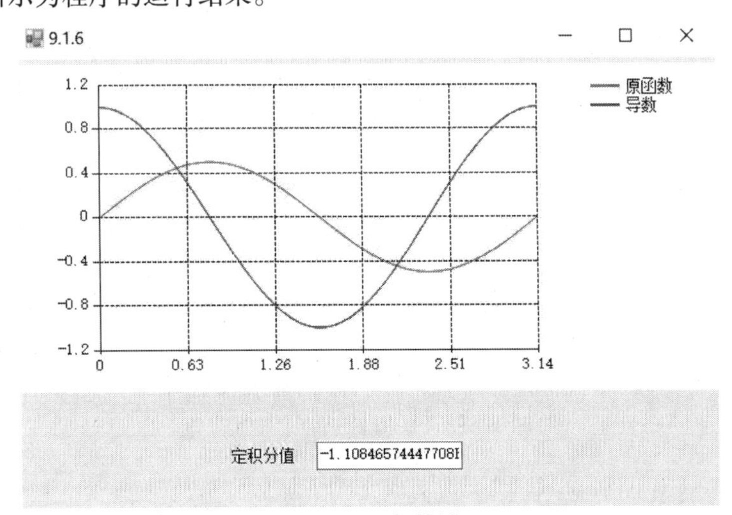

图9.4　运行结果

9.1.7 概率统计

数据集的基本统计计算是应用数学及统计应用中最常用的功能,如计算数据集的均值、方差、标准差、最大值、最小值等。Math.NET 中的 MathNet.Numerics.Statistics 命名空间包括大量的这些统计计算的函数,静态类中的方法基本上都可以直接作为扩展方法使用。这些基本数据统计类及作用介绍如下。

(1)Statistics 类。静态类,基础的数据集统计,如最小值、最大值、平均值、总体方差、标准差等。注意 Statistics 类是一个总体的统计类,其很多方法的调用都是根据数据集的类型分开调用 StreamingStatistics 类和 ArrayStatistics 类。

(2)StreamingStatistics。静态类,是流数据集的统计,适合于一些大数据集,不能一次性读入内存的情况。

(3)ArrayStatistics。静态类,是普通的未排序数组数据集的统计,一次性都加载在内存,因此计算比较方便。

(4)SortedArrayStatistics。静态类,是排序数组数据集的统计。

(5)DescriptiveStatistics。非静态类,与 Statistics 类的功能类似,但不一样的是 Statistics 是静态方法。这个类在实例化的时候可以一次性计算所有的指标,直接通过属性进行获取。

(6)RunningStatistics。非静态类,与 Statistics 类的功能相近,但允许动态更新数据,进行再次计算。

通常主要使用的是 ArrayStatistics 和 DescriptiveStatistics 两个类,前者是静态类,可以直接调用方法,后者需要实例化。使用 DescriptiveStatistics 类返回统计数据的相关信息如下:

```
private void Form1_Load(object sender,EventArgs e)
{
    //生成正态分布数组,平均值为 0,标准差为 1
    double[] data = Generate.Normal(1000,0,1);
    easyChartX1.Plot(data);
    //使用数组数据进行统计类的实例化
    var ds = new DescriptiveStatistics(data);
    //直接使用属性获取结果
    textBox_kurtosis.Text = ds.Kurtosis.ToString();
    textBox_max.Text = ds.Maximum.ToString();
    textBox_min.Text = ds.Minimum.ToString();
    textBox_mean.Text = ds.Mean.ToString();
    textBox_median.Text = data.Mean().ToString();
    textBox_STD.Text = ds.Variance.ToString();
    //绘制直方图,直方条数目为 50,最小值-5,最大值 5
    Histogram histogram = new Histogram(data,50,-5,5);
```

```
        int[ ] stats = new int[50];
        for (int i = 0; i < 50; i++)
        {
            stats[i] = (int)histogram[i].Count;
            chart1.Series[0].Points.Add(Convert.ToDouble(stats[i]));
        }
    }
```

程序的运行结果如图 9.5 所示。

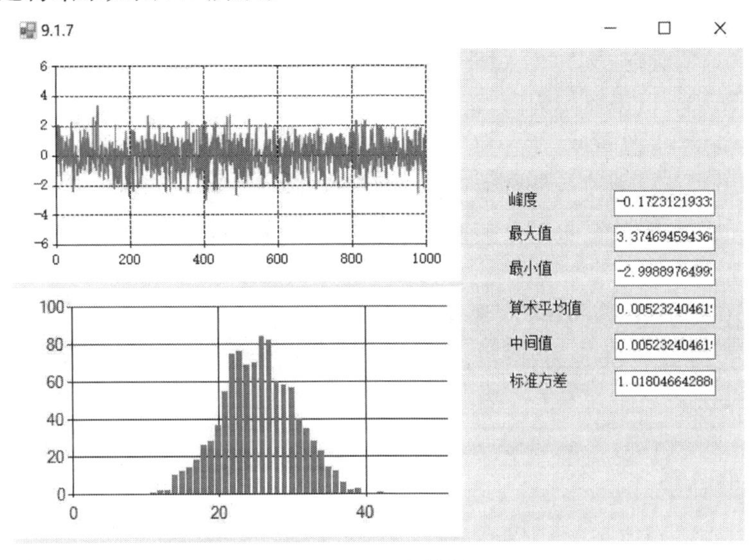

图 9.5　运行结果

9.2 信号处理

信号处理方法是虚拟测试系统中较为核心的技术，虚拟仪器的硬件主要用于获取数据，数据获取之后需要采用信号处理方法对数据进行分析处理，从而达到测试分析、精确提取信号的目的。在测试测量中常用的信号处理方法有以下几种。

(1)时域处理方法。时域处理方法是很重要和常用的，为去除背景噪声，用户可以采用数据叠加的方式增强信号，滤除平稳随机噪声。为提高测量精确度，用户可以从大量的实验数据中得到系统的回归特性曲线，从而在正常测试过程中提高测量精确度。

(2)频域处理方法。频域处理较常用的方法是谱分析和滤波，谱分析用于在频域对信号进行分析，包括基频以及各次谐波。使用滤波算法对不需要的信号进行滤除，从而保留有用的信号。

(3)其他信号处理方法。为进行时频分析，用户可以采用小波变换工具，通信领域的信号调制解调、信道编解码、数据压缩等算法也比较常用。

本节将介绍在C#中如何实现常用的数字信号处理算法，虽然内容和数字信号处理的理论密切相关，但是限于篇幅，这里不会对基础理论进行过多介绍，可以自行参阅相关专业书籍。

9.2.1 信号生成

在很多情况下需要在没有硬件的环境下对系统进行仿真或验证，这时需要在软件中模拟出指定的信号。在使用实际的模拟输出硬件（如信号源）时，一般也需要事先在软件中生成需要输出的波形，然后写入板卡中再通过数模转换器发出去。

信号生成分为标准信号和任意信号两种。举例来讲，常见的台式信号源分为函数发生器和任意波形发生器两种，前者只能输出固定的标准波形，如弦波、方波、三角波、高斯白噪声等，后者除可以输出前者的波形外，用户还可以编辑自定义波形序列。本节介绍的都是标准信号的生成，其余自定义波形可以通过数学公式或者读取事先编辑好的波形文件等方式生成。

SeeSharpTools中的Generation类库用于波形生成，它包含在JY.DSP.Fundamental命名空间中，其中包含了Generation和Spectrum两个静态类，分别提供常用波形生成和频谱计算功能，Spectrum类将在9.2.3节中介绍。Generation类的常用方法见表9.2，所有方法都没有返回值，这些信号之间也可以彼此叠加。需要注意的是，在设置参数时采样率至少是信号频率的两倍以上。

表9.2　Generation类的常用方法

序号	方法名称	功能描述
1	SineWave(ref double[] x,double amplitude,double phase,double frequency,double samplingRate)	生成一个包含整数个周期的正弦波形，可设定正弦波的幅度、初始相位和周期数
2	SineWave(ref double[] x,double amplitude,double phase,int numberOfCycles)	生成一个正弦波形，可设定正弦波的幅度、初始相位、频率和采样率
3	SquareWave(ref double[] x,double amplitude,double dutyCycle,double frequency,double samplingRate)	生成一个包含整数个周期的方波波形，可设定方波的幅度、占空比和周期数
4	SquareWave(ref double[] x,double amplitude,double dutyCycle,int numberOfCycles)	生成一个方波波形，可设定方波的幅度、占空比、频率和采样率
5	UniformWhiteNoise(ref double[] x,double amplitude)	生成一个指定幅度的随机白噪声波形
6	Ramp(ref double[] x,double start,double delta)	生成一个等差数列，指定起始值和公差

Generation 类的使用方法如下，生成了两路相同幅度和频率的正弦波和方波，在原始波形基础上都叠加了噪声信号：

```
private void Form1_Load(object sender,EventArgs e)
{
    //定义常量和初始化数组
    int dataLegth = 1000;
    double signalFrequency = 100;
    double sampleRate = 51200;
    double[] sineWave = new double[dataLegth];
    double[] squareWave = new double[dataLegth];
    double[] noiseWave = new double[dataLegth];
    //生成波形
    Generation.SineWave(ref sineWave,1,0,signalFrequency,sampleRate);
    Generation.SquareWave(ref squareWave,1,50,signalFrequency,sampleRate);
    Generation.UniformWhiteNoise(ref noiseWave,0.1);
    //绘图
    double[,] displayData = new double[2,dataLegth];
    for (int i = 0; i < dataLegth; i++)
    {
        displayData[0,i] = sineWave[i] + noiseWave[i];
        displayData[1,i] = squareWave[i] + noiseWave[i];
    }
    easyChartX1.Plot(displayData);
}
```

图 9.6 所示为程序的运行结果。

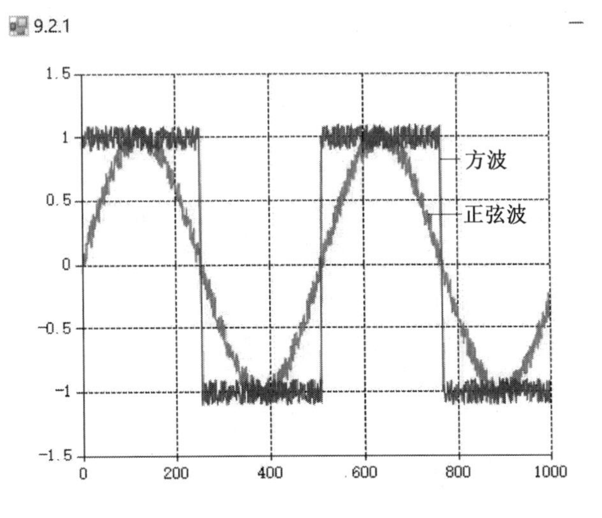

图 9.6　运行结果

9.2.2 时域分析

时域分析是对波形信号最直观的分析,是直接在时间域中对系统进行分析的方法,所以时域分析具有直观和准确的优点。常见的时域分析算法包括信号的重采样、放大、滤波等,另外也包含对波形的各种信息进行测量,如交直流分析、波峰波谷检测、幅度周期检测等。

SeeSharpTools 中的 SeeSharpTools.JY.DSP.Utility 命名空间提供了部分常用的信号处理算法,其中的 SignalProcessing 类提供了用于时域分析的算法,包括过零点检测、峰值检测、方波测量等。本节将会以交直流分析为例介绍时域分析的算法使用。

交直流分析是把标准正弦波和均匀白噪声叠加后检测其直流分量,通过对信号频率、幅度和直流分量的控制,可以直观地看到原始波形信号以及算法检测出的交直流分量大小。代码中使用了 EstimateACDC( )方法来计算交直流分量,程序的运行结果如图 9.7 所示,可以看到测得的直流分量与设定的直流分量基本相等,交流分量的 RMS 有效值是 7.13。代码如下:

```
private void Button_startACDC_Click(object sender,EventArgs e)
{
    double[] sineWave = new double[1000];
    double[] noise = new double[1000];
    double acTerm,dcTerm;
    //生成添加直流偏置和随机噪声的标准正弦信号
    Generation.SineWave(ref sineWave,(double)numericUpDown_amplitude.Value,0,
        (double)numericUpDown_amplitude.Value,1000);
    Generation.UniformWhiteNoise(ref noise);
    for (int i = 0; i < sineWave.Length; i++)
    {
        sineWave[i] += (double)numericUpDown_setDC.Value + noise[i];
    }
    easyChartX1.Plot(sineWave);
    //对信号中的交流和直流成分进行检测
    SignalProcessing.EstimateACDC(sineWave,out acTerm,out dcTerm);
    textBox_measuredAC.Text = acTerm.ToString("#0.00");
    textBox_measuredDC.Text = dcTerm.ToString("#0.00");
}
```

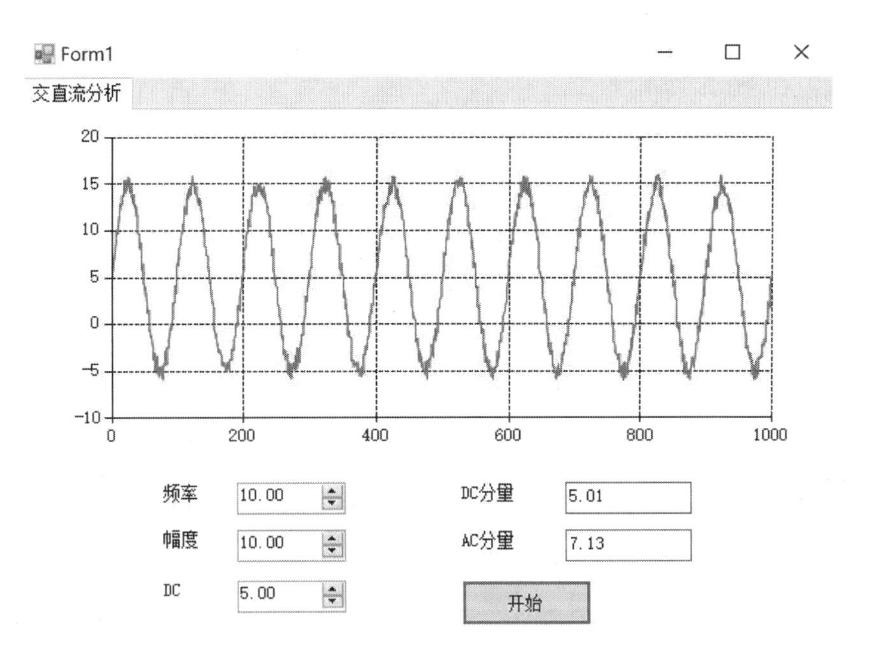

图 9.7　运行结果

9.2.3　频域分析

频域分析是数字信号处理中最重要、最常用的算法,而傅里叶变换又是频域分析中最基础的一个算法。实际应用中的周期性模拟信号是很复杂的,很难以一个简单的正弦曲线来描述。傅里叶分析法可将任意复杂的波形分解成简单的正弦分量或复指数函数之和。信号所包含的频率成分往往是用户所感兴趣的,这种分析方法称为频域分析或谱分析,主要应用在声音、振动、通信等领域。

SeeSharpTools.JY.DSP.Fundamental 命名空间中 Spectrum 类提供了常用的谱分析算法,包括实数/复数的傅里叶变换、峰值功率谱分析等。在使用 Spectrum 类之前,需要安装 JXDSPRuntimeMKL 驱动,它分为 x64 和 x86 两个版本,要根据 Windows 系统版本来选择安装。SeeSharpTools 中的 FFT 函数其底层就是封装的 Intel MKL 类库。

Intel MKL 的全称是英特尔数学核心函数库,它是一套经过高度优化和广泛线程化的数学例程,专为需要极致性能的科学、工程及金融等领域的应用而设计。核心数学函数包括 BLAS、LAPACK、ScaLAPACK1、稀疏矩阵解算器、快速傅里叶变换、矢量数学及其他函数。

在介绍谱分析方法之前,要先说明下窗函数的概念。窗函数的作用包括截断信号、减少频谱泄漏和分离频率相近的大信号与小信号。在实际测量中,采样长度是有限的,当使用 FFT 分析信号频谱时,算法会使用周期延拓技术把原始信号变换成无限长的周期信号,即第一个周期是采样信号,整个信号则是采样信号的周期性复制。有限信号经过周期延拓构建的无限长周期信号如图 9.8 所示。这样在时域来看周期与周期之间的信号是不连续的,而在频域上看就会出现异常频率,也称频谱泄漏。

在谱分析算法中,降低频谱泄露的方法主要是加窗,它把原始采样波形和幅度变化平滑且边缘趋近于零的有限长度的窗相乘来减小每个周期边界处的突变,从而降低谱泄露。窗函数类型有很多种,如矩形窗、汉宁窗、汉明窗、布莱克曼窗等,需要根据不同的应用选择最合适的窗函数。

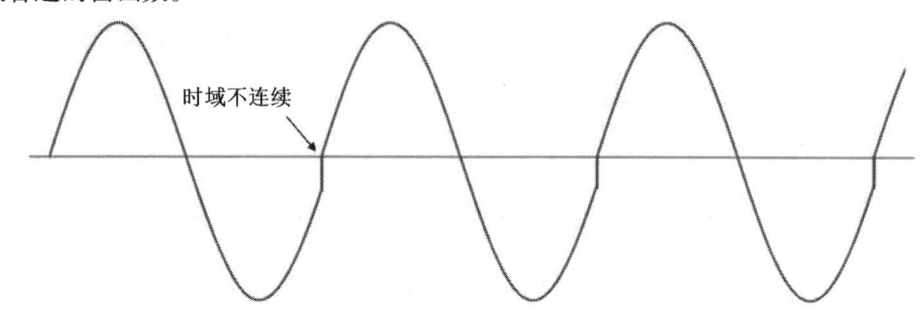

图 9.8　有限信号经过周期延拓构建的无限长周期信号

Spectrum 类提供的谱分析方法如表 9.3 所示,所有的方法均为静态方法,无须实例化就可以直接调用,并且都没有返回值。

表 9.3　Spectrum 类提供的谱分析方法

序号	方法名称	功能描述
1	PowerSpectrum(double[] timewaveform, double samplingRate, ref double[] spectrum, out double df, SpectrumUnits unit, WindowType windowType, double windowPara, bool PSD)	输出时域信号的功率谱,包含功率谱信息和频谱分辨率
2	AdvanceRealFFT(double[] timewaveform, WindowType windowType, ref Complex[] spectrum)	输出时域信号的复数频谱,包含幅度谱和相位谱信息
3	PeakSpectrumAnalysis(double[] timewaveform, double dt, out double peakFreq, out double peakAmp)	峰值功率谱分析,输出基频频率和幅度

以 AdvanceRealFFT()方法为例,演示 Spectrum 类的用法,用 Generation 类产生一个标准正弦信号,计算它的幅度谱和相位谱信息,代码如下:

```
private void button_calculate_Click(object sender,EventArgs e)
{
    easyChartX_spectrum.SplitView = true;
    const int sampleRate = 51200;
    const int dataLength = 1024;
    dauble df = sampleRate/dataLength;
    double[] waveform = new double[dataLength];
    //生成正弦波,幅度 1 V,相位 60 度,频率 1000 Hz
    Generation.SineWave(ref waveform,1,60,1000,sampleRate);
    easyChartX_time.Plot(waveform);
```

```
    Complex[ ] spectrum = new Complex[ dataLength / 2 + 1];
    //计算幅度相位谱
    Spectrum.AdvanceComplexFFT( waveform, WindowType.None, ref spectrum);
    double[ , ] spectrumData = new double[ 2, spectrum.Length];
    //从频谱中提取幅度和相位信息
    for (int i = 0; i < spectrum.Length; i++)
    {
        spectrumData[ 0, i] = spectrum[ i].Magnitude/spectrum.Length;
        spectrumData[ 1, i] = spectrum[ i].Phase * 180 / Math.PI;
    }
    easyChartX_spectrum.Plot( spectrumData);
}
```

在上述代码中,幅度和相位分析结果保存在 Complex 类型的数组中,Complex 是 C#自带的一个结构类型,位于 System.Numerics 命名空间中,用于保存复数类型。可以通过 Real 和 Imaginary 属性访问实部和虚部信息,通过 Magnitude 和 Phase 属性得到幅度和相位信息。默认的 Phase 属性得到结果是以弧度为单位的,代码中已经转换为角度显示。程序的运行结果如图 9.9 所示,从图中可以看到原始正弦波的时域波形,以及分析得到的幅度谱和相位谱信息,这里使用了 EasychartX 控件的分区视图功能。

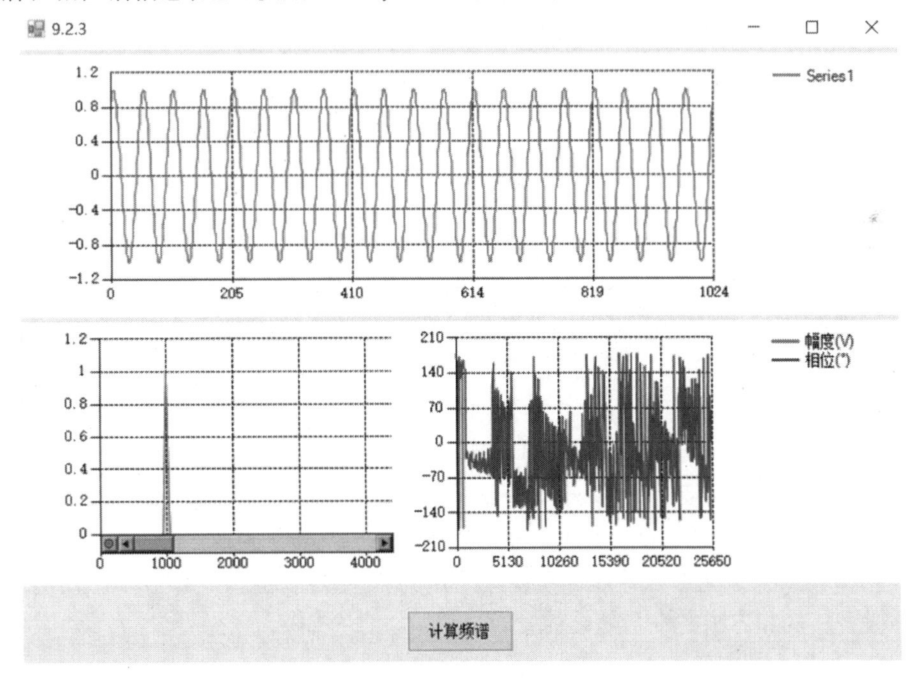

图 9.9　运行结果

9.2.4　谐波分析

在信号处理中,任何关于时间的周期函数都能展开成傅里叶级数,即无限多个正弦函数和余弦函数的和表示,这种分析方法称为谐波分析。谐波分析是信号处理的一种基本手段。例如,在电力系统的谐波分析中,主要采用各种谐波分析仪分析电网电压、电流信号的谐波,该类仪表的谐波分析次数一般在 40 次以下。在数据采集应用中,对于声音信号,需要谐波分析的手段对结构噪声和声音传播的预测,如振动结构组件引起的噪声、声音通过薄面板的传播,以及压电装置的声学性能。

SeeSharpTools 中的 JY.DSP.SoundVibration 命名空间中包含一个 HarmonicAnalyzer 静态类,主要用于对动态信号的分析和处理。静态类中包含一个静态方法 ToneAnalysis( ),它有两个返回值类型不同的重载方法,HarmonicAnalyzer 类中的方法见表 9.4。

表 9.4 HarmonicAnalyzer 类中的方法

序号	方法名称	功能描述
1	void ToneAnalysis(double[ ] timewaveform, double dt, out double detectedFundamentalFreq, out double THD, ref double[ ] componentsLevel, int highestHarmonic)	进行完全谐波分析,输入时域波形和指定最高谐波,输出基频、所有谐波的幅值电平,以及总谐波失真
2	ToneAnalysisResult ToneAnalysis(double[ ] timewaveform, double dt, int highestHarmonic, bool resultInDB)	返回值类型为 ToneAnalysisResult 类的实例,对象中包含波形指标计算结果

表 9.4 中 ToneAnalysis 的第二个重载方法的返回值类型为 ToneAnalysisResult,这个类中包含了多个分析动态信号时常用的参数,简单介绍如下。

(1)SNR(信噪比)。信号对噪声的比值,单位为 dB,是信号幅度均方根和噪声(不包括任何谐波以及直流成分)均方根之比,用于衡量器件内部噪声大小。实际应用中,只需剔除主要的前 5 次谐波。

(2)SINAD(信纳比)。信号对噪声和失真的比值,单位为 dB,是信号幅度均方根与所有其他频谱成分(包括谐波但不含直流)的和方根的平均值之比,用于评估输出信号所有传递函数的非线性加上系统所有噪声(量化、抖动和假频)的累积效果。

(3)ENOB(有效位数)。有效位数 ENOB,单位为 bit,用于描述 ADC/DAC 系统的有效分辨率。对于理想的 N 位 ADC 系统,其 ENOB 应当无限接近 N,但真实电路会不可避免的引入噪声,从而降低 ADC 的实际分辨率。

(4)THD(总谐波失真)。基波信号的均方根值与其谐波(一般仅前 5 次谐波比较重要)的和方根的平均值之比。

(5)THD + N(总谐波失真加噪声)。基波信号的均方根值与其谐波加上所有噪声成分(直流除外)的和方根的平均值之比。

(6)NoiseFloor(噪声基底)。信号中的总噪声。

谐波分析类的用法如下,首先需要添加对以下命名空间的引用:

```
using SeeSharpTools.JY.DSP.Fundamental;
using SeeSharpTools.JY.DSP.SoundVibration;
using SeeSharpTools.JY.ArrayUtility;
```

代码中首先使用 Generation 类生成方波信号并在信号上叠加白噪声,然后对波形进

行 FFT 变换,最后调用表 9.4 中的两个方法进行谐波分析,代码如下:

```
private void timer1_Tick(object sender,EventArgs e)
{
    textBox_levelList.Clear();
    int dataLength = 4000;
    double[] signal = new double[dataLength];
    double[] noise = new double[dataLength];
    double[] spectrum = new double[dataLength / 2];
    double sampleRate = (double)numericUpDown_sampleRate.Value;
    int highestHarmonic = (int)numericUpDown_highestHarmonic.Value;
    double[] harmonicsLevel = new double[highestHarmonic + 1];
    //产生方波信号和噪声信号,并叠加
    Generation.SquareWave(ref signal,(double)numericUpDown_signalAmp.Value,50,
        (double)numericUpDown_signalFreq.Value,sampleRate);
    Generation.UniformWhiteNoise(ref noise,(double)numericUpDown_noiseAmp.Value);
    ArrayCalculation.Add(signal,noise,ref signal);
    easyChartX_time.Plot(signal);
    //功率谱分析,使用默认的 V2 功率谱单位和汉宁窗
    Spectrum.PowerSpectrum(signal,sampleRate,ref spectrum,out double df);
    easyChartX_spectrum.Plot(spectrum,0,df);
    //各阶次频率分量以及 THD 计算,谐波分量数组中 index0 是 DC,index1 是基频,依此类推
    HarmonicAnalyzer.ToneAnalysis(signal,1 / sampleRate,out double peakFrequency,
        out double THD,ref harmonicsLevel,highestHarmonic);
    textBox_fundFreq.Text = peakFrequency.ToString("0.000");
    textBox_fundLevel.Text = harmonicsLevel[1].ToString("0.000");
    for (int i = 1; i <= highestHarmonic; i++)
    {
        textBox_levelList.AppendText(i.ToString("00") + ": " +
            harmonicsLevel[i].ToString("0.000") + "\r\n");
    }
    //计算 SNR、THD 等参数,单位为 dB
    ToneAnalysisResult toneAnalysis = HarmonicAnalyzer.ToneAnalysis(signal,
        1 / sampleRate,10,true);
    textBox_SNR.Text = toneAnalysis.SNR.ToString("0.000");
    textBox_SINAD.Text = toneAnalysis.SINAD.ToString("0.000");
    textBox_THD.Text = toneAnalysis.THD.ToString("0.000");
    textBox_THDPlusN.Text = toneAnalysis.THDplusN.ToString("0.000");
    textBox_noiseFloor.Text = toneAnalysis.NoiseFloor.ToString("0.000");
}
```

代码的运行结果如图 9.10 所示,两张图分别绘制了时域波形和频域波形。界面上显示了对方波叠加噪声后的输入波形进行分析的结果。根据方波信号的泰勒公式展开,理想方波是由无穷个奇数次谐波叠加而成的,因此偶次谐波分量都是 0。输入波形为频率为 500 Hz 幅度为 2 V 的方波,算法准确分析了基频频率是 500 Hz,基频幅度是 2.549。如果降低噪声幅度,可以看到 THD 和底噪都会有所改善。

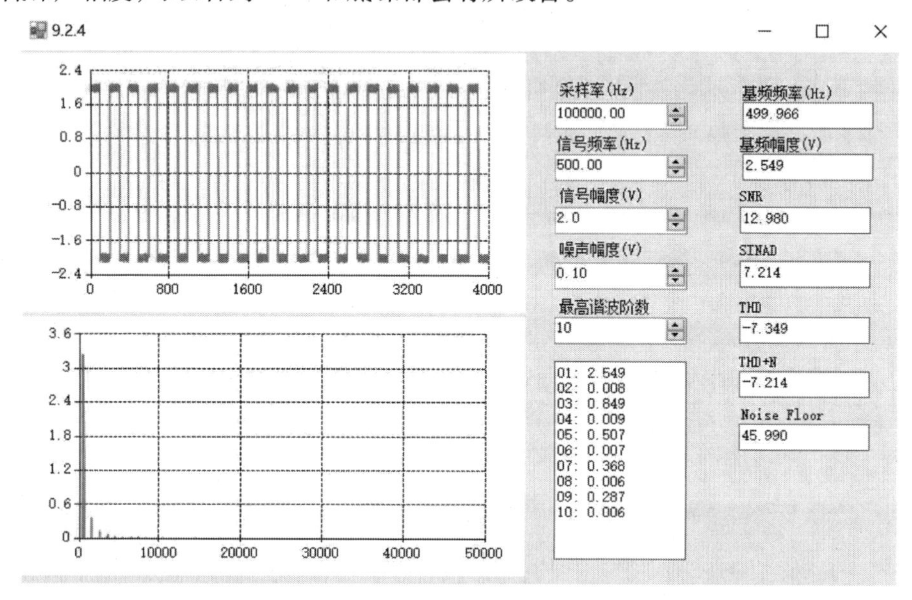

图 9.10　运行结果

9.2.5　数字滤波器

滤波器的主要作用是对采集信号进行预处理,只让特定频段的信号能够通过。滤波器分为模拟滤波器和数字滤波器两种:前者是对模拟或连续时间信号进行滤波,通常由硬件电路(如集成运放、电容、电感等元器件)实现;后者用计算机对离散时间信号进行处理。本节主要介绍的是数字滤波器的实现方式。数字滤波器具有高精度、高可靠性、可程控改变特性或复用、便于集成等优点,在语言信号处理、图像信号处理、医学生物信号处理等其他领域都得到了广泛应用。数字滤波器有低通、高通、带通、带阻和全通等类型,可以是线性或者非线性的。

根据冲击响应,可以将滤波器分为有限冲击响应(FIR)滤波器和无限冲击响应(IIR)滤波器。对于 FIR 滤波器,冲击响应在有限时间内衰减为零,其输出仅取决于当前和过去的输入信号值。对于 IIR 滤波器,冲击响应在理论上会无限持续,输出取决于当前和过去的输入信号值以及过去输出的值。在实际应用中,稳定的 IIR 滤波器的冲击响应会在有限时间内衰减到接近于零的程度。IIR 滤波器的缺点是相位响应非线性,在对线性相位响应有要求的情况下应选择 FIR 滤波器。

FIR 数字滤波器目前常用的设计方法是窗函数设计法和频率采样设计法,窗函数法由于简单、物理意义清晰,因此得到了较为广泛的应用。可以直接使用 MATLAB 信号处理工具箱中的滤波器设计和分析工具(FDATool)进行设计。

IIR 数字滤波器有 Butterworth(巴特沃斯)、Chebyshev(切比雪夫)、Eclliptic(椭圆)、Bessel(贝塞尔)等,它们主要区别在于频率响应不同,因此用途也不尽相同。IIR 数字滤波器的设计方法一般使用间接设计法,主要是借助模拟滤波器设计方法进行设计,步骤是先根据数字滤波器设计指标设计相应的过渡模拟滤波器,再将过渡模拟滤波器转换为数字滤波器。由于模拟滤波器设计理论非常成熟,有很多性能优良的典型滤波器可供选择(如上述提到的各种滤波器类型),设计公式和图表完善,而且许多实际应用需要模拟滤波器的数字仿真,因此间接设计法得到广泛的应用。最方便的设计方法仍然是利用 FDATool,可以很方便地设计出符合应用要求的未经量化的 IIR 数字滤波器,然后可以将设计好的滤波器系数传递到滤波器执行部分。

本节介绍的数字滤波器算法主要来自于 MathNet.Filtering,它是 Math.NET 项目中的一个数字信号处理工具箱,提供了数字滤波器的基础功能,以及滤波器应用到数字信号处理和数据流转换的相关功能。工具箱中提供了基础的 FIR、IIR 以及中值滤波算法。此外,另一个命名空间 MathNet.Filtering.Kalman 提供了卡尔曼滤波算法,它在信号和噪声处于相同频带的条件下可以有效地去除噪声的影响,在通信、导航、制导与控制等多领域得到了广泛的应用,在此不过多介绍。

MathNet.Filtering 中提供的 FIR/IIR 数字滤波器系数设计方法比较简单,可以满足普通的应用需求,如果需要功能更强大的滤波器设计方法,建议使用 MATLAB 的 FDATool。下面以一个低通的 FIR 数字滤波器为例介绍使用方法。

首先生成三个单频正弦波,分别是 100 Hz、420 Hz 和 700 Hz,对它们进行叠加得到原始信号。使用 MathNet.Filtering.FIR 中的 FirCoefficients 生成设定截止频率的低通滤波器系数,传递给滤波器对原始信号进行滤波,最后绘制出原始波形和滤波后波形以及它们的频谱。代码如下:

```
private void button_startFIR_Click(object sender,EventArgs e)
{
    int signalLength = 2000;
    double[] rawSignal = new double[signalLength];
    double[] rawSpectrum = new double[signalLength / 2];
    double[] filteredSpectrum = new double[signalLength / 2];
    // 产生多个不同频率正弦信号,叠加成原始信号
    double samplingRate = 2000;
    double[] toneFrequencies = new double[3] { 100,420,700 };
    foreach (double frequency in toneFrequencies)
    {
        double[] tempSignal = SignalGenerator.Sine(samplingRate,frequency,
            0,1,signalLength);
        for (int i = 0; i < signalLength; i++)
        {
```

```
                rawSignal[i] += tempSignal[i];
            }
        }
        Spectrum.PowerSpectrum(rawSignal,samplingRate,ref rawSpectrum,out double df);
        easyChartX1.Plot(rawSignal);
        easyChartX3.Plot(rawSpectrum,0,df);
        // 设计滤波器系数
        double[] filterCoef = FirCoefficients.LowPass(samplingRate,
            (double)numericUpDown_cutoff.Value);
        //使用卷积公式生成在线 FIR 滤波器
        OnlineFirFilter myFirFilter = new OnlineFirFilter(filterCoef);
        //使用生成的滤波器对原始波形进行滤波
        double[] filteredSignal = myFirFilter.ProcessSamples(rawSignal);
        Spectrum.PowerSpectrum(filteredSignal,samplingRate,ref filteredSpectrum,out df);
        easyChartX2.Plot(filteredSignal);
        easyChartX4.Plot(filteredSpectrum,0,df);
    }
```

图 9.11 所示为程序的运行结果,可以看到当截止频率设置为 200 Hz 时,420 Hz 和 700 Hz 的信号就被滤除了,滤波后的信号基本上恢复了原始的正弦信号。

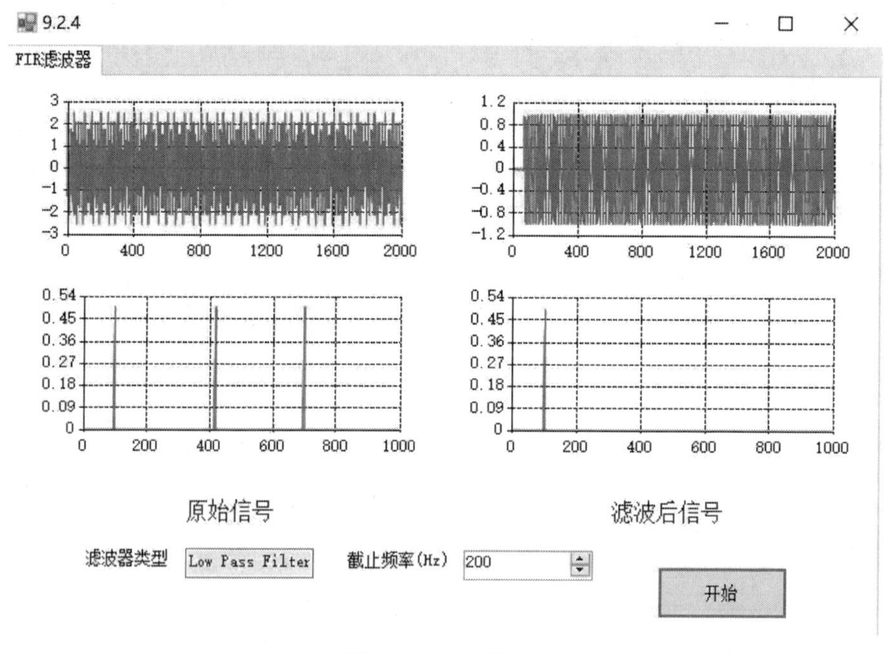

图 9.11　运行结果

第 10 章　C#高级应用

前面的章节中已经介绍过不少 C#语言的基础知识，本章将会介绍一些进阶内容，如委托、事件、多线程和异步编程等，当应用程序变得复杂时就会用到本章所介绍的一些内容。

10.1　委托和事件

C#语言中的委托和事件是其一大特色，委托和事件在 Windows 窗体应用程序、ASP.NET 应用程序、WPF 应用程序等应用中是最为普遍的应用。通过定义委托和事件可以方便方法重用，并提高程序的编写效率。

简单来讲，C#中的委托类似于 C 或 C++中函数的指针。委托是存有对某个方法的引用的一种引用类型变量。引用可在运行时被改变。事件根本上说是一个用户操作，如按键、点击、鼠标移动等，或者是一些出现，如系统生成的通知等。本节将会详细介绍委托和事件的概念和用法，以及它们之间的联系和区别。

10.1.1　委托

委托往往是在 C#学习中比较难理解的地方，它是一种全新的面向对象语言特性，运行在.NET 平台，基于委托，开发事件驱动程序变得非常简单。使用委托可以大大简化多线程编程难点，如异步调用、跨线程对控件进行访问等。

委托从字面上理解就是一种代理，类似于房屋中介，由租房人委托中介为其租赁房屋。方法调用就是一个租房人，委托对象就是中介，最终实现的方法就是房屋出租人。出现中介的好处就是，可以根据租房人的需求提供多个房源提供选择，即可以通过中介找到调用方法 1 又可以通过中介找到调用方法 2 等。在这个过程中，方法调用端只需要通过委托对象就可以根据不同需求调用不同方法，极大地削减了寻找不同方法的代码成本。委托和方法的关系如图 10.1 所示。

从数据结构来讲，委托是和类都是一种用户自定义类型。委托是一种引用类型，虽然在定义委托时与方法有些相似，但不能将其称为方法。委托是方法的抽象，它存储的就是一系列具有相同签名和返回类型的方法的地址。调用委托的时候，委托包含的所有方法将被执行。

委托是 C# 语言中的一个特色，它的语法格式如下：

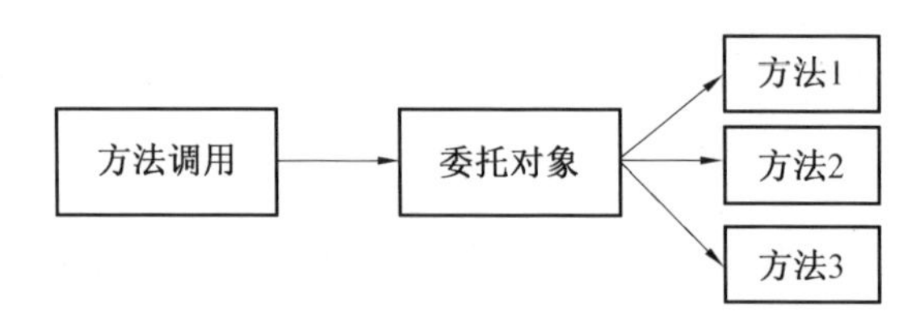

图 10.1　委托和方法的关系

修饰符 delegate 返回值类型 委托名 (参数列表);

从上面的定义中可以看出,委托的定义与方法的定义是相似的。例如,定义一个不带参数的委托,代码如下:

```
public delegate void MyDelegate();
```

在定义好委托后,就到了实例化委托的步骤,命名方法委托在实例化委托时必须代入方法的具体名称。委托中传递的方法名既可以是静态方法的名称,也可以是实例方法的名称。需要注意的是,在委托中所写的方法名必须与委托定义时的返回值类型和参数列表相同。实例化委托的语法形式如下:

委托名 委托对象名 = new 委托名 (方法名);

实例化的委托对象中也可以注册多个方法,在注册方法时可以在委托中使用加号运算符或减号运算符来实现添加或撤销方法,语法形式如下:

委托对象名 += 方法名

委托对象名 -= 方法名

在实例化委托后即可调用委托,在这里参数列表中传递的参数与委托定义的参数列表相同即可,语法形式如下:

委托对象名 (参数列表);

也可以使用 Invoke 方法:

委托对象名.Invoke(参数列表)

前者是同步方法,后者是异步方法,二者的区别会在 10.4 节介绍。

使用委托在多窗体中进行消息传递的方法如下。创建两个窗体,从窗体可以控制主窗体进行消息显示,每点击一次按钮,都会在主窗体中记录一次,仅通过窗体调用委托就可以实现,不通过静态全局变量来实现。使用委托在窗体间传递消息如图 10.2 所示,具体步骤如下。

(1)在命名空间中声明委托。

(2)在接受消息窗体(主窗体)中,根据委托形式创建具体的方法。

(3)在消息发出窗体(从窗体)中创建委托变量,并将其访问形式变为 public。

(4)在消息接受窗体(主窗体)中建立消息发出窗体(从窗体)的委托变量和具体方法的连接。

(5)在从窗体调用委托,查看主窗体的变化。

主窗体中的代码如下:

```
namespace _10._1._1
{
    //声明委托
```

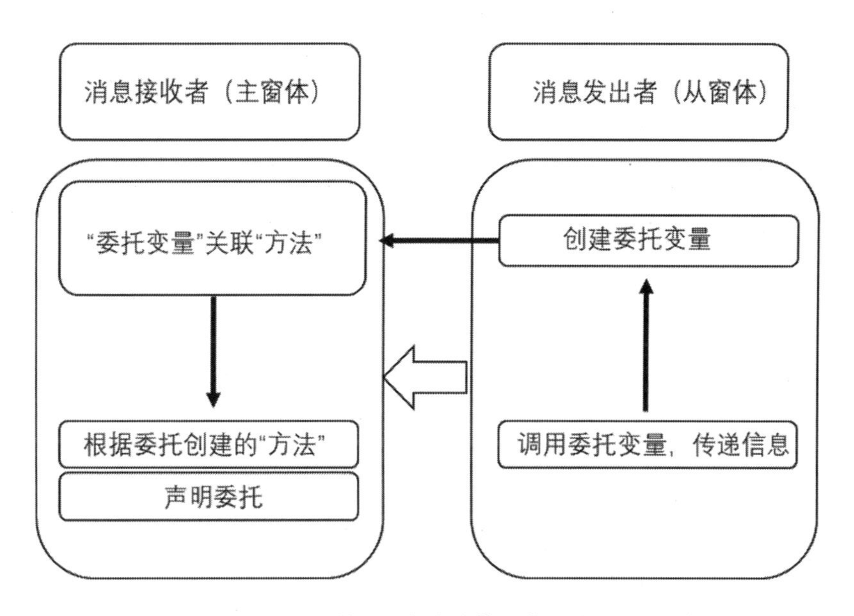

图 10.2　使用委托在窗体间传递消息

```
    public delegate void ShowCounter(string counter);
    public partial class Form1 : Form
    {
        public Form1()
        {
            InitializeComponent();
            Form2 form2 = new Form2();
            //将从窗体的委托变量和主窗体的对应方法关联
            form2.msgSender = new ShowCounter(Receiver);
            form2.Show();
        }
        /// <summary>
        ///接收委托传递的信息
        /// </summary>
        /// <param name="counter"></param>
        private void Receiver(string counter)
        {
            label_counter.Text = counter;
        }
    }
}
```

从窗体中的代码如下：

```
namespace _10._1._1
{
    public partial class Form2 : Form
```

```
    {
        //根据委托创建委托对象
        public ShowCounter msgSender;
        //计数
        private int counter = 0;
        public Form2()
        {
            InitializeComponent();
        }
        private void button_click_Click(object sender,EventArgs e)
        {
            counter++;
            //异步方法调用委托
            msgSender?.Invoke(counter.ToString());
        }
    }
}
```

运行程序后,两个窗体会一起显示,在从窗体中按下"单击"按钮,主窗体界面会实时更新单击次数,运行结果如图 10.3 所示。

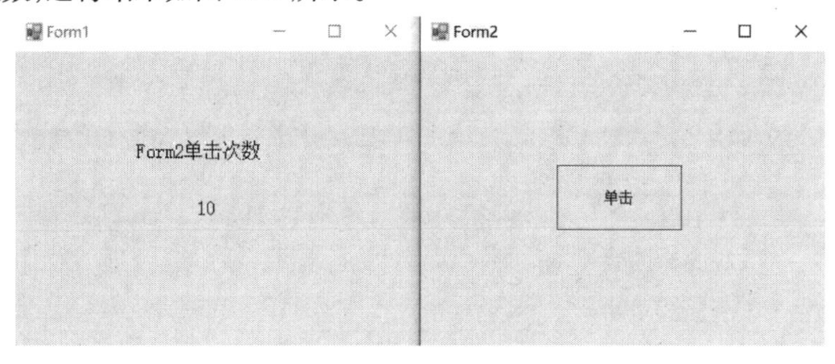

图 10.3　运行结果

10.1.2　事件

在 C#语言中,Windows 应用程序、ASP.NET 网站程序等类型的程序都离不开事件的应用。例如,在登录 QQ 软件时需要输入用户名和密码,然后单击"登录"按钮来登录 QQ,此时单击按钮的动作会触发一个按钮的单击事件来完成执行相应的代码实现登录的功能。

事件是一种引用类型,实际上也是一种特殊的委托。事件是建立在对委托的语言支持之上的。事件是对象用于向系统中的所有相关组件广播已发生事情的一种方式,任何其他组件都可以订阅事件,并在事件引发时得到通知。简单地说,鼠标移动、点击等都是一个事件,但并非唯一的情景。通过订阅事件,还可在两个对象(如事件源和事件接收器)之间创建耦合。需要确保当不再对事件感兴趣时,事件接收器将从事件源取消订阅。

简单地说,事件是对象在外界“刺激”下发生事情,而对外提供的一种消息机制,它有以下两个参与者。

(1)发送者(sender)。即引发事件的对象,当本身状态发生变化时,触发事件,并通知事件的接受者。

(2)接受者(receiver)。用来处理事件的关注者,在事件发送者触发一个事件后,会自动执行的内容。

事件定义的语法形式如下:

```
访问修饰符 event 委托名 事件名;
```

在这里,由于在事件中使用了委托,因此需要在定义事件前先定义委托。在定义事件后需要定义事件所使用的方法,并通过事件来调用委托。下面是委托定义:

```
public delegate void ShowCounter(string counter);
```

声明事件本身,使用 event 关键字:

```
public event ShowCounter MsgEventSender;
```

上面的代码定义了一个名为 ShowCounter 的委托和一个名为 MsgEventSender 的事件,该事件在生成的时候会调用委托。需要注意的是,在使用事件时如果事件的定义和调用不在同一个类中,实例化的事件只能出现在+=或-=操作符的左侧。

下面使用事件来替代上述委托代码。首先修改从窗体代码,只是将声明委托对象的代码增加 Event 关键字变成声明事件对象。代码如下:

```
namespace _10._1._2
{
    public partial class Form2 : Form
    {
        //根据委托创建委托对象
        public event ShowCounter MsgEventSender;
        //计数
        private int counter = 0;
        public Form2()
        {
            InitializeComponent();
        }
        private void button_click_Click(object sender,EventArgs e)
        {
            counter++;
            //异步方法调用委托
            MsgEventSender?.Invoke(counter.ToString());
        }
    }
}
```

对于主窗体代码,这里只需要将事件关联函数进行修改,代码如下:

```
namespace _10._1._2
```

```
{
    //声明委托
    public delegate void ShowCounter(string counter);
    public partial class Form1 : Form
    {
        public Form1()
        {
            InitializeComponent();
            Form2 form2 = new Form2();
            //将从窗体的委托变量和主窗体的对应方法关联
            form2.MsgEventSender += new ShowCounter(Receiver);
            form2.Show();
        }
        /// <summary>
        ///接收委托传递的信息
        /// </summary>
        /// <param name="counter"></param>
        private void Receiver(string counter)
        {
            label_counter.Text = counter;
        }
    }
}
```

10.2 多 线 程

在编写窗体应用程序时,如果没有另外开辟线程,基本上所有的程序都会执行在 UI 线程上,这样在功能较多数据量较大时,UI 界面的操作会变得卡顿,让用户难以忍受。如果可以合理地开启多个线程,就可以以最高的效率来开发程序。

以数据采集应用为例,通常硬件采集作为一个线程,数据处理放在另一个线程,如果需要,还有文件写入线程和数据显示线程等。另外一个常见的案例是工厂产线测试,需要测试程序同时支持对多个产品进行并行测试,从而降低测试时间。多线程的编程方式不仅可以更好利用 CPU 性能,而且可以提升实时测试的效率。下面首先介绍进程、线程及多线程的概念,然后再介绍 C#中多线程的实现方式。

在操作系统中,每运行一个程序都会开启一个进程,一个进程由多个线程构成。进程是应用程序的一个运行例程,是应用程序的一次动态执行过程。线程是进程中的一个执行单元,是程序执行流中最小的单元,是操作系统分配 CPU 时间的基本单元。

应用程序分为单线程程序和多线程程序。单线程程序在一个进程空间中只有一个线程在执行,多线程程序在一个进程空间中有多个线程在执行,并共享同一个进程的大小。

Windows 系统是一个支持多线程的系统。多线程的优缺点如下。

(1)优点。

①可以同时完成多个任务。

②可以使程序的响应速度更快。

③可以让占用大量处理时间的任务或当前没有进行处理的任务定期将处理时间让给别的任务。

④可以随时停止任务。

⑤可以设置每个任务的优先级以优化程序性能。

(2)缺点。

①对资源的共享访问可能造成冲突(对共享资源的访问进行同步或控制)。

②对多线程应用不当,可能会造成应用程序整体效率降低。

10.2.1　进程

在 C#语言中进程类是指 Process 类,该类所在的命名空间是 System.Diagnostics,主要提供对本地和远程进程的访问,并提供对本地进程的启动、停止等操作。Process 类中的常用属性和方法见表 10.1。

表 10.1　Process 类中的常用属性和方法

属性			
序号	属性名称	数据类型	功能描述
1	ProcessName	string	只读属性,获取关联进程正在其上运行的计算机的名称
2	MachineName	string	只读属性,获取该进程的名称
3	Id		只读属性,获取关联进程的唯一标识符
4	StartTime	DateTime	只读属性,获取关联进程启动的时间
5	ExitTime	DateTime	只读属性,获取关联进程退出的时间

方法		
序号	方法名称	功能描述
1	void Close()	释放与此组件关联的所有资源
2	bool CloseMainWindow()	通过向进程的主窗口发送关闭消息来关闭拥有用户界面的进程
3	Process[] GetProcesses()	为本地计算机上的每个进程资源创建一个新的 Process 组件
4	void Kill()	立即停止关联的进程

续表 10.1

方法		
序号	方法名称	功能描述
5	bool Start( )	启动(或重用)此 Process 组件的 Startinfo 属性指定的进程资源,并将其与该组件关联
6	Process Start(string fileName)	通过指定文档或应用程序文件的名称来启动进程资源,并将资源与新的 Process 组件关联

利用上面表格中提到的属性和方法进行获取本地的进程、启动进程、关闭进程等操作,在窗体的 ListBox 控件中显示所有的进程名称,右键点击选中的进程名称,通过弹出的右键菜单将其关闭。

创建好窗体程序后,在窗体中放入一个 ListBox 和 ContextMenuStrip,这两个控件的使用分别在第 7 章和第 12 章介绍,将 ListBox 的 ContextMenuStrip 属性设置为 contextMenuStrip1 即可。新建窗体加载事件和右键菜单中“停止进程”工具栏单击事件。代码如下:

```
//窗体加载事件
private void Form1_Load(object sender,EventArgs e)
{
    //获取当前所有进程信息
    Process[] processes = Process.GetProcesses();
    foreach (Process p in processes)
    {
        //将进程添加到 ListBox 中
        listBox1.Items.Add(p.ProcessName);
    }
}

//右键菜单“停止进程”命令事件
private void 停止进程 ToolStripMenuItem_Click(object sender,EventArgs e)
{
    //获取进程名称
    string ProcessName = listBox1.SelectedItem.ToString();
    //根据进程名称获取进程
    Process[] processes = Process.GetProcessesByName(ProcessName);
    //判断是否存在指定进程名称的进程
    if (processes.Length > 0)
    {
        try
        {
            foreach (Process p in processes)
            {
                //判断进程是否处于运行状态
```

```
                    if (! p.HasExited)
                    {
                        //关闭进程
                        p.Kill();
                        MessageBox.Show(p.ProcessName + "已关闭!");
                        //获取所有进程信息
                        processes = Process.GetProcesses();
                        //清空 ListBox 中的项
                        listBox1.Items.Clear();
                        foreach (Process p1 in processes)
                        {
                            //将进程添加到 ListBox 中
                            listBox1.Items.Add(p1.ProcessName);
                        }
                    }
                }
            }
            catch
            {
                MessageBox.Show("该进程无法关闭!");
            }
        }
    }
```

打开记事本应用,运行该程序,可以在进程列表中找到 notepad,右键点击此进程选择“停止进程”,记事本应用就会被关闭,运行结果如图 10.4 所示。需要注意的是,一些进程由于权限不够是无法关闭的,因此在关闭进程的代码中要做异常处理。

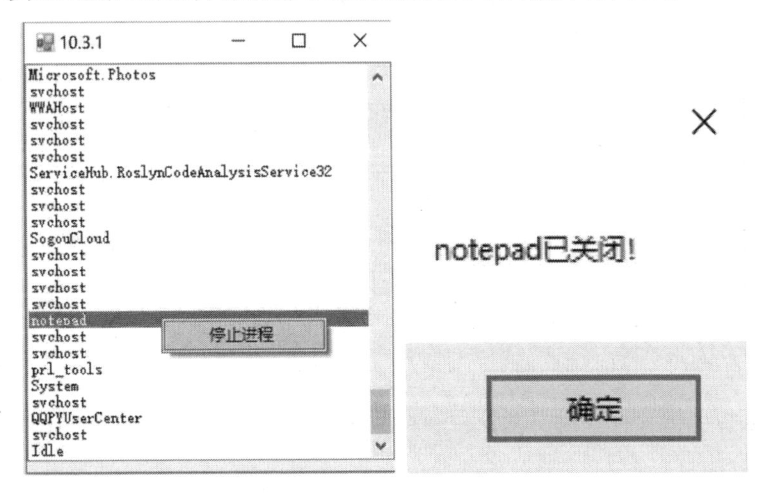

图 10.4　运行结果

10.2.2 线程

在 C#应用程序中,第一个线程总是 Program.cs 文件中的 Main( )方法,因为第一个线程是由.NET 运行开始执行的,Main( )方法是.NET 运行库选择的第一个方法,也是应用程序的主入口点。后续的线程由应用程序在内部启动,即应用程序可以创建和启动新的线程。

System.Threading 命名空间提供给了与线程有关的类,System.Threading 中的线程类见表 10.2。

表 10.2 System.Threading 中的线程类

序号	类名	功能描述
1	Thread	在初始的应用程序中创建其他的线程
2	ThreadState	指定 Thread 的执行状态,包括开始、运行、挂起等
3	ThreadPriority	线程在调度时的优先级枚举值,包括 Highest AboveNormal、Normal、BelowNormal、Lowest
4	ThreadPool	提供一个线程池,用于执行任务、发送工作项、处理异步 I/O 等操作
5	Monitor	提供同步访问对象的机制
6	Mutex	用于线程间同步的操作
7	ThreadAbortException	调用 Thread 类中的 Abort 方法时出现的异常
8	ThreadStateException	Thead 处于对方法调用无效的 ThreadState 时出现的异常

本节主要介绍 Thread 类,后续小节会介绍表格中的其他类。Thread 类主要用于线程的创建及执行,Thread 类的常用属性和方法见表 10.3。

表 10.3 Thread 类的常用属性和方法

属性			
序号	属性名称	数据类型	功能描述
1	Name	string	获取或设置线程的名称
2	Priority	ThreadPriority	获取或设置线程的优先级
3	ThreadState	ThreadState	获取线程当前的状态
4	IsAlive	bool	获取当前线程是否处于启动状态
5	IsBackground	bool	获取或设置值,表示该线程是否为后台线程
6	CurrentThread	Thread	获取当前正在运行的线程

方法		
序号	方法名称	功能描述
1	void Start( )	启动线程

续表 10.3

方法		
序号	方法名称	功能描述
2	void Sleep(int millisecondsTimout)	将当前线程暂停指定的毫秒数
3	void Suspend()	挂起当前线程
4	void Join()	阻塞调用线程，直到某个线程终止为止
5	void Interrupt()	中断当前线程
6	void Resume()	继续已经挂起的线程
7	void Abort()	终止线程

使用线程时首先需要创建线程，在使用 Thread 类的构造方法创建实例时，只需进行声明并提供线程起始点处的方法委托，再用 Thread.Start()方法启动该线程，步骤如下：

```
Thread thread = new Thread(方法名);
thread.Start();
```

如果方法中有带参数，需要使用 ParameterizedThreadStart 类创建使用线程，首先需要创建 ParameterizedThreadStart 类的实例，然后再创建 Thread 类的实例，步骤如下：

```
ParameterizedThreadStart pts = new ParameterizedThreadStart(方法名);
Thread t = new Thread(pts);
t.Start(Object parameter);
```

其中，参数 parameter 包含线程执行的方法要使用的数据，前两行代码经常会简化成一行代码：

```
Thread t = new Thread(new ParameterizedThreadStart(方法名));
```

线程启动后，方法会开始执行，方法执行完成则直接退出线程。

线程类的具体使用方法如下，创建了两个线程来更新当前操作系统的时间。代码如下：

```
private void button1_Click(object sender,EventArgs e)
{
    Thread thread1 = new Thread(THD1);
    Thread thread2 = new Thread(THD2);
    thread1.Start(); //启动线程 1
    thread2.Start(); //启动线程 2
}

private void THD1()
{
    //异步更新 UI 界面
    Invoke(new Action(() =>
    {
        textBox_thread1.Text = DateTime.Now.ToLongTimeString();
    }));
```

```
}

private void THD2()
{
    Thread.Sleep(2000);
    Invoke(new Action(() =>
    {
        textBox_thread2.Text = DateTime.Now.ToLongTimeString();
    }));
}
```

需要特别值得指出的是,在非 UI 线程中如果直接访问控件,是会报线程访问异常的,线程访问异常如图 10.5 所示。正确的做法是将工作线程中涉及更新界面的代码封装为一个方法,通过 Invoke()方法去调用。界面的正确更新始终要通过 UI 线程去做,用户要做的事情是在工作线程中包揽大部分的运算,而将纯粹的界面更新放到 UI 线程中去做,这样也就达到了减轻 UI 线程负担的目的了。

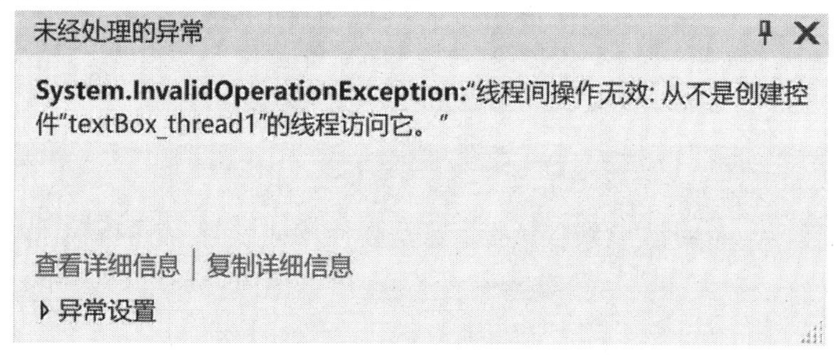

图 10.5　线程访问异常

程序的运行结果如图 10.6 所示,由于线程 2 比线程 1 多等待了 2 s,因此执行时刻也会慢 2 s。

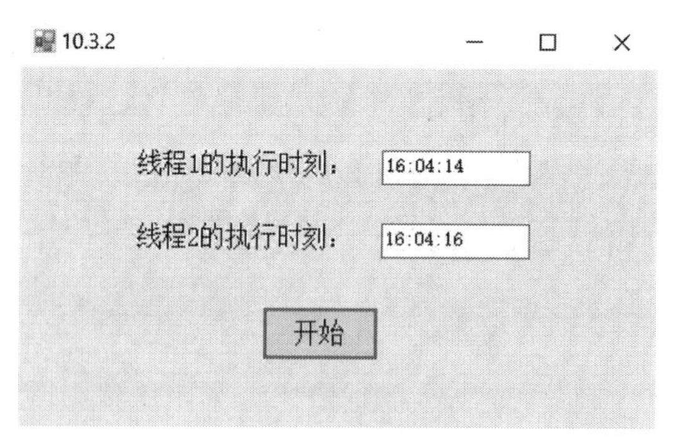

图 10.6　运行结果

10.2.3　线程优先级

Windows 之所以称为抢占式多线程操作系统,是因为线程可以在任意时间被抢占,并调度另一个线程。每个线程都分配了从 0~31 中的一个优先级,系统首先把高优先级的线程分配给 CPU 执行。在 C#中,线程的优先级使用线程的 Priority 属性设置即可,默认的优先级是 Normal。在设置优先级后,优先级高的线程将优先执行。优先级的值通过 ThreadPriority 枚举类型来设置,从低到高分别为 Lowest、BelowNormal、Normal、AboveNormal 和 Highest。线程优先级值的含义见表 10.4。

表 10.4　线程优先级值的含义

序号	成员名称	功能描述
1	Lowest	可以将此线程安排在具有任何其他优先级的线程之后
2	BelowNormal	可以将此线程安排在 Normal 优先级线程之后,在 Lowest 优先级线程之前
3	Normal	可以将此线程安排在 AboveNormal 优先级线程之后,在 BelowNormal 优先级线程之前。默认情况下,线程具有 Normal 优先级
4	AboveNormal	可以将线程安排在 Highest 优先级线程之后,在 Normal 优先级线程之前
5	Highest	可以将线程安排在具有任何其他优先级的线程之前

10.2.4　前台线程和后台线程

在 C#中,线程分为前台线程和后台线程,在一个进程中,当所有前台线程停止运行时,CLR 会强制结束仍在运行的任何后台线程,这些后台线程直接被终止,不会抛出异常。此外,在应用程序运行结束后,后台线程即使没有运行完也会结束,前台线程必须等待自身线程运行结束后才会结束。因此,用户应该在前台线程中执行确实要完成的事情,非关键的任务应该使用后台线程。使用 Thread 对象的 IsBackground 属性可以判断线程是否为后台线程。

前台线程和后台线程的区别如下,针对同一段代码,设置为前台线程和后台线程的现象是不同的。代码如下:

```
class Program
{
    static void Main(string[] args)
    {
        // 创建一个新线程(默认为前台线程)
        Thread backthread = new Thread(Worker);
        // 使线程成为一个后台线程
        //backthread.IsBackground = true;
        // 通过 Start 方法启动线程
        backthread.Start();
        // 如果 backthread 是前台线程,则应用程序大约 5 s 后才终止
        // 如果 backthread 是后台线程,则应用程序立即终止
```

```
            Console.WriteLine("Return from Main Thread");
        }

        private static void Worker()
        {
            // 延迟 5 s
            Thread.Sleep(5000);
            // 只有由一个前台线程执行时，才会执行此语句
            Console.WriteLine("Return from Worker Thread");
        }
    }
```

运行上述代码可以发现，控制台中显示字符串“Return form Main Thread”后就退出了，字符串“Return from Worker Thread”根本就没有显示，这是因为此时的 backthread 线程为后台线程，当主线程（执行 Main 方法的线程，主线程是前台线程）结束运行后，CLR 会强制终止后台线程的运行，整个进程就被销毁了，并不会等待后台线程运行完后才销毁。如果把 backthread. IsBackground = true; 注释掉后，就可以看到控制台过 5 s 后输出“Return from Worker Thread”。

10.2.5 线程池

前面的小节中都是手动来创建线程的，如果过多地通过手动方式来创建线程，会耗费大量的时间，造成性能损失，于是.NET 就引入了线程池的机制。线程池是指用来存放应用程序中要使用的线程的集合，这种集中存放有助于对线程的管理。

线程池是一种多线程处理模式，处理过程中将任务添加到队列，然后在创建线程后自动启动这些任务。线程过多会带来调度开销，进而影响缓存局部性和整体性能。而线程池维护着多个线程，等待着监督管理者分配可并发执行的任务，这避免了在处理短时间任务时创建与销毁线程的代价。线程池不仅能够保证内核的充分利用，还能防止过分调度。

线程池线程都是后台线程，它的默认优先级是 Normal。CLR 初始化时，线程池中是没有线程的。线程池在内部维护了一个操作请求队列，当应用程序想要执行一个操作时，需要调用 QueueUserWorkItem()方法将对应的任务添加到线程池的请求队列中。线程池实现的代码会从队列中提取任务，并将其委派给线程池中的其他线程来执行。如果所有线程池线程都始终保持繁忙，线程池就会自动创建一个新线程去执行提取的任务。而当线程池线程完成了某个任务时，线程也不会被销毁，而是返回到线程池中等待下一个请求，避免了性能损失。

要使用线程池中的线程，需要调用静态方法 ThreadPool.QueueUserWorkItem()，以指定线程要调用的方法，该静态方法有以下两个重载形式。

(1) public static bool QueueUserWorkItem(WaitCallBack callback);

(2) public static bool QueueUserWorkItem(WaitCallBack callback, Object state);

这两个方法都是用于向线程池中添加一个工作项（work item）及一个可选的状态参

数,然后这两个方法就会立即返回。工作项是指一个由 callback 参数标识的委托对象,被委托对象包装的回调方法将由线程池线程来执行。传入的回调方法都必须匹配 System.Threading.WaitCallback 委托类型,该委托的定义为:

```
public delegate void WaitCallBack(Object state);
```

使用线程池来进行多线程编程,代码如下:

```
class Program
{
    static void Main(string[] args)
    {
        Console.WriteLine("主线程 ID = {0}",Thread.CurrentThread.ManagedThreadId);
        ThreadPool.QueueUserWorkItem(CallBackWorkItem);
        ThreadPool.QueueUserWorkItem(CallBackWorkItem,"work");
        Thread.Sleep(3000);
        Console.WriteLine("主线程退出!");
        Console.ReadKey();
    }

    public static void CallBackWorkItem(object state)
    {
        Console.WriteLine("线程池线程开始执行!");
        if (state ! = null)
        {
            Console.WriteLine("线程池线程 ID = {0} 传入的参数为 {1}",
                Thread.CurrentThread.ManagedThreadId,state.ToString());
        }
        else
        {
            Console.WriteLine("线程池线程 ID = {0}",Thread.CurrentThread.ManagedThreadId);
        }
    }
}
```

程序的结果如下所示:

```
主线程 ID = 1
线程池线程开始执行!
线程池线程 ID = 3
线程池线程开始执行!
线程池线程 ID = 4 传入的参数为 work
主线程退出!
```

10.2.6 以协作方式取消线程

.NET Framework 提供了标准的取消操作模式。这个模式是协作式的,意味着要取消的操作必须是显示支持取消的。换言之，无论执行操作的代码，还是试图取消操作的代码，都必须使用本节提到的方法。对于长时间运行的计算限制操作，支持取消是一件很有必要的事情。因此，应该考虑为程序的计算限制操作添加取消能力。

取消操作首先要创建一个 CancellationTokenSouce 对象，它位于 System.Threading 命名空间中。CancellationToken 的实例是值类型，包含单个私有字段，即对其 CancellationTokenSource 对象的引用。在计算限制操作的循环中，可定时调用 CancellationToken 的 IsCancellationRequested 属性，了解循环是否应该提前终止，从而终止计算限制的操作。提前终止的好处在于，CPU 不需要再把时间浪费在用户对结果不感兴趣的操作上。

构建协作式取消分为以下三个步骤。

(1)创建一个 CancellationTokenSource 对象。代码如下：

```
CancellationTokenSource cts = new CancellationTokenSource();
```

(2)构造支持取消的方法。方法需要有一个 CancellationToken 类型的参数，检查其 IsCancellationRequested 是否为 True，如果为 True 就表示支持取消。代码如下：

```
if(token.IsCancellationRequested) break;
```

(3)构建取消条件。条件成立时调用 cts.Cancel();。

协作式取消的使用方法如下，主要实现了用户在控制台按下回车键后就停止计数的功能。代码如下：

```
class Program
{
    static void Main(string[] args)
    {
        CancellationTokenSource cts = new CancellationTokenSource();
        Console.WriteLine("按下回车键来取消操作");
        Thread thread = new Thread(new ParameterizedThreadStart(Count));
        thread.Start(cts.Token); //启动线程并传递标记
        Console.Read();
        cts.Cancel();
        Console.ReadKey();
    }

    private static void Count(object obj)
    {
        int i = 0;
        CancellationToken token = (CancellationToken)obj;
        // 执行计数循环，当标记被取消时循环停止
        Console.WriteLine("开始计数");
        while (! token.IsCancellationRequested)
        {
            Console.WriteLine("计数值为:" + i);
            i++;
```

```
            Thread.Sleep(500);
        }
        Console.WriteLine("计数取消");
    }
}
```

上述代码的运行结果如下：

```
按下回车键来取消操作
开始计数
计数值为:0
计数值为:1
计数值为:2
计数值为:3

计数取消
```

按下回车键后计数过程就立即会被取消。

上述的代码也可以使用上一节介绍的线程池来实现,可以无须手动创建线程,而通过线程池线程来执行,运行结果与之前完全相同。其中,Count( )方法不变,其余代码如下：

```
static void Main(string[] args)
{
    CancellationTokenSource cts = new CancellationTokenSource();
    Console.WriteLine("按下回车键来取消操作");
    ThreadPool.QueueUserWorkItem(CallBack,cts.Token);
    Console.Read();
    cts.Cancel();
    Console.ReadKey();
}

private static void CallBack(object state)
{
    CancellationToken token = (CancellationToken)state;
    Count(token);
}
```

10.2.7　Task 类

ThreadPool 相比 Thread 来说具备了很多优势,但是 ThreadPool 却又存在如下使用上的不方便。

(1)ThreadPool 不支持线程的取消、完成、失败通知等交互性操作。

(2)ThreadPool 不支持线程执行的先后次序。

以往,如果开发者要实现上述功能,需要完成很多额外的工作。为克服这些限制,微软在.NET 4.0 中引入了任务(Task)的概念,用户可以通过 System.Threading.Tasks 命名空间来使用它们。Task 在线程池的基础上进行了优化,并提供了更多的 API。如果用户要编写多线程程序,Task 显然已经优于传统的方式。Task 的出现将使得异步编程变得更加简单,这部分内容将在 10.4 节中介绍。

Task 的创建有以下两种方式。

(1)首先创建任务对象,任务对象调用 Start()方法开启任务线程,代码如下:

```
Task t1 = new Task(() =>
{
    //代码
});
t1.Start();
```

也可以直接调用方法名:

```
Task t2 = new Task(() =>方法名);
t2.Start();
```

(2)首先创建任务工厂,然后调用 StartNew()方法开启任务线程,代码如下:

```
TaskFactory taskFactory = new TaskFactory();
taskFactory.StartNew();
```

也可以使用 lambda 表达式对代码进行简化:

```
Task t3 = Task.Factory.StartNew(() =>方法名);
```

另外,在.NET 4.5 中微软引入了 Task.Run()方法,用于简化线程的创建。Task.Factory.StartNew()可以使用比 Task.Run()更多的参数,做到更多的定制。因此,可以认为 Task.Run()是简化的 Task.Factory.StartNew()的使用,除非需要指定一个线程是长时间占用的,否则就使用 Task.Run(),代码如下:

```
Task t4 = Task.Run(() =>方法名);
```

Task 能够支持连续任务,如一个任务的执行依赖于另一个任务,即任务的执行有先后顺序。此时,可以使用 ContinueWith()方法,这样方法 1 执行完之后就会立即执行方法 2 中的代码,代码如下:

```
Task t1 = Task.Factory.StartNew(() =>方法 1));
Task t2 = new Task(方法 2);
```

Task 的状态可以通过 Status 属性来查询,代码如下:

```
var task = new Task(() =>{ Console.WriteLine("task 创建成功");});
Console.WriteLine("task 未开始:" + task.Status);
task.Start();
Console.WriteLine("task 已开始运行:" + task.Status);
task.Wait();
Console.WriteLine("task 正在等待:" + task.Status);
```

代码的运行结果如下:

```
task 未开始:Created
```

task 已开始运行:WaitingToRun

task 创建成功

task 正在等待:RanToCompletion

从运行结果中可以看出,在调用不同方法后 Task 的状态,不同状态的含义如下。

(1)Created。已经实例化未开始之前的状态。

(2)WaitingToRun。等待分配线程给任务执行。

(3)RanToCompletion。任务已经执行完毕。

上例使用了 Wait()方法表示等待任务执行完成,这个方法还可以带参数表示超时等待的毫秒数,-1 表示无穷等待。除此之外,还有以下几种与等待相关的方法。

(1)Task.WaitAll()。等待所有任务执行完成。

(2)Task. WaitAny()。等待任何一个任务向下执行。

(3)Task.GetAwaiter().OnCompleted(Action action)。GetAwaiter()方法获取任务的等待者,调用 OnCompleted 事件,任务完成时触发。

下面介绍如何取消 Task 任务,这里会用上一节介绍的协作式方式进行任务的取消。在创建 Task 时就可以将 CancellationToken 类的实例作为参数传进去。代码的实现步骤如下:

```
static void Main(string[] args)
{
    var cts = new CancellationTokenSource();
    var token = cts.Token;
    Task t1 = Task.Factory.StartNew(() =>
    {
        while (! token.IsCancellationRequested) { }
        Thread.Sleep(1000);
        Console.WriteLine("任务已取消");
    },token);
    Console.WriteLine("当前任务状态:" + t1.Status);
    Thread.Sleep(500);
    //取消任务
    cts.Cancel();
    Console.WriteLine("当前任务状态:" + t1.Status);
}
```

在代码中首先创建一个 CancellationTokenSource 实例,然后获取它的 token 标记。在创建任务时需要把 token 作为第二个参数传进去,这样当 Cancel()方法被调用时,IsCancellationRequested 属性为 True,就可以停止循环的运行。代码的运行结果如下:

当前任务状态:WaitingToRun

当前任务状态:Running

任务已取消

10.3 线程同步

上一节介绍了使用多线程来更好地响应应用程序,然而当用户创建了多个线程时,就存在多个线程同时访问一个共享的资源的情况。在这种情况下,就需要用到线程同步。线程同步的概念是将线程资源共享,允许每次执行一个线程,并交替执行每个线程,从而防止数据(共享资源)的损坏。然而,在设计应用程序还是要尽量避免使用线程同步,因为线程同步会产生以下问题。

(1)它的使用比较烦琐,因为要用额外的代码把多个线程同时访问的数据包围起来,并获取和释放一个线程同步锁,如果在一个代码块忘记获取锁,就有可能造成数据损坏。

(2)使用线程同步会影响性能,获取和释放一个锁肯定会需要额外的时间,因为在决定哪个线程先获取锁时候,CPU 必须进行协调,进行这些额外的工作就会对性能造成影响。

(3)因为线程同步一次只允许一个线程访问资源,这样就会阻塞线程,阻塞线程会造成更多的线程被创建,这样 CPU 就有可能要调度更多的线程,同样也对性能造成了影响。

因此,在实际的设计中还是要尽量避免使用线程同步,要避免使用一些共享数据,如静态字段。本节主要介绍 C#语言中常用的实现线程同步的三种方式,分别是锁、信号量和互斥体。

10.3.1 锁(lock)

lock 关键字能保证加锁的线程只有在执行完成后才能执行其他线程,语法形式如下:

```
lock(object)
{
    //临界区代码
}
```

这里,lock 的对象必须是一个引用类型,不能是值类型,通常是一个 Object 类型的值,也可以使用 this 关键字来表示。最好是在 lock 中使用私有的静态成员变量,也就是使用 private 或 private static 修饰的成员,例如:

```
private Object obj = new Object ();
lock (obj)
{
    //临界区代码
}
```

接下来将会在多线程中对一个整数进行递增操作时,此时就需要实现线程同步。因为增加变量操作(++运算符)不是一个原子操作,所以需要执行下列步骤。

(1)将实例变量中的值加载到寄存器中。

(2)增加或减少该值。

(3)在实例变量中存储该值。

如果不使用锁,线程可能会在执行完前两个步骤后被抢先,然后由另一个线程执行所有三个步骤,此时第一个线程还没有把变量的值存储到实例变量中去,而另一个线程就可以把实例变量加载到寄存器里面读取了(此时加载的值并没有改变),所以会导致出现的结果与预期不同。

lock 关键字用法的代码如下:

```
class Program
{
    static void Main(string[] args)
    {
        for (int i = 0; i <5; i++)
        {
            Thread thread = new Thread(Add);
            thread.Start();
        }
        Console.ReadLine();
    }

    //共享资源
    public static int number = 1;
    //锁对象
    private static readonly object lockobj = new object();

    public static void Add()
    {
        Thread.Sleep(1000);
        //获得排他锁
        lock(lockobj)
        {
            Console.WriteLine("the current value of number is:{0}",number++);
        }
    }
}
```

上面的代码对 number++执行了加锁操作,输出的结果与预期相同。如果把 lock 这部分代码去掉,得到的数值就不会是顺序递增的,而且每次运行结果都可能不一样。代码的运行结果如下:

```
the current value of number is:1
the current value of number is:2
the current value of number is:3
the current value of number is:4
the current value of number is:5
```

10.3.2 信号量(Semaphore)

信号量在操作系统中主要用于控制线程同步互斥。在编写多线程程序时,可以使用信号量来协调多线程并行,使各个线程能够合理地共享资源,保证程序正确运行。

信号量是由内核对象维护的 int 变量。当信号量为 0 时,在信号量上等待的线程会堵塞;当信号量大于 0 时,就解除堵塞。当在一个信号量上等待的线程解除堵塞时,内核自动会将信号量的计数减 1。C#中通过 Semaphore 类实现信号量的功能,它可以限制同时访问某一资源或资源池的线程数。线程通过调用 WaitOne( )方法将信号量减 1,并通过调用 Release( )方法把信号量加 1。

Semaphore 类的构造方法如下,实例化步骤可当作开启了一个线程池,构造方法有两个参数,initialCount 代表剩余空位,maximumCount 代表最大容量。代码如下:

```
public Semaphore (int initialCount,int maximumCount);
```

Semaphore 常用的方法有两个,分别是 WaitOne( )和 Release( )。使用 WaitOne( )方法相当于等待出现退出的线程,而使用 Release( )方法为让一个线程退出。假设 initialCount 和 maximumCount 都为 5,开始时线程池有 5 个空位置,且总共只有 5 个位置,当需要并行的线程数量超过 5 个时,首先使用 WaitOne( )方法等待,发现有空位就依次进去,每进去一个空位减 1,直到进去 5 个线程之后,空位为 0,这时后面的线程就一直等待,直到有线程调用了 Release( )方法,主动退出线程池,空位加 1,在等待的线程才能继续进入线程池。

WaitOne( )方法可以填入参数,用于规定最大等待时间,等待超时后,空位自动加 1,继续执行下一个线程。代码如下,等待时间为 1 000 ms:

```
WaitOne(1000,true);
```

信号量的用法如下,初始化信号量计数为 0,因此所有的线程将会被阻塞,只有当调用 Release( )方法后,才会有线程可以继续执行并输出结果。代码中调用到了 System. Threading 中的 Interlocked 类,这个类主要用于为多个线程共享的变量提供原子操作,Interlocked.Add( )方法的功能是以原子操作的形式,添加两个 32 位整数并用二者的和替换第一个整数。代码如下:

```
class Program
{
    // 初始信号量计数为 0,最大计数为 10
    public static Semaphore semaphore = new Semaphore(0,10);
    public static int time = 0;
    static void Main(string[ ] args)
    {
        for (int i = 0; i < 5; i++)
        {
            Thread thread = new Thread(TestMethod);
            // 开始线程,并传递参数
```

```
                thread.Start(i);
            }
            // 等待 1 s 让所有线程开始并阻塞在信号量上
            Thread.Sleep(500);
            // 信号量计数加 4,最后可以看到输出结果次数为 4 次
            semaphore.Release(4);
            Console.Read();
        }

        public static void TestMethod(object number)
        {
            // 设置一个时间间隔让输出有顺序
            int span = Interlocked.Add(ref time,100);
            Thread.Sleep(1000 + span);
            //信号量计数减 1
            semaphore.WaitOne();
            Console.WriteLine("Thread {0} run ",number);
        }
    }
```

由于信号量计数只加了 4,因此只有 4 个线程可以输出结果。可以自己修改信号量的初始值或者 Release( )方法的参数,让所有线程都得以输出结果。代码的运行结果如下:

```
Thread 0 run
Thread 2 run
Thread 1 run
Thread 3 run
```

信号量也可以实现进程中线程的同步,这是通过对信号量命名来实现的,可以调用 public Semaphore(int initialCount,int maximumCount,string name)构造方法,传入一个信号量名来实现。

10.3.3　互斥体(Mutex)

C#中也可以通过互斥体进行线程同步操作,对应的类是 Mutex 类。例如,当多个线程同时访问一个资源时,保证一次只能有一个线程访问资源。如果当前有一个线程拥有它,在没有释放之前,其他线程是没有权利拥有它的。可以把 Mutex 看作洗手间,上厕所的人看作线程,上厕所的人先进洗手间,拥有使用权,上完厕所之后出来,把洗手间释放,其他人才可以使用。

在 Mutex 类中,WaitOne( )方法用于等待资源被释放,ReleaseMutex( )方法用于释放资源。WaitOne( )方法在等待 ReleaseMutex( )方法执行后才会结束。用户可以利用这个特性来控制一个应用程序只能运行一个实例,其他实例因得不到这个 Mutex 而不能运行。

利用 Mutex 类实现与 10.3.1 节中示例类似的功能,运行结果也是一样的。代码如下:

```
class Program
{
    //实例化一个处于未获取状态的互斥锁
    public static Mutex mutex = new Mutex();
    public static int count;

    static void Main(string[] args)
    {
        for (int i = 0; i < 10; i++)
        {
            Thread thread = new Thread(TestMethod);
            // 开始线程,并传递参数
            thread.Start();
        }
        Console.Read();
    }

    public static void TestMethod()
    {
        //阻塞当前线程
        mutex.WaitOne();
        Thread.Sleep(500);
        count++;
        Console.WriteLine("Current Cout Number is {0}",count);
        //释放当前线程
        mutex.ReleaseMutex();
    }
}
```

10.4 异步编程

在平时的开发过程中,经常会遇到下载文件、加载资源等比较耗时的操作。如果这些代码采用同步方法实现,将会严重影响程序的可操作性,因为在这些操作进行的同时用户除等待它们完成外什么都做不了,也无法获悉执行进度。异步编程就是为解决这样的问题而出现的。本节将会介绍在 C#中异步编程的实现方式。

10.4.1 同步方法和异步方法

要了解异步编程,就应该首先理解同步方法和异步方法的区别。

(1)同步方法。一个应用程序调用某个方法,等到其执行完成后才进行下一步操作。

(2)异步方法。一个程序调用某个方法,在处理完成前就返回该方法。

同步和异步主要用于修饰方法。当一个方法被调用时,调用者需要等待该方法执行完毕并返回才能继续执行,这个方法称为同步方法;当一个方法被调用时立即返回,并获取一个线程执行该方法内部的业务,调用者不用等待该方法执行完毕,这个方法称为异步方法。通常编写的方法都属于同步方法,异步方法通常需要通过异步编程模型(APM)模式来完成。

同步方法存在一个很严重的问题,当用户向一个 Web 服务器发出一个请求时,如果发出请求的代码是同步实现的,应用程序就会处于等待状态,直到收回一个响应信息为止,然而在这个等待的状态,用户不能操作任何的 UI 界面。如果试图去操作界面,此时就会在应用程序的窗口旁看到“应用程序未响应”这样的信息,相信大多用户在平常使用桌面软件或者访问 web 时肯定都遇到过这样类似的情况的。引起这个现象的原因是实现代码的方法是同步的,所以在没有得到一个响应消息之前,界面就成了一个“卡死”状态,这对于用户来说肯定是不可接受的。

再举一个写入文件的例子。由于 Windows 是一个多任务的操作系统,因此在同一时刻系统可能会接收到多个 I/O 操作请求,要求对磁盘文件执行各种操作。如果采用同步方法,那么每时每刻最多只能有一个 I/O 操作在进行,而其他的任务都处于等待状态,系统的利用率将会大为降低。例如,当一个窗体程序需要读取大文件的内容,并把读取的结果显示在界面上时,如果调用同步的 Read 方法来完成这项任务,就会阻塞 UI 线程,导致在文件内容读取完成之前,用户无法对窗体进行任何操作(包括关闭应用程序),这时窗体就会出现无法响应的问题。

而在异步编程中,耗时的操作是异步方法,会在一个单独的线程中进行处理,并且可以将执行进度反馈到界面上,因此不会阻塞主线程。主线程开启这些执行异步方法的线程后,还可以继续执行其他操作,如更新 UI 界面。因此,异步编程可以提高用户体验,避免造成程序“卡死”的假象。

异步是相对于同步而言的,异步操作会开启一个新的线程,但是和多线程并不是一个概念。异步是一种技术功能要求,多线程是实现异步的一种手段。异步除使用多线程外,也可以使用异步 I/O 操作等手段。异步相当于一个人的大脑可以同时做两件以上不同的事情,如一边写文章一边看电影,多线程则类似于很多个人做不同的事情。

下面模拟两个方法,分别用同步编程和异步编程来查看二者的不同。两个任务方法很简单,任务 1 延迟 5 s 返回输入值的平方,任务 2 直接返回输入值的平方。代码如下:

```
private int ExecuteTask1(int num)
{
    Thread.Sleep(5000); //延迟 5 s,模拟长时间的操作
    return num * num;
}

private int ExecuteTask2(int num)
{
```

```
    return num * num;
}
```

同步调用的代码比较简单,直接调用方法在界面显示结果。代码如下:

```
private void button_sync_Click(object sender,EventArgs e)
{
    label_task2.Text = ExecuteTask2(10).ToString();
    label_task1.Text = ExecuteTask1(10).ToString();
}
```

异步调用的代码稍微复杂些,下面针对每一行代码进行介绍。

(1)首先需要按照执行任务的方法类型定义一个委托。代码如下:

```
public delegate int CalculatorDelegate(int num);
```

(2)定义一个委托变量,并引用对应的方法。代码如下:

```
CalculatorDelegate calculatorDelegate = ExecuteTask1;
```

(3)通过委托类型的 BeginInvoke(<输入和输出变量>,AsyncCallBack callback,object ayncState)方法异步执行 ExcuteTask1 方法。异步调用完成之后,该条指令将会迅速执行,具体的执行过程放在其他线程,而不会放在该线程,然后会马上执行下面的其他指令。代码如下:

```
IAsyncResult result = calculatorDelegate.BeginInvoke(10,null,null);
```

①第一个参数 10。表示委托对应的方法实参。

②第二个参数 callback。回调函数,表示异步调用结束后,自动调用的方法。

③第三个参数 ayncState。用于向回调函数提供相关的参数信息。

④返回值。IAsyncResult-->异步操作状态接口,封装了异步执行中的参数。

(4)通过委托类型的 EndInovke()方法,借助 IAsyncResult 接口对象,不断查询异步调用是否结束,该方法知道被异步调用的方法所有的参数,在异步调用结束后取出异步调用结果作为返回值。代码如下:

```
int r = calculatorDelegate.EndInvoke(result);
```

完整的异步调用部分代码如下:

```
public delegate int CalculatorDelegate(int num);
private void button_async_Click(object sender,EventArgs e)
{
    CalculatorDelegate calculatorDelegate = ExecuteTask1;
    IAsyncResult result = calculatorDelegate.BeginInvoke(10,null,null);
    label_task2.Text = ExecuteTask2(10).ToString();
    int r = calculatorDelegate.EndInvoke(result);
    label_task1.Text = r.ToString();
}
```

程序的运行结果如图 10.7 所示,两种方式的最后执行结果是一样的,但是执行过程是不同的。对于同步方法,任务 2 会等待任务 1 执行完毕后再执行。而选择异步方法可以看到任务 2 结果可以马上得出,不需要等到任务 1 执行完后再执行。

图 10.7　实例 10.4.1 运行结果

10.4.2　异步编程模型(EAP)

异步编程模型允许程序用更少的线程去执行更多的操作。.NET Framework 中提供了以下三种模式执行异步操作。

(1)异步编程模型(APM)。也称 IAsyncResult 模式,其中的异步操作使用 Begin()和 End()方法,如在第 8 章中介绍过的 FileStream 类就提供了 BeginRead()和 BeginWrite()这两个异步方法。10.4.1 节示例中的异步调用也是使用的 APM。APM 是.NET 1.0 中的方法,这种模式无法支持异步操作的取消和进度报告,已经不再被推荐用于新开发。

(2)基于事件的异步模式(EAP)。它需要一个 Async 后缀的方法,并且还需要一个或多个事件。EAP 是在.NET 2.0 中引入的,虽然也不再被推荐用于新开发,但是在编程中经常用到的一个 BackgroundWorker 类库就是基于 EAP 实现的,因此将在这一节中介绍这个类的使用。

(3)基于任务的异步模式(TAP)。TAP 的实现是建立在 APM 和 EAP 基础上的,它使用单一方法来表示异步操作的启动和完成。TAP 是在.NET 4.0 中引入的,是.NET Framework 推荐的异步编程方法,在下一节中将介绍 TAP 的实现方法。

在.NET Framework 中实现了 EAP 的类具有一个或多个以 Async 为后缀的方法,以及对应的 Completed 事件,并且这些类支持异步方法的取消和进度报告。本节以最常用的 BackgroundWorker 类为例进行介绍。

BackgroundWorker 类允许用户在单独的线程上执行某个可能导致 UI 界面停止响应的耗时操作(如文件下载、数据库事务、文件写入等),并且提供了一个响应式的 UI 界面来指示当前耗时操作的进度。可以看出,BackgroundWorker 类提供了一种执行异步操作(后台线程)的同时还能提供执行进度的解决方案。

BackgroundWorker 类在 System.ComponentModel 命名空间下,在工具箱中也提供了同名的组件,可以找到这个组件并放置到窗体中。下面介绍 BackgroundWorker 类的用法。

1.常用属性

(1)WorkerReportsProgress。bool 类型,指示 BackgroundWorker 是否可以报告进度更新,为 true 时可以成功调用 ReportProgress()方法。

(2)WorkerSupportsCancellation。bool 类型,指示 BackgroundWorker 是否支持异步取消操作,为 true 时可以成功调用 CancelAsync()方法。

(3)CancellationPending。bool 类型,指示应用程序是否已请求取消后台操作。此属性通常放在用户执行的异步操作内部,用来判断用户是否取消执行异步操作。当执行 CancelAsync()方法时,该属性值将变为 true。

(4) IsBusy。bool 类型,指示异步操作是否正在运行。此属性通常放在 RunWorkerAsync()方法之前作为判断选项,当执行 RunWorkerAsync()方法时,该属性值将变为 true。

2.常用方法

(1)CancelAsync()。请求取消当前正在执行的异步操作。

(2)RunWorkerAsync()。开始执行异步操作,将触发 DoWork 事件,并以异步的方式执行 DoWork 事件中的代码。

(3)ReportProgress()。报告操作进度,将触发 ProgressChanged 事件。该方法包含了一个 int 类型的参数 percentProgress,用来表示当前异步操作所执行的进度百分比。此外,还有一个重载方法允许传递一个 Object 类型的状态对象到 ProgressChanged 事件中。

3.常用事件

(1)DoWork。用于承载异步操作,由 RunWorkerAsync()方法触发。DoWork 事件内部的代码运行在非 UI 线程,因此在事件内部应避免与用户界面交互,而与用户界面交互的操作应放置在 ProgressChanged 和 RunWorkerCompleted 事件中。

(2)ProgressChanged。由 ReportProgress 方法触发,程序会在该事件中更新进度报告。

(3)RunWorkerCompleted。当异步操作已完成、被取消或引发异常时被触发,该事件的 RunWorkerCompletedEventArgs 参数包含三个常用的属性 Error、Cancelled 和 Result。其中,Error 属性表示在执行异步操作期间发生的错误;Cancelled 属性用于判断用户是否取消了异步操作;Result 属性接收来自 DoWork 事件的 DoWorkEventArgs 参数的 Result 属性值,可用于传递异步操作的执行结果。

了解完 BackgroundWorker 类中经常用到的成员后,下面介绍这个类的具体使用方法。首先需要搭建如图 10.8 所示的用户界面,包括一个进度条、两个按钮和一个状态栏。

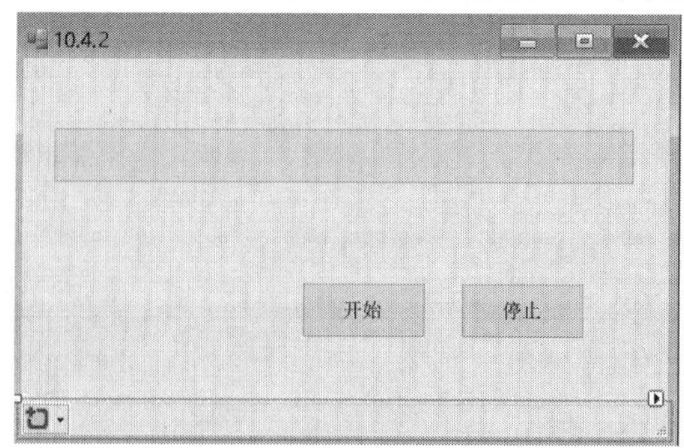

图 10.8　用户界面

除此之外，还要从工具箱中放置一个 BackgroundWorker 组件到窗体中，在属性窗口的事件视图中依次创建 DoWork、ProgressChanged 和 RunWorkerCompleted 事件处理函数，BackgroundWorker 组件的事件如图 10.9 所示。

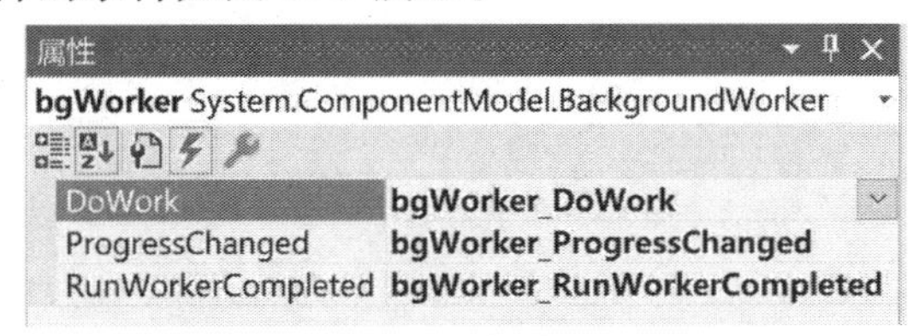

图 10.9　BackgroundWorker 组件的事件

下面介绍具体的代码实现，主要的代码都在事件函数中，代码如下：

```
public partial class Form1 : Form
{
    public Form1()
    {
        InitializeComponent();
        //设置支持报告进度更新和异步取消
        bgWorker.WorkerReportsProgress = true;
        bgWorker.WorkerSupportsCancellation = true;
    }

    private void button_start_Click(object sender,EventArgs e)
    {
        if (bgWorker.IsBusy != true)
        {
            progressBar1.Maximum = 100;
            button_start.Enabled = false;
            button_stop.Enabled = true;
            bgWorker.RunWorkerAsync(); //开始执行异步操作
        }
    }

    private void button_stop_Click(object sender,EventArgs e)
    {
        button_start.Enabled = true;
        button_stop.Enabled = false;
        bgWorker.CancelAsync(); //取消异步操作
    }

    private void bgWorker_DoWork(object sender,DoWorkEventArgs e)
    {
        for (int i = 0; i <= 100; i++)
```

```
        {
            if (bgWorker.CancellationPending)
            {
                //已请求取消,确认取消
                e.Cancel = true;
                return;
            }
            else
            {
                //触发 ProgressChanged 事件,传递进度条状态和状态参数
                bgWorker.ReportProgress(i,"正在运行中,");
                System.Threading.Thread.Sleep(100);
            }
        }
    }

    private void bgWorker_ProgressChanged(object sender,ProgressChangedEventArgs e)
    {
        progressBar1.Value = e.ProgressPercentage;
        toolStripStatusLabel1.Text = e.UserState.ToString() + "处理进度:"
            + e.ProgressPercentage + "%";
    }

    private void bgWorker_RunWorkerCompleted(object sender,RunWorkerCompletedEventArgs e)
    {
        if (e.Error ! = null)
        {
            MessageBox.Show(e.Error.ToString());
            return;
        }
        if (! e.Cancelled)
        {
            toolStripStatusLabel1.Text = "处理完毕";
        }
        else
        {
            toolStripStatusLabel1.Text = "处理终止";
        }
        button_start.Enabled = true;
        button_stop.Enabled = false;
    }
}
```

上述代码首先在开始按钮的处理函数中调用了 RunWorkerAsync()方法，然后触发了 DoWork 事件，在 DoWork 事件的处理函数中调用了 ReportProgress()方法，触发了 ProgressChanged 事件，同时还传递了进度条数值和状态参数，接着在 ProgressChanged 事件中完成了 UI 界面的更新，最后在 RunWorkerCompleted 事件中进行了错误处理和操作是否取消的判断，同时更新了 UI 界面。

程序的运行结果如图 10.10 所示，按下“开始”按钮后可以看到进度条和状态栏的实时更新，同时窗体也可以自由移动。

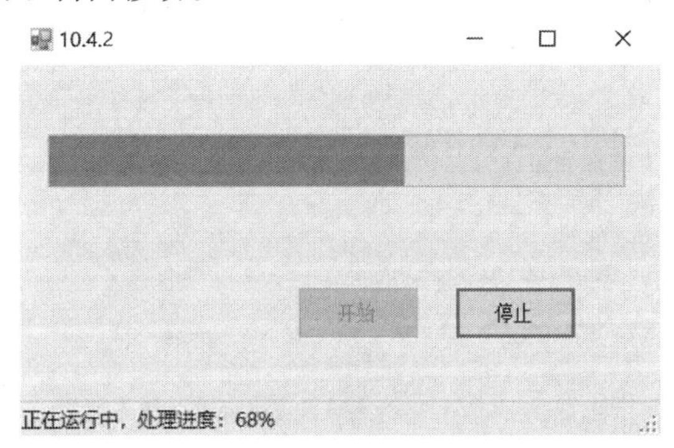

图 10.10　运行结果

10.4.3　基于任务的异步模式(TAP)

TAP 是在.NET 4.0 引入的，该模式主要使用 System.Threading.Tasks 类中的 Task 类来实现异步编程。TAP 只需要一个方法就可以实现异步操作的开始和完成，这个方法以 TaskAsync 为后缀，通过向该方法传入 CancellationToken 参数，就可以很好地完成异步编程了。因此，TAP 可以减少工作量，使代码更加简洁。下面通过文件异步写入的例子来介绍 TAP 的编程。

程序的主界面如图 10.11 所示，此外还需要一个 SaveFileDialog 组件用于文件保存。

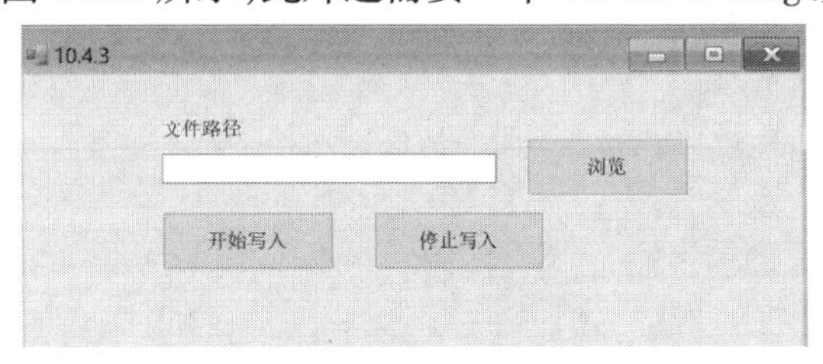

图 10.11　程序的主界面

具体的代码如下：

```
public partial class Form1 : Form
{
    private FileStream filestream;
    private CancellationTokenSource cts;
```

```
public Form1()
{
    InitializeComponent();
}

private void button_browse_Click(object sender,EventArgs e)
{
    saveFileDialog1.Filter = ".TXT 文档| *.txt";
    if (saveFileDialog1.ShowDialog() == DialogResult.OK)
    {
        textBox_path.Text = saveFileDialog1.FileName.ToString();
    }
}

private void button_startWrite_Click(object sender,EventArgs e)
{
    string data = "0123456789";
    byte[] buffer = new byte[data.Length * sizeof(double)];
    buffer = Encoding.ASCII.GetBytes(data);
    filestream = new FileStream(textBox_path.Text,FileMode.OpenOrCreate,
        FileAccess.ReadWrite,FileShare.ReadWrite,buffer.Length);
    cts = new CancellationTokenSource();
    button_startWrite.Enabled = false;
    Task.Factory.StartNew(() => WriteFileWithTAP(buffer,cts.Token));
}

private void button_stop_Click(object sender,EventArgs e)
{
    if (cts != null && !cts.IsCancellationRequested)
    {
        cts.Cancel(); //发出任务取消请求
    }
}

private void WriteFileWithTAP(byte[] buffer,CancellationToken token)
{
    while (!token.IsCancellationRequested)
    {
        filestream.Write(buffer,0,buffer.Length);
        Thread.Sleep(2000)
    }
    filestream.Flush();
```

```
            filestream.Close();
            Invoke(new Action(() =>{ button_startWrite.Enabled = true;}));
        }
    }
```

上述代码首先在开始写入按钮的事件处理函数中创建了文件流对象,然后实例化了一个 CancellationTokenSource 对象,并告知异步方法取消操作,最后通过 Task 类创建了一个任务对象并启动。启动任务后,文件写入操作将由线程池线程异步执行。

在 WriteFileWithTAP()方法中,程序通过检查 CancellationToken 对象的 IsCancellationRequested 属性来判断文件写入操作是否已经被取消。循环中每隔 2 s 向文件中写入一次数据,这个操作时是比较耗时的。若收到取消请求,则将缓冲区数据全部写入文件后再关闭文件流。注意,在这个异步方法中如果要更新 UI 界面,需要使用 Invoke()方法。

程序的运行结果如图 10.12 所示。点击"开始写入"按钮后,程序就开始执行文件的异步写入操作,同时可以自由的操作界面,如移动、最小化等,按下"停止写入"按钮后程序就会停止,可以打开刚才生成的文件查看写入的内容。

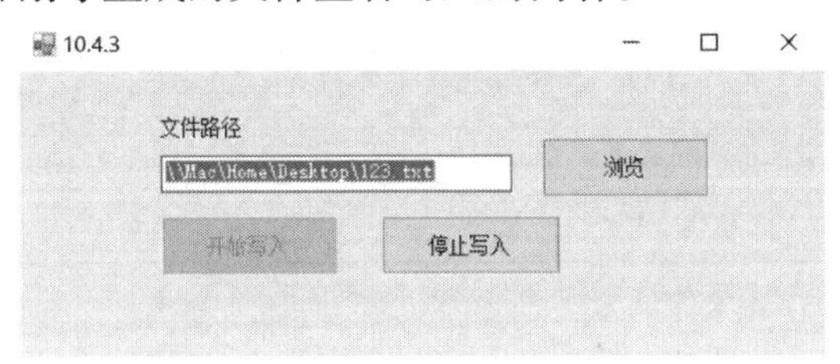

图 10.12　运行结果

10.4.4　C# 5.0 中的 async 和 await

上一节中介绍了使用 TAP 实现异步编程,但是相对来讲还是不够简洁。为使异步编程的开发过程更加简单,在.NET 4.5 中,微软又提出了 async 和 await 两个关键字为 TAP 添加语言支持,这也是目前 C#中最简单的异步编程的实现方式,因为这两个关键字可以使异步编程的思考方式和同步编程完全一样,实现"异步变同步"的效果。

使用 async 和 await 有两个好处:一是可以避免 UI 线程卡顿;二是提高系统吞吐率,最终提高性能。下面使用这两个关键字对上一小节的代码进行改写,代码如下:

```
public partial class Form1 : Form
{
    private FileStream filestream;
    private CancellationTokenSource cts;

    public Form1()
    {
        InitializeComponent();
    }
```

```
    private void button_browse_Click(object sender,EventArgs e)
    {
        saveFileDialog1.Filter = ".TXT 文档| *.txt";
        if (saveFileDialog1.ShowDialog() == DialogResult.OK)
        {
            textBox_path.Text = saveFileDialog1.FileName.ToString();
        }
    }

    private async void button_asyncWrite_Click(object sender,EventArgs e)
    {
        string data = "0123456789";
        byte[] buffer = new byte[data.Length * sizeof(double)];
        buffer = Encoding.ASCII.GetBytes(data);
        filestream = new FileStream(textBox_path.Text,FileMode.OpenOrCreate,
            FileAccess.ReadWrite,FileShare.ReadWrite,buffer.Length);
        cts = new CancellationTokenSource();
        button_asyncWrite.Enabled = false;
        await WriteFileAsync(buffer,cts.Token);
    }

    private void button_stop_Click(object sender,EventArgs e)
    {
        if (cts != null && !cts.IsCancellationRequested)
        {
            cts.Cancel(); //发出任务取消请求
        }
    }

    private async Task WriteFileAsync(byte[] buffer,CancellationToken token)
    {
        while (!token.IsCancellationRequested)
        {
            await filestream.WriteAsync(buffer,0,buffer.Length);
            Thread.Sleep(2000);
        }
        filestream.Flush();
        filestream.Close();
        button_asyncWrite.Enabled = true;
    }
}
```

代码的运行结果与图 10.12 相同。从上面的代码中可以看出,在使用 async 和 await

进行异步编程时，步骤过程和同步编程很相似。例如，在 WriteFileAsync 这段代码的异步方法实现中，除在方法头多了一个 async 关键字，以及在方法体处多了一个 await 关键字外，其他都与同步方法的实现相同，并且在该方法调用的 button_asyncWrite_Click 事件处理函数中，也是通过 await 关键字的方式进行直接调用的，没有其他额外的代码。

async 和 await 关键字不会让调用方法运行在新的线程中，而是将方法分割成多个片段（片段的界限出现在方法内部使用 await 关键字的地方），并使其中一些片段代码可以异步运行。await 关键字处的代码片段是在线程池线程上运行的，而整个调用方法却是同步的。因此，使用此方式不用考虑跨线程访问 UI 访问控件的问题，从而降低了异步编程出错的概率。

第 11 章　C#混合编程

与其他编程语言的互操作性对于提升程序本身的应用有很好的扩展性。掌握.NET平台下的互操作性可以帮助用户在.NET 中去调用其他非托管类 DLL,虽然在.NET中已经有了很多种类的功能类,但是如果有些功能已经在其他语言中实现了,就完全没有必要去在.NET 中重新实现这个类,如很多 Windows API。可以利用互操作性的技术来实现不同编程语言的更好的交互使用。

本章将会介绍 C#和其他语言的混合编程,包括 MATLAB、C++和 LabVIEW。

11.1　混合编程综述

动态链接库(Dynamic Link Library,DLL)是 Microsoft Windows 最重要的组成要素之一,打开 Windows 系统文件夹,会发现文件夹中有很多 DLL 文件,Windows 就是将一些主要的系统功能以 DLL 模块的形式实现。

动态链接库是不能直接执行的,也不能接收消息,它只是一个独立的文件,其中包含能被程序或其他 DLL 调用来完成一定操作的函数(C#中一般称为“方法”),但这些函数不是执行程序本身的一部分,而是根据进程的需要按需载入才能发挥作用。

DLL 只有在应用程序需要时才被系统加载到进程的虚拟空间中,成为调用进程的一部分,此时该 DLL 也只能被该进程的线程访问,它的句柄可以被调用进程使用,而调用进程的句柄也可以被该 DLL 使用。在内存中,一个 DLL 只有一个实例,且它的编制与具体的编程语言和编译器都没有关系,所以可以通过 DLL 来实现多种语言之间的混合编程。DLL 函数中的代码所创建的任何对象(包括变量)都归调用它的线程或进程所有。下面列出了当程序使用 DLL 时一些优点。

(1)使用较少的资源。当多个程序使用同一个函数库时,DLL 可以减少在磁盘和物理内存中加载的代码的重复量。

(2)推广模块式体系结构。DLL 有助于促进模块式程序的开发,这可以帮助用户开发要求提供多个语言版本的大型程序或要求具有模块式体系结构的程序。

(3)简化部署和安装。当 DLL 中的函数需要更新或修复时,部署和安装 DLL 不要求重新建立程序与该 DLL 的链接。此外,如果多个程序使用同一个 DLL,那么多个程序都将从该更新或修复中获益。

11.2　C#与 MATLAB

MATLAB 是矩阵实验室(Matrix Laboratory)的简称,是美国 MathWorks 公司出品的商业数学软件,与 Mathematica、Maple 并称为三大数学软件。MATLAB 在数学类科技应用软件的数值计算方面首屈一指,它可以进行矩阵运算、绘制函数和数据、实现算法、创建用户界面、连接 MATLAB 开发工作界面、连接其他编程语言的程序等,主要应用于工程计算、控制设计、信号处理与通信、图像处理、信号检测、金融建模设计与分析等领域。目前,各个工程、科研领域都大量用到 MATLAB。

MATLAB 编译器可以将 m 程序编译为 C/C++类库或 Excel 插件,同时也可以编译为.NET和 Java 类库。另外,MATLAB 也支持将 m 语言编译为 com 组件,可以提供给任何支持 com 组件的编程语言或平台使用。与平台无关的特性使所有的程序员均可充分发挥自己的才智与专长编写组件模块。

MATLAB 和.NET 混合编程技术主要用到的是 MATLAB Compiler SDK(早期版本为 MATLAB Builder NE 工具箱)。MATLAB Compiler SDK 扩展了 MATLAB Compiler 的功能,可将 MATLAB 程序构建成 C/C++共享库、Microsoft .NET 程序集、Java 类和 Python 包。这些组件可以与自定义应用程序集成,然后部署到桌面、Web 和企业系统。

通过使用此工具将 MATLAB 函数封装成.NET 中类的方法,这些类就可以像其他托管代码一样被.NET 环境下的所有语言调用。总体来讲,C#和 MATLAB 混合编程有以下优点。

(1)MATLAB 拥有大量的科学计算函数库,可以提供给 C#直接使用,省去了开发这一过程。

(2)MATLAB 拥有自己的编译器和开发平台,而且语法简单,更容易使普通科研人员掌握。编写的 m 函数可以直接给 C#使用,这就避免了重复开发。

(3)MATLAB 拥有大量的行业工具箱,如控制、图像处理,数学计算等,可以很方便地开发各类专业程序。

不同版本的 MATLAB 在进行混合编程时的使用可能略有差异,这里以 MATLAB R2017b 为例进行介绍。

11.2.1　C#调用 MATLAB

C#在数据库操作、界面开发等方面具有极大的优势,但是在专业算法部分资源较为有限。使用 MATLAB 函数库开发算法部分,可以利用现成的 MATLAB 函数和已经编写好的程序,同时也省去了部署 MATLAB 的烦琐。简单来说,C#和 MATLAB 的混合编程需要两个步骤:首先在 MATLAB 中编写需要的.m 文件,利用 deploytool 工具把程序编译成 DLL;然后在 C#程序中调用就可以。C#和 MATLAB 混合编程的步骤如图 11.1 所示。下面结合具体的代码实例进行介绍。

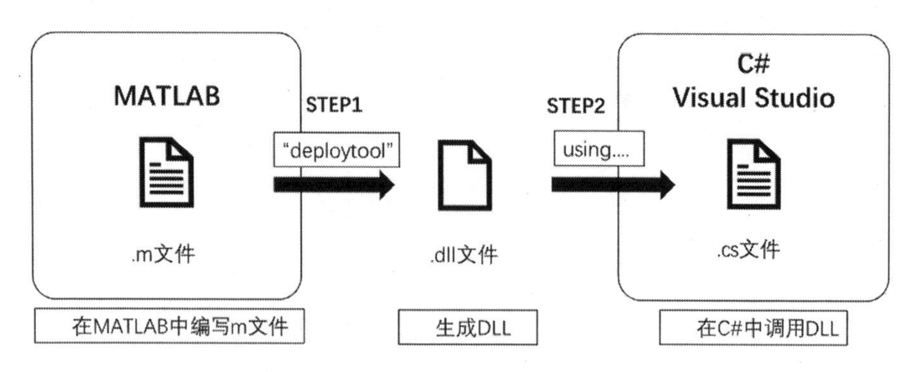

图 11.1 C#和 MATLAB 混合编程的步骤

1.STEP1

(1)编写一个.m 文件,命名为 FFT,注意必须是 m 函数 function 的形式才能被调用。建议将编写函数进行完整的测试,再继续下一步,代码如下:

```
function Y = FFT(X,N)
y = fft(X);                    %计算信号的傅里叶变换
P2 = abs(y/N);                 %计算双边频谱
Y = P2(1:N/2+1);               %计算单边频谱
Y(2:end-1) = 2 * Y(2:end-1);   %修改幅度
```

(2)在 MATLAB 命令行窗口中输入 deploytool,在弹窗中选择 Library Compiler。在 MATLAB Compiler 弹窗中选择 Library Compiler 如图 11.2 所示。

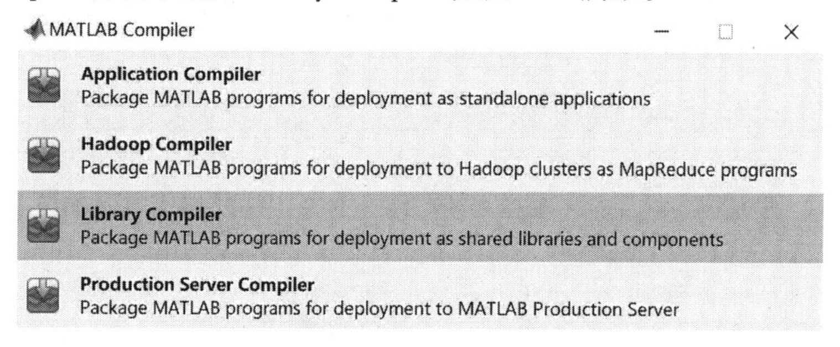

图 11.2 在 MATLAB Compiler 弹窗中选择 Library Compiler

(3)在如图 11.3 所示对打包项目进行编辑的界面中,首先选择目标类型为".NET Assembly",然后添加刚才编写好的 FFT.m 文件,在界面下方将默认的类名 Class1 修改为 FFTdemo,点击"保存"按钮保存项目,最后点击右上角的"Package"按钮执行打包过程。

(4)打包完成后可以在项目路径中的 FFT 文件夹中找到打包好的文件,本实例将会使用 for_testing 文件夹中的文件。在如图 11.4 所示打包项目生成的文件列表中可以看到两个不同版本的 DLL 文件:一个是 FFT.dll,另一个是 FFTNative.dll。FFT.dll 必须使用 MATLAB 提供的 MWArray.dll 以及相关的数据结构进行参数传递,主要的作用是对 MATLAB 与 C#中的数组数据进行转换,文件位于 MATLAB\R2017b\toolbox\dotnetbuilder\bin\win64\v4.0 下;FFTNative.dll可以使用 C#自身的数据类型进行参数传递。更多详细信息可以阅读文件夹中的 readme 文件。下例中将会使用 FFT.dll 进行混合编程。至此,就完成了 MATLAB 中.NET 类库的创建。在 STEP2 中会介绍如何在 C#中调用这个类库。

图 11.3　对打包项目进行编辑

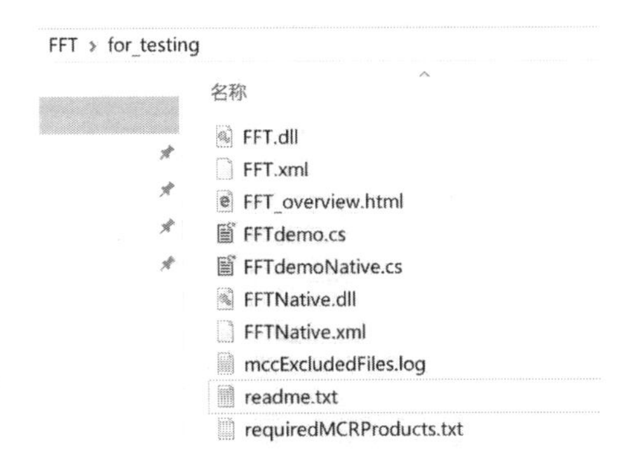

图 11.4　打包项目生成的文件列表

2.STEP2

(1)打开 Visual Studio 创建一个 Windows 窗体应用程序，MATLAB Compiler SDK 支持.NET framework 4.0，因此这里项目版本就选择.NET framework 4。设置窗体程序的.NET 版本如图 11.5 所示。

(2)在项目的引用中添加在 STEP1 中生成的 FFT.dll 和 MWArray.dll，接下来就是在 C#程序调用编译好的 DLL。之前编译好的 FFT.dll 就是.NET 程序集，在这个 DLL 中已经定义好了一个 FFTdemo 的类。首先生成一个信号，其中包含幅值为 0.7 的 50 Hz 正弦量和幅值为 1 的 120 Hz 正弦量，然后将 FFTdemo 类进行实例化，最后调用类中的 FFT( )方法进行分析。代码如下：

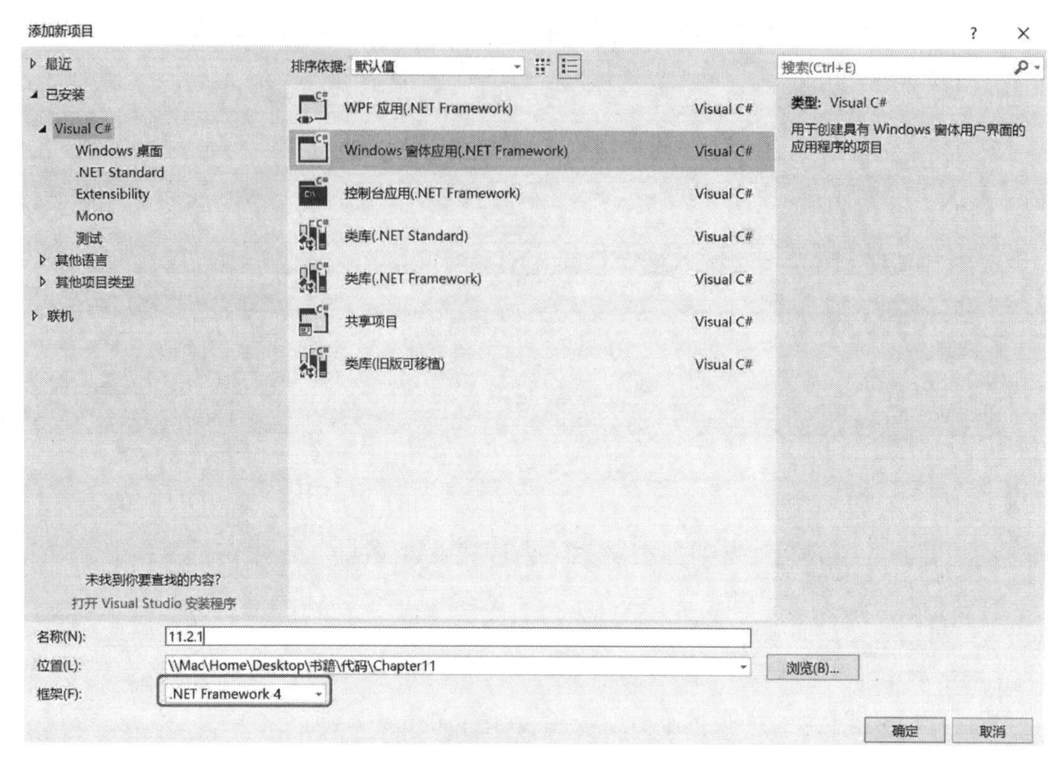

图 11.5　设置窗体程序的.NET 版本

```
using System;
using System.Windows.Forms;
using FFT;
using MathWorks.MATLAB.NET.Arrays;

namespace _11._2._1
{
    public partial class Form1 : Form
    {
        public Form1()
        {
            InitializeComponent();
        }

        private void button_start_Click(object sender,EventArgs e)
        {
            const double PI = Math.PI;
            int waveLength = 1500;
            double[] waveform = new double[waveLength];
            double sampleRate = 1000;
            double t = 1 / sampleRate;
```

```
            for (int i = 0; i < waveLength - 1; i++)
            {
                waveform[i] = 0.7 * Math.Sin(2 * PI * i * 50 *t)
                    + Math.Sin(2 * PI * i * 120 *t);
            }
            easyChartX1.Plot(waveform);
            MWNumericArray matlabArray = waveform;        // 定义 MATLAB 数组格式
            MWArray x = waveLength;                       // 数组长度
            FFTdemo fftdemo = new FFTdemo();              // 对类进行实例化
            var k = fftdemo.FFT(matlabArray,x);           // 调用 FFT 方法,返回谱分析结果
            easyChartX2.Plot((double[,])k.ToArray(),sampleRate / waveLength);
        }
    }
}
```

运行程序,点击“开始”按钮,运行结果如图 11.6 所示,上方是时域波形图,在下方频域图中可以看到 50 Hz 和 120 Hz 这两个频率分量。

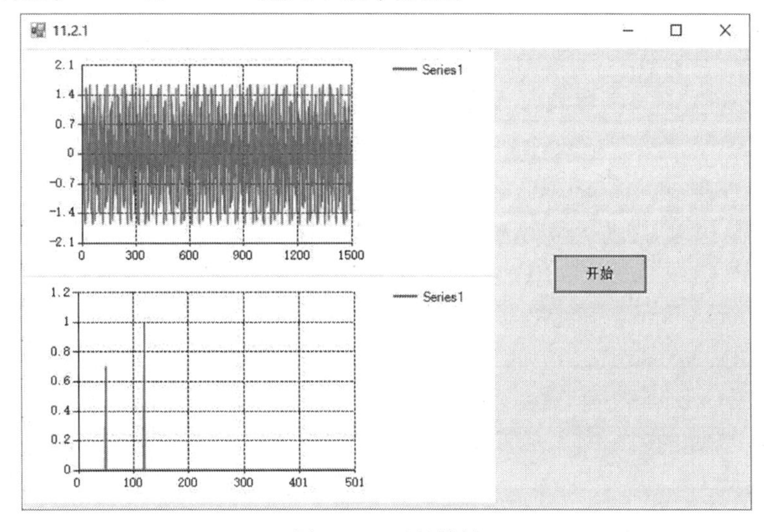

图 11.6　运行结果

最后总结一下 C#在调用 MATLAB 生成的类库时的一些注意事项。

(1)由于 MATLAB 是区分 x86 与 x64 的,因此在不同版本的 MATLAB 编译之后对应的 C#管理器平台配置也需要选择对应的配置,如该实例是在 x64 平台下执行的。

(2)混合编程虽然可以脱离 MATLAB 环境,但是必须安装 MATLAB 运行时,(MATLAB Complier Runtime,MCR),并且 MCR 要与 MATLAB 开发版本一致,否则会报错。MCR 的安装是不需要版权的。

(3)有一些函数和工具箱是不能够使用的,如神经网络工具箱函数、一些特殊的符号函数等,详细信息可以访问 MathWorks 公司官网。

(4)C#中也可以调用并显示 MATLAB 中的 Figure 函数,绘制生成的 2D 或 3D 图形。

(5)C#和 MATLAB 中的数据转换在 MATLAB 自带的帮助文档中有说明,.NET 和

MATLAB 的数据类型转换表如图 11.7 所示。

.NET Type	MWArray Type	MATLAB Type
System.Double	MWNumericArray	double
System.Number	MWNumericArray	double
System.Float	MWNumericArray	single
System.Byte	MWNumericArray	int8
System.Short	MWNumericArray	int16
System.Int32	MWNumericArray	int32
System.Int64	MWNumericArray	int64
System.Char	MWCharArray	char
System.String	MWCharArray	char
System.Boolean	MWLogicalArray	logical
N/A	MWStructArray	structure
N/A	MWCellArray	cell

图 11.7 .NET 和 MATLAB 的数据类型转换表

11.2.2 MATLAB 调用 C#

利用 MATLAB 也可以调用已有的 C#类库,很多硬件设备往往没有提供直接的 MATLAB 驱动,但是如果有提供 C#驱动,同样可以在 MATLAB 中调用,从而快速地完成算法验证。

首先在 Visual Studio 中创建 C#类库项目,实现一个随机数生成器的功能,同时添加一个窗体,调用 SeeSharpTools 中的 EasyChartX 控件对数据进行显示。详细的步骤如下。

(1)在 Visual Studio 中新建一个项目,类型为类库(.NET Framework),.NET Framework 版本选择 4.0,类库的名称为 TestLib。

(2)在项目中添加一个名为 ChartShow 的 Windows 窗体,在解决方案管理器中添加对 SeeSharpTools.JY.GUI 这个 DLL 的引用,在第 7 章中已经介绍过。在窗体中放入一个 EasyChartX 控件,对应的代码如下:

```
using System.Windows.Forms;

namespaceChapter11_TestLib
{
    public partial class ChartShow : Form
    {
        public ChartShow(double[] values)
        {
            InitializeComponent();
            easyChartX1.Plot(values);
```

```
        }
    }
}
```

(3)TestLib 类中定义了 RandomVaule()方法,主要对输入的数组进行随机数赋值操作,同时可以开启 WinForm 显示窗口,代码如下:

```
using System;

namespaceChapter11_TestLib
{
public classTestLib
    {
        public void RandomVaule(double[] values)
        {
            var r = new Random();
            for (int i = 0; i < values.Length; i++)
            {
                // 随机生成 0~10 的数据
                values[i] = r.NextDouble() * 10;
            }
            if (true)
            {
                var chartShow = new ChartShow(values);
                chartShow.ShowDialog();
            }
        }
    }
}
```

(4)在解决方案资源管理器中右键点击项目名称选择“生成”,然后在项目路径下的 Debug 文件夹下就可以找到名称为 Chapter11_TestLib.dll 的程序集文件,同时也会有依赖的类库文件 SeeSharpTools.JY.GUI.dll。C#项目生成的类库文件如图 11.8 所示。

Chapter11 > 11.2.2 > C#项目 > bin > Debug
名称
Chapter11_TestLib.dll
Chapter11_TestLib.pdb
SeeSharpTools.JY.GUI.dll
SeeSharpTools.JY.GUI.xml

图 11.8 C#项目生成的类库文件

接下来在 MATLAB 代码中对刚才生成的 C#类库进行调用。在 MATLAB 中建立.m 文件,输入命令 NET.addAssembly(),括号中输入 DLL 的路径,代码如下:

```
NET.addAssembly('F:\Chapter11\11.2.2\C#项目\bin\Debug\Chapter11_TestLib.dll');
testDLL = Chapter11_TestLib.TestLib();
data = zeros(1,1000,'double');
testDLL.RandomVaule(data);
```

程序的运行结果如图 11.9 所示。在调用的过程中需要注意.m 函数中的命名空间、类库名称和方法名称要与 C#类库中的名称完全匹配。

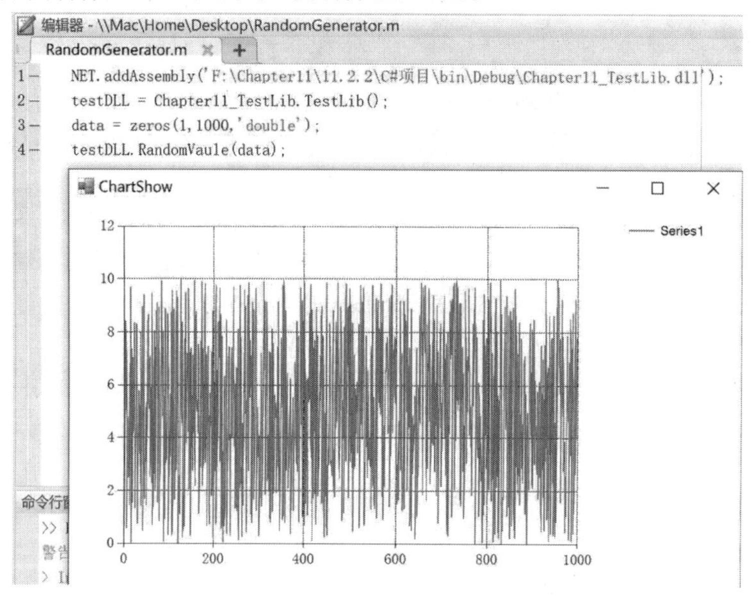

图 11.9　运行结果

11.3　C#与 C/C++

在某些情况下,用户需要实现 C#和 C/C++的混合编程。使用 C#开发用户界面会比较方便,而 C/C++更适合用来开发算法,所以有时将二者结合可以加快程序的开发速度。

11.3.1　C#调用 C++

在 C#中往往会需要调用 C/C++编写的非托管类函数。对于用户想在.NET 平台下实现的功能,如果已经有现成的 C/C++函数实现了这样的功能,这时候应该直接使用混合编程技术在 C#中调用 C++实现的函数。在实际应用中,使用混合编程技术来调用 Win32 API 以及很多硬件的驱动是最为普遍的。另外,C#调用 C/C++生成的 DLL 的一个常见案例是某些项目中牵涉到源代码保密问题,C/C++编写的代码相对来讲保密性更高,因此就可以抽取核心算法部分使用 C/C++编写。

这里需要特别需要强调的是 DLL 文件的位置,如果是自带的 Win32 API 或者是已经放置在 sys32 或 sys 文件夹里面的 DLL,不需要特别指定就可以直接调用,如果是其他的 DLL 的话,则需要将 DLL 复制到 C#项目的 Debug 目录下,也可以不复制,只需在引用 DLL 的时候写上完整路径即可。

利用 C#调用 user32.DLL 中的 MessageBox 函数。在调用 C/C++函数的时候,首先应该了解函数的定义,以调用 Win32 API 的 user32.DLL 中的 MessageBox 函数为例,可以在 MSDN 中查到它的函数定义声明如下:

```
int WINAPI MessageBox(
    _In_opt_ HWND hWnd,
    _In_opt_ LPCTSTR lpText,
    _In_opt_ LPCTSTR lpCaption,
    _In_ UINT uType
);
```

创建好 C#控制台程序之后,需要在代码中添加 System.Runtime.InteropServices;这个命名空间。此命名空间提供了相应的类或方法来支持托管/非托管模块间的互相调用,其中最重要的有以下两个类。

(1)DllImportAttribute。可以用来定义用于访问非托管 API 的平台调用方法。

(2)MarshalAsAttribute。可以用来指定如何在托管内存与非托管内存之间封送数据。

下面使用 DllImportAttribute 类中的 DllImport()方法导入 Win32 函数,完整的代码如下:

```
using System;
using System.Runtime.InteropServices;

namespace _11._3._1
{
    class Program
    {
        // 使用 DllImport 导入 Win32 函数
        [DllImport("user32.dll",CharSet = CharSet.Unicode)]
        public static extern int MessageBox(IntPtr hWnd,string text,
            string caption,uint type);

        static void Main(string[] args)
        {
            // 可以尝试将 type 改为 0~5 的其他数值
            MessageBox(new IntPtr(0),"C#调用 WinAPI 函数","测试",0);
        }
    }
}
```

由于这里调用的是自带的 Win32 API,因此直接使用 DLL 的名称即可。程序的运行结果如图 11.10所示。修改 type 的值,可以改变对话框的按钮形式。

图 11.10　运行结果

通过以上的例子,就实现了在 C#项目中调用 C/C++创建的 DLL,调用方式主要是通过 DllImport 方法进行的。这里有以下两点补充说明。

(1)如果是第三方的 DLL,在 DLLImport 中需要指定 DLL 所在路径或者提前将 DLL 拷贝到指定文件夹中,因此使用起来有时候很不方便。而在 C#中经常会动态调用托管 DLL,如一些常用的设计模式等。动态调用中使用的 Windows API 主要有三个函数:LoadLibrary,GetProAddress 和 FreeLibrary。但是由于 C#中没有函数指针,因此需要将非托管函数指针转换为委托。

(2)上述的方法其实只可以导出函数而无法导出 C++中的类,因为本机 C++是非托管的,而 C#是生成微软中间语言的托管代码,所以二者无法兼容。如果将此类 DLL 文件作为引用添加到 C#项目中,Visual Studio 会提示这不是一个程序集。其实,C++中还存在一种语言称为托管 C++(CLR C++),这种语言语法上和 C++几乎一样,但是却和 C#一样编译成为微软中间语言,这样就可以和 C#良好地通信,即可以在 C#中使用托管 C++类。另外,托管 C++还可以调用本地 C++的类和函数。因此,可以借助于托管 C++为媒介实现 C#调用本地 C++的类和函数。具体的方式这里不再介绍。

11.3.2 C++调用 C#

在编写 C++时,有时需要调用别人已经编好的 C#类库,如硬件驱动类库,下面将介绍如何 C++项目中调用 C#生成的 DLL。首先在 C#项目中编写一个实现计算器功能的简单类库,然后在 C++项目实现调用,步骤如下。

(1)在 Visual Studio 中新建一个类库项目,类名为 Calculator。在代码中将实现一个简单的计算器功能,包括加、减、乘、除等功能。需要注意的是,命名空间与类库名称不要相同,因为在 C++项目中会同时引用到它们,如果名称相同,编译器会无法识别并报错。类库代码如下:

```
namespace Test
{
    public class Calculator
    {
        public Calculator() {}

        public double Add(double x, double y)
        {
            return x + y;
        }
        public double Subtract(double x, double y)
        {
            return x - y;
        }
        public double Multiply(double x, double y)
        {
            return x * y;
        }
        public double Divide(double x, double y)
```

```
            {
                return x / y;
            }
            public double Modulus(double x,double y)
            {
                return x % y;
            }
        }
    }
```

(2)在解决方案资源管理器中右键点击项目名称选择“生成”,然后在项目路径下的 Debug 文件夹下就可以找到名称为 Calculator.dll 的程序集文件。

(3)右键点击解决方案名称选择“添加”→“新建项目”,创建 C++控制台应用程序,如图 11.11 所示。如果没有看到此项目类型,说明 C++的开发环境没有安装完整,需要重新打开 Visual Studio 安装包,在安装界面勾选“使用 C++的桌面开发”进行安装。

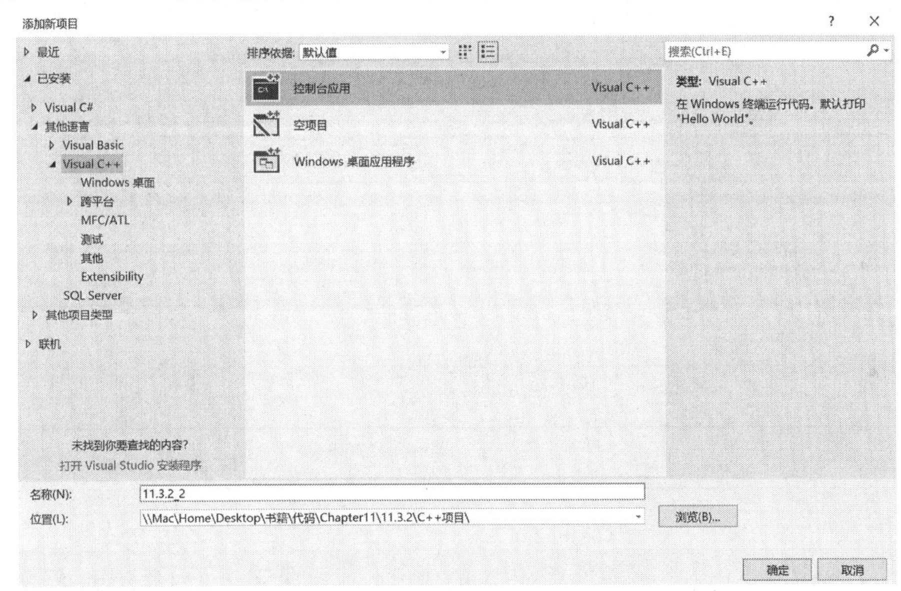

图 11.11　创建 C++控制台应用程序

(4)在解决方案中右键点击此 C++项目选择“属性”,在“配置属性”→“常规”→“公共语言运行时支持”中选择“公共语言运行时支持(/clr)”选项,如图 11.12 所示。

(5)双击打开 cpp 文件,编写调用部分的 C++代码。这里需要注意的是,使用关键词 #using而非#include 去引用 C#的 DLL,而且同样需要引用类库的命名空间。如果 DLL 文件在 C++项目源程序文件夹下,那么 using 后面直接加 DLL 名字即可,否则需要指定完整的 DLL 路径。在引用部分输入代码的过程中,VS 会自动检查 DLL 文件是否在源程序目录下或者路径是否正确,如果没有找到,就会立即提示编译错误。完整的代码如下:

```
#include <stdio.h>
#using "Calculator.dll"//注意,要让程序找到 DLL 文件
using namespace Test;//需要引用类库的命名空间
```

图 11.12　选择“公共语言运行时支持(/clr)”选项

```
int main( )
{
    double value1 = 25;
    double value2 = 4;
    Calculator ^calculator = gcnew Calculator( );//注意此处的托管指针
    printf("%f\n",calculator->Add( value1,value2) );
    printf("%f\n",calculator->Subtract( value1,value2) );
    printf("%f\n",calculator->Multiply( value1,value2) );
    printf("%f\n",calculator->Divide( value1,value2) );
    getchar( );
    return 0;
}
```

(6)代码编写完成后先生成项目,生成成功后运行程序。这个过程中可能会出现如图 11.13 所示未能加载文件或程序集的错误,错误原因是 C++编译器生成的 exe 程序找不到 DLL 文件,需要把 C#的生成的类库文件以及所有依赖项拷贝到 C++项目生成 exe 所在的 Debug 文件夹中。

图 11.13　未能加载文件或程序集

运行程序,结果如下:

29.000000

21.000000

100.000000

6.250000

可以看到,已经通过 C#类库中的方法计算出了正确结果。

11.4　C#与 LabVIEW

在某些情况下用户需要实现 C#和 LabVIEW 的交互操作,如在 LabVIEW 中有时需要调用.NET 类库中的驱动函数,或者已经在 LabVIEW 中实现了一些比较复杂的信号处理算法,想要集成进现有的 C#项目中。下面将首先说明每种调用方式对于系统环境、软件版本的要求,然后会通过具体的例子介绍每种方式的调用过程。这里使用的版本是 32 位的中文版 LabVIEW 2019,其余版本也是类似的。

11.4.1　C#调用 LabVIEW

在 LabVIEW 中生成.NET 互操作集之后,可从其他支持.NET 的程序中调用程序集。但是,要保证调用方程序所在的计算机满足以下要求。

(1)使用.NET 互操作集的计算机上都必须安装与开发环境版本一致的 LabVIEW 运行时引擎(LabVIEW Run-Time Engine),可将 LabVIEW 运行时引擎与.NET 互操作集一起发布。

(2).NET 互操作程序集计算机上安装的.NET Framework 版本与 LabVIEW 用于生成应用程序的版本相同。

(3)要在 LabVIEW 开发环境之外调用.NET 互操作程序集,必须在 Microsoft Visual Studio 项目中引用 NationalInstruments.LabVIEW.Interop.DLL。LabVIEW 运行时引擎会自动将该 DLL 安装至 National Instruments\Shared\LabVIEW Run-Time 目录。

(4)创建可调式.NET 互操作程序集时,LabVIEW 将在程序集的同一目录下放置一个配置(ini)文件。如需在其他程序中调试程序集,必须将 ini 文件和程序集一起发布。

此外,LabVIEW 中含有非常丰富的数据类型,而许多数据类型在.NET 中是找不到对应项的,因此有时候需要对数据类型的转换加以注意。在生成.NET 互操作程序集时,LabVIEW 直接将简单数据类型转换为相应的.NET 数据类型,如数值、布尔值、字符串、简单数据类型的数组等。对于 LabVIEW 特有的数据类型,需在生成的程序中定义新的.NET 数据类型,如簇、波形、复数、引用句柄、LabVIEW 类等。具体转换过程如下。

(1)簇和枚举。LabVIEW 将簇和枚举转换为.NET 结构体,结构体中的元素对应于簇和枚举中的元素。LabVIEW 使用下列规则对.NET 结构体命名。

①定义为自定义类型或严格自定义类型的簇和枚举。LabVIEW 使用自定义类型的

标签命名.NET 结构体。

②其他簇和枚举。LabVIEW 使用 LVCluster_#或 LVEnum_#来命名.NET 结构体。

(2)LabVIEW 类。可导出 LabVIEW 类的成员 VI。在 LabVIEW 中,这些 VI 的输入就是相应的 LabVIEW 类。因此,将这些 VI 导入.NET 互操作程序集后,LabVIEW 必须也在程序集中创建一个类似的.NET 类定义。.NET 类定义包含各个成员 VI 的静态方法,每个静态方法都需要新定义的.NET 类作为输入参数。LabVIEW 不导出类的私有数据。

(3)LabVIEW 错误簇。LabVIEW 为 VI 生成.NET 方法后,新方法不支持错误输入和错误输出簇参数。方法执行时若有错误,将抛出一个.NET 异常。抛出的异常信息与错误簇的信息相同。

下面介绍 C#调用 LabVIEW 生成 DLL 的过程,首先在 LabVIEW 中通过一个基本函数发生器生成波形,然后对其时域波形进行 FFT 变换并将其输出,最后将 VI 程序生成.NET 互操作集并在 C#程序中调用从而实现混合编程。具体的步骤如下。

(1)新建一个 LabVIEW 项目,命名为 LabVIEW DLL,在项目中新建一个 VI,LabVIEW 程序框图如图 11.14 所示。函数发生器的信号类型、频率和幅度作为输入参数,时域波形和 FFT 变换之后的频域波形作为输出参数。还要注意的是,需要为前面板上的每一个控件在接线板上添加接线端,这样在后续的参数配置页面才可以找到输入和输出参数。如果参数不需要外部赋值,可以在程序中设置为常量。

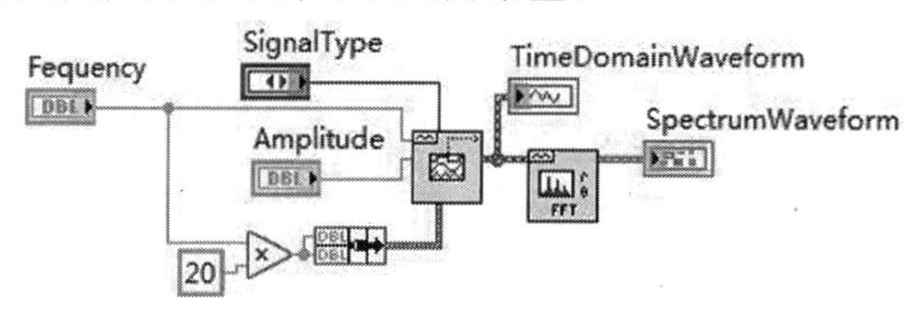

图 11.14　LabVIEW 程序框图

(2)在项目浏览器中右键点击程序生成规范,选择“新建”→“.NET 互操作程序集”,新建.NET 互操作程序集如图 11.15 所示。

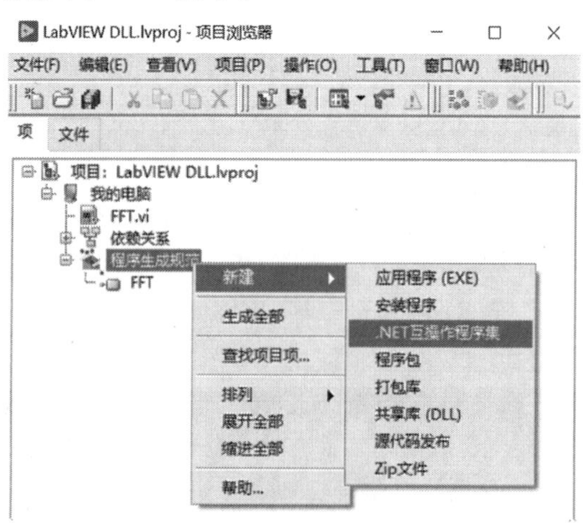

图 11.15　新建.NET 互操作程序集

(3)打开.NET 互操作程序集设置页面,如图 11.16 所示,这里需要填写在 LabVIEW 项目浏览器中显示的程序生成规范名称、生成的互操作程序集名称、互操作程序集命名空间及互操作程序集归属的类名称,DLL 生成路径也就是目标目录,使用默认即可。

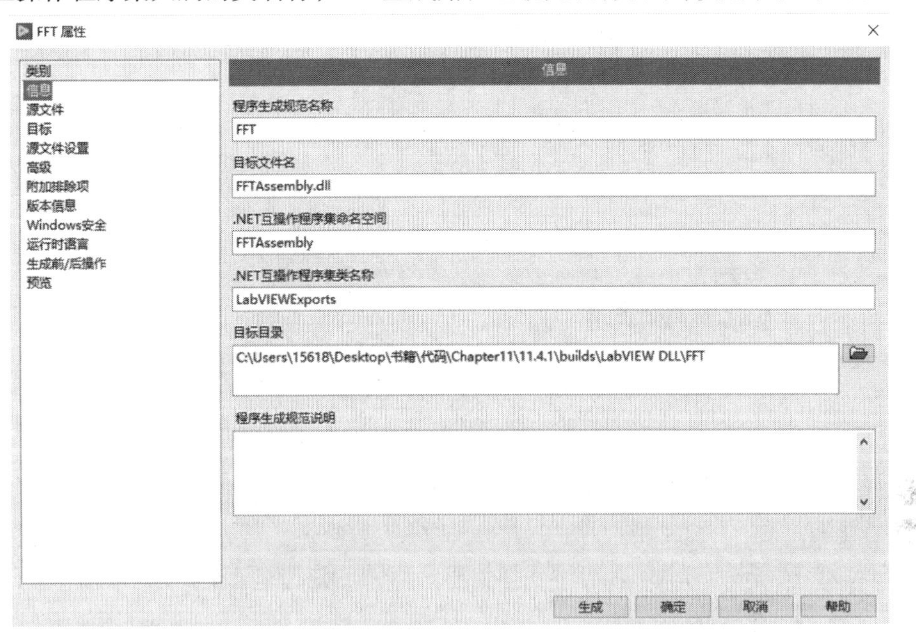

图 11.16　.NET 互操作程序集设置页面

(4)在源文件页面,将 FFT.vi 添加到导出 VI 一栏,如图 11.17 所示。

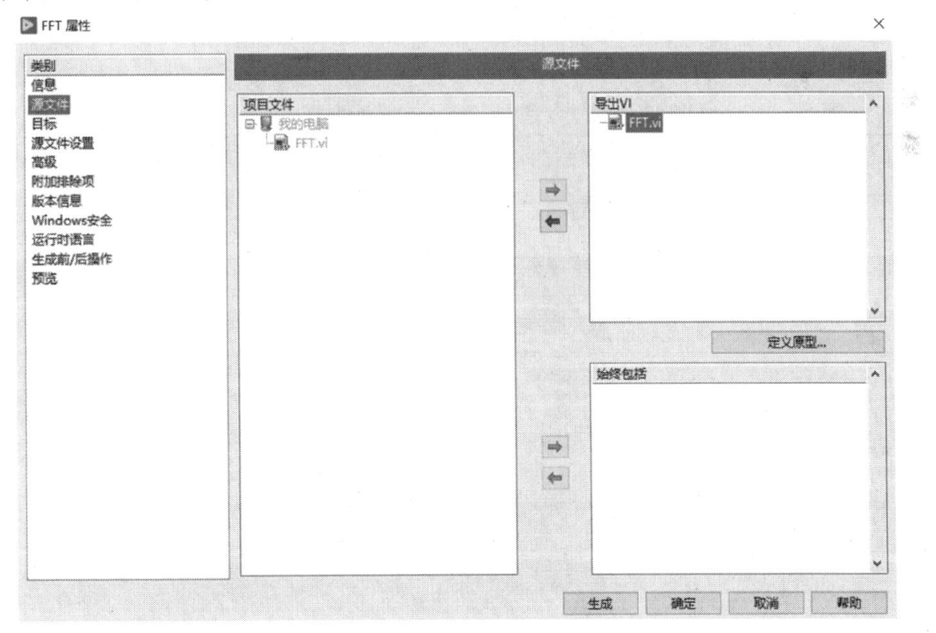

图 11.17　将 FFT.vi 添加到导出 VI 一栏

(5)添加完之后会弹出一个“定义 VI 原型”对话框,在其中将定义每个参数对应的 VI

输出。由于这里有两个输出参数，因此不定义返回值，把 TimeDomainWaveform 和 SpectrumWaveform 都定义为输出参数，可以参考方法原型一栏对所有参数进行设置。其余均按照默认设置即可。设置输入输出参数和数据类型如图 11.18 所示。

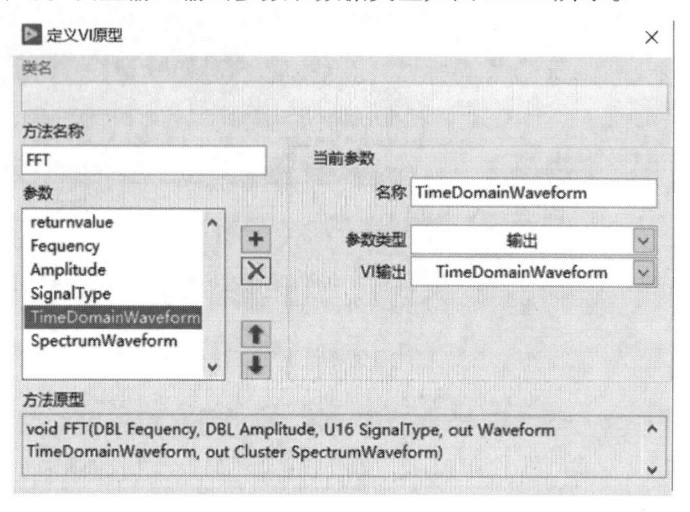

图 11.18　设置输入输出参数和数据类型

(6)点击“生成”就完成了.NET 互操作程序集的创建，过程结束后可以看到程序生成规范中出现了刚才生成的名为 FFT 的.NET 互操作程序集。同时，在对应的生成目录下可以看到生成好的名为 FFTAssembly.dll 的类库文件，LabVIEW 生成的类库文件夹如图 11.19 所示。此外，在 data 文件夹中还可以看到名为 lvanlys.dll 的文件，这是 LabVIEW 自己的信号处理分析类库，由于刚才 LabVIEW 程序中的 VI 依赖于这个类库，因此会被自动添加到这个路径中。

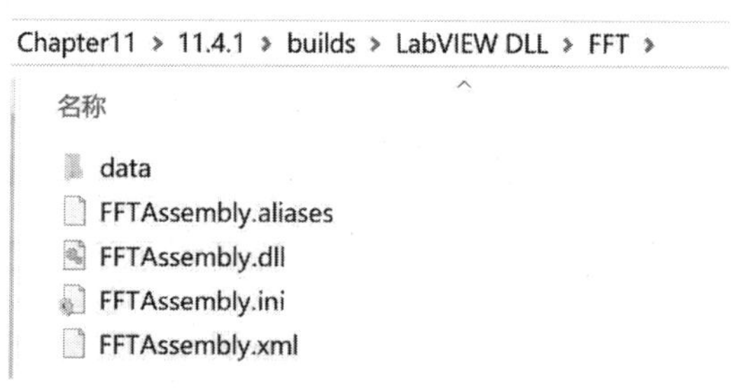

图 11.19　LabVIEW 生成的类库文件夹

接下来在 C#程序中调用刚才生成好的 LabVIEW 类库。首先在 Visual Studio 中新建一个 Windows 窗体程序，搭建如图 11.20 所示的用户界面。

在引用中需要添加刚才 LabVIEW 生成的 FFTAssembly.dll。此外，由于波形数据类型是 LabVIEW 中特有的数据类型，C#中并没有与之完全匹配的数据类型，因此需要添加对 NationalInstruments.LabVIEW.Interop.dll 的引用，从而完成两种语言之间数据类型的转换，这与 11.2.1 节中需要使用 MWArray.dll 将 MATLAB 中的数组类型转换成 C#中的数据类型是类似的。这个 DLL 的路径为 National Instruments\Shared\LabVIEW Run-Time\2019，不同版本的 LabVIEW 需要修改路径最后的版本号。完整的代码如下：

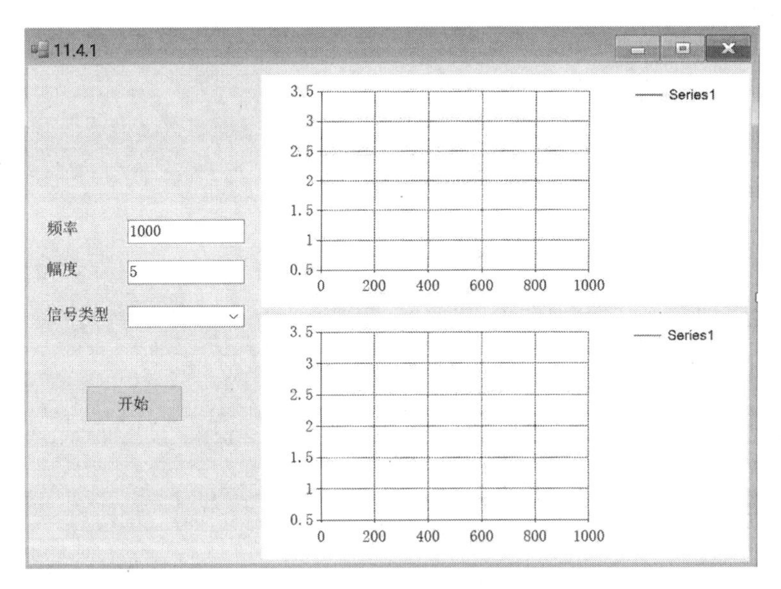

图 11.20　用户界面

```
using System;
using System.Windows.Forms;
using FFTAssembly;
using NationalInstruments.LabVIEW.Interop;

namespace _11._4._1
{
    public partial class Form1 : Form
    {
        public Form1()
        {
            InitializeComponent();
        }

        private void Form1_Load(object sender,EventArgs e)
        {
            // 使用 DLL 中的 SignalType 来初始化信号类型枚举框
            string[] signalTypes = Enum.GetNames(typeof(SignalType));
            comboBox_signalType.Items.AddRange(signalTypes);
            comboBox_signalType.SelectedIndex = 0;
        }

        private void button_start_Click(object sender,EventArgs e)
        {
            double frequency = Convert.ToDouble(textBox_frequency.Text);
            double amplitude = Convert.ToDouble(textBox_amplitude.Text);
```

```
            // 使用 DLL 中的 FFT 函数进行变换,输出时域数据和频域数据
            LabVIEWExports.FFT(frequency,amplitude,
                (SignalType)Enum.Parse(typeof(SignalType),
                comboBox_signalType.SelectedItem.ToString()),
                out DoubleWaveform waveform,
                out SpectrumWaveform spectrum);
            easyChartX1.Plot(waveform.YData);
            double[] spectrumData = new double[spectrum.magnitude.GetLength(0)];
            for (int i = 0; i < spectrumData.Length; i++)
            {
                spectrumData[i] = spectrum.magnitude[i];
            }
            easyChartX2.Plot(spectrumData,spectrum.f0,spectrum.df);
        }
    }
}
```

从代码中可以看到,程序需要使用图 11.16 中定义的类名和方法名来进行调用,如这里类名是 LabVIEWExports,方法名是 FFT。计算完频谱后,可以通过 magnitude 属性得到频谱的幅度值,但是由于在 LabVIEW 中 FFT Spectrum 是一个多态 VI,它有单通道和多通道两种模式,因此返回的数据类型 double[*]不是.NET 自带的数据类型,需要通过数组操作去把其中的每个元素取出来做显示和分析。

运行程序,输入信号频率和幅度,并选择信号类型,可以观察时域波形和频域波形,程序的运行结果如图 11.21 所示。

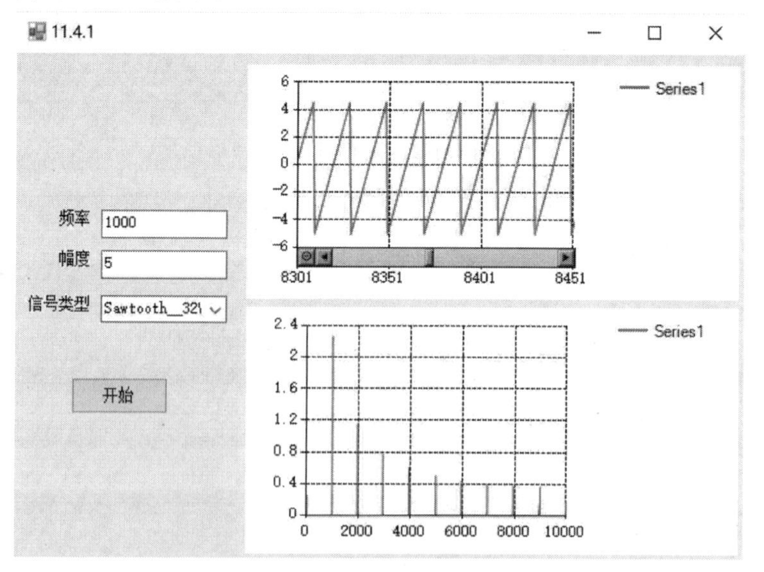

图 11.21　运行结果

上例介绍了在 C#中如何调用 LabVIEW 生成的.NET 互操作集并进行相应的数据转换。此外,还有两点需要说明。

(1)Visual Studio 中项目属性界面的目标平台需要与 LabVIEW 的版本保持一致。例如,这里 LabVIEW 的版本是 32 位,因此目标平台需要设置为 Any CPU 或者 x86,设置为 x64 时程序就会报错。设置目标平台如图 11.22 所示。

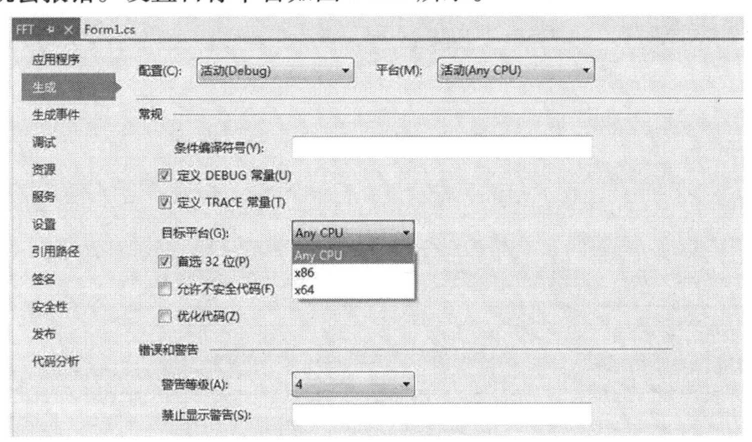

图 11.22　设置目标平台

(2)程序第一次运行时消耗的时间会稍微长一点,因为程序集的第一次加载需要消耗一定的时间,以后每次运行都会正常。

11.4.2　LabVIEW 调用 C#

在 LabVIEW 中用户可以通过.NET Framework 访问 Windows 服务,如计算器、性能监视器、事件记录和文件系统。LabVIEW 还支持高级 Windows API,如语音识别和生成。.NET Framework 也提供对 SOAP、WSDL 和 UDDI 等 Web 协议的访问。LabVIEW 可作为.NET客户端,用于访问与.NET 服务器相连的对象、属性和方法,也可以在 VI 的前面板上使用.NET用户界面控件。LabVIEW 不是.NET 服务器,因为.NET 支持 COM 对象,所以用户可通过 LabVIEW ActiveX 服务器界面与 LabVIEW 进行远程通信。部分硬件设备如果没有原生的 LabVIEW 驱动,可以通过 LabVIEW 调用它们的 C#驱动完成编程。当然,用户也可以自己编写.NET 的程序集,然后在 LabVIEW 中调用,但是这些程序集需要满足以下一些要求。

(1)在 LabVIEW 中创建和使用.NET 对象,必须安装.NET Framework 4.0。若要加载.NET 2.0混合模式程序集,必须使用.NET 2.0 配置文件。具体可以参考 LabVIEW 的帮助文件。

(2)LabVIEW 支持.NET Framework 4.0 的大多数语言功能,但是也有些新功能还无法支持,具体信息可以访问 NI 官网。

这里使用的 C#类库就是 11.3.2 节中生成的 Calculator.dll,在 LabVIEW 中的调用过程如下。

(1)在解决方案资源管理器中右键点击项目名称选择“生成”,然后在项目路径下的 Debug 文件夹下就可以找到名称为“Calculator.dll”的程序集文件。

(2)新建一个 LabVIEW VI(也可以是项目工程文件),在程序框图中从如图 11.23 所示 LabVIEW 中的.NET 选板中放置一个构造器节点。

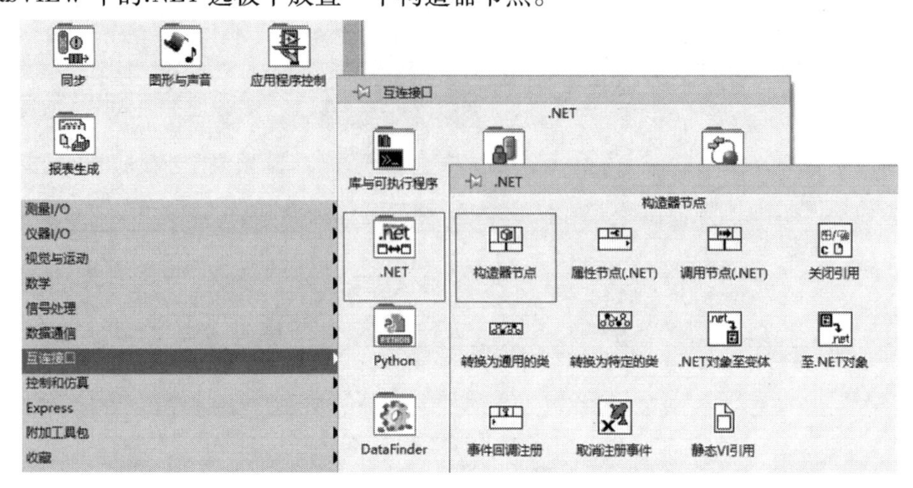

图 11.23　LabVIEW 中的.NET 选板

(3)双击构造器节点,在弹出的对话框中浏览到刚才生成的 Calculator.dll,点击“确定”,在.NET 构造器中选择.NET 程序集如图 11.24 所示。

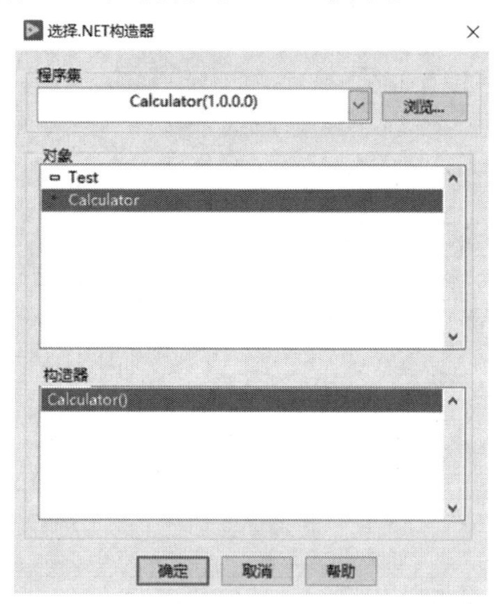

图 11.24　在.NET 构造器中选择.NET 程序集

(4)在框图中添加一个条件结构,包含加、减、乘、除四个分支,在每个分支中都添加一个.NET 调用节点访问程序集中的 Add/Subtract/Multiple/Divide/Modulus 方法,这样就完成了代码的编程。LabVIEW 程序框图如图 11.25 所示。

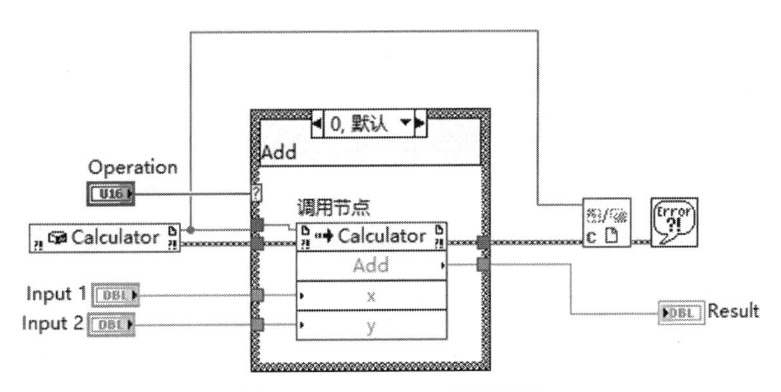

图 11.25　LabVIEW 程序框图

(5)运行程序,可以看到程序通过访问.NET 程序集实现了完整的计算器功能,这就完成了一个简单的通过 LabVIEW 访问.NET 程序集功能的程序,程序的运行结果如图 11.26所示。

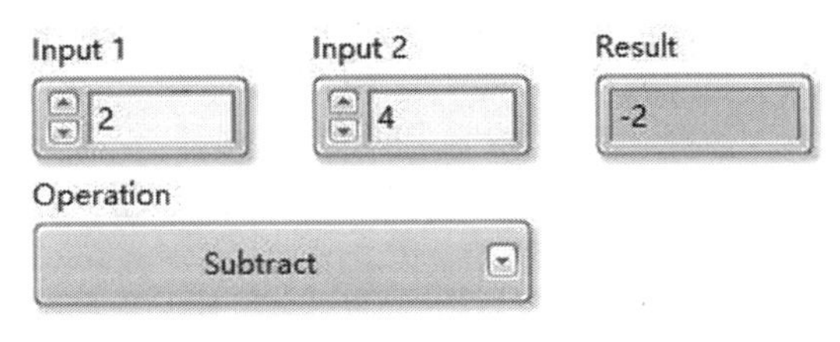

图 11.26　运行结果

第 12 章　人机交互和界面布局设计

使用 C#语言开发人机交互界面是极为方便的,大量的互联网应用程序和手机 App 都是用 C#开发的。窗体应用程序是使用 C#开发桌面程序的项目类别之一,应用也最为广泛。

第 2 章中已经介绍了一个窗体应用程序的组成部分,利用第 7 章介绍的丰富控件,用户可以搭建各种不同风格的图形界面。除这些前面介绍的控件外,还有部分控件是用于辅助功能的,如用户交互、界面布局等,常见的此类控件有窗体、对话框、菜单栏和工具栏等。另外,在 C#语言中还存在一类特殊的容器类控件,利用好它们会给我们的界面布局带来极大的便利。本章将会介绍如何使用这些控件进行人机交互和界面布局设计。

12.1　窗　　体

在 Visual Studio 中新建窗体应用程序后,模板会自动创建一个名为 Form1 的窗体,其实每一个 Windows 窗体应用程序都是由单个或者若干个窗体构成的。

窗体中的属性主要用于设置窗体的外观,可以在属性窗口对窗体的各种属性进行设置。窗口的属性分为布局、窗口样式、外观等方面,合理地设置好窗体的属性对窗体的展现效果会起到事半功倍的作用。窗体的常用属性见表 12.1。

表 12.1　窗体的常用属性

序号	属性名称	数据类型	功能描述
1	Name	string	获取或设置窗体的名称
2	WindowState	FormWindowState	获取或设置窗体的窗口状态,取值有三种,即 Normal(正常)、Minimized(最小化)和 Maximized(最大化),默认为 Normal,即正常显示
3	StartPosition	FormStartPosition	获取或设置窗体运行时的起始位置,取值有五种,即 Manual(窗体位置由 Location 属性决定)、CenterScreen(屏幕居中)、WindowsDefaultLocation(Windows 默认位置)、WindowsDefaultBounds(Windows 默认位置,边界由 Windows 决定)和 CenterParent(在父窗体中居中),默认为 WindowsDefaultLocation
4	Text	string	获取或设置窗口标题栏中的文字

续表12.1

序号	属性名称	数据类型	功能描述
5	MaximizeBox	bool	获取或设置窗体标题栏右上角是否有最大化按钮，默认为 True
6	MinimizeBox	bool	获取或设置窗体标题栏右上角是否有最小化按钮，默认为 True
7	BackColor	Color	获取或设置窗体的背景色
8	BackgroundImage	Image	获取或设置窗体的背景图像
9	Icon	Icon	获取或设置窗体上显示的图标

自定义的窗体都继承自 System.Windows.Form 类，能使用 Form 类中已有的成员包括属性、方法、事件等。窗体中也有一些从 System.Windows.Form 类继承的方法，见表 12.2。

表 12.2　窗体的常用方法

序号	方法名称	功能描述
1	void Show()	显示窗体
2	void Hide()	隐藏窗体
3	DialogResult ShowDialog()	以对话框模式显示窗体，返回类型 DialogResult
4	void CenterToParent()	使窗体在父窗体边界内居中
5	void CenterToScreen()	使窗体在当前屏幕内居中
6	void Activate()	激活窗体并给予它焦点
7	void Close()	关闭窗体

在窗体中，除可以通过设置属性和方法外，还提供了事件来方便窗体的操作。在打开操作系统后，单击鼠标或者敲击键盘都可以在操作系统中完成不同的任务。例如，双击鼠标打开"我的电脑"，在桌面上右键点击会出现右键菜单，或者单击一个文件夹后按 F2 键可以更改文件夹的名称等。实际上这些操作都是 Windows 操作系统中的事件。

在 Windows 窗体应用程序中，系统已经自定义了一些事件，在窗体属性窗口中单击闪电图标即可查看窗体中的事件。窗体的常用事件见表 12.3。

表 12.3　窗体的常用事件

序号	事件名称	作用
1	Load	窗体加载事件，在运行窗体时即可执行该事件，用于界面的初始化
2	MouseClick	窗体单击事件
3	MouseDoubleClick	窗体双击事件
4	MouseMove	鼠标移动事件
5	KeyDown	键盘按下事件
6	KeyUp	键盘释放事件
7	FormClosing	窗体关闭事件，关闭窗体时发生
8	FormClosed	窗体关闭事件，关闭窗体后发生

窗体的使用方法如下。程序中包含两个窗体,具体实现步骤如下。

(1)新建窗体程序后,在解决方案管理器中右键点击项目名称,选择"添加"→"Windows 窗体",在弹出的对话框中将新窗体命名为 Form2。向已有项目中添加新窗体如图 12.1 所示。

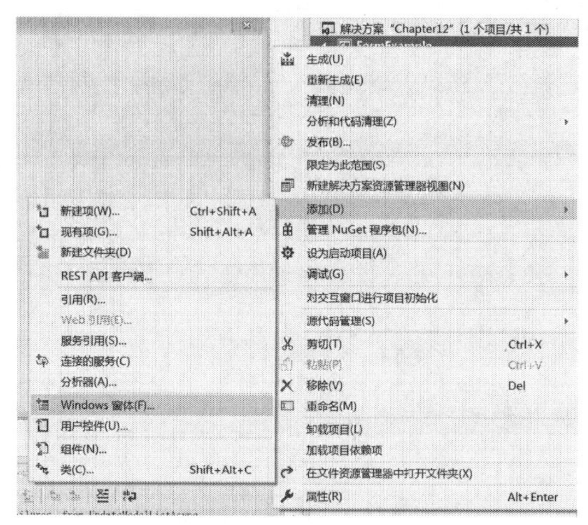

图 12.1　向已有项目中添加新窗体

(2)在 Form1 中添加鼠标单击窗体事件,并在该事件对应的方法中写入打开 Form2 的代码,具体代码如下:

```
private void Form1_Click(object sender,EventArgs e)
{
    //创建子窗体实例并显示
    Form2 form2 = new Form2();
    form2.Show();
}
```

(3)在 Form2 窗体上放置一个按钮,在代码中将 Form2 修改为继承自 Form1。创建窗体的 Load 事件,在代码中设置 Form2 在 Form1 的边界内位置居中。创建按钮的单击事件,在代码中关闭 Form2。具体代码如下:

```
public partial class Form2 : Form1
{
    public Form2()
    {
        InitializeComponent();
    }

    private void Form2_Load(object sender,EventArgs e)
    {
        //使窗体在父窗体边界内居中
        CenterToParent();
    }
```

```
    private void button_return_Click(object sender,EventArgs e)
    {
        //关闭窗体
        Close();
    }
}
```

运行程序后,在 Form1 上单击鼠标,Form2 会显示在屏幕中央,程序的运行结果如图 12.2 所示,点击“返回”按钮可将 Form2 关闭。在使用窗体中的方法时需要注意,如果是当前窗体,那么直接使用方法名即可;如果要操作其他窗体,则需要用窗体的实例来调用方法。

图 12.2　运行结果

12.2　对　话　框

在图形用户界面中,对话框是一种特殊的视窗,用来在用户界面中向用户显示信息,或者在需要的时候获得用户的输入响应。对话框分为模态对话框和非模态对话框,具体区别如下。

(1)模态对话框。强制要求用户回应,否则用户不能再继续进行操作,直到与该对话框完成交互为止。这种对话框设计用于程序运行必须停下来,直到从用户获得一些额外的信息,然后才可以继续进行的操作。窗体应用程序中常见的对话框都是此类型,如消息对话框、文件对话框等。

(2)非模态对话框。非强制回应的对话框,用于向用户请求非必须资料,即可以不理会这种对话框或不向其提供任何信息而继续进行当前工作,所有窗口均可打开并处于活动状态或是获得焦点,如工具栏、查找/替换对话框等。

本节将主要介绍消息对话框和文件对话框的使用,它们都属于模态对话框。

12.2.1　消息对话框

消息对话框在 Windows 操作系统经常用到,如将某个文件或文件夹移动到回收站中时系统会自动弹出如图 12.3 所示的删除文件消息对话框。

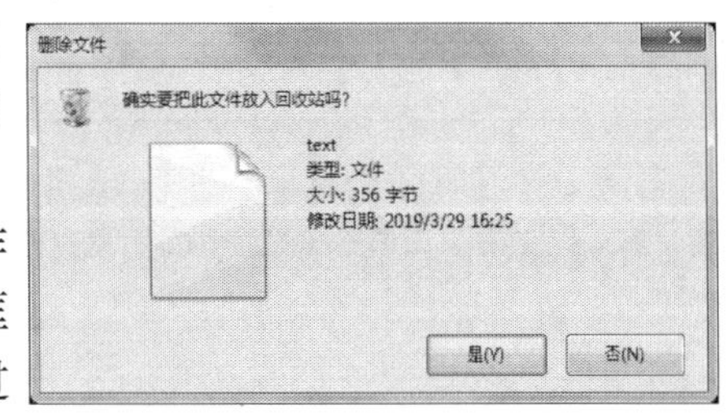

图 12.3　删除文件消息对话框

在 Windows 窗体应用程序中向用户提示操作时也是采用消息对话框弹出的形式。消息对话框是通过 MessageBox 类来实现的,在类中通过 Show()方法可以弹出消息对话框。Show()有多种重载的方式，可以定制对话框在显示时有不同的样式，如标题、图标、按钮等。调用 Show()方法会返回一个 DialogResult 类型的值。DialogResult 是一个枚举类型，是消息框的返回值，单击消息框中不同的按钮可以得到不同的消息框返回值，如 OK、Cancel 等。

12.2.2 文件对话框

Windows 窗体应用程序中的文件对话框主要包括文件浏览对话框，它用于查找、打开和保存文件等功能，与 Windows 操作系统中的文件对话框类似。在工具箱中有专门的两个控件用于文件操作，分别是 OpenFileDialog 和 SaveFileDialog，它们都继承自 FileDialog 类。文件对话框的常用属性见表 12.4。

表 12.4 文件对话框的常用属性

序号	属性名称	数据类型	功能描述
1	FileName	string	一个包含在文件对话框中选定的文件名的字符串，包括文件的完整路径
2	AddExtension	bool	对话框是否自动在文件名中添加扩展名
3	CheckFileExists	bool	如果用户指定不存在的文件名，对话框是否显示警告
4	CheckPathExists	bool	如果用户指定不存在的路径，对话框是否显示警告
5	Filter	string	对话框中显示的文件类型筛选器，如选择所有的 txt 文件应当设置为“文本文件| *.txt *|所有文件| *.*”
6	InitialDirectory	string	对话框初始目录
7	MultiSelect	bool	对话框是否可以选择多个文件
8	Title	string	获取或设置文件对话框标题

文件对话框的弹出显示需要调用 ShowDialog()方法，与消息对话框一样，返回的也是一个 DialogResult 类型的值。

通过记事本的读写演示文件对话框的使用，其中文件 I/O 类库的使用方法在第 8 章中已经介绍过。代码如下：

```
private void Button_openFile_Click(object sender,EventArgs e)
{
    openFileDialog1.Filter = "文本文件| *.txt *|所有文件| *.*";//设置文件类型为文本文件
    openFileDialog1.Title = "请选择需要打开的文本文件!";//设置对话框标题
    DialogResult dr = openFileDialog1.ShowDialog();
    string filename = openFileDialog1.FileName; //获取所打开文件的文件名
    //当用户在对话框中选择确定并且文件存在
    if (dr == DialogResult.OK && ! string.IsNullOrEmpty(filename))
    {
        StreamReader sr = new StreamReader(filename);
        textBox1.Text = sr.ReadToEnd();
        sr.Close();
```

```
        }
    }

    private void Button_saveFile_Click(object sender,EventArgs e)
    {
        saveFileDialog1.Filter = "文本文件 | *.txt * | 所有文件 | *.*";
        DialogResult dr = saveFileDialog1.ShowDialog();
        string filename = saveFileDialog1.FileName;
        if (dr == DialogResult.OK && ! string.IsNullOrEmpty(filename))
        {
            StreamWriter sw = new StreamWriter(filename,true,Encoding.UTF8);
            sw.Write(textBox1.Text);
            sw.Close();
        }
    }
```

程序的运行结果如图 12.4 所示。点击“打开文件”按钮可以选择打开已有的文本文件,将内容显示在文本框中。点击“保存文件”可以将当前文本框的内容保存在新的文件中。

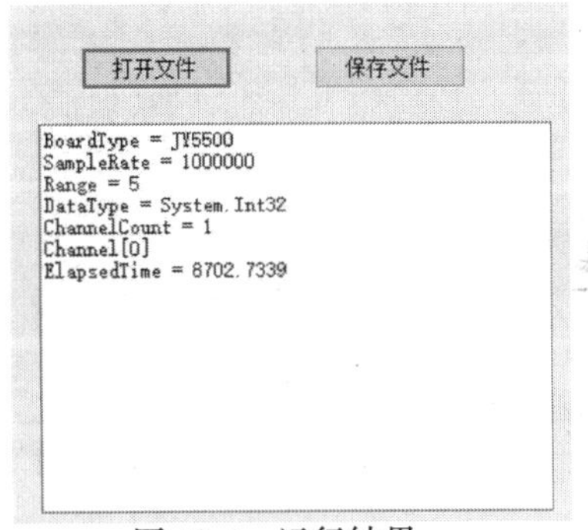

图 12.4　运行结果

除上述的消息对话框和文件对话框外,窗体中还有其他类型的对话框控件,如字体对话框(FontDialog)和颜色对话框(ColorDialog)等,这里不再介绍。

12.3 菜　单　栏

菜单栏是将系统可以执行的命令以阶层的方式显示出来的一个界面,实际上是一个树形结构,为软件的大多数功能提供功能入口。菜单栏一般置于画面的最上方或最下方,应用程序能使用的所有命令几乎能全部放入。重要程度一般是从左到右,越往右,重要度越低。在窗体应用程序中,工具箱中的 MenuStrip 就是菜单栏控件,添加到窗体后,就能看到“请在此处键入”选项,直接单击它,然后输入菜单的名称,如“文件”“编辑”“视图”等。此外,添加一级菜单后还能添加二级菜单,如为“文件”菜单添加“新建”“打开”“关闭”等二级菜单。向菜单栏控件中添加菜单如图 12.5 所示。

菜单栏的使用方法比较简单,选择某一菜单名称后,在属性窗口可以给此菜单添加图标、设置快捷键等。菜单栏常用的方法就是 Click 事件,在窗口选中后双击就可以创建对应的事件代码,这里就不再介绍。

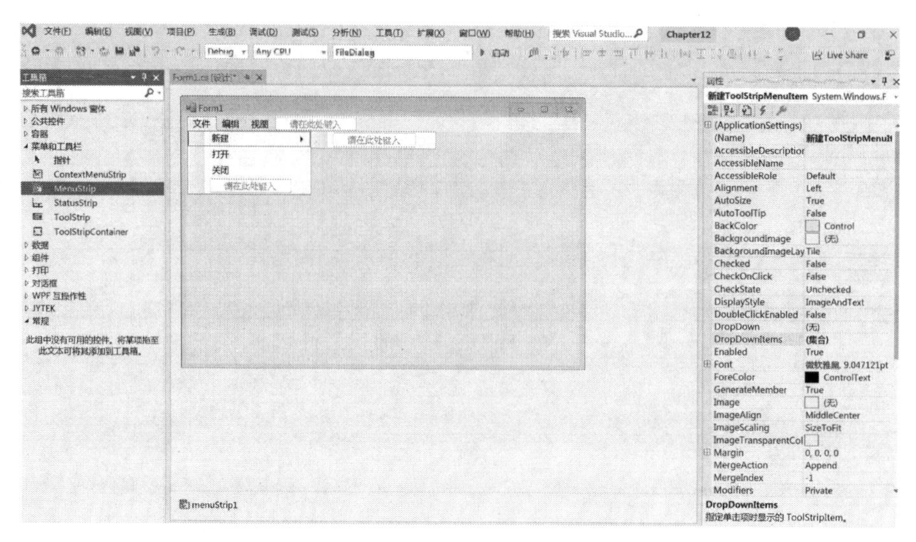

图 12.5　向菜单栏控件中添加菜单

12.4　右 键 菜 单

右键菜单又称上下文菜单或即时菜单,即右键点击某个控件或窗体时出现的菜单,它也是一种常用的菜单控件,如在系统中右键点击文件夹时可以看到“打开”“剪切”“复制”等选项。工具箱中对应的控件名称是 ContextMenuStrip。如果需要设置某个控件的右键菜单选项,可以将此控件 ContextMenuStrip 属性与对应的菜单项绑定。

举例来讲,为窗体创建右键菜单,菜单项包括打开窗体、关闭窗体等,具体步骤如下。

(1)首先添加一个右键菜单控件 contextMenuStrip1,然后将窗体的 ContextMenuStrip 属性设置为 contextMenuStrip1,为窗体添加右键菜单如图 12.6 所示。

(2)设置 contextMenuStrip1 中的菜单选项,添加打开窗体、关闭窗体两个子菜单,还可以分别设置对应的快捷键操作,添加右键菜单选项如图 12.7 所示。

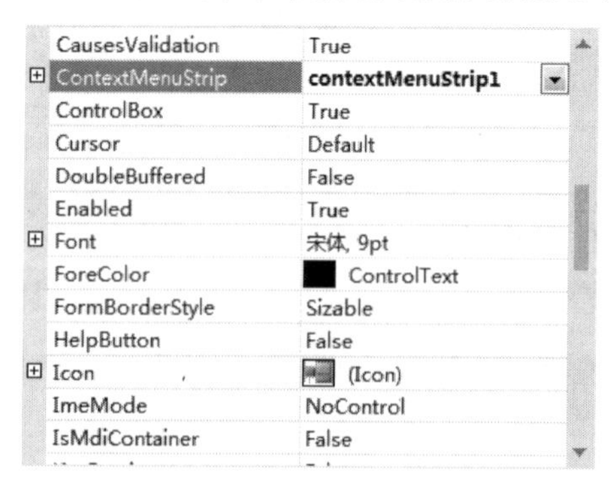

图 12.6　为窗体添加右键菜单

图 12.7　添加右键菜单选项

(3)最后在每个菜单项的单击事件中加入相关的操作代码,即可实现右键菜单的功能。具体代码如下:

```
//打开新窗体的菜单项单击事件
private void 打开窗体 ToolStripMenuItem_Click(object sender,EventArgs e)
{
    ContextMenuStrip menu1 = new ContextMenuStrip();
    menu1.Show();
}

//关闭窗体菜单项的单击事件
private void 关闭窗体 ToolStripMenuItem_Click(object sender,EventArgs e)
{
    Close();
}
```

运行该窗体并右键点击,展开的右键菜单如图 12.8 所示。从运行效果中可以看出,右键点击窗体后会出现右键菜单,选择相应的菜单项即可执行相应的打开窗体和关闭窗体的功能。

图 12.8　展开的右键菜单

12.5　容器类控件

容器类控件是用于存放其他控件的,它们自己没有用户界面功能,而是由被包含在其中的控件来执行相应的功能。把控件放在容器中的原因在于用户能够把放在其中的控件作为一个整体进行演示、隐藏、禁用和移动操作。另外,对于某些控件数量较多的大型应用程序,容器可以对多个控件进行合理分组,从而把窗体分割成不同的功能区。

12.5.1 分组控件

分组控件包含 Panel(面板)控件和 GroupBox(分组框)控件,它们用于对窗体的控件按照功能进行分组和归类,当移动分组控件时,其中的所有控件也会跟着移动。Panel 和 GroupBox 的区别在于,Panel 可以包含滚动条,而 GroupBox 可以显示标题。

图 12.9　用户登录界面

用户登录界面如图 12.9 所示,在 Panel 中嵌套了一个 GroupBox。设置 Panel 的 AutoScroll 属性为 True,设置 BorderStyle 属性为 Fixed3D,设置 GroupBox 的 Text 属性为"登录",并在其中添加两组标签和文本框。

12.5.2 TabControl 控件

TabControl 也称选项卡控件,作用就是将相关的控件组合到一系列选项卡页面上,就像笔记本中的分隔线或档案柜中一组文件夹的标签。选项卡可以包含图片和其他控件。

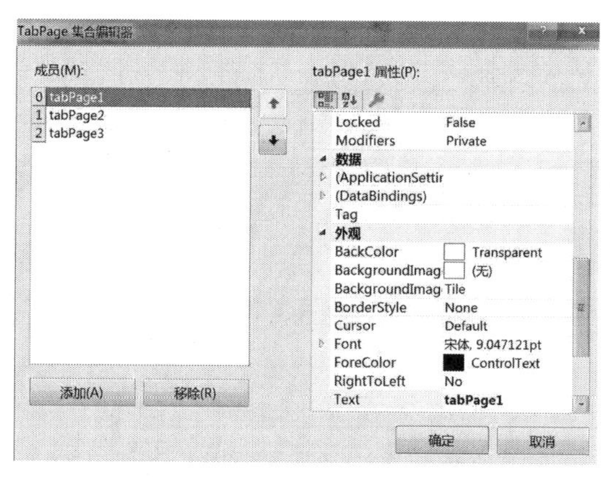

图 12.10　选项卡页集合编辑器

TabControl 控件管理 TabPages 集合,从工具箱中拖动一个选项卡控件到窗体界面后,可以看到默认已经有两个 TabPages,在控件右上方黑色小三角中选择添加新的 TabPage 或者移除已有的 TabPage,也可以在属性窗口中选择 TabPages 打开 TabPages 集合编辑器,单独设置每个 TabPage 的属性。选项卡页集合编辑器如图 12.10 所示。

选项卡控件的常用属性见表 12.5。

表 12.5　选项卡控件的常用属性

序号	属性名称	数据类型	功能描述
1	Alignment	TabAlignment	设置选项卡页面显示在控件的顶部、底部、左侧或右侧,默认位置为控件顶部
2	Appearance	TabAppearance	设置选项卡外观是标准形式、三维按钮还是平面按钮
3	HotTrack	bool	当鼠标经过选项卡时,选项卡外观是否会发生变化,默认是 False

续表12.5

序号	属性名称	数据类型	功能描述
4	MultiLine	bool	是否可以显示多行选项卡,值为 False 且单行无法显示所有选项卡时,会提供箭头查询被隐藏的选项卡
5	RowCount	int	返回当前显示的选项卡的行数
6	SelectedIndex	int	获取或者设置当前选定的选项卡页面的索引
7	TabCount	int	返回当前选项卡总的选项卡页面数量
8	TabPages	TabPageCollection	返回 TabPages 的集合,对每个选项卡页单独设置属性

12.5.3 SplitContainer 控件

SplitContainer 控件也称分隔栏,可视为一个复合控件,它是由可移动条隔开的两个面板。SplitContainer 控件允许用户创建复杂的用户界面。通常情况下,在一个面板中的选择将决定显示在另一个面板中的对象,这种安排对于显示和浏览信息非常有效。拥有两个面板使用户能够在区域、条或“拆分器”中聚合信息,可轻松地调整面板大小。分隔栏控件的常用属性见表 12.6。

表 12.6 分隔栏控件的常用属性

序号	属性名称	数据类型	功能描述
1	IsSplitterFixed	bool	设置拆分器是否可以移动,当鼠标指针位于条上方时,指针将改变形状以表示用户可以按照箭头移动拆分器。默认是 False,也就是非固定可移动
2	Orientation	Orientation	确定拆分器是水平还是竖直的,默认是竖直的
3	FixedPanel	FixedPanel	当拆分器移动时哪个面板的大小可以保持不变
4	SplitterDistance	int	拆分器和左边缘或上边缘的距离
5	SplitterWidth	int	拆分器的粗细

分隔栏控件举例如图 12.11 所示,就是用一个水平分隔栏和一个竖直分隔栏控件创建的典型用户界面,可以看到两个分隔栏将窗体分隔成了三部分,每部分的大小、背景色都可以单独设置。

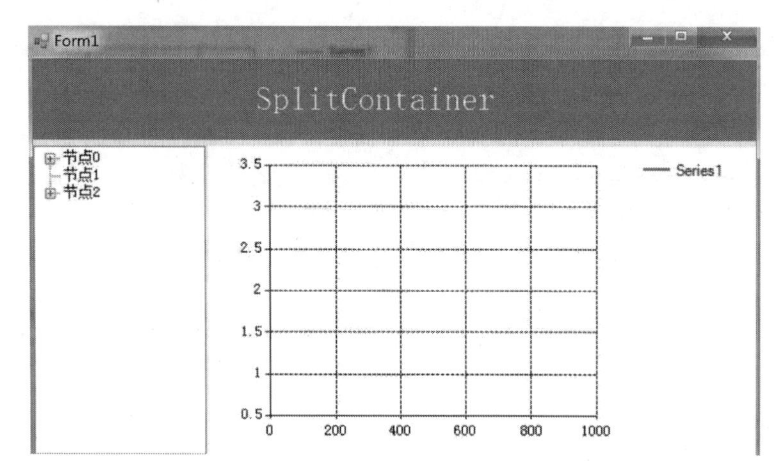

图 12.11　分隔栏控件举例

12.5.4　TabLayoutPanel 控件

TabLayoutPanel 控件可以认为是表格面板容器，它可以在一个由行和列组成的网格中对其中的控件进行动态布局，而无须精确指定每个控件的位置，其单元格排列为行和列，并且这些行和列可具有不同的大小。每个单元格可以包含一个或多个控件，甚至某些控件也可以跨越多个单元格。图 12.12 所示的计算器界面就是一个典型的使用 TabLayoutPanel 控件进行布局的例子，其中最上方用于显示计算结果的文本框就跨越了五列，清除按钮跨越了两行。

图 12.12　计算器界面

任何窗体中的控件均可以是 TableLayoutPanel 控制的子控件，包括 TableLayoutPanel 本身，这使得用户可以构造适应在运行时发生更改的复杂布局。点击控件右上角的小三角，选择“编辑行和列”可以打开列和行样式对话框，在其中可以对每行和每列所占比例进行设置，如绝对值、百分比相对值和自动调整大小等。调整行列百分比如图 12.13 所示。

将子控件放置到 TableLayoutPanel 控件指定的单元格中后，一般要对子控件进行拉伸和对齐，从而使它能够充满整个单元格。整个步骤主要是对控件的 Anchor 和 Dock 属性进行设置，这部分内容将在下一节中介绍。

TableLayoutPanel 控件会自动将 Cell、Column、Row、ColumnSpan 和 RowSpan 这些属性添加到其子控件中，属性的含义如下。

（1）Cell。子控件在 TableLayoutPanel 中的位置，是由行和列组成的坐标，起始索引都是 0。

（2）Column。子控件所在的列索引。

（3）Row。子控件所在的行索引。

(4) ColumnSpan。子控件的列跨度,设置控件跨越多列。

(5) RowSpan。子控件的行跨度,设置控件跨越多行。

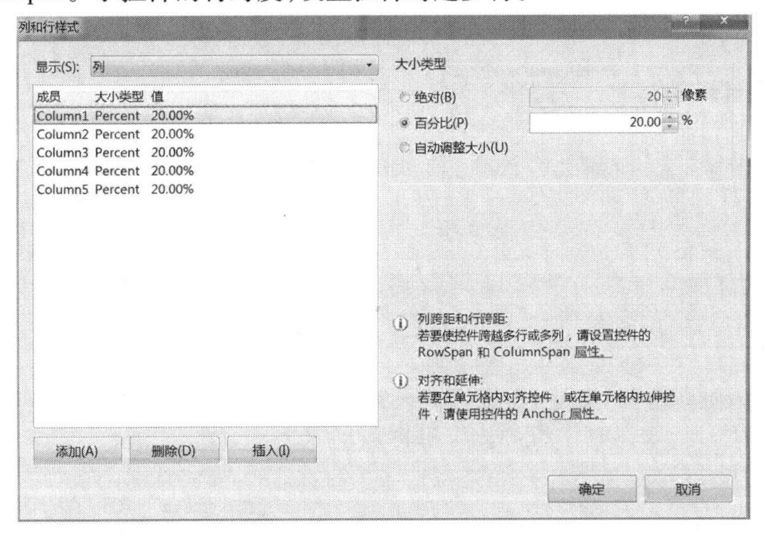

图 12.13　调整行列百分比

12.5.5　排列窗体上的控件

在进行窗体控件的布局设计时,经常会遇到以下两个问题。

(1) 如何设置运行时窗体的控件随着窗体大小的改变而改变?

(2) 如何将控件紧靠在某个边缘?

这两个问题都需要用到前面介绍的容器类控件,再结合控件本身的 Anchor 和 Dock 属性就可以很容易解决。

Anchor 属性定义控件的定位点位置。当控件锚定到某个窗体时,如果该窗体的大小被调整,那么该控件将维持它与定位点位置之间的距离不变。Anchor 属性的默认值是 Top 和 Left,也就是控件和窗体的上边缘和左边缘距离始终保持不变。设置 Button 控件的 Anchor 属性如图 12.14 所示,可以分别单击十字线的上、下、左、右区域,灰色代表选中。

Dock 属性可以将控件停靠到窗体或容器的边缘。例如,在 Windows 资源管理器中,文件目录架构始终停靠在界面的左侧。Dock 属性默认是 None,也就是控件不停靠在任何地方。其余的属性包括 Bottom/Top/Left/Right/Fill,在属性窗口点击对应的位置就可以完成设置。设置 Button 控件的 Dock 属性如图 12.15 所示,一般设置成 Fill,控件的边缘都停靠到其包含控件所有边缘,也就是会充满整个窗体或者包含它的容器。

以图 12.12 中的计算器为例,设置 TextBox 的 Anchor 属性为 Left 和 Right,MultiLine 属性为 True,文本框就可以固定在 TabLayoutPanel 左右边缘,并且填充在第一行中。设置每个按钮的 Dock 属性为 Fill,Margin 属性为 5,就可以将按钮填充在 TabLayoutPanel 的每个单元格中。

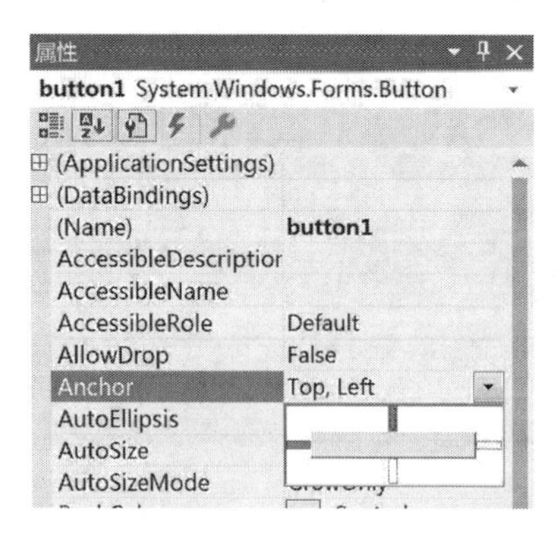

图 12.14　设置 Button 控件的 Anchor 属性

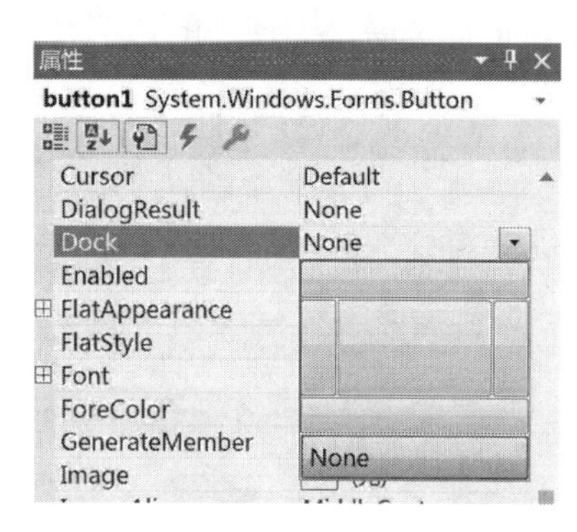

图 12.15　设置 Button 控件的 Dock 属性

12.6　MDI　窗　体

在 Windows 窗体应用程序中,经常会在一个窗体中打开另一个窗体,通过窗体上的不同菜单选择不同的操作,这种多窗体之间的交互可以通过设置 MDI 窗体的方式实现。主流的编程语言和软件都支持 MDI 窗体。

MDI 窗体称为多文档窗体(Multiple Document Interface),它是很多 Windows 应用程序中常用的界面设计。MDI 窗体的设置并不复杂,只需要将窗体的属性 IsMdiContainer 设置为 True 即可。该属性既可以在窗体的属性窗口中设置,也可以通过代码设置,如在窗体的 Load 事件中或者构造函数中设置窗体为 MDI 窗体。在设置 MDI 窗体以后,窗体的运行效果如图 12.16 所示。

在 MDI 窗体中,弹出窗体的代码与直接弹出窗体有些不同,在使用 Show( )方法显示窗体前需要将窗体的 MdiParent 属性设置为当前窗体的父窗体。

MDI 窗体的使用如下。首先创建名为 MDIForm 的主窗体,然后在窗体中添加“文件”菜单和“打开文件”“保存文件”两个子菜单项,设置 MDI 窗体的菜单栏如图 12.17 所示。

图 12.16　窗体的运行效果

图 12.17　设置 MDI 窗体的菜单栏

在项目中新建 OpenFile 和 SaveFile 这两个窗体，并分别通过菜单项的单击事件在 MDI 窗体中打开相应的窗体，代码如下：

```
public partial class MDIForm : Form
{
    public MDIForm()
    {
        InitializeComponent();
        IsMdiContainer = true;
    }

    //打开文件菜单项的单击事件
    private void 打开文件ToolStripMenuItem_Click(object sender,EventArgs e)
    {
        OpenFile f = new OpenFile();
        f.MdiParent = this;
        f.Show();
    }

    //保存文件菜单项单击事件
    private void 关闭文件ToolStripMenuItem_Click(object sender,EventArgs e)
    {
        SaveFile f = new SaveFile();
        f.MdiParent = this;
        f.Show();
    }
}
```

运行程序并在主窗体中单击“文件”→“打开文件菜单项”，程序的运行结果如图 12.18所示。从运行效果中可以看出，OpenFile 窗体已经在主窗体中被打开。

图 12.18　运行结果

12.7 开源组件 DockPanelSuite

DockPanelSuite 是托管在 GitHub 上的一个开源项目,是一个简单、美观的界面组件。它可以实现类似 VS 的窗口停靠、悬浮、自动隐藏等功能,同时能够保存窗体布局为 XML 文件,启动时加载 XML 配置文件还原布局。DockPanelSuite 还包含多种 VS 主题,能够自由切换以变换风格。

DockPanelSuite 中提供了几个可用的类,其中最重要的是 DockPanel 类和 DockContent 类。

(1)DockPanel 类。继承自 Panel 类,用于提供子窗口进行浮动和固定的场所。

(2)DockContent 类。继承自 Form 类,用于提供可浮动的窗口基类,DockContent 对象可以在 DockPanel 对象中任意贴边、浮动、TAB 化等。

更多关于 DockPanelSuite 的信息可以访问它的官网 http://docs.dockpanelsuite.com,它在 GitHub 的地址是 https://github.com/dockpanelsuite。下面介绍 DockPanelSuite 的使用。

在 Visual Studio 2017 中可以很方便地通过 NuGet 工具添加 DockPanelSuite 的库文件。右键点击项目名称选择"管理 NuGet 程序包",在页面中输入"DockPanelSuite"进行搜索,直接选择"安装"即可,可以将 VS2015 的主题包一起安装起来,在 NuGet 中安装 DockPanelSuite 如图 12.19 所示。

图 12.19 在 NuGet 中安装 DockPanelSuite

此时,在工具箱中就可以看到名为 DockPanel Suite 的相关组件,工具箱中的 DockPanelSuite 组件如图 12.20 所示。如果没有看到,可以关闭项目再重新打开。

图 12.20 工具箱中的 DockPanelSuite 组件

首先需要设置 Form1 的 IsMdiContainer 属性为 True,也就是设置为多文档窗体格式,然后从工具栏中放置一个 dockPanel 控件和 VS2015BlueTheme 到 Form1 上,设置dockPanel1 的 Dock 为 Fill, Theme 为 VS2015BlueTheme1,此时 VS2015BlueTheme 外观如图 12.21

所示。

图 12.21　VS2015BlueTheme 外观

在项目中添加一个新窗体 Form2，在引用中添加 using WeifenLuo.WinFormsUI.Docking，更改 Form2 : Form 继承为 Form2 : DockContent。完整代码如下：

```
using WeifenLuo.WinFormsUI.Docking;

namespace _12._7
{
    public partial class Form2 : DockContent
    {
        public Form2()
        {
            InitializeComponent();
        }
    }
}
```

在 Form1 的引用中添加 using WeifenLuo.WinFormsUI.Docking，然后在窗体加载事件中添加以下代码：

```
private void Form1_Load(object sender,EventArgs e)
{
    var f2 = new Form2() { TabText = "Document" };
    f2.Show(dockPanel1,DockState.Document);
    f2 = new Form2() { TabText = "DockLeft" }; ;
    f2.Show(dockPanel1,DockState.DockLeft);
    f2 = new Form2() { TabText = "DockRight" }; ;
    f2.Show(dockPanel1,DockState.DockRight);
    f2 = new Form2() { TabText = "DockBottom" }; ;
    f2.Show(dockPanel1,DockState.DockBottom);
    f2 = new Form2() { TabText = "DockLeftAutoHide" }; ;
    f2.Show(dockPanel1,DockState.DockLeftAutoHide);
    f2 = new Form2() { TabText = "Float" }; ;
    f2.Show(dockPanel1,DockState.Float);
}
```

运行程序可以看到如图 12.22 所示的运行结果,说明 DockPanelSuitc 已能够正常使用,可以拖动窗口实现停靠或悬浮。

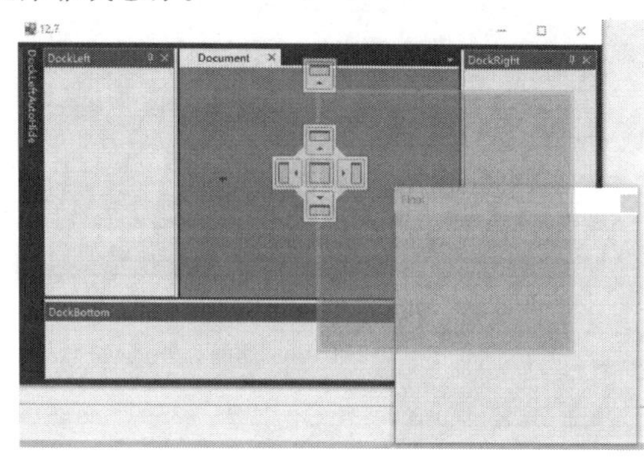

图 12.22 运行结果

12.8 开源组件 RibbonWinForms

Ribbon 是一个屏幕顶部的区域,它用一个简单的接口系统取代了传统的菜单、工具栏和任务窗格。它可以使相关的命令聚合成分组,并使相关的分组聚合到标签,这样命令会更容易找到。通过访问布局中的那些命令,用户就可以有效地执行任务。

Ribbon 的用户界面元素可以实现一个含有 Microsoft Office 界面的像素完美的外观,主要由三种元素构成,分别是 RibbonTab、RibbonPanel 和 RibbonItem。Ribbon 的界面元素组成如图 12.23 所示。Ribbon 控件可以支持内置的视觉样式,包括 Office 2007、Office 2010 和 Office 2013 主题。下面介绍 Ribbon 控件的使用方法。

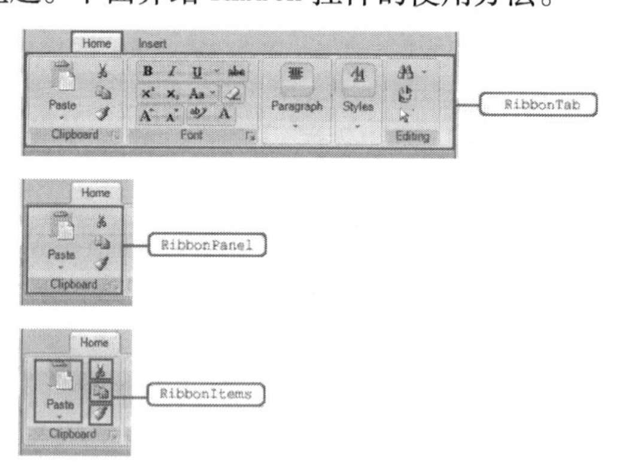

图 12.23 Ribbon 的界面元素组成

与上一节中安装 DockPanelSuite 的方式类似,在 NuGet 中搜索"RibbonWinForms",直接点击"安装"就可以。安装完成后可以在工具箱中看到增加的 Ribbon 控件。工具箱中的 Ribbon 组件如图12.24所示。

放置一个 Ribbon 控件到窗体上,通过属性 OrbStyle 设置控件外观风格,默认是 Office

2007。点击“Add”按钮可以添加 Tab 页，点击“+”按钮可以添加“快速访问工具条”按钮。在每一个新增加的 Tab 下方点击“Add”按钮可以添加工具面板，如图 12.25 所示。

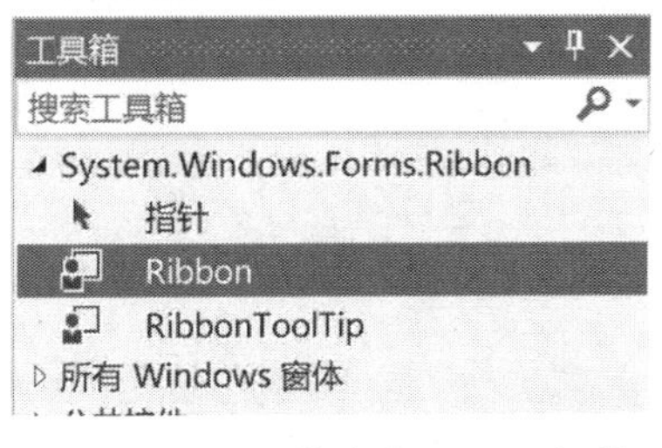

图 12.24　工具箱中的 Ribbon 组件

图 12.25　对 Ribbon 控件进行编辑

通过 RibbonPanel 的 Items 属性可以打开 RibbonButton 集合编辑器，按照需要添加不同形式的 Ribbon 子控件，通过 LargeImage 和 SmallImage 属性添加子控件图标。RibbonButton 集合编辑器如图 12.26 所示。当 RibbonPanel 中包含多个子控件时，可以通过 RibbonPanel 的 FlowsTo 属性设置控件的排列方向。

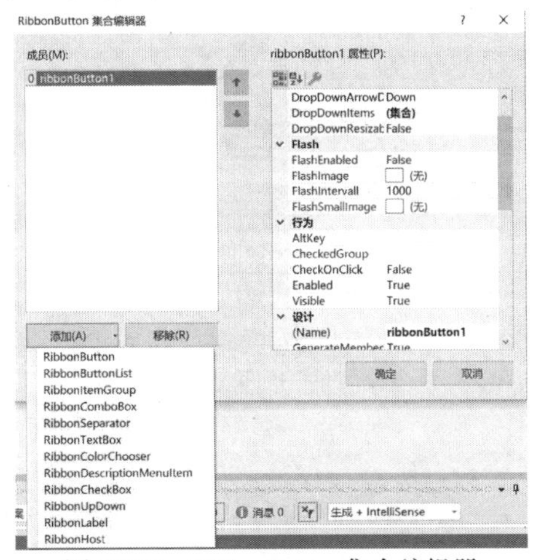

图 12.26　RibbonButton 集合编辑器

图 12.27 所示为使用 Ribbon 控件设计的数据采集用户界面，可以根据项目要求添加其他更多功能。

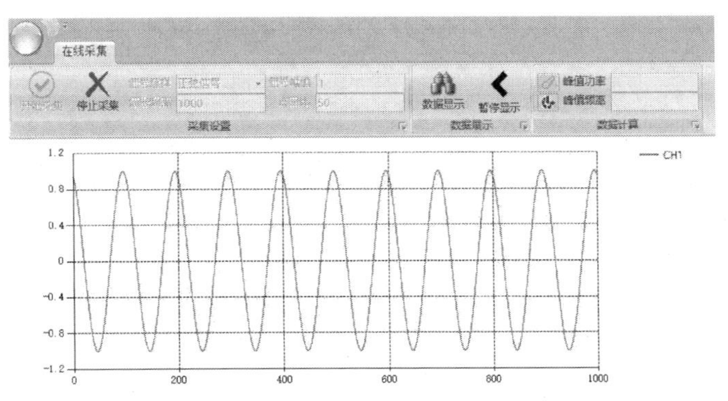

图 12.27　使用 Ribbon 控件设计的数据采集用户界面

工程篇

第 13 章　C#中通信

通信功能是连接外界设备的重要一步，本章将讨论如何使用 C#对串口和 TCP/IP 进行编程，以及在这两个底层操作基础上完成 Modbus 协议的应用。

13.1　串口通信

大部分计算机拥有一个串口（通常为 RS232），没有串口的计算机一般可通过 PCI 插槽、USB 端口适配器等扩展一个串口。用户只需将串口线缆一端连接至计算机，另一端连接至仪器串口即可进行计算机和串口之间的通信操作。本节主要介绍串口通信的基本概念以及如何在 C#中实现串口通信。

13.1.1　串口的基本概念

串口称为串行接口，也称串行通信接口，按电气标准及协议来分包括 RS-232、RS-422 和 RS-485 等。RS-232、RS-422 与 RS-485 标准只对接口的电气特性做出规定，不涉及接插件、电缆或协议。这三种标准的介绍如下。

（1）RS-232。也称标准串口，是目前最常用的一种串行通信接口。它是在 1970 年由美国电子工业协会（EIA）与其他厂商共同制定的用于串行通信的标准。传统的 RS-232 接口标准有 22 根线，采用标准 25 针 D 型插头座（DB25）。目前基本使用简化的 9 针 D 型插座（DB9）。现在的电脑一般有 COM1 和 COM2 这两个串口。

（2）RS-422。为改进 RS-232 通信距离短、速率低的缺点，RS-422 定义了一种平衡通信接口，将传输速率提高到 10 Mbit/s，传输距离延长到 4 000 英尺（1 英尺 = 0.304 8 m），速率低于 100 kbit/s，并允许在一条平衡总线上连接最多 10 个接收器。RS-422是一种单机发送、多机接收的单向、平衡传输规范，被命名为 TIA/EIA-422-A 标准。

（3）RS-485。为扩展应用范围，EIA 又于 1983 年在 RS-422 基础上制定了 RS-485 标准，增加了多点、双向通信能力，即允许多个发送器连接到同一条总线上，同时增加了发送器的驱动能力和冲突保护特性，扩展了总线共模范围，命名为 TIA/EIA-485-A 标准。

最简单的 RS-232 通信只需要三根线，分别是发送、接收和信号地，在设备距离较远时还需要连接握手线等其他管脚。串口的 Pin2 为 RXD，也就是数据接收端；Pin3 为 TXD，也就是数据发送端；Pin5 为信号地。

图 13.1 所示为两台串口通信设备的三线连接方式，图中的 Pin2 和 Pin3 交叉链接，这是因为在直连的过程中，都把通信的双方当作数据终端设备来看待，双发都既可以发送又可以接收。

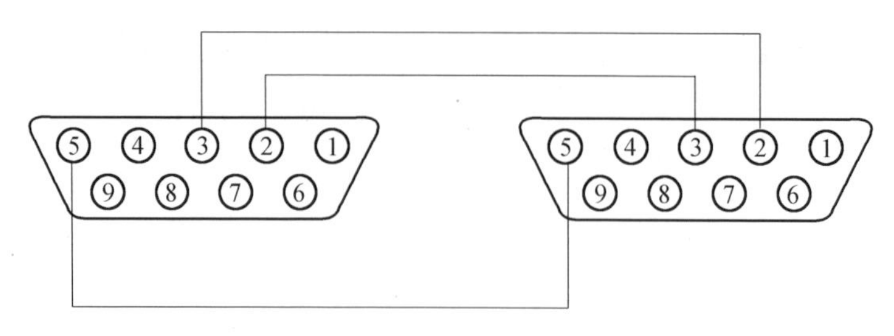

图 13.1　两台串口通信设备的三线连接方式

对于单一串口设备，将 RXD 和 TXD 管脚短接即可实现简单的自发自收，单一串口的自发自收如图 13.2 所示。因此，如果设备只有一个串口，使用的时候只需要将 Pin2 和 Pin3 短接即可，这样 Pin3 的输出信号就会被传递到 Pin2 的同一个端口的缓冲区域中，程序可以在相同的端口上进行读取操作。

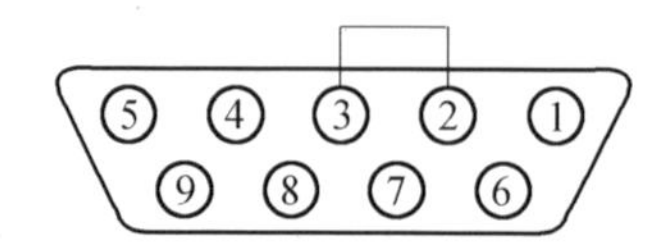

图 13.2　单一串口的自发自收

串口除上述提到的常用的三个管脚外，还有其他几个管脚用于较为复杂的应用场合。串口的 DB9 管脚定义及描述见表 13.1。

表 13.1　串口的 DB9 管脚定义及描述

管脚编号	信号方向	缩写	描述
1	调制解调器	CD	载波检测
2	调制解调器	RXD	接收数据
3	PC	TXD	发送数据
4	PC	DTR	数据终端准备好
5	—	GND	信号地
6	调制解调器	DSR	通信设备准备好
7	PC	RTS	请求发送
8	调制解调器	CTS	允许发送
9	调制解调器	RI	响铃指示器

现在一般的笔记本上已经取消了串口，此时可以通过软件虚拟串口来解决没有实际串口硬件的问题。虚拟串口软件有很多种，可以自行在网上查找，基本都能满足要求。通过软件可以虚拟出多个串口，功能与实际串口也基本相同，这样在没有硬件的情况下同样可以进行串口的调试工作。虚拟串口软件的用法将在 13.1.3 节中介绍。

串口通信的概念非常简单，串口按照位（bit）发送和接收字节。尽管这样比按照字节（byte）的并行通信慢，但是串口可以在使用一根线发送数据的同时用另一根线接收数据。串口通信常用的参数是波特率、数据位、停止位、奇偶校验和握手方式。对于两个进行通信的端口，这些参数必须匹配，否则无法通信。这些参数含义如下。

（1）波特率。这是一个衡量符号传输速率的参数，它指的是信号被调制以后在单位时间内的变化，即单位时间内载波参数变化的次数。例如，每秒传送 960 个字符，而每个字符格式包含 10 位（1 个起始位，1 个停止位，8 个数据位），这时的波特率为 960 Bd，比特率为 10 位×960 个/秒＝9 600 bit/s。进行串口通信的双方波特率需要相同，如果用 PC 连接非 PC 系统，波特率一般由非 PC 系统决定。

（2）数据位。这是衡量通信中实际数据位的参数。当计算机发送一个信息包时，实际的数据往往不会是 8 位的，标准的值是 6、7、8 位，标准的 ASCII 码是 0～127（7 位），扩展的 ASCII 码是 0～255（8 位）。

（3）停止位。用于表示单个包的最后几位，典型的值为 1、1.5、2 位。由于数据是在传输线上定时的，并且每一个设备有其自己的时钟，很可能在通信中两台设备间会出现小小的不同步，因此停止位不仅可以表示传输的结束，也提供了计算机校正时钟同步的机会。

（4）校验位。在串口通信中一种简单的检错方式。有四种检错方式：偶、奇、高和低。当然没有校验位也是可以的。

（5）握手方式。数据的流控制方向。数据在两个串口之间传输时，常常会出现丢失数据的现象。如果两台计算机的处理速度不同，如台式机与单片机之间的通信，接收方数据缓冲区已满，则此时继续发送来的数据就会丢失。如今在网络上通过调制解调器（MODEM）进行数据传输，这个问题就尤为突出。流控制能解决这个问题，当接收方数据处理不过来时，就发出“不再接收”的信号，发送方就停止发送，直到收到“可以继续发送”的信号再发送数据。因此，流控制可以控制数据传输的进程，防止数据的丢失。流控制的方式主要分为硬件流控制和软件流控制两种。

①最常用的硬件流控制是通过 CTS 和 RTS 两个管脚实现的，应将通信两端的 RTS 和 CTS 对应相连，数据终端设备（如计算机）使用 RTS 来开始调制解调器或其他数据通信设备的数据流，而数据通信设备（如调制解调器）则用 CTS 来启动和暂停来自计算机的数据流。当接收方准备接收数据时，它自己将 RTS 置为高电平，要求发送方开始发送数据。当发送方也准备好时，它通过 RTS 将接收方的 CTS 置为高电平并发送数据。硬件流控制还可以使用 DTR 和 DSR 这两个管脚。

②受电缆线的限制，在普通的控制通信中一般不用硬件流控制，而用软件流控制。一般通过 XON/XOFF 来实现软件流控制，它是一种软件握手方式，XON 和 XOFF 代表实现约定的特殊字符，由接收方负责发送给发送方，一般可以从设备配套源程序中找到发送的是什么字符。当发送方接收到 XON 字符时，发送方开始发送数据，当接收到 XOFF 字符时，发送方停止发送数据。因此，是否发送数据完全由接收方控制，这样就不会导致接收方缓冲区溢出。默认的 XON 字符为 0x11，XOFF 字符为 0x13。应该注意，若传输的是二进制数据，标志字符也有可能在数据流中出现而引起误操作，这是软件流控制的缺陷，而硬件流控制不会有这个问题。

13.1.2 SerialPort 类

C#提供了 SerialPort 类用于实现串口控制,命名空间是 System.IO.Ports。串口类在工具箱中也有对应的 SerialPort 组件,可以简化编程。将此组件拖动到窗体时,与第 7 章介绍的 Timer 组件一样在程序运行时不可见,编辑时则显示在窗体的下方。在属性窗口中可以看到 SerialPort 组件的常用属性。SerialPort 组件的属性窗口如图 13.3 所示。

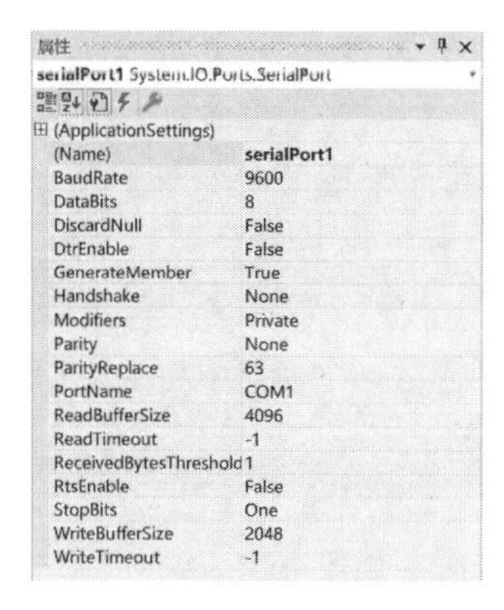

图 13.3 SerialPort 组件的属性窗口

SerialPort 类的常用属性、方法和事件见表 13.2。

表 13.2 SerialPort 类的属性、方法和事件

属性			
序号	属性名称	数据类型	功能描述
1	PortName	string	获取或设置通信端口,默认值为 COM1
2	BaduRate	int	获取或设置串行波特率
3	DataBits	int	获取或设置每个字节的标准数据位长度
4	Parity	Parity	获取或设置奇偶校验检查协议
5	StopBits	StopBits	获取或设置每个字节的标准停止位数
6	BytesToRead	int	获取接收缓冲区中数据的字节数
7	BytesToWrite	int	获取发送缓冲区中数据的字节数
8	Handshake	Handshake	获取或设置串行端口数据传输的握手协议
9	IsOpen	bool	指示串口对象是否打开
10	NewLine	string	字符结尾添加的字符串,默认值为换行符
11	ReadBufferSize	int	获取或设置输入缓冲区的大小,默认值为 4 096
12	ReadTimeout	int	获取或设置读取超时时间(ms),默认值为-1
13	WriteBufferSize	int	获取或设置输入缓冲区的大小,默认值为 2 048
14	WriteTimeout	int	获取或设置写入缓冲区的大小,默认值为 4 096
15	BytesToRead	int	获取输入接收缓冲区中数据的字节数
16	BytesToWrite	int	获取发送缓冲区中数据的字节数

续表 13.2

属性

序号	属性名称	数据类型	功能描述
17	Encoding	Encoding	文本转换的字节编码，默认为 ASCIIEncoding

方法

序号	方法名称	功能描述
1	string[ ] GetPortNames( )	获取当前计算机的串行端口名称数组
2	void Close( )	关闭端口连接
3	void Open( )	打开一个新的串行端口连接
4	void DiscardInBuffer( )	清空接收缓冲区数据
5	void DiscardOutBuffer( )	清空发送缓冲区数据
6	int Read (byte [ ] buffer, int offset, int count)	从输入缓冲区读取一些字节并将其写入字节数组中指定的偏移量处
7	int ReadByte( )	从输入缓冲区中同步读取一个字节
8	int Read (char [ ] buffer, int offset, int count)	从输入缓冲区中读取大量字符，然后将其写入到一个字符数组中指定的偏移量处
9	int ReadChar( )	从输入缓冲区中同步读取一个字符
10	string ReadExisting( )	读取对象的流和输入缓冲区中所有可用字节
11	string ReadLine( )	一直读取到输入缓冲区中的 NewLine 值
12	string ReadTo(string value)	一直读取到输入缓冲区中指定 value 的字符串
13	void Write (byte [ ] buffer, int offset, int count)	使用缓冲区的数据将指定偏移量处开始数量的字节写入串行端口
14	void Write(string text)	将指定的字符串写入串行端口
15	void Write (char [ ] buffer, int offset, int count)	使用缓冲区的数据将指定偏移量处开始数量的字符写入串行端口
16	void WriteLine(string text)	将指定的字符串和 NewLine 值写入输出缓冲区

事件

序号	事件名称	功能描述
1	SerialDataReceivedEventHandler DataReceived	处理串口对象数据接收事件的方法

下面结合表 13.2 中的内容对串口读写操作的步骤进行简单介绍。

1.打开与关闭串口

在创建一个 SerialPort 对象并设置串口属性后，可以通过 Open( )方法打开串口。数据读写完成后，可以通过 Close( )方法关闭串口。

2.读写行数据

双方通信时,一般都需要定义通信协议。例如,在发送文本时,通常是发送方按下回车键时,将数据和换行符发给接收方。在这个通信事例中,协议帧是通过回车符界定的,每一帧数据都被回车符隔开,这样就很容易识别出通信双方发送的信息。

可以用 WriteLine()方法来发送数据,用 ReadLine()方法来读取数据。WriteLine()发送完数据后,会将换行符作为数据也发送给对方。ReadLine()会一直读取数据直至遇到一个换行符,然后返回一个字符串代表一行信息。换行符可以通过 NewLine 属性来设置,默认值就是换行符\n。ReadLine()方法是阻塞的,直至遇到一个换行符后返回。在读取数据时,如果一直没有遇到换行符,那么在等待 ReadTimeout 时间后,抛出一个 TimeoutException。ReadTimeout 默认值为-1,表示永不超时,这样 ReadLine()一直处于阻塞状态,直至有新一行数据到达。WriteLine()方法也是阻塞的,如果另一方不能及时接收数据,就会引起 TimeoutException 异常。由于 ReadLine()和 WriteLine()方法都是阻塞式的,因此在进行串口通信时,一般应该把读写操作交由其他线程处理,避免因阻塞而导致程序不响应。

3.读写字节或字符数据

对于字节或字符数据,用 Read()方法来读数据,该方法需要一个字节或字符数组作为参数来保存读取的数据,结果返回实际读取的字节或字符数。写数据使用 Write()方法,该方法可以将字节数组、字符数组或字符串发送给另一方。

如果通信双方交换的数据是字节流数据,要构建一个使用的串口通信程序,那么双方应该定义数据帧格式。通常数据帧由帧头和帧尾来界定。发送数据比较简单,只需要将构造好的数据用 Write()方法发送出去即可;接收数据则比较复杂,通信是以字节流的形式到达的,通过调用一次 Read()方法并不能确保所读取的数据就是完整一帧。因此,需要将每次读取的数据整合在一起,对整合后的数据进行分析,按照定义的帧格式,通过帧头和帧尾,将帧信息从字节流中抽取出来,这样才能获取有意义的信息。

除利用 Read()方法来读数据外,还可以使用 ReadExisting()方法来读取数据。该方法读取当前所能读到的数据,以字符串的形式返回。还可以使用 ReadTo()方法读取收到指定字符串前的所有数据。

4.数据接收事件

SerialPort 类使用事件驱动方式进行通信,提供了 DataReceived 事件。当有数据进入时,该事件被触发。该事件的触发由操作系统决定,当有数据到达时,该事件在辅助线程中被触发。辅助线程的优先级比较低,因此并不能确保每个字节的数据到达时,该事件都被触发。在使用该事件接收数据时,最好定义通信协议格式,如添加帧头和帧尾。在 DataReceived 事件中接收数据时,要把数据放在数组或字符串中缓冲起来,当接收到包含帧头和帧尾的完整数据时再进行处理。另外,为有效地接收数据,可以在每次读取数据后加入 Thread.Sleep()方法进行延时。

13.1.3　简单串口收发

本节将利用虚拟串口软件虚拟出一对串口，然后结合上一节中介绍的内容进行串口编程的代码实现。在编写串口软件时，难免要用到串口进行测试，此时便可以使用到虚拟串口。图 13.4 所示为虚拟串口软件界面。打开虚拟串口软件，串口类型分为三类：第一类“Physical ports”表示物理串口，是实际的串口；第二类便是“Virtual ports”虚拟串口；第三类表示其他类型的串口，一般用不上。

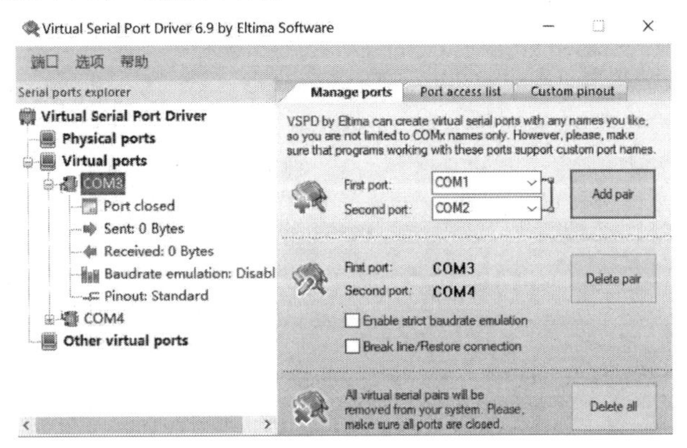

图 13.4　虚拟串口软件界面

虚拟串口都是成对添加的，首先选择两个虚拟串口号，由于有些计算机是含有一个物理串口的，因此建议不要选择 COM1 和 COM2，可以从 COM3 开始设定，这里选择 COM3 和 COM4，然后点击“添加串口”。打开 COM3 和 COM4，可以看到下拉栏中的串口信息，包括串口打开状态、波特率、接收和发送的字节数。打开设备管理器查看虚拟串口，设备管理器中的虚拟串口如图13.5所示，可以看到刚才添加的一对串口，并且 COM3 发的数据由 COM4 接收，COM4 发的数据由 COM3 接收。

在 C#中进行串口通信的代码编写如下。在窗体中加入一个 SerialPort 控件，然后搭建如图 13.6 所示串口调试程序界面。在结束符的组合框中添加\r、\n 和\r\n 这三项作为 NewLine 的值。

图 13.5　设备管理器中的虚拟串口

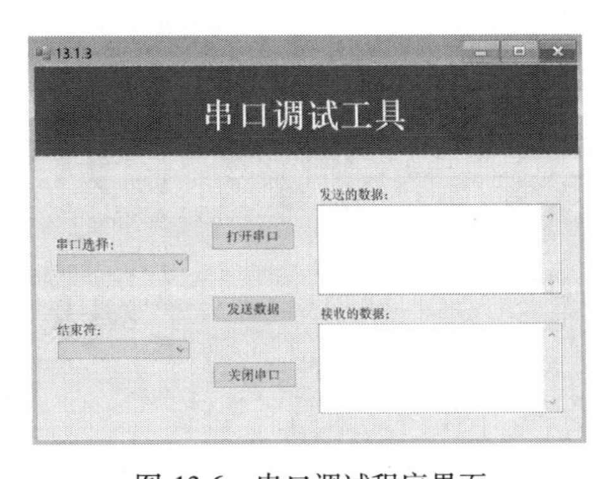

图 13.6　串口调试程序界面

在窗体加载事件中,使用 GetPortNames()方法获取当前电脑中所有串口并添加到窗体的对应组合框中,然后设置默认选择的端口和结束符,代码如下:

```
private void Form1_Load(object sender,EventArgs e)
{
    object[] portNames = SerialPort.GetPortNames();
    if (portNames.Length == 0)
    {
        MessageBox.Show("未检测到可用的串口!");
        return;
    }
    //获取当前计算机所有串口名称,并添加到 comboBox 中
    comboBox_portSelect.Items.AddRange(portNames);
    comboBox_portSelect.SelectedIndex = 0;
    comboBox_newLineText.SelectedIndex = 0;
}
```

在打开串口事件中,需要首先使用 IsOpen 属性判断串口是否已经打开,重复打开会报错。设定串口端口名称和结束符后就可以打开串口。最后需要注册下串口的数据接收事件,这样当串口接收到新数据时,就可以自动调用回调函数。代码如下:

```
private void button_openPort_Click(object sender,EventArgs e)
{
    //判断串口状态,避免重复打开串口
    if (! serialPort1.IsOpen)
    {
        serialPort1.PortName = comboBox_portSelect.SelectedText;
        serialPort1.NewLine = comboBox_newLineText.Text;
        serialPort1.Open();
        //注册 DataReceived 事件
        serialPort1.DataReceived += new SerialDataReceivedEventHandler(serialPort1_DataReceived);
    }
}
```

发送数据事件和关闭串口事件中的代码都比较简单,这里使用 WriteLine()方法将需要发送的数据和 NewLine 值写入输出缓冲区。代码如下:

```
private void button_sendData_Click(object sender,EventArgs e)
{
    //写入数据
    serialPort1.WriteLine(textBox_dataToSend.Text);
}
private void button_closePort_Click(object sender,EventArgs e)
{
    serialPort1?.Close();
}
```

最后是刚才在串口打开事件中注册的串口数据接收事件，当缓冲区中数据来临时调换用读取 ReadLine()方法读取一行数据并显示。代码如下：

```
private void serialPort1_DataReceived(object sender,SerialDataReceivedEventArgs e)
{
    string receivedData;
    if (serialPort1.BytesToRead ! = 0 & serialPort1.IsOpen)
    {
        receivedData = serialPort1.ReadLine();
        textBox_dataReceived.Text = receivedData;
    }
}
```

打开项目路径中的 Debug 目录，运行两个相同的程序实例，可以进行数据收发的测试。程序开始运行后会自动加载当前计算机中所有的可用串口，可以看到有刚才添加的两个虚拟串口。两个程序选择不同的端口号，可以互相发送数据。在如图 13.7 所示的运行结果中，COM3 作为数据发送方，COM4 作为数据接收方，左侧界面点击发送数据后右侧界面就可以立即收到相同的数据。需要注意的是，如果发送的是汉字，则需要把 SerialPort 的 Encoding 属性设置为 Unicode，否则接收的字符串会被识别成乱码。

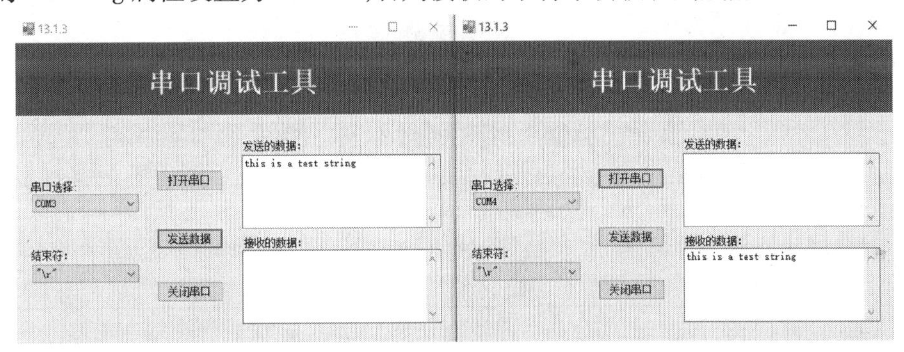

图 13.7　运行结果

13.1.4　串口调试助手

上一节中介绍的实例只是简单的串口收发，在实际应用中一般都会使用串口调试助手。图 13.8 所示为根据实际的普遍的需求而开发的串口调试助手，程序具体可以实现的功能如下。

(1)自动识别电脑可用串口端口。

(2)支持串口硬件流控制。

(3)自动手动清空接收区域数据，接收区滑动条自动聚焦最新接收的数据行。

(4)支持自动定时发送数据。

(5)支持暂停继续接收数据。

(6)收发数据都支持字符与十六进制(HEX 格式)切换。

(7)软件运行状态监控与数据计数监控,以及清空处理。

(8)添加高精度定时器,提高串口发送速度。

(9)添加文件发送和数据保存功能。

(10)添加窗体功能右键菜单。

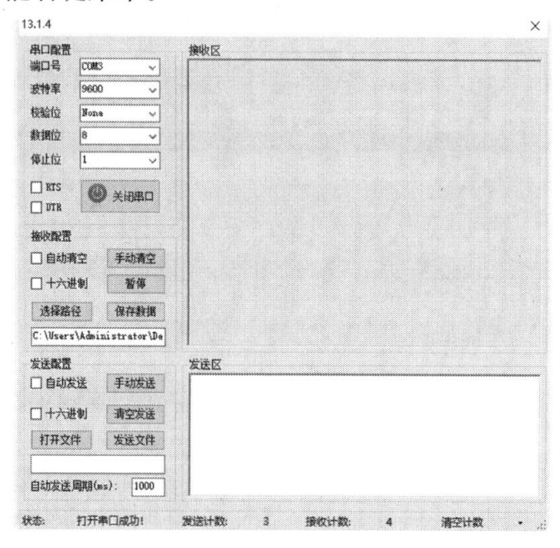

图 13.8　串口调试助手

13.2　网络通信

计算机程序能够互相联网、互相通信,这使一切都成为可能,这也是当今互联网存在的基础。那么程序是如何通过网络互相通信的呢? C#语言从一开始就是为互联网而设计的,它为实现程序的互相通信提供了许多有用的功能。本节主要介绍在 C#中实现网络通信的方式,包括 TCP 和 UDP,同时介绍编码解码以及 Socket 通信的概念。

13.2.1　编码和解码

在网络通信中,很多情况下,如 QQ 聊天,通信双方直接传递的都是字符信息。但是字符信息并不能够直接通过网络传输,这些字符集必须先转换成一个字节序列后才能够在网络中传输。第 7 章的文本文件读写中也介绍过字节序列和字符序列的转换过程,其实这就是编码和解码的概念。

(1)编码。将字符序列转换为字节序列的过程。

(2)解码。将编码的字节序列转换为字符序列的过程。

首先介绍字符集(Charset)的概念。字符集是一个系统支持的所有抽象字符的集合。字符是各种文字和符号的总称,包括各国家文字、标点符号、图形符号、数字等。常见的编码方式主要有以下三种。

(1)ASCII 字符集。ASCII(American Standard Code for Information Interchange,美国信

息交换标准代码)是基于拉丁字母的一套电脑编码系统,主要用于显示现代英语,是现今最通用的单字节编码系统(但是有被 Unicode 追上的迹象),并等同于国际标准 ISO/IEC 646。

(2)非 ASCII 字符集:由于 ASCII 字符集是针对英语设计的,因此在处理汉字等其他非拉丁语系的字符时,这种编码就不适用了。为解决这个问题,不同的国家和地区制定了自己编码标准。中国一般使用国标码,常用的有 GB2312—1980 编码和 GB18030—2000 编码,其中后一种编码汉字更多,是中国计算机系统必须遵循的基础性标准之一。

(3)Unicode 字符集。由于每个国家、语系都拥有独立的编码方式,同一个二进制数字可以被解释成不同的字符,因此要想打开一个文本文件,就必须知道它的编码方式,否则就可能出现乱码。为使国际信息交流更加方便,非营利机构统一码联盟制定和标准化了 Unicode 字符集,它使用 16 位的编码空间,也就是每个字符占用 2 个字节,这样理论上一共最多可以表示 2^{16}(即 65 536)个字符,基本可以满足各种语言的使用。

需要指出的是,Unicode 的实现方式不同于编码方式。一个字符的 Unicode 编码是确定的,但是在实际传输过程中,不同系统平台的设计不一定一致以及出于节省空间的目的,对 Unicode 编码的实现方式就会有所不同。例如,在 C#中字符默认都是 Unicode 码,即一个英文字符占两个字节,一个汉字也是两个字节,这对于能适应 ASCII 字符集表示的字符来说显得比较浪费。Unicode 的实现方式称为 Unicode 转换格式(Unicode Transformation Format,UTF)。目前流行的 UFT 格式包括 UTF-8、UTF-16 和 UTF-32 这三种。其中,UTF-8 编码是互联网上使用最广泛的一种 UTF 格式,这是一种变长编码,它将基本 7 位 ASCII 字符仍用 7 位编码表示,占用一个字节(首位补 0),而遇到与其他 Unicode 字符混合的情况,将按一定算法转换,每个字符使用 1~3 个字节编码,并利用首位为 0 或 1 进行识别,这样对以 7 位 ASCII 字符为主的西文文档来说就大大节省了编码长度。UTF-8 与字节顺序无关,它的字节顺序在所有系统中都是一样的,因此这种编码可以使排序变得很容易。

C#中提供了 Encoding 和 Decoder 类,分别对字符进行编码和对字节序列进行解码。通过使用它们,用户可以很方便地对字符和字节序列进行编码和解码操作。这样的编码与解码形式在网络通信过程中是经常用到的。

对不同编码的字节序列进行转换,原始字符串是"C#与虚拟仪器技术"。下面将对此字符串进行 GB18030 格式编码,然后再将其转换成 Unicode 字符集中的 UTF-8 编码字节序列。完整的代码如下:

```
static void Main(string[] args)
{
    //不同编码之间的转换
    string GB18030String = "C#与虚拟仪器技术";
    Console.WriteLine("需要转换的字符串:\n{0}\n",GB18030String);

    #region 对字符串进行 GB18030 格式编码
    //获取 gb18030 编码器
    Encoding gb18030Encoding = Encoding.GetEncoding("GB18030");
    //将字符串转换为 char 类型数组
```

```
    char[ ] chars = GB18030String.ToCharArray( );
    //根据获取的字节长度声明数组,存储编码后的字节
    byte[ ] gb18030Buffer = new byte[ gb18030Encoding.GetByteCount( chars) ];
    //获取 GB18030 编码的字节序列
    gb18030Buffer = gb18030Encoding.GetBytes( chars) ;
    Console.WriteLine("GB18030 编码的字节序列:\n{0} \n",
        BitConverter.ToString( gb18030Buffer) ) ;
    //将 GB18030 编码的字节序列转换成 UTF-8 编码的字节序列
    byte[ ] unicodeBuffer = Encoding.Convert( gb18030Encoding, Encoding.UTF8,
        gb18030Buffer) ;
    Console.WriteLine("UTF-8 编码的字节序列:\n{0} \n",
        BitConverter.ToString( unicodeBuffer) ) ;
    #endregion

    #region 将 GB18030 编码转换为 UTF-8 编码
    //获取 UTF-8 解码器
    Decoder utf8Decoder = Encoding.UTF8.GetDecoder( ) ;
    //获取解码为字符后字符数组的长度
    int utfCharsLength = utf8Decoder.GetCharCount( unicodeBuffer,0,
        unicodeBuffer.Length) ;
    //根据获取解码后的长度创建 char 数组
    char[ ] utfChars = new char[ utf8Decoder.GetCharCount( unicodeBuffer,0,
        unicodeBuffer.Length) ] ;
    //将 UTF-8 编码的字节序列转换为字符串
    utf8Decoder.GetChars( unicodeBuffer,0,unicodeBuffer.Length,utfChars,0) ;
    StringBuilder strBuilder = new StringBuilder( ) ;
    foreach (char ca in utfChars)
    {
        strBuilder.Append( ca) ;
    }
    Console.WriteLine("UTF-8 解码字符串:\n{0}",strBuilder.ToString( ) ) ;
    #endregion
}
```

程序的运行结果如下:

```
需要转换的字符串:
C#与虚拟仪器技术

GB18030 编码的字节序列:
43-23-D3-EB-D0-E9-C4-E2-D2-C7-C6-F7-BC-BC-CA-F5

UTF-8 编码的字节序列:
43-23-E4-B8-8E-E8-99-9A-E6-8B-9F-E4-BB-AA-E5-99-A8-E6-8A-80-E6-9C-AF

UTF-8 解码字符串:
C#与虚拟仪器技术
```

可以看到,在不同编码格式之间已经成功地进行了字符串的编码以及字节序列的解码工作。

13.2.2　网络通信中的基本概念

计算机网络由一组通过通信信道相互连接的计算机组成,它们之间的通信称为网络通信。网络通信与单机程序有着明显的区别,它能够与网络上其他计算机中运行的程序进行通信。不过在通信之前,需要知道计算机的地址。互联网使用 IP 地址来标识计算机的网络地址,并且每台计算机的 IP 地址都是唯一的,使用端口号来识别计算机上的不同进程,因此通过 IP 地址和端口号就可以唯一地标识网络上特定计算的特定进程。

除需要知道通信地址外,网络通信也需要遵循一定的规则,或者称为“协议”。网络层使用的协议是 IP 协议,目前广泛使用的是 IPv4 协议。网络层是以 IP 数据包的形式来传递数据的,IP 数据包包含头和数据。

在 IP 协议层之上是传输层,它提供了 TCP 协议和 UDP 协议这两种可选的协议。

(1)TCP 协议能够检测和恢复 IP 层提供的主机到主机的信道中可能发生的报文丢失、重复及其他错误。TCP 协议是一种面向连接协议,在使用它进行通信之前,两个应用程序之间要建立一个 TCP 连接,这涉及两台相互通信的主机间完成的握手消息的交换。

(2)UDP 协议并不尝试对 IP 层产生的错误进行修复,它仅简单拓展了 IP 协议,“尽力而为”的数据服务使它能够在应用程序之间工作,而不是在主机之间工作。使用 UDP 协议的应用程序需要对处理报文丢失、顺序混乱等问题做好准备。

在 TCP 和 UDP 这类具体协议层之上是 Socket(套接字),Socket 是支撑网络通信最基本的操作单元,可以将 Socket 看作不同主机之间的进程进行双向通信的端点,在一个双方都可以通信的 Socket 实例中,既保存了对方的 IP 地址和端口,也保持了双方通信采用的协议等信息。Socket 是一种抽象层,应用程序通过它来发送和接收数据,就像应用程序打开一个文件句柄,将数据读写到稳定的存储器上一样。

应用程序位于网络通信链路的最顶层,是用户与网络的接口,通过应用程序可以满足网络客户的应用需求。网络通信链路如图 13.9 所示。

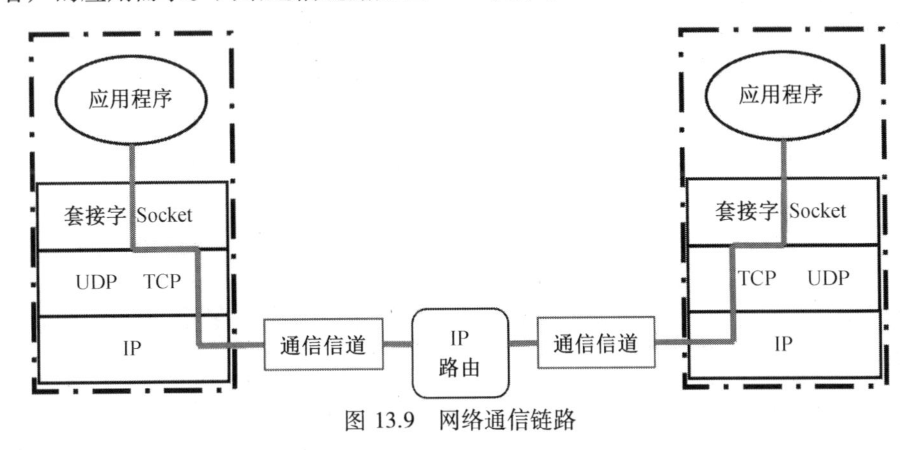

图 13.9　网络通信链路

C#在 System.Net.Socket 命名空间中提供了 Socket 类,利用该类用户可以直接编写 Socket 客户端和服务器端的程序。但是直接使用 Socket 类编写网络通信程序会比较麻烦,而且容易出错,所以.NET 为用户提供了进一步封装好的 TcpListener 类、TcpClient 类和 UdpClient 类来简化使用。

需要指出的是,这几个类同时提供了同步通信和异步通信两种方式。同步通信方式相对简单,但是在部分情况下可能会产生线程阻塞或程序卡死的现象,如客户端在发送请求之后必须等到服务器端回应之后才可以发送下一条请求;使用异步通信时,客户端请求之后不必等到服务器回应就可以发送下一条请求,不会阻塞主线程,可以提高用户体验,但是代码复杂度较高。在下面的小节中,只介绍同步通信模式。

13.2.3 TCP 通信

网际协议(IP)、用户数据报协议(UDP)和传输控制协议(TCP)是网络通信的基本工具。TCP/IP 这一名称来自于两个最著名的互联网协议集——传输控制协议和网际协议。通过 TCP/IP 可实现单个网络内部或互联网间的通信。TCP/IP 通信提供简单的用户界面,在降低复杂度的同时确保了网络通信的可靠性。对于大多数 I/O 通信来说,处理器总是发起与磁盘驱动服务器、外部仪器服务器或 DAQ 板卡服务器连接的客户端。通过 TCP/IP 连接,计算机可作为客户端或服务器。

TCP 的工作过程分为三个阶段,分别是建立连接、传输数据和断开连接。

(1)建立连接。TCP 建立连接需要通过 3 次握手信号才能最终完成,可以把这 3 次握手理解为发送一个检验包给对方然后互相确认,只有双方都接收到确认信号后连接才会建立起来,这些握手的步骤是在协议内部协议实现的,与上位机代码无关。

(2)传输数据。建立连接后,就可以通过通信信道传输数据了。TCP 协议中的数据是以字节流的形式存在的。发送方需要先将要发送的数据转换为字节流,然后才可以发送给对方。发送数据时,可以通过程序将数据流不断地写入 TCP 的发送缓冲区,然后 TCP 会自动从发送缓冲区中提取一定量的数据,将其组成 TCP 报文段发送到网络层,再通过网络层的网络接口发送出去。接收端从网络层收到 TCP 报文段后,会将其暂时保存在接收缓冲区,然后通过程序依次读取接收缓冲区中的数据,并完成整个通信过程。

(3)断开连接。数据发送完毕后,剩下的过程就是断开连接。

实现 TCP 通信的类库是 TcpListener 类和 TcpClient 类,它们都位于 System.Net.Sockets 命名空间中。TcpListener 类中主要的实例化有以下三种重载形式。

(1)TcpListener(IPEndPoint localEP)。使用指定的本地终结点初始化类的新实例。其中,IPEndPoint 为网络端点类,可以在 IPEndPoint 类实例化时指定 IP 地址和端口号。

(2)TcpListener(int port)。初始化在指定端口上侦听的类的新实例。

(3)TcpListener(IPAddress localaddr,int port)。在指定的本地 IP 地址和端口号上初始化类的新实例。

TcpListener 类主要的属性和方法见表 13.3。

表 13.3　TcpListener 类主要的属性和方法

属性			
序号	属性名称	数据类型	功能描述
1	Server	Socket	只读属性,获取基础网络
2	LocalEndpoint	EndPoint	只读属性,获取当前网络的连接终结点
3	Active	bool	是否已建立默认远程主机
4	ExclusiveAddre-ssUse	bool	是否只允许一个客户端使用端口

方法		
序号	方法名称	功能描述
1	Socket AcceptSocket( )	接受挂起的连接请求,返回套接字接口
2	TcpClient AcceptTcpClient( )	接受挂起的连接请求,返回 TCP 客户端
3	bool Pending( )	确定是否有挂起的连接请求
4	void Start( )	开始侦听传入的连接请求
5	void Start(int backlog)	启动对具有最大挂起连接数的传入连接请求的侦听
6	void Stop( )	关闭侦听器

TcpClient 类的实例化方式与刚才介绍的 TcpListener 类略有不同,有以下四种重载形式。

(1)TcpClient( )。不带参数的构造方法。

(2)TcpClient(IPEndPoint localEP)。使用指定的本地终结点初始化类的新实例。其中,IPEndPoint 为网络端点类,可以在 IPEndPoint 类实例化时指定 IP 地址和端口号。

(3)TcpClient(AddressFamily family)。使用指定的族初始化类的新实例。

(4)TcpClient(string hostname,int port)。初始化类的新实例并连接到指定主机上的指定端口。

TcpClient 类中主要的属性和方法见表 13.4。

表 13.4　TcpClient 类中主要的属性和方法

属性			
序号	属性名称	数据类型	功能描述
1	SendTimeout	int	等待发送操作成功完成的超时时间,单位为 ms
2	ReceiveTimeout	int	等待接收数据的超时时间,单位为 ms
3	SendBufferSize	int	获取或设置发送缓冲区的大小
4	ReceiveBufferSize	int	获取或设置接收缓冲区的大小
5	ExclusiveAddressUse	bool	是否只允许一个客户端使用端口
6	Connected	bool	是否已连接到远程主机

续表 13.4

属性			
序号	属性名称	数据类型	功能描述
7	Available	int	获取已经从网络接收且可供读取的数据量
8	Active	bool	指示是否已建立连接

方法		
序号	方法名称	功能描述
1	void Connect(IPAddress[ ] ipAddresses,int port)	使用指定 IP 地址和端口号将客户端连接到远程 TCP 主机
2	void Connect(IPEndPoint remoteEP)	使用指定远程网络终结点将客户端连接到远 TCP 主机
3	void Connect(IPAddress address,int port)	使用指定 IP 地址和端口号将客户端连接到 TCP 主机
4	void Connect(string hostname,int port)	将客户端连接到指定主机上的指定端口
5	NetworkStream GetStream( )	返回用于发送和接收数据的 NetworkStream 对象
6	Close( )	释放此 TcpClient 对象,并请求关闭基础 TCP 连接

TCP 通信程序的实现原理也遵循前面介绍的过程,客户端和服务器首先建立 TCP 连接,然后在此连接通道上相互传输数据。通信程序分为服务器端和客户端:在服务器端需要不断监听客户端的连接请求;而客户端则负责指定连接到哪个服务器,以及发送相应的连接请求。一旦双方建立了连接,就可以开始传输数据,从而完成通信。

演示刚才介绍的两个类的用法,为简化程序,服务器端只负责接收数据,客户端只负责发送数据。首先介绍 TCP 服务器端的代码实现,服务器端需要根据指定的 IP 地址和端口号建立对客户端的监听,然后调用 TcpListener 的 AcceptTcpClient( )方法来接收客户端的连接请求,该方法会返回客户端对象。利用该对象的 GetStream( )方法得到网络流,然后服务器端就可以从该网络流中读取数据了。代码如下:

```
// 开始监听
private void btnStart_Click(object sender,EventArgs e)
{
    try
    {
        tcpLister = new TcpListener(IPAddress.Parse(textBox_serverIP.Text),
            int.Parse(textBox_port.Text));
        tcpLister.Start();
        tcpClient = tcpLister.AcceptTcpClient();
        if (tcpClient != null)
        {
            networkStream = tcpClient.GetStream(); //获取网络流对象
```

```
                reader = new BinaryReader(networkStream); //从网络流中初始化读取对象
            }
        }
        catch (Exception ex)
        {
            MessageBox.Show(ex.Message);
        }
    }
```

接收消息的代码比较简单,通过 BinaryReader 对象的 ReadString( )方法从流中读取数据,再更新到界面上,代码如下:

```
private void button_receive_Click(object sender,EventArgs e)
{
    messageReceived = reader.ReadString();
    listBox_messageReceived.Items.Add(messageReceived);
}
```

接下来介绍 TCP 客户端的实现步骤。首先需要创建一个 TcpClient 对象,再调用该对象的 Connect( )方法与服务器建立连接,然后调用 TcpClient 对象的 GetSream( )方法得到网络流,利用该网络流与服务器进行数据传输。代码如下:

```
private void button_connect_Click(object sender,EventArgs e)
{
    try
    {
        tcpClient = new TcpClient();
        tcpClient.Connect(textBox_clientIP.Text,int.Parse(textBox_port.Text));
        if (tcpClient ! = null)
        {
            MessageBox.Show("连接成功");
            networkStream = tcpClient.GetStream();
            writer = new BinaryWriter(networkStream);
        }
    }
    catch(Exception ex)
    {
        MessageBox.Show("连接失败,请重试" + ex.Message);
    }
}
```

发送部分的代码比较简单,通过 BinaryWriter 的 Write( )方法向流中写入数据,代码如下:

```
private void btnSend_Click(object sender,EventArgs e)
{
    messageSend = textBox_messageSend.Text;
    if (messageSend ! = string.Empty)
```

```
        {
            writer.Write(messageSend);
            Thread.Sleep(500);
            writer.Flush();
        }
        textBox_messageSend.Clear();
    }
```

上述介绍中都省略了断开连接部分的代码,在断开连接之前需要先关闭读写流。代码的运行结果如图 13.10 所示,首先运行服务器端程序,点击“开始监听”按钮。启动监听后,如果客户端未发出连接请求,则服务器一直处于监听状态,直到收到客户端请求为止。接下来运行客户端程序,点击“连接服务器”按钮后会显示“连接成功”,这样就可以实现服务器和客户端的通信了。在客户端中发送写入的字符串,在服务器端点击“接收”按钮,就可以收到客户端发送的消息了。

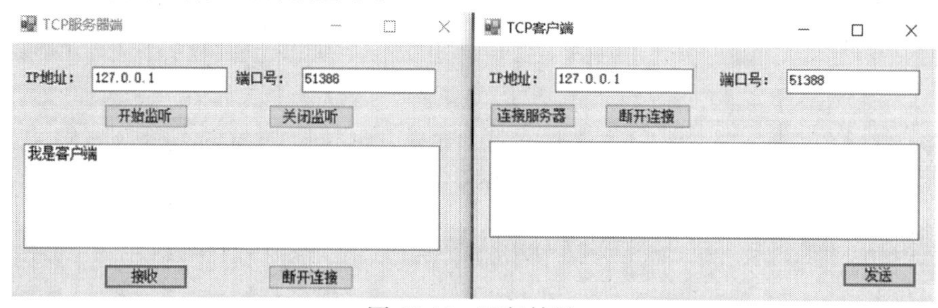

图 13.10　运行结果

13.2.4　SeeSharpTools 中的 TCP 类库

上一节中介绍了如何使用 C#中自带的 TCP 类库进行通信。由于这些类库只能支持字节和字符类型,而在数据采集应用中经常需要传递数组类型的数据,因此需要编程人员自己进行数据类型的转换,多有不便。而 SeeSharpTools 中也提供了进一步封装的 TCP 类库,在支持原有字符串传输的同时增加了对其他数据类型的支持。

SeeSharpTools.JY.TCP 命名空间中包含 JYTCPServer 和 JYTCPClient 两个类库,在创建对象的时候可以选择资料传输模式是字符串还是数据,服务器端的构造方法如下:

```
public JYTCPServer(int listenPort,ChannelDataType dataType,int bufferSize);
```

其中,第一个参数 listenPort 指的是监听的端口号;第二个参数 dataType 指传输资料类型,参数类型是枚举类型 ChannelDataType,有 DataStream 和 String 两种类型可选,默认值是 DataStream,而 DataStream 可以支持多种不同的数值型数据;第三个参数是缓冲区大小,默认值是 131 072。

客户端的构造方法如下,相比服务器端仅多了一个 IP 地址参数,如果使用本机,可以使用 localhost:

```
JYTCPClient(string ipAddress,int port,ChannelDataType dataType,int bufferSize);
```

JYTCPServer 类中主要的属性、方法和事件见表 13.5。其中,ReadDataStream( ) 和 SendDataStream( )方法支持多种数据类型,如字节数组、一维数组、二维数组等。

表 13.5　JYTCPServer 类中主要的属性、方法和事件

属性

序号	属性名称	数据类型	功能描述
1	BufferSize	int	服务器端的缓冲区大小
2	LocalIP	IPAddress	服务器端的 IP 地址
3	ConnectedClients	List <ClientInformation>	当前连接的所有客户端信息的集合

方法

序号	方法名称	功能描述
1	void Start( )	开始监听
2	void Stop( )	关闭监听
3	void ReadDataStream (ref double [,] Buf, TcpClient client)	读取指定客户端 DataStream 缓冲区中的一个二维数组数据
4	void ReadString (ref string Buf, TcpClient client)	读取指定客户端 String 缓冲区中的一个字符串
5	void SendDataStream (double [,] dataBuf, TcpClient client)	发送数据,client 为 null 是广播模式
6	void SendString (string dataBuf, TcpClient client)	发送字符串,client 为 null 是广播模式

事件

序号	事件名称	功能描述
1	ClientConnect ClientConnected	客户端建立连接事件
2	ClientDisconnect ClientDisconnected	客户端断开连接事件

JYTCPClient 类中的属性、方法和事件见表 13.6。

表 13.6　JYTCPClient 类的属性、方法和事件

属性

序号	属性名称	数据类型	功能描述
1	AvailableSamples	int	只读属性,客户端缓冲区可读元素个数
2	BufferSize	int	客户端的缓冲区大小
3	Connected	bool	是否已连接上服务器

方法

序号	方法名称	功能描述
1	void Connect( )	开始连接服务器
2	void DisConnect( )	断开服务器连接

续表 13.6

方法		
序号	方法名称	功能描述
3	void ReadDataStream(ref double[,] Buf)	从 DataStream 缓冲区读取二维数组数据
4	void ReadString(ref string Buf)	从 String 缓冲区读取一个字符串
5	void SendDataStream(double[,] dataBuf)	发送二维数组数据
6	void SendString(string dataBuf)	发送字符串数据

事件		
序号	事件名称	功能描述
1	EventHandler ServerDisconnected	服务器断线事件

类库的用法如下,程序同样分成客户端和服务器端两部分,其中客户端向服务器端发送指定的波形命令,如正弦波、方波或白噪声等,服务器端根据接收到的命令向客户端发送指定的波形,最后客户端接收波形并显示。

首先介绍客户端的代码实现,图 13.11 所示为 TCP 客户端界面,为方便演示,把 IP 设置为主机名称。客户端由于需要发送命令和接收数据,因此建立连接事件中主要是新建两个对象用于和服务器端的信息传递和数据传递,对象名称分别是 commandClient 和 dataClient,另外还注册了服务器断线事件。代码如下:

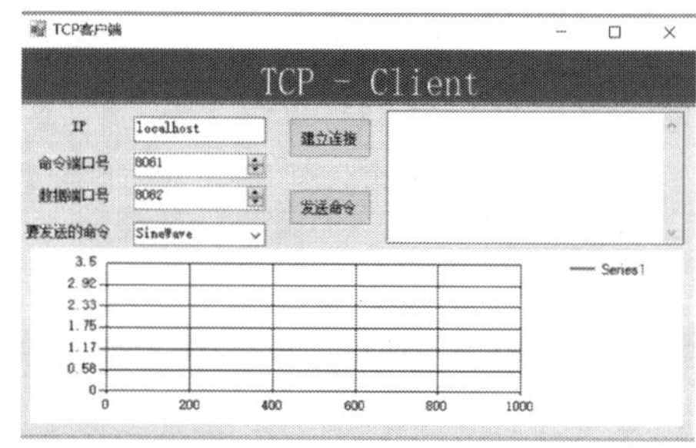

图 13.11　TCP 客户端界面

```
private void button_clientConnect_Click(object sender,EventArgs e)
{
    try
    {
        //开启客户端命令传送通道,并连接到服务器
        commandClient = new JYTCPClient(textBox_ipClient1.Text,
            (int)numericUpDown_cmdPortClient1.Value,ChannelDataType.String);
        commandClient.Connect();
        //注册服务器断线事件
        commandClient.ServerDisconnected += Client_ServerDisconnected;
        //开启客户端数据传送通道,并连接到服务器
        dataClient = new JYTCPClient(textBox_ipClient1.Text,
            (int)numericUpDown_dataportClient1.Value,ChannelDataType.DataStream);
        dataClient.Connect();
        textBox_clientInfo.Text += "IP:" + textBox_ipClient1.Text +
            " is Connected Successfully\r\n";
        timer1.Start();
```

```
    }
    catch (Exception ex)
    {
        MessageBox.Show("服务器连接失败!" + ex.Message);
        return;
    }
}
```

发送命令事件中的代码比较简单,向服务器端发送窗体上选择的命令,代码如下:

```
private void button_sendClient_Click(object sender,EventArgs e)
{
    //向服务器发送命令
    if (commandClient.Connected)
    {
        commandClient.SendString(string.Format("{0}:{1}","client",
            comboBox_command.Text));
    }
    textBox_clientInfo.Text += "发送:" + comboBox_command.Text + "\r\n";
}
```

定时器事件中主要是接收服务器端发来的数据并显示,代码如下:

```
private void timer1_Tick(object sender,EventArgs e)
{
    if (dataClient.Connected && dataClient.AvailableSamples > 0)
    {
        dataClient.ReadDataStream(ref readData);
        easyChartX1.Plot(readData);
    }
}
```

最后当服务器发生断线时,弹出对话框提示,代码如下:

```
private void Client_ServerDisconnected(object sender,EventArgs e)
{
    Invoke(new Action(() => { MessageBox.Show("服务器断线"); }));
}
```

TCP服务器端界面如图13.12所示,两个端口号要与客户端保持一致。开始监听事件的代码中新建了commandServer和dataServer这两个服务器端实例,分别用于传送命令和数据,然后注册了客户端连接和客户端断开连接这两个自定义事件,最后启动定时器。代码如下:

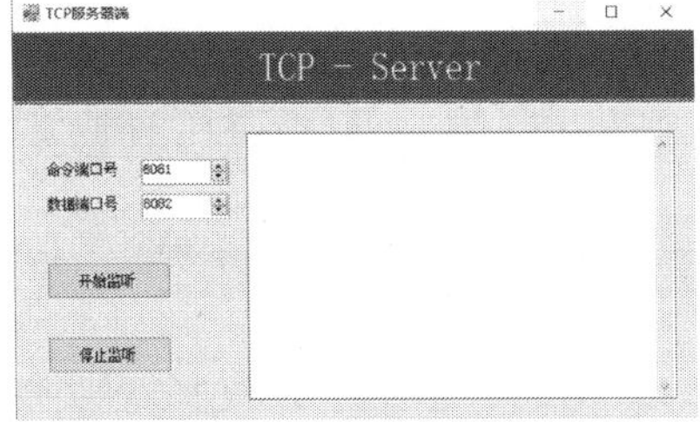

图13.12　TCP服务器端界面

```
private void button_serverStart_Click(object sender,EventArgs e)
{
    //实例化命令传送通道并开始监听
```

```
        commandServer = new JYTCPServer((int)numericUpDown_cmdPortServer.Value,
            ChannelDataType.String);
        commandServer.Start();
        //实例化数据传送通道并开始监听
        dataServer = new JYTCPServer((int)numericUpDown_serverDataPort.Value,
            ChannelDataType.DataStream);
        //注册客户端连接和客户端断开事件
        dataServer.ClientConnected += ClientConnected; ;
        dataServer.ClientDisconnected += ClientDisconnected;
        dataServer.Start();
        textBox_infomation.Text = string.Format("Listening on {0}...\r\n",
            dataServer.LocalIP.ToString());
        timer_server.Start();
    }
```

在定时器中主要进行接收命令和发送数据的操作,这里只考虑了只有一个客户端连接的情况,通过索引获得当前连接的客户端信息。如果有新命令到达,则解析其中的信息并向客户端发送对应的波形数据,否则继续发送上一个命令对应的数据。其中,clientCollection 是一个集合,保存客户端的连接状态信息。代码如下:

```
    private void timer_server_Tick(object sender,EventArgs e)
    {
        //是否已连接客户端
        if (commandServer.ConnectedClients.Count ! = 0)
        {
            var stringClient = commandServer.ConnectedClients[0];
            //当有命令传送到,根据命令生成相应的数据发送到客户端
            if (commandServer.ConnectedClients[0].AvailableSamples > 0)
            {
                commandServer.ReadString(ref waveformString,stringClient.Client);
                if (waveformString.Contains("SineWave"))
                {
                    Generation.SineWave(ref writeData,1,0,10);
                }
                if (waveformString.Contains("SquareWave"))
                {
                    Generation.SquareWave(ref writeData,1,50,10);
                }
                if (waveformString.Contains("WhiteNoise"))
                {
                    Generation.UniformWhiteNoise(ref writeData,1);
                }
                clientCollection[dataServer.ConnectedClients[0].Client] = true;
```

```
                dataServer.SendDataStream(writeData,dataServer.ConnectedClients[0].Client);
                textBox_infomation.Text += string.Format("【接收自{0}】{1}\r\n",
                    dataServer.ConnectedClients[0].Client.Client.LocalEndPoint,
                    waveformString);
            }
            //没有新命令到达,循环发送之前的数据
            else
            {
                if (clientCollection[dataServer.ConnectedClients[0].Client])
                {
                    dataServer.SendDataStream(writeData,
                        dataServer.ConnectedClients[0].Client);
                }
            }
        }
    }
```

在两个自定义事件中,根据客户端状态不同在集合中增加或删除客户端信息,并在界面上显示。代码如下:

```
// 客户端断开连接事件
private void ClientDisconnected(TcpClient clientInfo)
{
    Invoke(new Action(() =>
    {
        textBox_infomation.Text += string.Format("{0} is disconnected\r\n",
            clientInfo.Client.LocalEndPoint.ToString());
    }));
    clientCollection.Remove(clientInfo);
}

// 客户端建立连接事件
private void ClientConnected(TcpClient clientInfo)
{
    Invoke(new Action(() =>
    {
        textBox_infomation.Text += string.Format("{0} is connected\r\n",
            clientInfo.Client.LocalEndPoint.ToString());
    }));
    clientCollection.Add(clientInfo,false);
}
```

代码的运行结果如图 13.13 所示。打开服务器和客户端两个程序,先点击 server 界面的“开始监听”,然后点击 client 界面的“建立连接”,可以在各自界面的文本框中看到成功连接的信息。在 client 界面点击“发送命令”,可以立即接收到 server 发来的数据,选择不同的命令可以切换不同类型的波形。

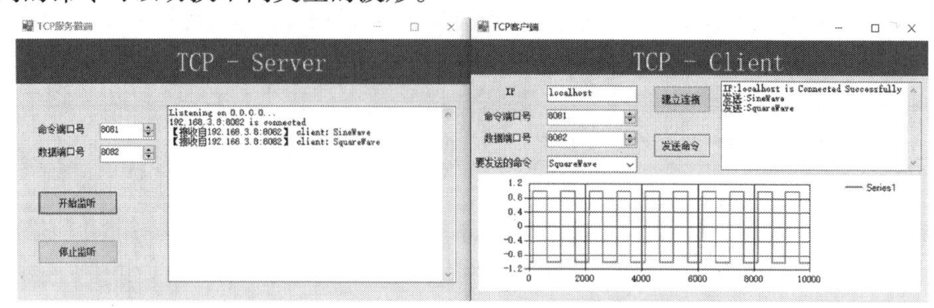

图 13.13 运行结果

13.2.5 UDP 通信

用户数据报协议(UDP)是基于 IP 网络层协议的传输层协议,它为终端系统(IP 主机)提供高效的数据报文传输服务。UDP 的缺点是不能保证信息的交付,也不能防止信息重复。此外,如果数据通过多个数据包发送,则可能无法按发送顺序到达接收设备。但 UDP 的简易性减少了传输协议的开销,对于一些应用程序来说足够了。计算机可以在没有率先建立到接收者的连接的情况下发送 UDP 数据包。计算机可以完成 UDP 报头中的相应字段,并可通过 IP 网络层传输将数据与报头一起转发。

通常,在更要求数据实时性、不注重数据可靠性的应用中使用 UDP。例如,在要求快速采集发送数据并可允许数据丢失的应用程序中使用 UDP 可能更好。另外,当构建一个多个客户同时监听的广播系统时,UDP 比 TCP 更有效率。通常来说,TCP 用于高可靠性数据传输,而 UDP 用于低开销传输。

UDP 的通信程序的实现步骤与 TCP 通信类似,只是不需要建立明确的连接和侦听过程。客户端仅用于侦听指定的 UDP 端口,以及接收传输至其端口的任何数据。C#中使用 UdpClient 类来完成 UDP 协议的数据收发,它的构造方法有多种重载形式,可以通过终结点、IP 地址、端口号、主机名的多种组合方式来创建客户端,使用方式很灵活。

(1)public UdpClient()。不带参数的构造方法。

(2)public UdpClient(AddressFamily family)。通过枚举 AddressFamily 创建实例。

(3)public UdpClient(int port)。从指定端口号创建实例。

(4)public UdpClient(IPEndPoint localEP)。通过本地终结点创建实例。

(5)public UdpClient(int port,AddressFamily family)。通过 AddressFamily 和端口号创建实例。

(6)public UdpClient(string hostname,int port)。通过主机名称和端口号创建实例,如果是本机可以设置为 localhost。

UdpClient 类中主要的属性和方法见表 13.5。

表 13.5　UdpClient 类中主要的属性和方法

属性			
序号	属性名称	数据类型	功能描述
1	Client	Socket	获取或设置基础网络
2	Available	int	只读属性,获取从网络接收的可读取的数据量
3	EnableBroadcast	bool	是否可以发送或接收广播数据包
4	Active	bool	是否已建立默认远程主机
5	ExclusiveAddre-ssUse	bool	是否只允许一个客户端使用端口
6	MulticastLoopback	bool	是否将输出多路广播数据包传递给发送应用程序

方法		
序号	方法名称	功能描述
1	void Connect(IPEndPoint endPoint)	使用指定的网络终结点建立默认远程主机
2	void Connect(string hostname,int port)	使用指定的主机名和端口号建立默认远程主机
3	void Connect(IPAddress addr,int port)	使用指定的 IP 地址和端口号建立默认远程主机
4	byte[ ] Receive(ref IPEndPoint remoteEP)	返回已由远程主机发送的 UDP 数据报
5	int Send (byte [ ] dgram, int bytes, IPEndPoint endPoint)	将 UDP 数据发送到位于指定远程终结点的主机
6	int Send(byte[ ] dgram,int bytes)	将 UDP 数据发送到远程主机
7	int Send (byte [ ] dgram, int bytes, string hostname,int port)	将 UDP 数据发送到指定远程主机上的指定端口
8	void Close( )	关闭 UDP 连接

使用 UdpClient 类进行通信的过程如下。程序中同时包含了发送和接收的功能,使用多线程的方式创建发送线程和接收线程。UDP 通信程序界面如图 13.14 所示。

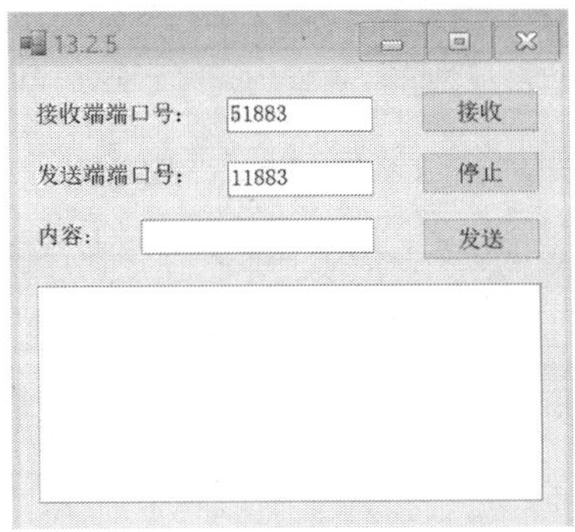

图 13.14　UDP 通信程序界面

代码分为接收和发送两部分,需要添加两行引用:

```
using System.Net.Sockets;
using System.Threading;
```

新建以下两个全局变量:

```
private UdpClient sendUdpClient; //发送客户端
private UdpClient receiveUpdClient; //接收客户端
```

接收部分的代码如下:

```
private void button_receive_Click(object sender,EventArgs e)
{
    //创建接收套接字,使用回环地址
    IPAddress localIp = IPAddress.Loopback;
    IPEndPoint localIpEndPoint = new IPEndPoint(localIp,int.Parse(textBox_localPort.Text));
    try
    {
        receiveUpdClient = new UdpClient(localIpEndPoint);
    }
    catch (Exception ex)
    {
        MessageBox.Show(ex.Message);
        return;
    }
    //创建消息接收线程并启动
    Thread receiveThread = new Thread(ReceiveMessage);
    receiveThread.Start();
    button_receive.Enabled = false;
    button_send.Enabled = false;
}
//接收消息方法
private void ReceiveMessage()
{
    //接收所有 IP 所有端口发送的数据
    IPEndPoint remoteIpEndPoint = new IPEndPoint(IPAddress.Any,0);
    while (true)
    {
        try
        {
            //关闭 receiveUpdClient 时会产生异常
            byte[] receiveBytes = receiveUpdClient.Receive(ref remoteIpEndPoint);
            string message = Encoding.Unicode.GetString(receiveBytes);
            //显示消息内容
            Invoke(new Action(() =>
```

```
            {
              listBox_message.Items.Add(string.Format("{0}[{1}]",remoteIpEndPoint,message));
                listBox_message.SelectedIndex = listBox_message.Items.Count - 1;
                listBox_message.ClearSelected();
            }));
        }
        catch (Exception)
        {
            break;
        }
    }
}
```

发送部分的代码如下：

```
private void button_send_Click(object sender,EventArgs e)
{
    if (textBox_messageSend.Text == string.Empty)
    {
        MessageBox.Show("发送内容不能为空","提示");
        return;
    }
    try
    {
        IPAddress localIp = IPAddress.Loopback;
        IPEndPoint localIpEndPoint = new IPEndPoint(localIp,int.Parse(textBox_localPort.Text));
        sendUdpClient = new UdpClient(localIpEndPoint);
    }
    catch (Exception ex)
    {
        MessageBox.Show(ex.Message);
        return;
    }
    Thread sendThread = new Thread(SendMessage);
    sendThread.Start();
}
//发送消息方法
private void SendMessage()
{
    string message = textBox_messageSend.Text;
    byte[] sendbytes = Encoding.Unicode.GetBytes(message);
    IPAddress remoteIp = IPAddress.Loopback;
    IPEndPoint remoteIpEndPoint = new IPEndPoint(remoteIp,int.Parse(textBox_sendtoPort.Text));
    sendUdpClient.Send(sendbytes,sendbytes.Length,remoteIpEndPoint);
```

```
        sendUdpClient.Close( ) ;
    }
```

停止部分的代码如下：

```
private void button_stop_Click( object sender,EventArgs e)
{
    isStopped = true;
    receiveUpdClient?.Close( ) ;
    button_receive.Enabled = true;
    button_send.Enabled = true;
}
```

图 13.15 所示为程序的运行结果。需要注意的是，若同时在本机运行服务端和客户端，则接收端和发送端需要使用不同端口，否则将引发冲突而报错。另外，端口号如果已经被占用也会通信失败。在程序路径下的 Debug 目录中找到可执行文件，双击文件运行该程序的三个进程，最左侧的进程作为接收端，接收消息的端口为 51883，另外两个进程作为发送端，发送端口分别是 11883 和 21883。由图 13.15 可以看到，接收端可以收到多个发送端发来的消息。

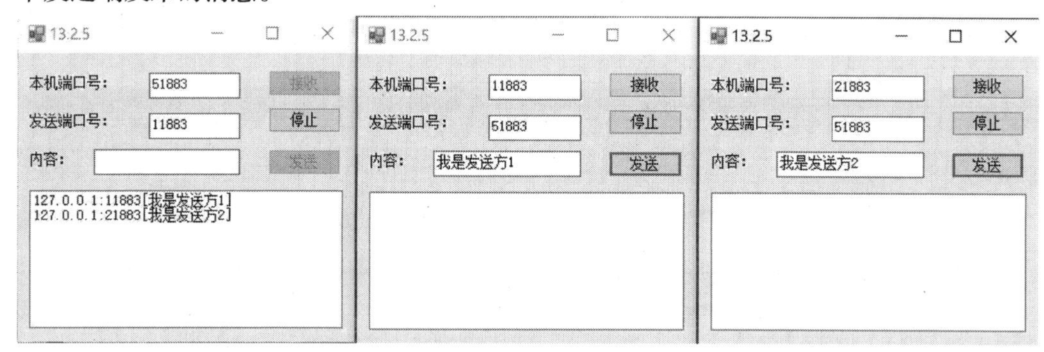

图 13.15　运行结果

13.3 Modbus 通信

Modbus 是一种工业协议，于 1979 年开发，旨在实现自动化设备之间的通信。Modbus 最初是作为通过串行层传输数据的应用级协议实现的，现已扩展到包括通过串行、TCP/IP 和用户数据报协议（UDP）的实现。Modbus 现已经成为工业领域通信协议的业界标准，并且是工业电子设备之间常用的连接方式，在实际使用中如果需要与 PLC 或其他智能设备连接并进行通信，对 Modbus 协议的掌握是必不可少的。本节将介绍如何在.NET 平台下实现 Modbus 协议，并通过串行和 TCP 完成通信过程。

13.3.1　Modbus 协议

Modbus 是使用主从关系实现的请求-响应协议，Modbus 的主从关系示意图如图13.16所示。在主从关系中，通信总是成对发生。一个设备必须发起请求，然后等待响应，并且发起设备（主设备）负责发起每次交互。通常主设备是人机界面（HMI）或监控和数据采集（SCADA）系统，从设备是传感器、可编程逻辑控制器（PLC）或可编程自动化控制器（PAC）。

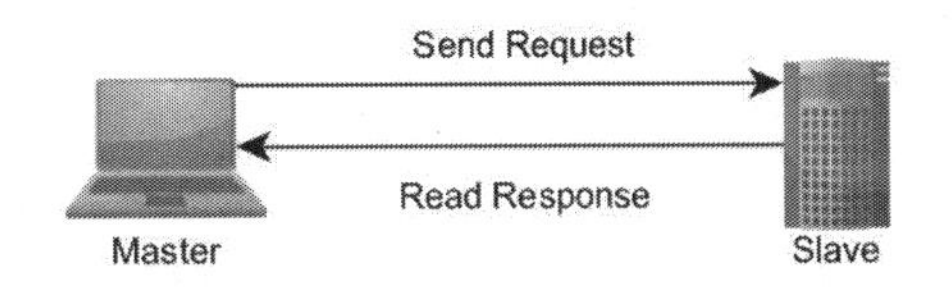

图 13.16　Modbus 的主从关系示意图

如果按照国际 ISO/OSI 的 7 层网络模型来说，标准 Modbus 协议定义了通信物理层、链路层及应用层，7 层网络模型中的 Modbus 协议如图 13.17 所示，每层的定义如下。

（1）物理层。定义了基于 RS-232 和 RS-485 的异步串行通信规范。

（2）链路层。规定了基于站号识别、主/从方式的介质访问控制。

（3）应用层。规定了信息规范（或报文格式）及通信服务功能。

OSI参考模型	Modbus协议
应用层	Modbus报文格式
表示层	表示层
会话层	会话层
传输层	传输层
网络层	网络层
数据链路层	Modbus主/从
物理层	RS232/485/TCP

图 13.17　7 层网络模型中的 Modbus 协议

在最初的做法中，Modbus 是建立在串行端口之上的单一协议，因此它不能被分成多个层。随着时间的推移，该协议引入了不同的应用程序数据单元来更改串行通信使用的数据包格式，及允许使用 TCP/IP 和用户数据报协议（UDP）网络，这实现了定义协议数据单元（PDU）的核心协议和定义应用数据单元（ADU）的网络层的分离。

目前很多 Modbus 设备的物理层都是基于 RS-232/RS-485，也有只使用 Modbus 的应用层（信息规范），而底层使用其他通信协议，如使用 TCP/IP 和 UDP 的 Modbus 网络，或者使用无线扩频通信 Modbus 网络等。

13.3.2　协议数据单元（PDU）

PDU 及其处理代码构成了 Modbus 应用协议规范的核心。该规范定义了 PDU 的格式、协议使用的各种数据概念、如何使用功能代码访问数据，以及每个功能代码的具体实现和限制。Modbus PDU 格式被定义为一个功能代码，后面跟着一组关联的数据。该数据的大小和内容由功能代码定义，整个 PDU 功能代码和数据的大小不能超过 253 个字节。每个功能代码都有一个特定的行为，从设备可以根据所需的应用程序行为灵活地实现这些行为。PDU 规范定义了数据访问和操作的核心概念，但是从设备可能会以规范中未明确定义的方式处理数据。

通常，Modbus 可访问的数据存储在以下四个存储区或地址范围的其中一个：线圈、输入线圈、输入寄存器和保持寄存器。这些数据库定义了所包含数据的类型和访问权限。从设备可以直接访问这些数据，因为这些数据由设备本地托管。Modbus 可访问的数据通常是设备主存存储器的一个子集。

Modbus 协议将每个存储区定义为包含多达 65 536 个元素的地址空间。在 PDU 的定义中，每个数据元素的地址范围为 0~65 535。但是，每个数据元素的编号为 1~n，其中 n 的最大值为 65 536。也就是说，线圈状态 1 位于地址 0 的线圈状态区块中，而保持寄存器 54 在内存部分中的地址是 53。

虽然规范将不同的数据类型定义为存在于不同的存储区中，并为每种类型分配一个本地地址范围，但这并不一定会转化为用于记录或理解给定设备的 Modbus 可访问内存的直观编址方案。为简化对存储区位置的理解，现引入了一种编号方案，将前缀添加到所讨论的数据的地址中。例如，设备手册不会引用地址 13 寄存器 14 的数据项，而是引用地址 4 014、40 014 或 400 014 的数据项。在任何情况下，第一个数字都是 4，表示保持寄存器，剩余数字则表示指定地址。4×××、4××××和 4×××××的区别取决于设备使用的地址空间。如果所有 65 536 个寄存器都在使用中，应该使用 4×××××符号，因为其允许范围为 400 001~465 536。如果只使用几个寄存器，通常的做法是使用范围 4 001 到 4 999。所有存储区的标识和地址范围见表 13.6，其中最大地址范围××××都是与设备相关的。

表 13.6　所有存储区的标识和地址范围

存储区标识	名称	类型	读/写	存储单元位置
0××××	线圈	位	读/写	00001~0××××
1××××	输入线圈	位	只读	10001~1××××
3××××	输入寄存器	字节	只读	30001~3××××
4××××	保持/输出寄存器	字节	读/写	40001~4××××

这里需要指出的是线圈表达其实是布尔量数值，操作类似数字 I/O 的方式，其中地址 0××××既可以读取又可以写入，只要控制的是 DO 的状态，可以控制线圈的开合。但是地址 1××××则是只读的，主要是来读取线圈的状态的，主要读取的是 DI 的状态。地址 3××××是输入寄存器，这也是只读的，可以读取设备中的数值，如设备读到的温度数值、电压数值等，类似于读取 AI 操作。地址 4××××是保持/输出寄存器，也是在设备中最常用的寄存器，既可以读取一些模拟数值，也可以写入模拟数值做一些操作，类似于 AO 输出操

作,如阀门打开的程度。

与数据模型可能因设备而异不同,功能代码及其数据由标准明确定义,每个功能都遵循一种模式。首先从设备会验证功能代码、数据地址和数据范围等输入,然后执行所请求的操作并发送与代码相符的响应。如果此过程中的任何步骤失败,则会向请求程序返回异常。这些请求的数据传输称为 PDU。PDU 由一个单字节的功能代码组成,后面跟着多达 252 字节的针对特定函数的数据。PDU 格式如图 13.18 所示。

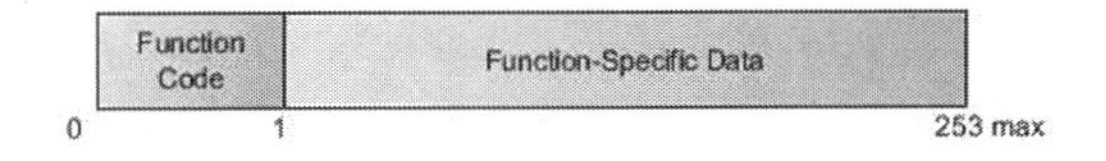

图 13.18 PDU 格式

功能代码是第一个需要验证的项。如果功能代码没有被接收到请求的设备识别,则会回应一个异常;如果功能代码被接受,则从设备根据功能定义开始分解数据。由于数据包大小限制为 253 字节,因此设备可传输的数据量有限。最常见的功能代码是 240~250 字节的从设备数据模型数据,具体取决于代码。每个标准功能代码的定义都包含在设备的说明书中。即使对于最常见的功能代码,在主设备上启用的功能与从设备可以处理的功能之间也存在不可避免的不匹配。建议任何文档都遵循测试规范,并根据其支持的代码而不是传统分类来定义它们的一致性。四种存储区中常用的功能代码。

表 13.7 四种存储区中常用的功能代码

分类	数据类型	读/写	存储地址	对应的使用的功能代码
线圈	位	读/写	00001~0××××	0x01 读一组逻辑线圈 0x05 写单个线圈 0x0f 写多个线圈
输入线圈/ 离散量线圈	位	只读	10001~1××××	0x02 读一组开关输入
输入寄存器	字节	只读	30001~3××××	0x04 读一个或多个输入寄存器
保持寄存器	字节	读/写	40001~4××××	0x03 读一个或多个保持寄存器 0x06 写单个保持寄存器 0x10 写多个保持寄存器

最后介绍下异常。从设备使用异常来指示各种不良状况,如错误请求或错误输入。此外,异常也可以作为对无效请求的应用程序级响应。从设备不响应发出异常的请求。相反,从设备忽略不完整或损坏的请求,并开始等待新的消息传入。异常以定义好的数据包格式报告给用户。异常响应包括一个异常代码来代替与给定函数响应相关的正常数据,四种最常见的异常代码是 01、02、03 和 04。常用 Modbus 异常代码和含义见表 13.8。

表 13.8　常用 Modbus 异常代码和含义

异常代码	含义
01	不支持接收到功能代码。要确认原始功能代码，请从返回值中减去 0x80
02	尝试访问的请求是一个无效地址。在标准中，只有起始地址和请求的数值超过 216 时才会发生这种情况。但是，有些设备可能会限制其数据模型中的地址空间
03	请求包含不正确的数据。在某些情况下，这意味着参数不匹配，如发送的寄存器的数量与“字节数”字段之间的参数不匹配。更常见的情况是，主机请求的数据比从机或协议允许的要多。例如，主设备一次只能读取 125 个保持寄存器，而资源受限的设备可能会将此值限制为更少的寄存器
04	尝试处理请求时发生不可恢复的错误。这是一个异常的代码，表示请求有效，但从设备无法执行该请求

13.3.3　应用数据单元（ADU）

除 Modbus 协议的 PDU 核心定义的功能外，Modbus 通信还可以使用多种网络协议。最常见的协议是串行和 TCP/IP，也可以使用其他协议，如 UDP。为在这些层之间传输 Modbus 所需的数据，Modbus 包含一组适用于每种网络协议的 ADU。

Modbus 需要某些功能来提供可靠的通信。ADU 格式中包含单元 ID 或地址，为应用层提供路由信息。每个 ADU 都带有一个完整的 PDU，其中包含给定请求的功能代码和相关数据。为了可靠性，每条消息都包含错误检查信息。最后，所有的 ADU 都提供了一种机制来确定请求帧的开始和结束，但实现这些机制的方式各不相同。

ADU 的三种标准格式是 TCP、远程终端单元（RTU）和 ASCII。RTU 和 ASCII ADU 通常用于串行线路并且二者之间不能混用，而 TCP 则用于现代 TCP/IP 或 UDP/IP 网络。

TCP ADU 由 Modbus 应用协议（MBAP）报文头和 Modbus PDU 组成。MBAP 是一个通用的报文头，依赖于可靠的网络层。TCP ADU 的报文格式（包括报文头）如图 13.19 所示，每部分的介绍如下。

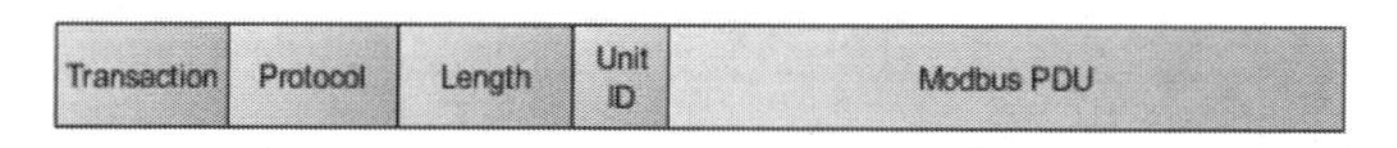

图 13.19　TCP ADU 的报文格式（包括报文头）

（1）报文头的数据字段代表其用途。首先它包含一个事务处理标识符，这有助于网络允许同时发生多个未处理的请求。也就是说，主设备可以发送请求 1、2、3。在稍后的时间点，从设备可以以 2、1、3 的顺序进行响应，并且主设备可以将请求匹配到响应并准确解析数据，这对以太网网络很有用。

（2）协议标识符通常为零，但可以用它来扩展协议的行为。协议使用长度字段来描述数据包其余部分的长度。这个协议标识符的位置也表明这个报文头格式在可靠的网络层上的依赖关系。由于 TCP 数据包具有内置的错误检查功能，可确保数据一致性和传送，因此数据包长度可位于报文头的任何位置。在可靠性较差的网络上（如串行网络），数据包可能会丢失,其影响是即使应用程序读取的数据流包含有效的事务处理和协议信息,长度信息的损坏也会使报文头无效。TCP 为这种情况提供了适当的保护。

(3)单元 ID 通常不在 TCP/IP 设备中使用。但是,Modbus 是一种常见的协议,因此通常会开发一些网关来将 Modbus 协议转换为另一种协议。在最初的预期应用中,Modbus TCP/IP 转串行网关用于连接新的 TCP/IP 网络和旧的串行网络,这时单元 ID 用于确定 PDU 对应的从设备的地址。

(4)最后,ADU 包含一个 PDU。对于标准协议来说,PDU 的长度仍限制为 253 字节。

RTU ADU 的报文格式看起来要简单得多,如图 13.20 所示。与较为复杂的 TCP/IP ADU 不同的是,除核心 PDU 外,该 ADU 仅包含两条信息。首先,地址用于定义 PDU 对应的从设备。在大多数网络中,地址 0 定义的是“广播”地址。也就是说,主设备可以发送输出命令到地址 0,而所有从设备应处理该请求,但是不做出任何响应。除这个地址外,CRC 用于确保数据的完整性。最后,数据包的首尾包含一对 3.5 个字符表示的沉默时间(silent time),即总线上没有通信的时段,或者可以认为是报文间隔时间。对于 9 600 的波特率,这个速率大约是 4 ms。该标准定义了一个最小沉默长度,无论波特率如何,都低于 2 ms。

图 13.20　RTU ADU 的报文格式

ASCII ADU 的报文格式比 RTU 更复杂,它为每个数据包定义了一个明确且唯一的开始和结束,如图 13.21 所示。每个数据包以":"开始并以回车(CR)和换行符(LF)结束。因此,通过 13.1 节中介绍的串口类库可以轻松读取缓冲区中的数据,直到收到特定字符 CR/LF 为止。这些特性有助于在现代应用程序代码中有效地处理串行线路上的数据流。

0x3A ":"	Address (ASCII)	Modbus PDU (ASCII)	LRC (ASCII)	0x0D CR	0x0A LF

图 13.21　ASCII ADU 的报文格式

ASCII ADU 的缺点是所有数据都以 ASCII 编码的十六进制字符进行传输。也就是说,针对功能代码 3(0x03)发送的不是单个字节,而是发送 ASCII 字符“0”和“3”,这使协议更具可读性,但也意味着必须通过串行网络传输两倍的数据,并且发送和接收应用程序必须能够解析 ASCII 值。

除串行和 TCP 外,Modbus 还可以在许多网络层上运行。一个可能的实现是 UDP,因为它适合于 Modbus 通信风格。Modbus 本质上是基于消息的协议,因此 UDP 能够发送明确定义的信息包,而不需要任何额外的应用程序级信息,如起始字符或长度,这使得 Modbus 非常易于实现。Modbus PDU 数据包可以使用标准的 UDP API 发送,不需要额外的 ADU 或重新使用现有的 ADU,并由另一端完全接收。建议的做法是在 UDP 网络层上使用 TCP/IP ADU。

13.3.4 开源类库 NModbus4

Modbus 协议的应用层是对底层实际发送数据格式进行了编码,可以看到这个数据格式是字节类型,只要了解每个字节代表含义就可以完成解码,得到想要的数据。本节将会介绍使用开源类库 NModbus4 来轻松完成 Modbus 应用层的工作。NModBus4 项目的 GitHub 地址为 https://github.com/NModbus4/NModbus4,支持 TCP、UDP、RTU 等 Modbus 协议,可用于对 Modbus 从设备的连接和通信。

先简单介绍一下 NModbus4 类库的重要方法,见表 13.9。

表 13.9　NModbus4 类的重要方法

序号	方法名称	功能描述	功能码
1	bool [ ] ReadCoils (ushort startAddress, ushort numberOfPoints)	读从站输出线圈 0×××× 状态(读取 DO 值)	01H
2	bool [ ] ReadInputs (ushort startAddress, ushort numberOfPoints)	读从站输入线圈 1×××× 状态(读取 DI 值)	02H
3	ushort [ ] ReadHoldingRegisters (ushort startAddress, ushort numberOfPoints)	读从站保持寄存器 4××××值(读取 AO 值)	03H
4	ushort [ ] ReadInputRegisters (ushort startAddress, ushort numberOfPoints)	读从站输入寄存器 3×××× 值(读取 AI 值)	04H
5	void WriteSingleCoil (ushort coilAddress, bool value)	写从站中的输出线圈 0××××状态,单一值(写入 DO 值)	05H
6	void WriteSingleRegister (ushort registerAddress, ushort value)	写从站中的保持寄存器 4××××状态,单一值(写入 AO 值)	06H
7	void WriteMultipleCoils (ushort startAddress, bool[ ] data)	写从站中的输出线圈 0××××状态,多个值(写入 DO 值)	0FH
8	void WriteMultipleRegisters (ushort startAddress, ushort[ ] data)	写从站中的保持寄存器 4××××状态,多个值(写入 AO 值)	10H

利用这些方法可以完成对 Modbus 所有的应用层操作,实现完整的 Modbus 协议层编写,而不需要管物理层的事情,包括读取/写入线圈,读取/写入寄存器等。下面介绍两个具体的实例,一个基于串口,另外一个基于 TCP。

1.基于串口的 Modbus 实现

编写一个基于串口的 Modbus 程序,基本上集成了 Modbus 常用的功能,串口 Modbus 程序界面如图 13.22 所示。

为验证 Modbus 程序的功能,可以安装 Modbus Slave 这款测试 Modbus 协议的软件,它可以仿真从站设备。在 Modbus Slave 中配置 Modbus 串口信息如图 13.23 所示,图中配置了 Modbus 串口信息,包括波特率校验位等。

在 Modbus Slave 中配置从站功能如图 13.24 所示，对从站功能进行配置，配置位开启保持寄存器(4××××)，寄存器可读可写。

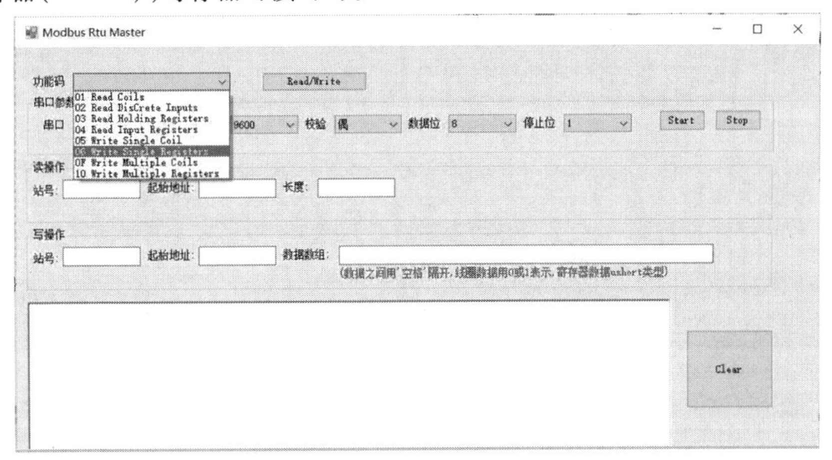

图 13.22　串口 Modbus 程序界面

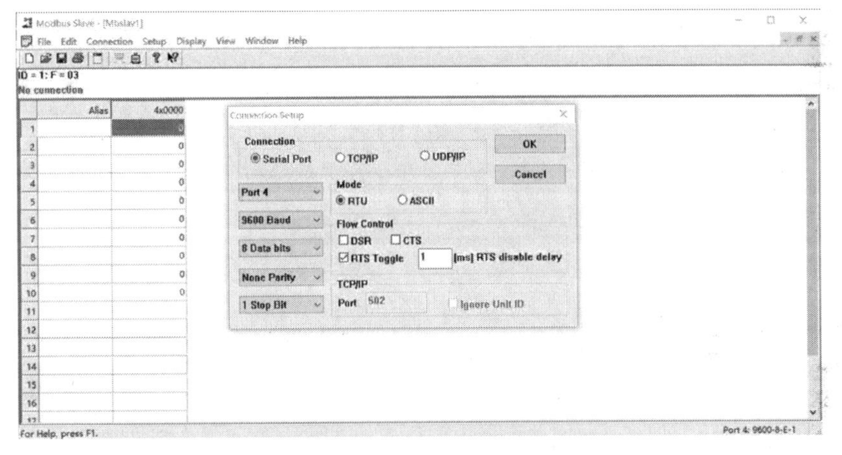

图 13.23　在 Modbus Slave 中配置 Modbus 串口信息

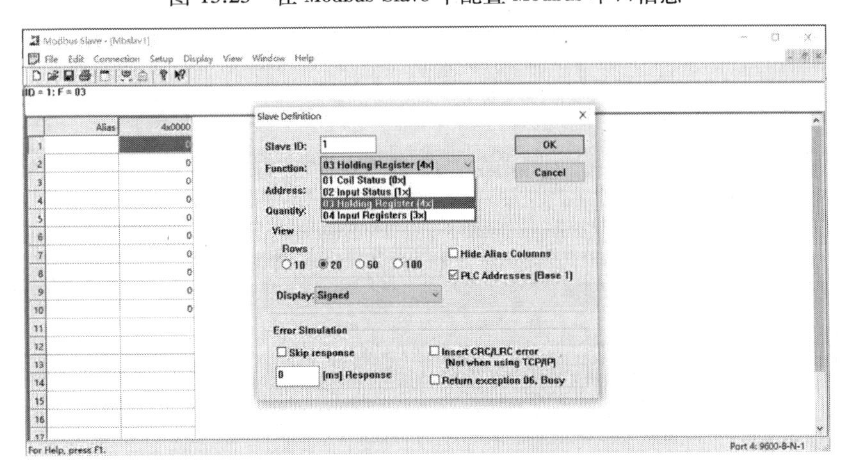

图 13.24　在 Modbus Slave 中配置从站功能

打开实例程序,配置好串口选项,与 Modbus Slave 保持一致,然后打开串口。在功能码中选择“10H-写入多个保持寄存器”,从站号 1,起始地址 0,输入需要写入的数据用空格隔开。点击执行按钮“Read/Write”后,可以在 Modbus Slave 看到这几个地址的寄存器已经被修改了。写入数据到多个寄存器如图 13.25 所示。

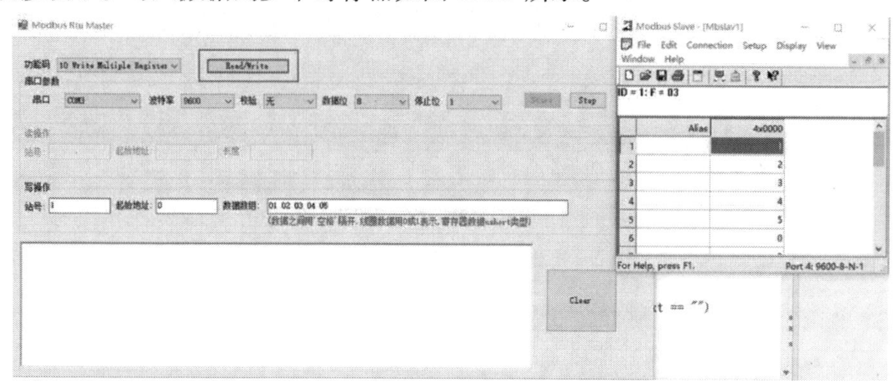

图 13.25　写入数据到多个寄存器

在功能码中选择“03H-读取多个保持寄存器”,从站号 1,起始地址 0,读取长度为 5。点击执行按钮“Read/Write”后,可以在 demo 程序中看到已经将这几个数据读取出来了。从多个保持寄存器中读取数据如图 13.26 所示。

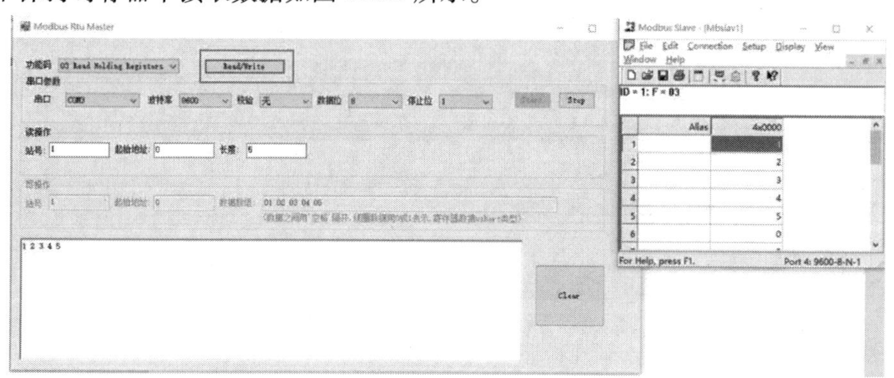

图 13.26　从多个保持寄存器中读取数据

2.基于 TCP 的 Modbus 实现

基于 TCP 的 Modbus 协议实现如下,同样也集成了 Modbus 常用的功能。TCP Modbus 程序界面如图 13.27 所示。

由于每个从站设备都相当于服务器,因此首先要配置好从站设备,在连接建立上选择 TCP/IP 模式,并且设置空闲端口号。在 Modbus Slave 中配置 Modbus TCP/IP 信息如图 13.28所示。

然后配置从站功能,当前配置位开启保持寄存器(4××××),寄存器可读可写功能。打开实例程序,IP 地址选择 127.0.0.1,即本机的 IP 回环地址,同时选择端口号为 502,点击“开始”按钮。在功能码中选择“10H-写入多个保持寄存器”,从站号 1,起始地址 0,输入需要写入的数据用空格隔开。点击执行按钮“Read/Write”后,可以在 Modbus Slave 看到这几个地址的寄存器已经被修改了。写入数据到多个寄存器如图 13.29 所示。

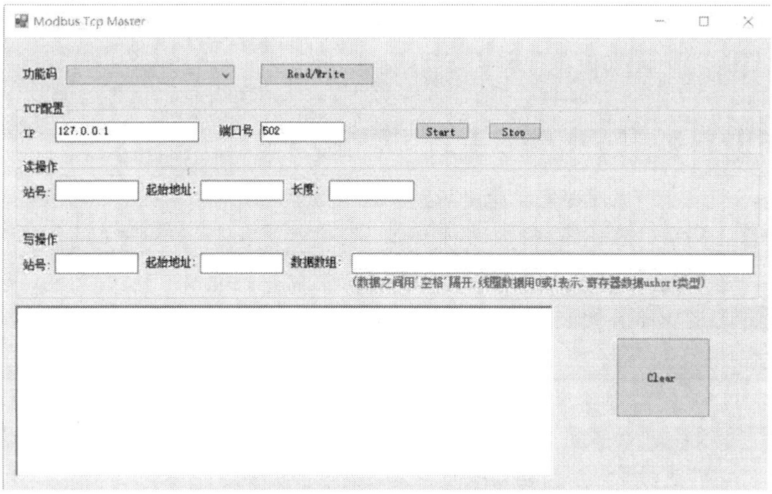

图 13.27　TCP Modbus 程序界面

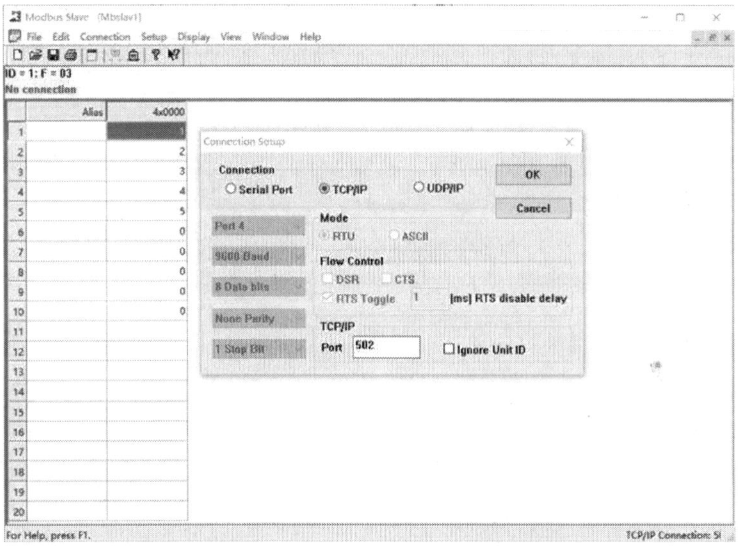

图 13.28　在 Modbus Slave 中配置 Modbus TCP/IP 信息

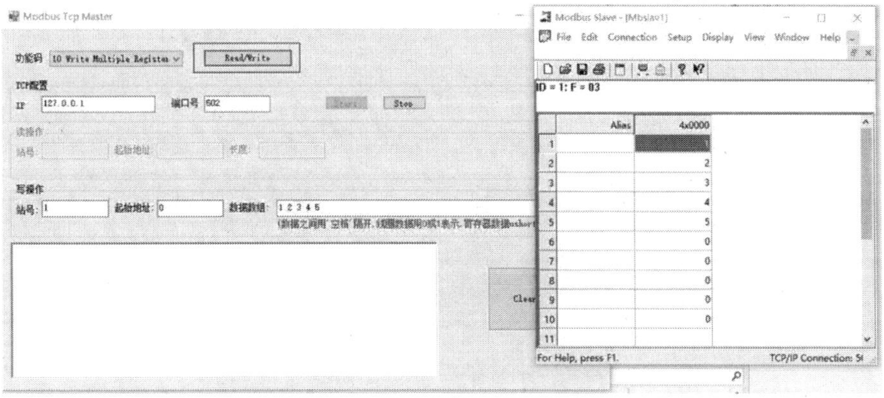

图 13.29　写入数据到多个寄存器

在功能码中选择“03H-读取多个保持寄存器”,从站号 1,起始地址 0,读取长度为 5。点击执行按钮“Read/Write”后,可以在 demo 程序中看到已经将这几个数据读取出来了。从多个保持寄存器中读取数据如图 13.30 所示。

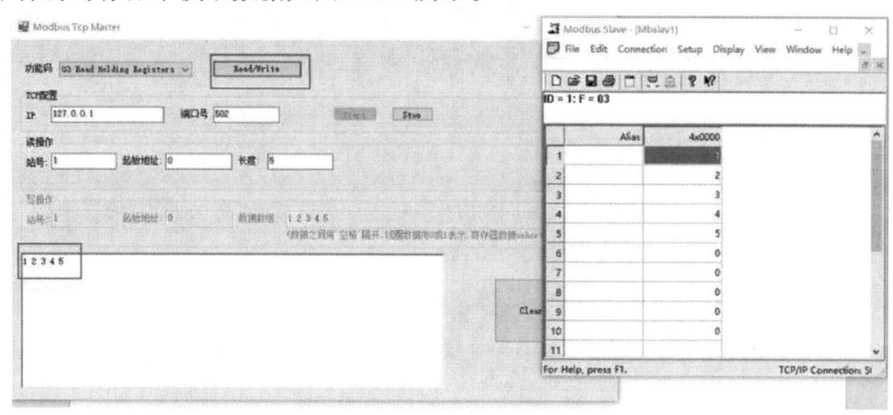

图 13.30　从多个保持寄存器中读取数据

第 14 章　数据库连接与 Office 报表生成

任何一个应用程序都离不开数据的存储，数据可以在内存中存储，但只能在程序运行时读取，无法长久保存。数据还可以在本地磁盘中以文件的形式存储，第 8 章中介绍了很多文件操作，如读写二进制文件、文本文件和 mat 文件等，这些都是非常方便存储采集信号数据的文件类型，在文件操作上有极高的效率，但这种方式对于文件的管理和查找会十分烦琐，并且无法胜任大数据量的存储。

相比较而言，数据库存储效率并不高，每秒数千上万条记录已经接近极限了，但是数据库也有其他得天独厚的优势，如极强的数据管理和查询功能、比本地磁盘更大的存储容量等。在测试测量中，很多中低速的数据采集应用都可以将数据直接存储到数据库中。对于某些高速采集，也可以借助本地磁盘先进行数据的缓存，然后再上传到数据库中。因此，将数据存储到数据库中是在应用程序中长久存储数据的常用方式。

本章主要介绍在 C#中如何实现连接数据库及操作数据库中数据的功能。除此之外，还介绍如何对 Microsoft Office 组件中的 Word 和 Excel 进行读写和生成报表。

14.1　数　据　库

数据库连接工具可以对数据库进行管理编辑，具有强大的管理查询功能。在很多测试和工业控制领域，数据库在保存特征值及低速原始数据时是很常用的。C#语言中提供了 ADO.NET 组件来实现连接数据库及操作数据库中数据的功能。

14.1.1　ADO.NET 概述

在 C#语言中，ADO.NET 是在 ADO 的基础上发展起来的。ADO（Active Data Object）是一个 COM 组件类库，用于访问数据库，而 ADO.NET 是在.NET 平台上访问数据库的组件。ADO.NET 是以 ODBC（Open Database Connectivity）技术的方式来访问数据库的一种技术，ADO.NET 中的常用命名空间如图 14.1所示。针对不同的数据库类型，用户需要引用不同的命名空间，然后通过调用其中的方法对指定的数据库进行访问。SQL、

命名空间	数据提供程序
System.Data.SqlClient	Microsoft SQL Server
System.Data.Odbc	ODBC
System.Data.OracleClient	Oracle
System.Data.OleDb	OLE DB

图 14.1　ADO.NET 中的常用命名空间

OLE DB 和 ODBC 数据库都提供了极为类似的接口去访问数据库中的信息。

在使用 ADO.NET 进行数据库操作时通常会用到四个类,它们都位于 System.Data.Common 命名空间中。ADO.NET 中的常用类库如图 14.2 所示。这四个类是针对所有数据库的 Connection、Command、DataReader 及 DataAdapter 四类,它们对应的抽象类分别是 DbConnection、DbCommand、DbDataReader 及 DbDataAdapter,在这些抽象类中定义了针对所有数据库的通用方法和属性。这些通用的方法和属性不仅存在于.NET Framework 中微软提供的针对 ODBC、OleDB、Oracle、SQL Server 类中,数据库厂商单独提供的 ADO.NET 类中也需要提供这些方法和属性给开发人员。除此之外,在 System.Data.Common 命名空间下还提供了两个类:一个是 DbProviderFactories,另一个是 DbProviderFactory。DbProviderFactories 类提供的方法有两个,GetFactoryClasses()方法返回在系统中注册的 DbProviderFactory 类,GetFactory()的两个重载方法都是返回一个指定的 DbProviderFactory 抽象类。在 DbProviderFactory 类中定义了创建 DbConnection、DbCommand、DbDataAdapter 及 DbDataReader 的方法,而不同的数据库访问类程序集中都提供了对 DbProviderFactory 这个抽象类的实现(包括所有由数据库厂商提供的 ADO.NET 类)。

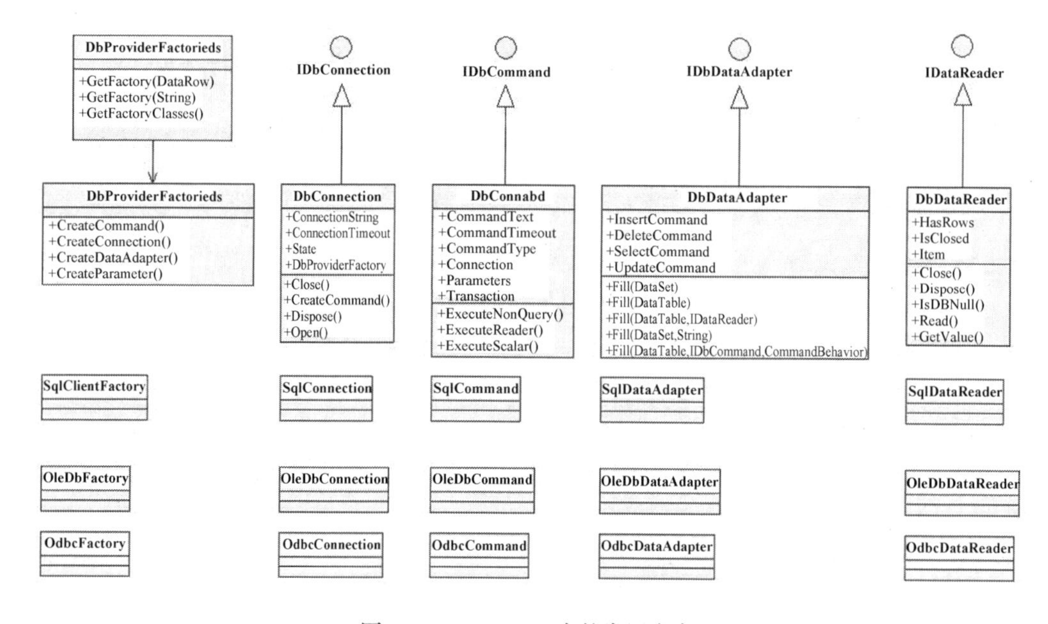

图 14.2　ADO.NET 中的常用类库

1.Connection 类

Connection 类主要用于数据库中建立连接和断开连接的操作,并且能通过该类获取当前数据库连接的状态。使用 Connection 类根据数据库的连接字符串能连接任意数据库,如 SQL Server、Oracle、MySQL、Microsoft Access 等。但是在.NET 平台下,由于提供了一个 SQL Server 数据库,并额外提供了一些操作菜单便于操作,因此推荐使用 SQL Server 数据库。

2.Command 类

Command 类主要对数据库执行增加、删除、修改及查询的操作,可以在 Command 类的对象中传入不同的 SQL 语句,并调用相应的方法来执行 SQL 语句。

3.DataReader 类

DataReader 类用于读取从数据库中查询出来的数据,但在读取数据时仅能向前读不能向后读,并且不能修改该类对象中的值。在与数据库的连接中断时,该类对象中的值也随之被清除。

4.DataAdapter 类

DataAdapter 类与 DataSet 联用,主要用于将数据库的结果运送到 DataSet 中保存。DataSet 类与 DataReader 类似,都用于存放对数据库查询的结果。不同的是,DataSet 类中的值不仅可以重复多次读取,还可以通过更改 DataSet 中的值更改数据库中的值。此外,DataSet 类中的值在数据库断开连接的情况下依然可以保留原来的值。DataAdapter 可以看作数据库与 DataSet 的一个桥梁,不仅可以将数据库中的操作结果运送到 DataSet 中,还能将更改后的 DataSet 保存到数据库中。

本书将用 SQL Server 2017 来举例说明 ADO.NET 的应用,命名空间为 System.Data.SqlClient。命名空间虽然与其他数据库不同,但是也有上面提到的四个类,只是需要在对象的前面都加上 Sql,即 SqlConnection、SqlCommand、SqlDataReader、SqlDataAdapter。

关于 SQL Server 的版本,这里推荐安装 SQL Server Express,这是微软开发的 SQL Server 的一个轻量级版本,这个版本是免费的(需经注册),是一个可用作商业用途的小型数据库管理系统,除存储数据量有限外,与标准开发版本没有区别,非常方便学习使用。此外还需要安装一个 SQL Server Management Studio(SSMS),这是一个集成环境,用于访问、配置、管理和开发 SQL Server 的所有组件。SSMS 组合了大量图形工具和丰富的脚本编辑器,使各种技术水平的开发人员和管理员都能访问 SQL Server。上述这两款软件都可以在微软官方网站免费下载及使用,安装过程有一些需要注意的事项,可以自行在网上查找。

安装完以上两款软件后,用户就可以利用 SSMS 建立标准数据源,也可以通过 SQL 语言来完成数据表的建立。通过 SQL 语言建立数据表可以适用于多种数据库,即使不用 SQL Server 数据库,而改用其他数据库,也可以完成数据库建表。在 SSMS 中建立数据表如图 14.3 所示,图中新建了一个名为 TestReport 的数据库,同时生成了一个名为 Table_1 的数据表,接下来介绍的所有实例也都会围绕这个数据表进行。

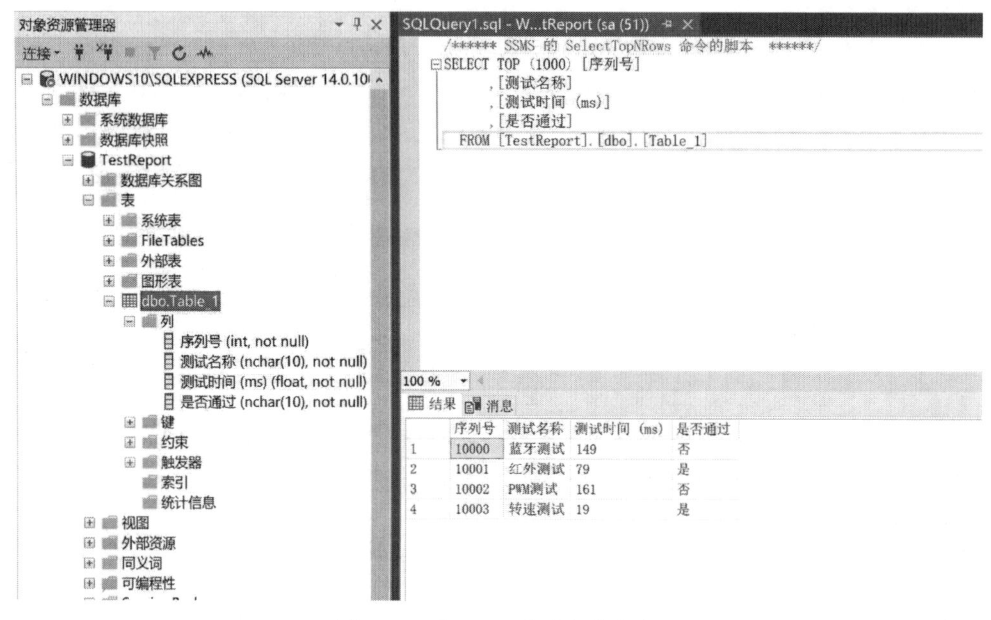

图 14.3　在 SSMS 中建立数据表

14.1.2　连接数据库

Connection 类是 ADO.NET 组件连接数据库时第一个要使用的类,也是通过编程访问数据库的第一步。下面介绍 Connection 类中的常用属性和方法,以及如何连接 SQL Server 数据库。

Connection 类根据要访问的数据和访问方式不同,使用的命名空间也不同,类名也稍有区别。对于 SQL Server 数据库,需要使用 SqlConnection 类,SqlConnection 类的常用属性和方法见表 14.1。

表 14.1　SqlConnection 类的常用属性和方法

属性			
序号	属性名称	数据类型	功能描述
1	Connectionstring	string	只读属性,获取或设置数据库的连接串
2	State	Connectionstate	只读属性,获取当前数据库的状态
3	ConnectionTimeout	int	只读属性,获取在尝试连接时终止尝试并生成错误之前所等待的时间
4	DataSource	string	只读属性,获取要连接的 SQL Server 实例的名称

续表 14.1

属性			
序号	属性名称	数据类型	功能描述
5	Database	string	只读属性,获取当前数据库或连接打开后要使用的数据库的名称

方法		
序号	方法名称	功能描述
1	SqlConnection()	无参数的构造方法
2	SqlConnection(string connectionstring)	带参数的构造方法,数据库连接字符串作为参数
3	void Open()	打开一个数据库连接
4	void Close()	关闭数据库连接

在使用 Connection 类连接 SQL Server 数据库时,先要编写数据库连接串。数据库连接串的书写方法有很多,这里介绍两种常用的方法。

1.第一种方式

第一种方式的代码如下:

```
Server=服务器名称\数据库的实例名;uid=登录名;pwd=密码;database=数据库名称
```

主要参数介绍如下。

(1)server。用于指定要访问数据库的数据库实例名,服务器名称可以换成 IP 地址或者数据库所在的计算机名称。如果访问的是本机数据库,则可以使用"."来代替;如果使用的是默认的数据库实例名,则可以省略数据库实例名。例如,连接的是本机的默认数据库,则可以写成"server = ."。

(2)uid。登录到指定 SQL Server 数据库实例的用户名,相当于以 SQL Server 身份验证方式登录数据库时使用的用户名,如 sa 用户。

(3)pwd。与 uid 用户对应的密码。

(4)database。要访问数据库实例下的数据库名。

2.第二种方式

第二种方式的代码如下:

```
Data Source=服务器名称\数据库实例名;Initial Catalog=数据库名称;
User ID=用户名;Password=密码
```

主要参数介绍如下。

(1)Data Source。与第一种连接串写法中的 server 属性的写法一样,用于指定数据库所在的服务器名称和数据库实例名,如果连接的是本机的默认数据库实例,则写成"Data Source =."的形式。

(2)Initial Catalog。与第一种连接串写法中的 database 属性的写法一样,用于指定在 Data Source 中数据库实例下的数据库名。

(3)User ID。与第一种连接串写法中的 uid 属性的写法一样,用于指定登录数据库的用户名。

(4)Password。与第一种连接串写法中的 pwd 属性的写法一样,用于指定 User ID 用户名所对应的密码。

此外,还可以在连接字符串中使用 Integrate Security = True 的属性,省略用户名和密码,即以 Windows 身份验证方式登录 SQL Server 数据库,连接方式如下:

```
Data Source=服务器名称\数据库实例名;Initial Catalog=数据库名称;Integrate Security=True
```

需要注意的是,由于在使用 Windows 身份验证的方式登录数据库时,会对数据库的安全性造成一定的影响,因此不建议使用 Windows 身份验证的方法,而是使用 SQL Server 验证方式登录数据库,即指定用户名和密码。

上面这几种字符串的编写方案是规定好了的,用户需要按照格式认真填写。在完成了数据库连接串的编写后即可使用 SqlConnection 类与数据库连接,分以下三个步骤完成。

(1)创建 SqlConnection 类的实例。

对于 SqlConnection 类来说,表 14.1 中提供了两个构造方法,通常是使用带一个字符串参数的构造方法来设置数据库的连接字符串创建其实例,语句形式如下:

```
SqlConnection 连接对象名 = new SqlConnection( 数据库连接串 );
```

(2)打开数据库连接。

在创建 SqlConnection 连接类的实例后并没有连接上数据库,需要使用连接类的 Open()方法打开数据库的连接。在使用 Open()方法打开数据库连接时,如果数据库的连接字符串不正确或者数据库的服务处于关闭状态,会出现打开数据库失败的相关异常,因此需要通过异常处理来处理。打开数据库连接的语句形式如下:

```
连接对象名.Open();
```

(3)关闭数据库连接。

在对数据库的操作结束后要将数据库的连接断开,以节省数据库连接的资源。关闭数据库连接的语句形式如下:

```
连接对象名.Close();
```

如果在打开数据库连接时使用了异常处理,则需要将关闭数据库连接的语句放到异常处理的 finally 语句中,这样能保证无论是否发生了异常都将数据库连接断开,以释放资源。除使用异常处理的方式释放资源外,还可以使用 using 的方式释放资源。具体的语句如下:

```
using(SqlConnection 连接对象名 = new SQLConnection(数据库连接串 ))
{
    //打开数据库连接
    //对数据库相关操作的语句
}
```

下面通过实例来演示 SqlConnection 类的使用。创建与本机 SQL Server 数据库的连接,并使用异常处理。SQL Server 安装后默认用户名是 sa,密码是安装的时候设置的密码,SQL Server 登录界面如图 14.4 所示。编写 Windows 窗体应用程序,并在窗体上放置一个按钮,在按钮的单击事件中加入以下代码:

```
private void button_connect_Click(object sender,EventArgs e)
{
    //编写数据库连接串
    string connStr = "server=WINDOWS10\\SQLEXPRESS;uid=sa;" +
        "pwd=welcome;database=TestReport";
    SqlConnection conn = null;
    try
    {
        conn = new SqlConnection(connStr);
        //打开数据库连接
        conn.Open();
        MessageBox.Show("数据库连接成功!");
    }
    catch (Exception ex)
    {
        MessageBox.Show("数据库连接失败!" + ex.Message);
    }
    finally
    {
        if (conn ! = null)
        {
            //关闭数据库连接
            conn.Close();
        }
    }
}
```

图 14.4　SQL Server 登录界面

上述代码的运行结果如图 14.5 所示,如果连接失败会有相应的报错信息,需要检查连接字符串格式是否正确、防火墙是否关闭等。只有数据库成功连接,才可以执行后续的数据查询和修改操作。

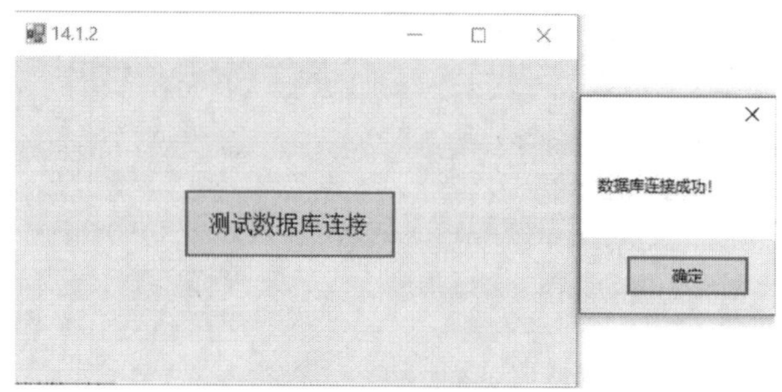

图 14.5　运行结果

14.1.3　操作数据库

在与数据库建立连接之后即可开始操作数据库中的对象,操作数据库需要用到 Command 类中提供的属性和方法。下面介绍如何使用 Command 类操作数据表中的数据。

在 System.Data.SqlClient 命名空间下,对应的 Command 类为 SqlCommand,在创建 SqlCommand 实例前必须已经创建了与数据库的连接。SqlCommand 类的常用属性和方法见表 14.2。对数据库中对象的操作不仅包括对数据表的操作,还包括对数据库、视图、存储过程等数据库对象的操作,下面主要介绍的是对数据表和存储过程的操作。

表 14.2　SqlCommand 类的常用属性和方法

属性			
序号	属性名称	数据类型	功能描述
1	CommandText	string	只读属性,Command 对象中要执行的 SQL 语句
2	Connection	SqlConnection	获取或设置数据库的连接对象
3	CommandType	int	获取或设置命令类型

方法		
序号	方法名称	功能描述
1	SqlCommand()	无参数的构造方法
2	SqlCommand(string commandText, SqlConnection conn)	带参数的构造方法,第 1 个参数是要执行的 SQL 语句,第 2 个参数是数据库的连接对象
3	SqlDataReader ExecuteReader()	获取执行查询语句的结果
4	object ExecuteScalar()	返回查询结果中第 1 行第 1 列的值
5	int ExecuteNonQuery()	执行对数据表的增加、删除、修改操作

Command 类中提供了三种命令类型,分别是 Text、TableDirect 和 StoredProcedure。所谓 Text 类型,是指使用 SQL 语句的形式,包括增加、删除、修改及查询的 SQL 语句。StoredProcedure 用于执行存储过程,TableDirect 仅在 OLE DB 驱动程序中有效。下面介绍

的都是默认的 Text 命令类型。在使用 Command 类操作数据库时需要通过以下步骤完成。

1.创建 SqlCommand 类的实例

创建 SqlCommand 的代码如下：

```
SqlCommand 类实例名 = new SqlCommand(SQL 语句,数据库连接类实例);
```

其中,SQL 语句指该 SqlCommand 类的实例要执行的 SQL 语句;数据库连接类实例指使用 SqlConnection 类创建的实例,通常数据库连接类的实例处于打开的状态。

2.执行对数据表的操作

在执行对数据表的操作时通常分为两种情况:一种是执行非查询 SQL 语句的操作,即增加、删除及修改的操作;另一种是执行查询 SQL 语句的操作。因此,如果需要改变数据库内容,操作者需要对 SQL 语句有简单的了解。

(1)执行非查询 SQL 语句的操作。

在执行非查询 SQL 语句时并不需要返回表中的数据,直接使用 SqlCommand 类的 ExecuteNonQuery()方法即可,该方法的返回值是一个整数,用于返回 SqlCommand 类在执行 SQL 语句后,对表中数据影响的行数。

当该方法的返回值为-1 时,代表 SQL 语句执行失败;当该方法的返回值为 0 时,代表 SQL 语句对当前数据表中的数据没有影响。例如,要删除序列号为 100001 的测试的信息,而表中不存在该序列号测试的信息,SQL 语句可以正常执行,但对表中的影响行数是 0。具体的代码如下：

```
SqlCommand 对象.ExecuteNonQuery();
```

需要注意的是,如果执行的 SQL 语句在数据库中执行错误,则会产生异常,因此该部分需要进行异常处理。

(2)执行查询语句的操作。

在执行查询语句时通常需要返回查询结果,SqlCommand 类中提供的ExecuteReader()方法在执行查询 SQL 语句后,会返回一个 SqlDataReader 类型的值,通过遍历 SqlDataReader 类中的结果即可得到返回值。SqlDataReader 类的用法将在下一节介绍。具体的代码如下：

```
SqlDataReader dr = SqlCommand 对象.ExecuteReader();
```

此外,如果在执行查询语句后并不需要返回所有的查询结果,而仅需要返回一个值,如查询表中的记录行数,这时可以使用 ExecuteScalar() 方法。具体的代码如下：

```
int returnvalue = SqlCommand 对象.ExecuteScalar();
```

ExecuteNonQuery()方法的使用如下,代码中将对 SQL Server 中事先创建好的如图 14.6 所示 SQL Server 中的数据表进行插入、更新和删除操作,表格名称是“Table_1”。

结果　消息

	序列号	测试名称	测试时间ms	是否通过
1	10000	蓝牙测试	149	否
2	10001	红外测试	79	是
3	10002	PWM测试	161	否
4	10003	转速测试	19	是

图 14.6　SQL Server 中的数据表

三个部分的代码基本类似,首先都是通过连接字符串打开数据库连接,然后使用SQL不同的语句对数据库进行操作。代码的运行结果如图14.7所示,向数据库中插入了新的测试项LED测试。数据库中一般不允许有重复数据,插入前需要先查询是否已经有了插入的项,如果不存在再执行插入操作。插入部分的主要代码如下,其中已经省略了错误处理部分:

```
using (SqlConnection conn = new SqlConnection(connStr))
{
    //打开数据库连接
    conn.Open();
    //填充SQL语句
    string sql = "select count(*) from Table_1 where 测试名称='Led测试'";
    //创建SqlCommand对象
    SqlCommand cmd = new SqlCommand(sql,conn);
    int returnvalue = (int)cmd.ExecuteScalar();
    //检查插入项是否存在
    if (returnvalue == 0)
    {
        sql ="insert into Table_1(序列号,测试名称,测试时间ms,是否通过) values('{0}',
            '{1}','{2}','{3}')";
        sql = string.Format(sql,textBox_serialNum.Text,textBox_testName.Text,textBox_testTime.
            Text,textBox_isPass.Text);
        cmd = new SqlCommand(sql,conn);
        returnvalue = cmd.ExecuteNonQuery();
        if (returnvalue != -1)
        {
            MessageBox.Show("成功插入数据!");
        }
    }
    else
    {
        MessageBox.Show("插入项已存在!");
    }
}
```

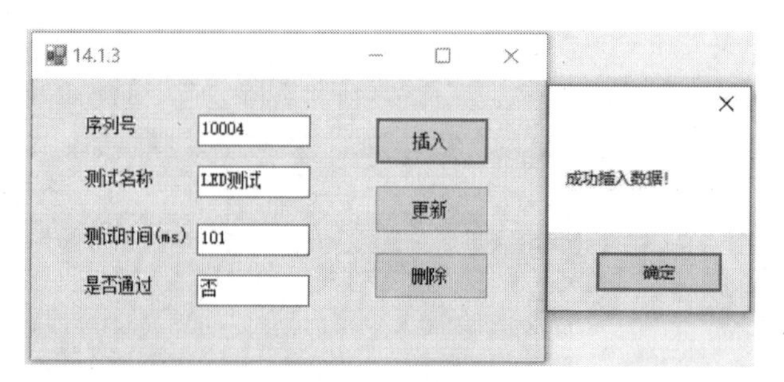

图14.7 运行结果

更新部分的代码如下，更新之前需要查询数据库中是否有更新项，若存在则再进行更新：

```
using (SqlConnection conn = new SqlConnection(connStr))
{
    //打开数据库连接
    conn.Open();
    //填充 SQL 语句
    string sql = "select count(*) from Table_1 where 测试名称='Led 测试'";
    //创建 SqlCommand 对象
    SqlCommand cmd = new SqlCommand(sql,conn);
    int isRepeatName = (int)cmd.ExecuteScalar();
    //检查更新项是否存在
    if (isRepeatName != 0)
    {
        sql = "update Table_1 set 测试通过='{0}',测试时间 ms={1} where
            测试名称='Led 测试'";
        sql = string.Format(sql,"是","14");
        cmd = new SqlCommand(sql,conn);
        int returnvalue = cmd.ExecuteNonQuery();
        if (returnvalue != -1)
        {
            MessageBox.Show("成功更新数据!");
        }
    }
    else
    {
        MessageBox.Show("更新项不存在!");
    }
}
```

删除部分的代码如下：

```
using (SqlConnection conn = new SqlConnection(connStr))
{
    //打开数据库连接
    conn.Open();
    //填充 SQL 语句
    string sql = "delete from Table_1 where 测试名称='{0}'";
    //填充 SQL 语句
    sql = string.Format(sql,"Led 测试");
    //创建 SqlCommand 对象
    SqlCommand cmd = new SqlCommand(sql,conn);
    //执行 SQL 语句
```

```
        int returnvalue = cmd.ExecuteNonQuery();
        if (returnvalue ! = -1)
        {
            MessageBox.Show("成功删除数据!");
        }
    }
```

14.1.4 读取查询结果

下面介绍如何使用 DataReader 类来读取查询结果,它主要与 Command 类中的 ExecuteReader()方法一起使用。DataReader 类在 System.Data.SqlClient 命名空间中对应的类是 SqlDataReader,主要用于读取表中的查询结果,并且是以只读方式读取的(即不能修改 DataReader 中存放的数据)。正是因为这种特殊的读取方式,其访问数据的速度比较快,占用的服务器资源比较少。SqlDataReader 类中常用的属性和方法见表 14.3。

表 14.3 SqlDataReader 类中常用的属性和方法

属性			
序号	属性名称	数据类型	功能描述
1	FieldCount	int	获取当前行中的列数
2	HasRows	bool	获取 DataReader 中是否包含数据
3	IsClosed	bool	获取 DataReader 的状态是否为已关闭

方法		
序号	方法名称	功能描述
1	bool Read()	让 DataReader 对象前进到下一条记录,如果存在多个行,返回值为 True,否则为 False
2	void Close()	关闭 DataReader 对象
3	Get×××(int i)	获取指定列的值,其中×××代表数据类型,i 代表从 0 开始的列序号,如 GetDouble(0)表示获取第 1 列 double 类型的值

在使用 DataReader 类读取查询结果时需要注意,当查询结果仅为一条时,可以使用 if 语句查询 DataReader 对象中的数据,如果返回值是多条数据,需要通过 while 语句遍历 DataReader 对象中的数据。在使用 DataReader 类读取查询结果时需要通过以下步骤完成。

(1)执行 SqlCommand 对象中的 ExecuteReader()方法,具体代码如下:

```
SqlDataReader dr = SqlComman 对象.ExecuteReader();
```

(2)遍历 SqlDataReader 中的结果。

SqlDataReader 类中提供的 Read()方法用于判断其是否有值,并指向 SqlDataReader 结果中的下一条记录。如果返回值为 True,则可以读取该条记录,否则无法读取。在读

取记录时,要根据表中的数据类型来读取表中相应的列。代码如下:

```
dr.Read();
```

(3)关闭 SqlDataReader。

使用 SqlDataReader 类读取图 14.6 中的所有数据,并将读取结果在控制台中显示。具体代码如下:

```
using (SqlConnection conn = new SqlConnection(connStr))
{
    //打开数据库连接
    conn.Open();
    string sql = "Select 序列号,测试名称,测试时间 ms,是否通过 from Table_1";
    //创建 SqlCommand 对象
    SqlCommand cmd = new SqlCommand(sql,conn);
    //执行 SQL 语句
    SqlDataReader dr = cmd.ExecuteReader();
    //读取第一个结果集
    while (dr.Read())
    {
        Console.WriteLine(dr["序列号"].ToString() + " " + dr["测试名称"].ToString() + " "
            + dr["测试时间 ms"].ToString() + " " + dr["是否通过"].ToString());
    }
    Console.Read();
}
```

程序的运行结果如图 14.8 所示,这里只是简单地进行了控制台输出,在 14.1.6 节中会把读取到的结果用表格控件显示出来。

图 14.8　运行结果

14.1.5　数据保存

在 ADO.NET 中,除之前介绍的 DataReader 类外,DataSet 类也用于存放对数据库查询的结果。DataSet 类需要与 DataAdapter 类搭配使用,后者可以看作是数据库与 DataSet 的一个桥梁。在实际应用中,DataAdapter 与 DataSet 是在查询操作中使用最多的类。

DataAdapter 在 System.Data.SqlClient 命名空间下对应的类名是 SqlDataAdapter,它需要与 SqlCommand 类和 SqlConnection 类一起使用。SqlDataAdapter 类常用的属性和方法见表 14.4。

表 14.4　SqlDataAdapter 类常用的属性和方法

属性			
序号	属性名称	数据类型	功能描述
1	SelectCommand	SqlCommand	设置 SqlDataAdapter 中要执行的查询语句
2	InsertCommand	SqlCommand	设置 SqlDataAdapter 中要执行的插入语句
3	UpdateCommand	SqlCommand	设置 SqlDataAdapter 中要执行的更新语句
4	DeleteCommand	SqlCommand	设置 SqlDataAdapter 中要执行的删除语句

方法		
序号	方法名称	功能描述
1	int Fill(DataSet ds)	将 SqlDataAdapter 查询的结果填充到 DataSet 对象中
2	int Fill(DataTable dt)	将 SqlDataAdapter 查询的结果填充到 DataTable 对象中
3	int Update(DataSet ds)	更新 DataSet 对象中的数据
4	int Update(DataTable dt)	更新 DataTable 对象中的数据

DataSet 类是一种与数据库结构类似的数据集,拥有唯一的数据集名称。每个 DataSet 都是由若干个数据表构成的,DataTable 即数据表,更新 DataSet 中的数据实际上是通过更新 DataTable 来实现的。DataSet 类中常用的属性和方法见表 14.5。

表 14.5　DataSet 类中常用的属性和方法

属性			
序号	属性名称	数据类型	功能描述
1	Tables	DataTableCollection	获取 DataSet 中数据表的集合,Table[0]代表第一个数据表
2	CaseSensitive	bool	获取或设置 DataSet 中的字符串是否区分大小写
3	DataSetName	string	获取或设置当前 DataSet 的名称

方法		
序号	方法名称	功能描述
1	void Clear()	清除 DataSet 中的数据
2	DataSet Copy()	复制当前 DataSet 的结构和数据

续表 14.5

方法		
序号	方法名称	功能描述
3	AcceptChanges( )	更新 DataSet 中的数据
4	bool HasChanges( )	获取 DataSet 中是否有数据发生变化
5	RejectChanges( )	撤销对 DataSet 中数据的更改

DataTable 作为 DataSet 中的重要对象,其与数据表的定义是类似的,每个 DataTable 都是由行和列构成的,行使用 DataRow 类表示,列使用 DataColumn 类表示,并有唯一的表名。从 SqlDataAdapter 类的 Fill( )方法中可以看出,允许将数据直接填充到 DataTable 对象中,这样既能节省存储空间,又能简化查找数据表中的数据。DataTable 与 DataSet 有很多相似的属性和方法,DataTable 类中与 DataSet 类不同的属性见表 14.6。

表 14.6　DataTable 类中与 DataSet 类不同的属性

序号	属性名称	数据类型	功能描述
1	TableName	string	获取或设置 DataTable 的名称
2	Columns	DataColumnCollection	获取 DataTable 中列的集合
3	Rows	DataRowCollection	获取 DataTable 中行的集合
4	DataSet	DataSet	获取 DataTable 所在的 DataSet

在实际应用中,将查询结果存储到 DataSet 类或 DataTable 类中均可,在操作查询结果时也非常类似。这两个类的使用如下,将查询 Table_1 中所有测试名称,然后用 ListBox 显示。代码如下:

```
using (SqlConnection conn = new SqlConnection(connStr))
{
    conn.Open();
    string sql = "select 测试名称 from Table_1";
    //创建 SQLDataAdapter 类的对象
    SqlDataAdapter sda = new SqlDataAdapter(sql,conn);
    //创建 DataSet 类的对象
    DataSet ds = new DataSet();
    //使用 SQLDataAdapter 对象 sda 将查询结果填充到 Dataset 对象 ds 中
    sda.Fill(ds);
    //设置 ListBox 控件的数据源(DataSource)属性
    listBox1.DataSource = ds.Tables[0];
    //在 listBox 控件中显示 name 列的值
    listBox1.DisplayMember = ds.Tables[0].Columns[0].ToString();
}
```

由图 14.9 所示的运行结果可以看出,已经将用户数据库中的所有测试名称显示在了列表控件中。需要注意的是,ListBox 控件中的 DataSource 属性用于设置控件中内容的数据源,并需要通过 DisplayMember 属性来指定显示在 ListBox 控件中的内容。

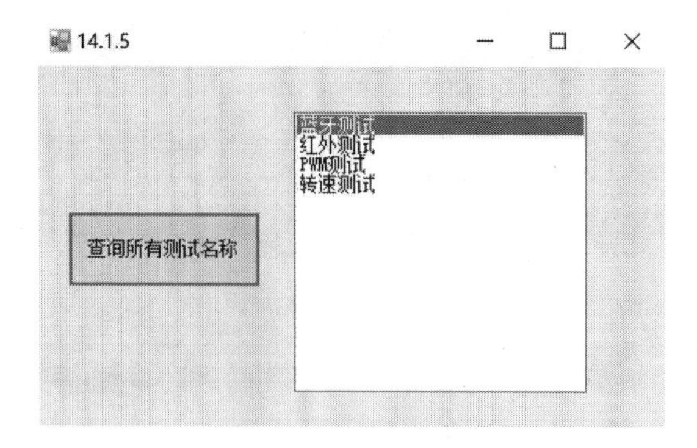

图 14.9　运行结果

也可以将上述代码中的 DataSet 对象换成 DataTable 对象，运行的结果也是一样的。更改部分代码如下：

```
//创建 SqlDataAdapter 类的对象
SqlDataAdapter sda = new SqlDataAdapter(sql,conn);
//创建 DataTable 类的对象
DataTable dt = new DataTable();
//使用 SqlDataAdapter 对象 sda 将查询结果填充到 DataTable 对象 dt 中
sda.Fill(dt);
//设置 ListBox 控件的数据源(DataSource)属性
listBox1.DataSource = dt;
//在 ListBox 控件中显示 name 列的值
listBox1.DisplayMember = dt.Columns[0].ToStiring();
```

14.1.6　DataGridView 数据绑定

窗体应用程序中的很多控件都提供了 DataSource 属性，可以将 DataSet 或 DataTable 的值直接赋给该属性，这样在控件中即可显示从数据库中查询出来的数据，这个过程称为数据绑定。常用的数据绑定控件有文本框(TextBox)、标签(Label)、列表框(ListBox)、组合框(ComboBox)和数据表格(DataGridView)等，下面将详细介绍 DataGridView 控件如何与数据库中的数据集进行绑定。

DataGridView 又称数据表格控件，是窗体应用程序中以表格形式显示数据的重要控件，该控件可以非常方便地对数据表进行显示，第 7 章中已经介绍过它的常规使用方法。DataGridView 也可以使用可视化数据绑定和代码的方式来绑定数据表中的数据，并能在控件中实现对表中数据的修改和删除操作。

使用代码绑定 DataGridView 控件时需要为该控件设置数据源(DataSource)属性，如果使用 DataSet 对象为 DataSource 属性赋值，则需要使用 DataSet 对象的 Tables 属性选择指定的数据表。

在窗体加载事件中加入代码绑定 DataGridView 控件，代码如下：

```
using (SqlConnection conn = new SqlConnection(connStr))
```

```
{
    //打开数据库连接
    conn.Open();
    string sql = "select * from Table_1";
    //创建 SqlDataAdapter 类的对象
    SqlDataAdapter sda = new SqlDataAdapter(sql,conn);
    //创建 DataSet 类的对象
    DataSet ds = new DataSet();
    //使用 SqlDataAdapter 对象 sda 将查新结果填充到 DataSet 对象 ds 中
    sda.Fill(ds);
    //设置表格控件的 DataSource 属性
    dataGridView1.DataSource = ds.Tables[0];
}
```

由图 14.10 所示的运行结果可以看出,通过设置 DataGridView 控件的 DataSource 属性即可绑定 DataGridView 控件,绑定后的 DataGridView 控件中的标题就是数据表中的列名。

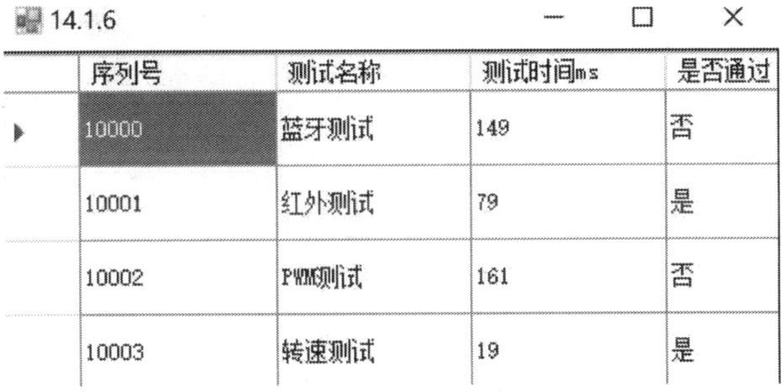

14.1.6

序列号	测试名称	测试时间ms	是否通过
10000	蓝牙测试	149	否
10001	红外测试	79	是
10002	PWM测试	161	否
10003	转速测试	19	是

图 14.10　运行结果

14.2　Office 报表生成

绝大多数测试项目中,用户通常都需要存储和打印测试结果。因此,对于一个完整的程序而言,报表生成功能是必要的。实际应用中一般使用 Office 系列办公软件中的 Word 和 Excel 作为报表工具。Office 是计算机办公必备软件,可以用 C#自带的底层 Office 连接组件完成报表生成操作,不过这些底层类库使用起来会有些复杂。SeeSharpTools 中提供了完善的 Word 和 Excel 报表生成类库,它们位于 SeeSharpTools.JY.Report 命名空间中。本节将对这两个类库进行详细的介绍。

14.2.1　Word 报表生成

JY.Report 命名空间中的 WordReport 类用于 Word 报表创建,WordReport 类的属性和方法见表14.7,其中部分方法有重载形式和默认参数。

表 14.7　WordReport 类的属性和方法

属性			
序号	属性名称	数据类型	功能描述
1	DefaultFont	WordFont	默认配置的 Word 文字格式，包含字型、颜色、粗体、斜体和底线

方法		
序号	方法名称	功能描述
1	WordReport( )	无参数构造方法，打开新 word 文档
2	WordReport(string template)	带参数构造方法，使用指定路径的模板创建文档
3	void Close(bool saveChanges)	关闭 Word 程序，参数表示是否保存更改，默认值为 False
4	void Show( )	显示 Word 应用程序
5	void Hide( )	隐藏 Word 应用程序
6	void SaveAs(string filePath, WordSaveFormat format)	文件另存为，指定文件路径和保存格式，保存格式包括 doc、docx 和 pdf，默认格式为 docx
7	void WriteTextToDoc (string bookmark, string text)	在指定书签位置上插入文字
8	void WriteTextToDoc (InsertionPoint type, string text, WordFont font)	在指定位置上插入文字
9	void WriteTableToDoc < T > (string bookmark, T [,] value, WordTableStyle wordStyle)	在指定书签位置上插入表格，wordStyle 表示 Word 表格样式
10	void WriteTableToDoc < T > (InsertionPoint type, T [,] value, WordTableStyle wordStyle)	在指定位置上插入表格
11	void InsertGraph (string bookmark, double [,] value, WordChartStyle chartType, string [ ] rowHeader, string[ ] colHeader)	在指定书签位置上使用输入的二维数组插入图表，chartType 指图表类型，rowHeader 和 colHeader 分别表示行列标题
12	InsertGraph(InsertionPoint type, double[,] value, WordChartStyle chartType, string [ ] rowHeader, string[ ] colHeader)	在指定位置上使用输入的二维数组插入图表
13	void InsertPicture (string bookmark, string picturePath, float width, float height)	在指定书签位置上插入指定路径的图片，width 和 height 分别表示图片的宽度和高度
14	void InsertPicture(InsertionPoint type, string picturePath, float width, float height)	在指定位置上插入图片

从表 14.7 中可以看出,写入和插入方法都有重载方法,除了在书签位置插入外,还可以在指定的插入点插入文本。InsertionPoint 指插入点,可以是文档开头或者结尾部分。

在 Word 报表中,很少是从零开始完成一个报表,往往都是建立好了模板,然后在模板中进行数据添加从而完成报表的生成的。一般来说,Word 模板后缀都是.dotx,在创建模板时把需要添加或更改的地方插入书签属性,并记住书签名方便后续通过代码进行更改。建立 Word 模板的步骤这里不再介绍,可以参考相关书籍。

首先生成一组测试数据,然后向一个事先建立好的 Word 模板中依次插入文本、数据表格及根据表格中的数据内容生成的图表。首先在软件中生成一组频率和幅度数据,然后显示在窗体中。代码如下:

```
private void LoadData()
{
    freq = new double[] { 10,50,70,111,131,171,191,232,252,292 };
    mag = new double[] { -0.003,-0.06,-0.11,-0.25,-0.35,-0.55,-0.66,-0.94,-1.06,-1.31 };
    data = new double[freq.Length,2];
    str = new string[freq.Length,2];
    for (int i = 0; i < data.GetLength(0); i++)
    {
        for (int j = 0; j < data.GetLength(1); j++)
        {
            if (j == 0)
            {
                data[i,j] = freq[i];
            }
            else
            {
                data[i,j] = mag[i];
            }
            str[i,j] = data[i,j].ToString();
        }
    }
    dt.Columns.Add("Frequency(Hz)");
    dt.Columns.Add("Magnitude(dB)");
    for (int i = 0; i < freq.Length; i++)
    {
        DataRow dr = dt.NewRow();
        dr[0] = freq[i].ToString();
        dr[1] = mag[i].ToString();
        dt.Rows.Add(dr);
    }
    dataGridView1.DataSource = dt;
    easyChartX1.Plot(freq,mag);
```

```
}
```

在窗体加载事件中调用刚才的 LoadData( )方法,打开模板事件中的代码,使用指定路径的模板新建一个 Word 文件并打开,模板文件位于项目库路径下 Debug 文件夹的 Template 文件夹中。代码如下:

```
private void button_open_Click( object sender,EventArgs e)
{
    //使用模板创建一个新 word 文件并打开
    report = new WordReport( templatePath) ;
    report.Show( ) ;
}
```

在写入数据事件中,调用表 14.7 中的方法将刚才生成的数据、图表插入到新建的 Word 文件的指定书签位置,可以指定文本的字体样式、表格样式和图表样式。代码如下:

```
private void button_write_Click( object sender,EventArgs e)
{
    DateTime dateTime = DateTime.Now;
    //设置字体大小
    font.FontSize = 12;
    report.WriteTextToDoc( "Date",dateTime.ToString( "yyyy/MM/dd") ,font) ;
    report.WriteTextToDoc( "Time",dateTime.ToString( "HH:MM:ss") ,font) ;
    report.WriteTextToDoc( "Author","Employee",font) ;
    report.WriteTableToDoc( "Data",str,WordTableStyle.LightGrid) ;
    report.InsertGraph( "Graph",data,new WordChartStyle( ) ,null,new string[ ]
            { "Frequency( Hz)","Magnitude( dB)" } ) ;
}
```

保存文件中的代码如下,调用 SaveAs( )方法:

```
private void button_save_Click( object sender,EventArgs e)
{
    //word 对象不为空,将文件按照指定格式保存到指定输出路径
    if (report ! = null)
    {
        report.SaveAs( outputPath,WordSaveFormat.docx) ;
    }
}
```

程序的运行结果如图 14.11 所示,在和模板相同路径下可以找到刚才保存的新文件。

14.2.2 Excel 报表生成

ExcelReport 类使用方法与 WordReport 类非常相似,ExcelReport 类中部分常用的属性和方法见表 14.8,其中与 WordReport 相同的属性或方法在这里不再列出。

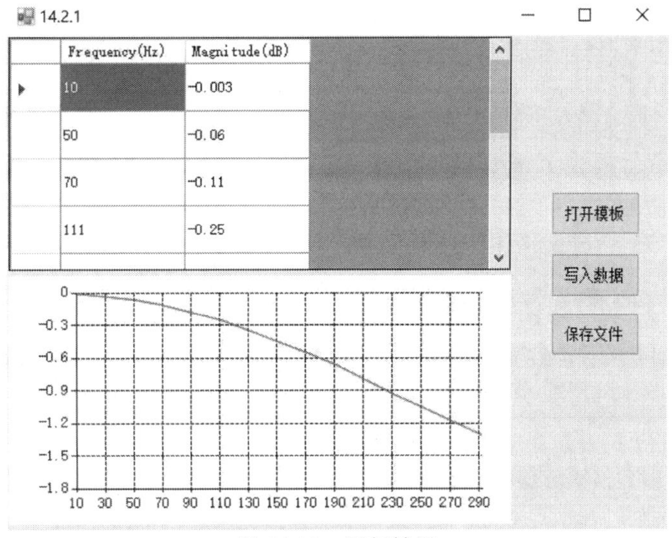

图 14.11　运行结果

表 14.8　ExcelReport 类中部分常用的属性和方法

属性			
序号	属性名称	数据类型	功能描述
1	RowCount	int	只读属性,返回当前 Worksheet 工作表的行长度
2	ColumnCount	int	只读属性,返回当前 Worksheet 工作表的列长度

方法		
序号	方法名称	功能描述
1	string RCToString(int row, int col)	将 Excel 的行列栏位数字转换成字符串(如 1,1 变成 A1)
2	string IntToLetter(int n)	将 Excel 列的整数索引值转换为字符索引值
3	int LetterToInt(string letter)	将 Excel 列的字母索引值转换成整数索引值
4	void WriteTextToReport < T > (int row, int col, T value, ExcelFont font)	写入文字到目前工作表中的指定栏位(行、列数字),并可配置文字外观(如行 1 列 1)
5	void WriteTableToReport (int row, int col, DataTable table, bool ignoreHeader)	写入表格到目前工作表中的指定栏位(行、列数字,如行 1 列 1),并可选择是否移除标题栏位
6	void WriteArrayToReport < T > (int row, int col, T [ ] data, WriteArrayDirection direction)	在当前工作表的指定栏位中写入一维数组,并可指定写入方向
7	void WriteListToReport<T>(int row, int col, IList<T> listData, bool ignoreHeader)	写入 List 到目前工作表中的指定栏位(行列数字,如行 1 列 1),并可选择是否移除标题栏位,List 中可设置自定义类及数字

续表 14.8

方法		
序号	方法名称	功能描述
8	void InsertGraph (int row, int col, string-dataRangeStart, string dataRangeEnd, Excel-ChartStyle chartStyle)	指定资料来源(A1 的格式)，在当前工作表的指定栏位(行、列数字)插入图表(如行 1 列 1)，可设定图表样式，如类型、大小等
9	void AppendColumn<T>(T[,] data)	在当前列后面添加新的二维数组数据
10	void AppendRow<T>(T[,] data)	在当前行后面添加新的二维数组数据
11	void ChangeCurrentWorkSheet (int sheetIn-dex)	根据索引值改变选择的工作表 worksheet
12	void ChangeWorksheetTitle (int sheetIndex, string title)	根据索引值改变选择的工作表名称
13	string ReadSingleCell(int Row, int Col)	返回指定行列索引的单元格内容
14	string[,] ReadRegionCells(int startRow, int startCol, int endRow, int endCol)	读取一个连续区域 Cell 的值(矩形区域，包含一行或一列，或多行、多列)，返回一个二维字符串数组
15	DataTable ReadCurrentSheet( )	读取当前活动工作簿的所有数据，返回一个 DataTable 实例
16	DataSet ReadAllSheets( )	读取一个 Excel 文件的多个 workSheet，返回一个 DataSet 实例

表格中不少方法有重载形式，如 ReadSingleCell( )方法是按照行列索引返回单元格内容，其实也可以根据单元格名称(如 A1)来读取，方法如下：

```
ReadSingleCell( string cellName) ;
```

Excel 报表生成通常也会使用模板，不过对比 Word 报表生成，Excel 报表生成并不需要像 Word 一样插入书签，因为 Excel 的插入位置可以按照行列来标注，也可以用单元格名称来标注，所以写入过程中会更简单一些，在做模板时省去添书签的烦琐。需要注意的是，这里介绍的 Excel 报表生成类最适合少量数据直接进行写入，对于大量数据的写入可以用专门经过优化的类库，如 NOPI。对写入速度要求较高的情况还是推荐使用第 7 章中介绍的 CSV 或者二进制格式。Excel 2007 以前版本的模板文件后缀名是.xlt，之后的模板文件后缀名是.xltx。

使用 ExcelReport 类库向模板中写入与 14.2.1 节中实例相同的内容，依次插入文本、数据表格及根据表格中的数据内容生成的图表。数据生成的代码与之前一样，不再介绍。由于在 Excel 模板文件中已经对单元格名称进行了修改，如“Date”“Time”等，因此直接在指定位置插入对象即可。写入数据事件中的代码如下：

```
private void button_write_Click( object sender, EventArgs e)
```

```
{
    DateTime dateTime = DateTime.Now;
    font.FontColor = Color.Blue;
    excelChartStyle.ChartHeight = 10;
    excelChartStyle.ChartHeight = 10;
    report.WriteTextToReport("Date",dateTime.ToString("yyyy/MM/dd"),font);
    report.WriteTextToReport("Time",dateTime.ToString("HH:MM:ss"),font);
    report.WriteTextToReport("Company","JYTEK",font);
    report.WriteTextToReport("Author","Employee",font);
    report.WriteTableToReport("Data",dt,true);
    report.InsertGraph("D14","B15","C24",excelChartStyle);
    report.WriteTextToReport("CutOffFrequency",freq[8].ToString());
    report.WriteTextToReport("Loss",mag[8].ToString());
}
```

图 14.12 所示为程序的运行结果,图 14.13 是生成的 Excel 测试报告。

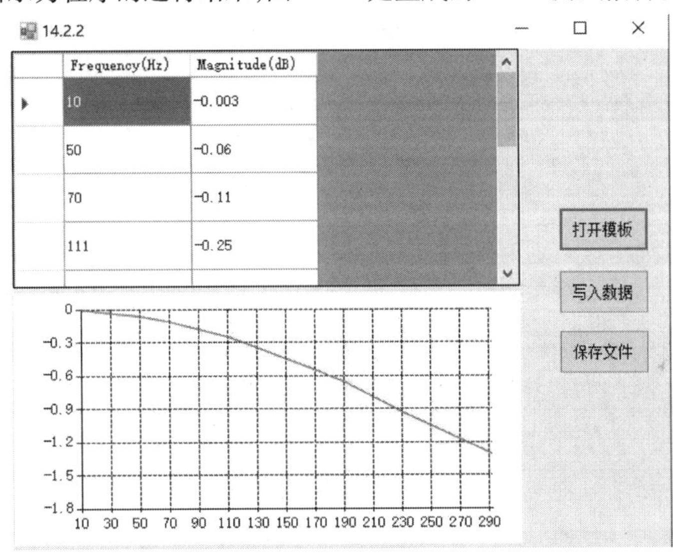

图 14.12　运行结果

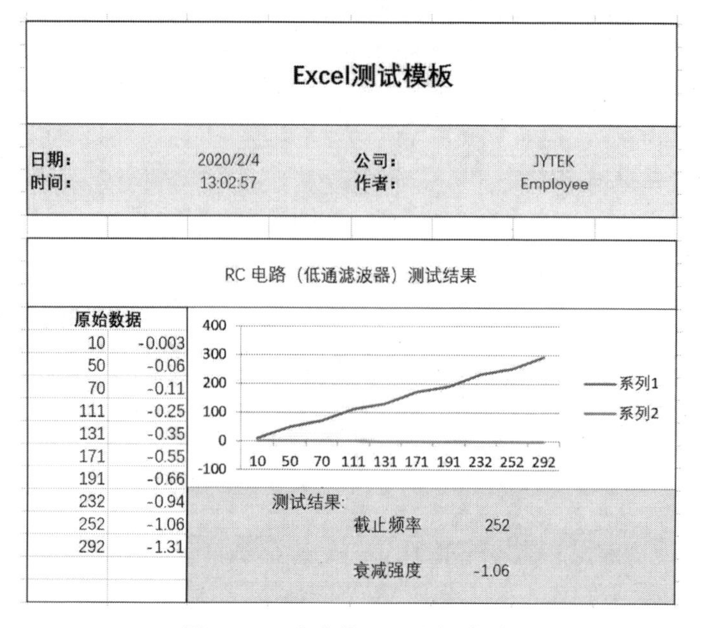

图 14.13　生成的 Excel 测试报告

第 15 章　数据采集和仪器控制

数据采集和仪器控制是测试测量最广泛的应用。不同的仪器厂商提供了丰富的硬件设备来满足多种多样的测量和控制需求。测试测量硬件可以分为台式仪器和模块化仪器,前者历史悠久,厂商众多,如实验室经常使用到的万用表、示波器、信号源等。模块化仪器是在 20 世纪 70 年代以来伴随着芯片和 PC 技术的进步而发展起来的,强调了软件在测试中的重要性。此外,工业上还经常用到 PLC(可编程逻辑控制器)、运动控制、串口等各种设备。通过丰富的仪器驱动,C#可以轻松连接几乎任何模块化仪器和台式仪器。

本章将介绍数据采集应用的基础知识,以及如何使用 C#语言对数据采集卡进行编程。此外,还会介绍如何使用仪器驱动进行仪器控制。

15.1　数据采集系统概述

数据采集简称 DAQ,是使用计算机测量电压、电流、温度、压力或声音等电子、物理现象的过程。与传统的测量系统相比,基于 PC 的 DAQ 系统利用行业标准计算机的处理、生产、显示和连通能力,提供更强大、灵活且具有成本效益的测量解决方案。本节将主要介绍数据采集系统的构成,包含传感器、信号以及信号调理的介绍。

15.1.1　数据采集系统的构成

DAQ 系统由传感器、DAQ 测量硬件和带有可编程软件的计算机组成,DAQ 系统构成如图 15.1 所示。传感器会将物理信号转换为电信号,经过适当的信号调理后可以用 DAQ 设备进行采集,最后通过某种总线形式将数据传递到计算机中,整个过程都是由计算机中的驱动软件和应用软件控制的。在数据采集系统中,传感器和信号调理部分并不是必需的,被测信号可以是传感器的输出信号,也可以是普通的电压信号。

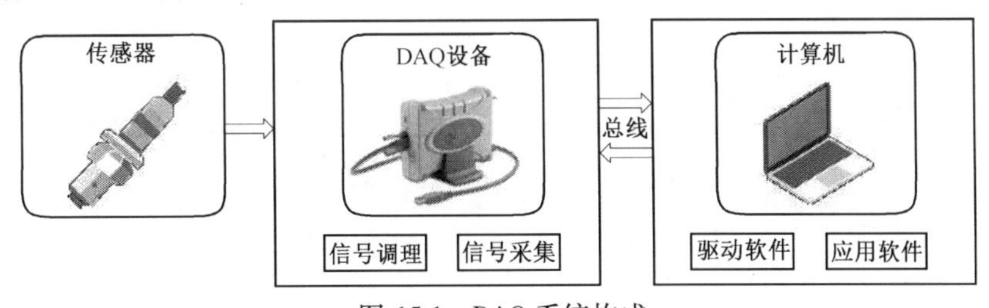

图 15.1　DAQ 系统构成

15.1.2 传感器

传感器也称变送器,能够将一种物理现象转换为可测量的电子信号。例如,室内温度、光源强度或施于物体的压力等物理现象都能通过传感器进行测量。根据传感器类型的不同,其输出的可以是电压、电流、电阻,或是随着时间变化的其他电子属性。一些传感器可能需要额外的组件和电路来正确生成可以由 DAQ 设备准确和安全读取的信号。例如,如果需要检测图 15.2 中的光强信号,可以使用光传感器把光信号转换成采集卡可以测量的电信号。

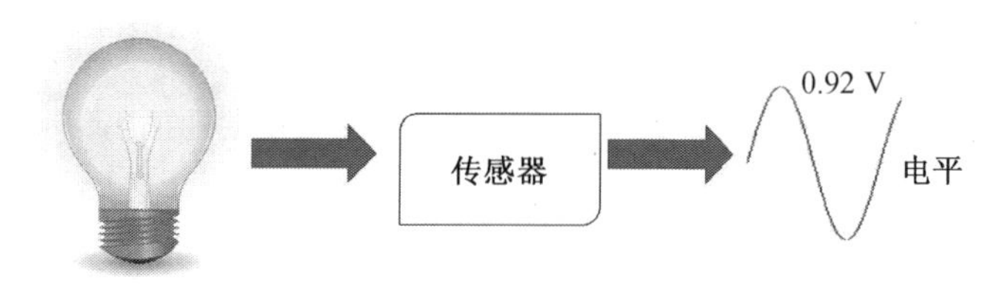

图 15.2 通过传感器将光信号转换成电信号

常用传感器见表 15.1。

表 15.1 常用传感器

传感器	信号类型
热电偶/RTD/热敏电阻	温度
麦克风	声音
加速度计	振动
应变计/压电传感器	力和压力
流量计	液体流量
电位器/ LVDT/光学编码器	位移和位置
pH 电极	pH
真空管/光传感器	光

在选择传感器时,要考虑到传感器的精度、量程、输出信号类型、体积、安装方式等多种因素。无源传感器如温度传感器无须外部供电,有源传感器如加速度计等一般需要外部的电压或电流供电。

15.1.3 信号

工程应用中的常见信号主要分为模拟信号和数字信号两种,一般在信号处理中会从状态、电平、波形、频率这几个角度来分析的信号特征,其中状态、电平和波形属于信号的时域特征,频率信息需要使用软件分析算法如傅里叶变换在频域中获得。

模拟信号的幅度和相位随着时间连续变化,真实环境中只存在模拟信号,可以是任意值,主要关心的信息是电平、波形和频率,模拟信号特征如图 15.3 所示。对于模拟信号,可以使用数据采集卡的模拟通道进行采集或输出。

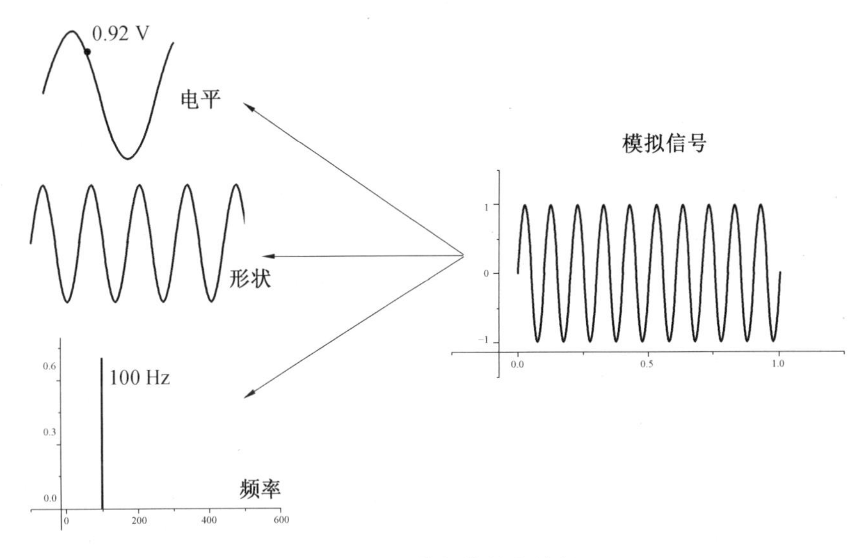

图 15.3　模拟信号的特征

数字信号只有开和关两种状态，在软件中分别对应的数值是 1 和 0，数字信号的特征如图 15.4 所示。一种典型的数字信号类型是 TTL，它将 0~0.8 V 之间的电压定义为低电平，将 2~5 V 之间的信号定义为高电平，信号在 0.8~2 V 之间将处于未知状态。大部分数字设备都可以接受兼容 TTL 标准的数字信号。数字信号的幅度取值是离散的，受噪声的影响较小，易于用数字电路进行处理。最常见的产生数字信号的设备是开关和编码器，前者的开合对应了输出电平的高和低，后者可以输出一系列的数字脉冲序列，通过计算脉冲的频率可以得到对应的转速信息。数字信号可以用数据采集卡的数字通道进行采集或输出。

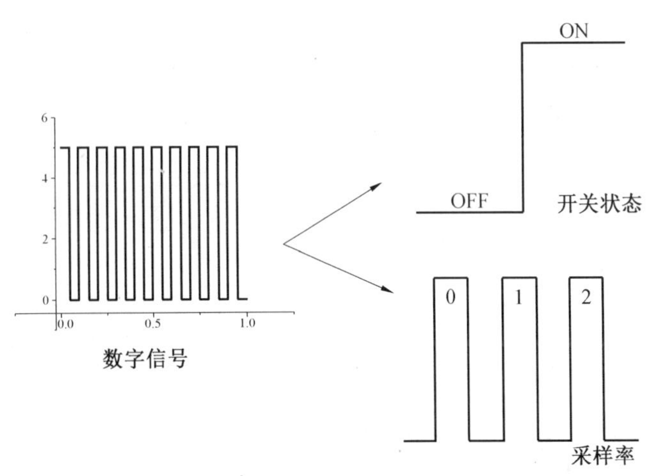

图 15.4　数字信号的特征

15.1.4 信号调理

信号调理适用于采集卡难于测量的信号，并使信号更易于测量。数据采集系统的中的信号调理部分并不是必需的，它依赖于被测量的传感器或信号。信号调理可以简化传感器连接、去除噪声、保证安全性并提高精确度。举例来讲，应变计的使用需要外部激励电压，并且应变计本身的输出电压比较小，电压采集卡无法直接测量，因此应变计的信号调理电路需要提供激励电压，使用惠斯通桥电路来对信号进行放大和滤波。对应变信号进行放大和滤波如图 15.5 所示。

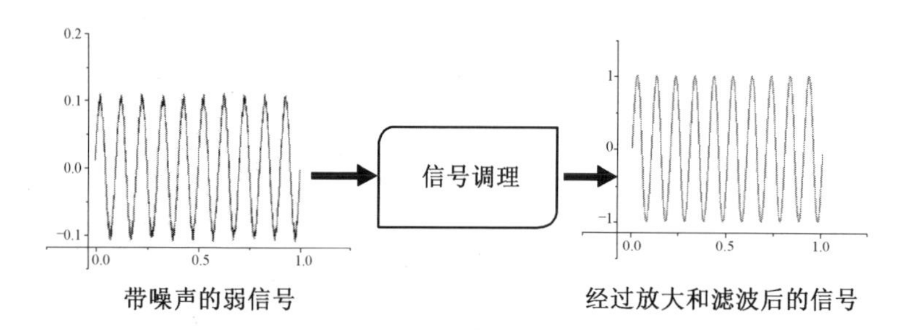

图 15.5 对应变信号进行放大和滤波

某些传感器内部集成了信号调理，输出的信号可以直接使用采集卡进行采集。某些专用的采集卡在内部的硬件电路前端同样集成了信号调理，如温度采集卡、声音和振动采集卡、应变采集卡等，甚至某些厂家提供了万能采集卡，可以兼容多种不同的传感器类型，只需要在软件中选择被测信号类型即可。最后，如果传感器和采集卡本身都不包含信号调理，那么在它们中间的路径上可以使用外部调理的形式对信号进行预处理。

常见的信号调理技术有放大、衰减、隔离、滤波、冷端补偿、多路复用等。部分常见传感器或信号所需要的信号调理技术见表 5.2。

表 15.2 部分常见传感器或信号所需要的信号调理技术

传感器	信号类型
热电偶	放大，线性化，冷端补偿
RTD	电流激励，3 线/4 线选择，线性化
电荷传感器	放大，激励
称重传感器/应变片	激励，放大，线性化
高频噪声信号	低通滤波

15.1.5 PC 和软件

虚拟仪器的核心在于软件，软件使得 PC 与数据采集硬件构成了一个完整的数据采集、显示和分析系统。没有软件，数据采集系统是没有灵魂的。数据采集软件分为底层驱动软件和上层应用程序软件。

驱动程序可以直接对数据采集硬件的寄存器编程，管理数据采集硬件的操作，并且把它与处理器中断、DMA 和内存这样的计算机资源紧密结合在一起。驱动程序隐藏了复杂的硬件底层编程细节，为客户提供容易理解的接口。一般来说，硬件厂商都会提供多种编程语言的硬件驱动程序，如 C#、LabVIEW、C++、Python 等。

上层应用程序用来完成数据的分析、显示和存储等功能。C#和 Visual Studio 就是一个功能极为强大的开发上位机应用程序的软件平台，包含丰富的控件以及信号处理算法，结合硬件厂商提供的 C#驱动，可以非常方便地对采集硬件进行连接和编程，使得用户可以将大部分精力集中在数据的分析、显示和存储等方面。

15.2　数据采集卡

DAQ 硬件是计算机和外部信号之间的接口，主要功能是将输入的模拟信号数字化，使计算机可以进行解析。本节主要介绍 DAQ 硬件的构成和分类，以及如何根据应用选择合适的 DAQ 硬件。

15.2.1　数据采集卡的构成和分类

DAQ 设备用于测量信号的三个主要组成部分是信号调理电路、模数转换器（ADC）与计算机总线。很多 DAQ 设备还拥有实现测量系统和过程自动化的其他功能。例如，数模转换器(DAC)用于输出模拟信号，数字通道用于输入和输出数字信号，计数器/定时器通道用于测量或生成数字脉冲。DAQ 硬件的构成如图 15.6 所示。

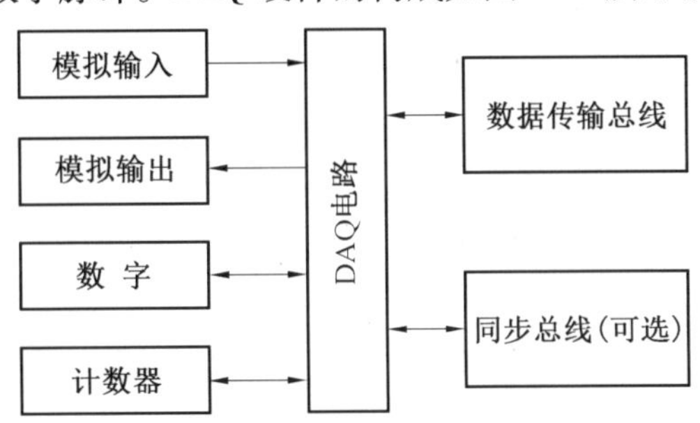

图 15.6　DAQ 硬件的构成

DAQ 设备通过插槽或端口连接至计算机。作为 DAQ 设备和计算机之间的通信接口，数据传输总线用于传输指令和已测量数据，常用的总线形式包括 USB、PCI、PCI Express、PXI、PXI Express、以太网和无线等。部分设备带有同步总线，用于多张板卡的同步采集，可以在多设备之间共享时钟和触发信号。总线有多种类型，对于不同类型的应用，各类总线都能提供各自不同的优势。

所有信号必须通过各种接口才能传输到数据采集系统中，通过信号连接器可以将信号连接至 DAQ 设备的指定管脚。某些采集卡可以直接连接外部信号，通常配有适配传感器的专用接头，如 BNC、SMB、SMA、螺栓端子等。随着科技的发展和新技术的出现，接头的种类也在不断地发展和增加，因此要参考采集硬件的手册熟悉当前使用硬件的接口形式。另外，有些数据采集卡通道数较多，需要使用线缆和接线盒才能连接传感器和采集卡。线缆用于连接接线盒和采集卡，可以是屏蔽或非屏蔽线缆。接线盒也可以是屏蔽或非屏蔽的，前者可以提供更好的噪声抑制。接线盒通常是螺栓端子形式的，方便与信号连接。传感器、接线盒、线缆和采集卡之间的连接顺序如图 15.7 所示。

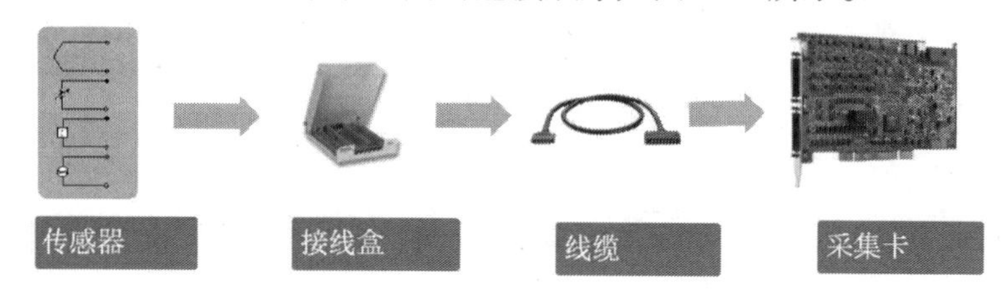

图 15.7　传感器、接线盒、线缆和采集卡之间的连接顺序

按照不同分类标准，数据采集卡可以分为不同的种类，数据采集卡的分类见表 15.3。

表 15.3　数据采集卡的分类

分类标准	类型
信号类型	电压、电流、电阻、温度、应变、声音/振动等
通道类型	模拟输入/输出、数字输入/输出、计数器输入/输出
采样速度	低速、高速
采样精度	低精度、高精度(24 位及以上)
隔离方式	无隔离、组隔离、通道间隔离、通道-地隔离
总线类型	USB、PCI、PCI Express、PXI、PXI Express、Ethernet、Wireless
定时方式	软件定时、硬件定时
采集模式	同步采集卡、多路复用采集卡

15.2.2　选择合适的数据采集卡

在购买数据采集卡时，要根据技术需求选择符合要求的型号，可以留有部分余量，但是不必盲目购买价格昂贵、功能很强的设备。下面从总线、信号、精度这三个角度来介绍采集卡的选型。

1.总线因素

每种数据传输总线在某段时间内可以传输的数据量是有限制的，也称总线带宽，一般以每秒传输的兆字节数(MB/s)来衡量。在多通道高速采集的情况下，总线带宽是必须要考虑的因素。采集系统所需要的最小带宽可以用采样率×每个采样点的字节数×通道数来计算，选择的系统总线带宽必须大于刚才计算的最小带宽，并且需要注意的是实际的系统带宽一般只是理论带宽的 60%～70%左右。对于 PXIe 系统，除整个的系统带宽外，还需要考虑到机箱的单槽带宽。

对于某些多通道的采集系统而言，有时需要多张板卡才能满足要求，于是多设备的同步方法也成为选择总线的一个考虑因素。USB 设备的同步相对来讲比较麻烦，需要板卡本身提供时钟和触发端口，通过外部连线的方式进行同步。PCI 和 PCI Express 设备需要通过专用的线缆路由时钟和触发信号，才可以对多设备进行同步。最佳的多设备同步方式是选择 PXI 和 PXI Express 总线，它们通过背板提供的时钟和触发总线提供了单个机箱甚至多机箱之间高精度、低延迟的同步方案。

除刚才提到的两点外，还有其他因素影响着总线的选择。各种数据传输总线比较见表 15.4。

表 15.4 各种数据传输总线比较

总线	理论带宽	多设备同步	便携性	分布式 IO	总线延迟
PCI	132 MB/s	较好	好	好	最优
PCI Express x1	250 MB/s	较好	好	好	最优
PXI	132 MB/s	最优	较好	较好	最优
PXI Express x1	250 MB/s	最优	较好	较好	最优
USB	60 MB/s	好	最优	较好	较好
以太网	12.5 MB/s	好	最优	最优	好
无线	6.75 MB/s	好	最优	最优	好

注：表格中每种总线的理论带宽根据协议 PCI、PCI Express 1.0、PXI、PXI Express 1.0、USB 2.0、100 Mbit/s以太网和 Wi-Fi 802.11 g。

2.信号因素

在选择采集硬件时，需要根据被测信号的特征，从信号连接方式、通道数、采样率、分辨率、输入范围、编码宽度等几个角度来考虑。

通道数的选择比较简单，确保采集卡的通道数大于等于所需的通道数即可。对于模拟输入通道来讲，一般有单端和差分两种连接方式，后者可以抑制共模干扰，但是可用通道数会减半。

采样率的选择一般遵循奈奎斯特采样定理，需要的采样率要高于信号最高频率分量的两倍，否则会产生信号混叠，无法无失真地重建原始信号。而在工程上，为充分保持原始信号的形状，采样频率至少是原始信号最高频率的 5～10 倍。不同采样率对原始信号的恢复情况如图 15.8 所示。

采集卡也分为同步采集卡和多路复用采集卡。同步采集卡的每个通道有单独的 ADC，因此板卡的采样率就是每个通道的采样率；而多路复用采集卡的所有通道共享一个 ADC，因此每通道采样率等于总的采样率除以通道数。同步采集卡和多路复用采集卡在结构上的差异及优缺点如图 15.9 所示。

采集卡的分辨率指的是 ADC 的位数，它决定了采集卡可测的电压阶数。举例来讲，16 位分辨率的 ADC 可以代表 $2^{16}=65\,536$ 个电压阶数，更高的分辨率可以更精确的表达原始信号。不同分辨率的采集卡对于一个标准正弦波信号的量化情况如图 15.10 所示，可以看到分辨率越高，电压阶数越多，恢复的信号就越准确。

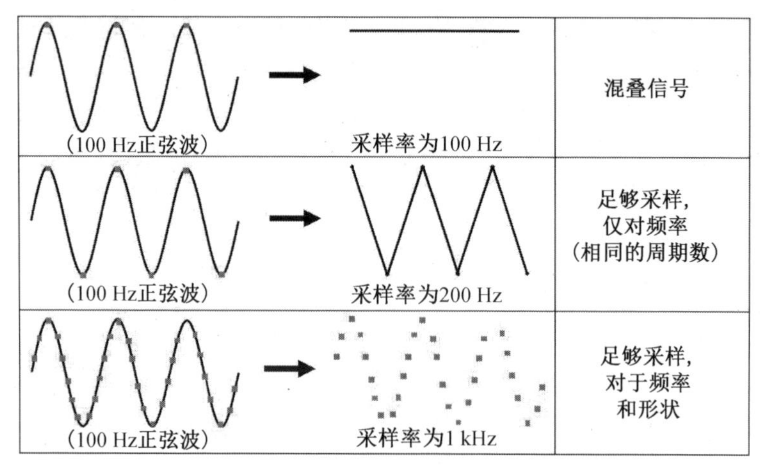

图 15.8　不同采样率对原始信号的恢复情况

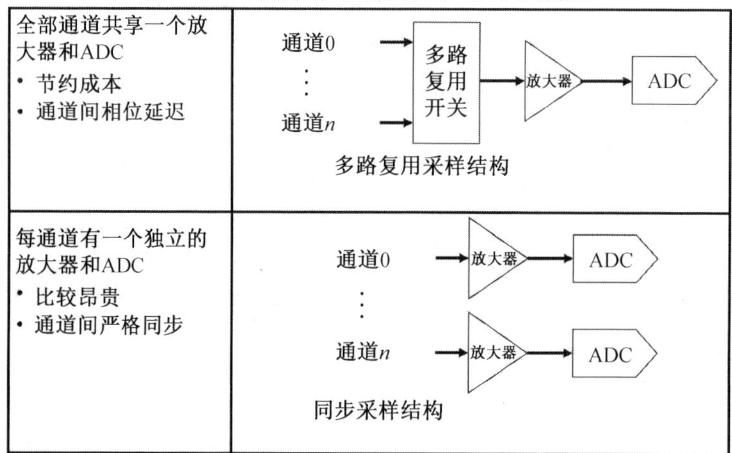

图 15.9　同步采集卡和多路复用采集卡在结构上的差异及优缺点

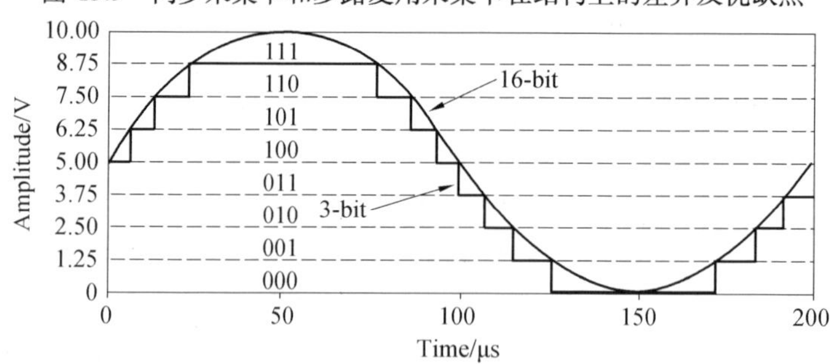

图 15.10　不同分辨率的采集卡对于一个标准正弦波信号的量化情况

采集卡通常有多个输入范围,它们是通过内置的放大器的增益来控制的。放大器对采集的信号进行合适的放大,使其可以更好地匹配 ADC 输入范围,更好地利用 ADC 的精度。在实际应用中需要根据被测信号的大小为采集卡选择合适的量程。例如,某个采集卡的输入范围为±10 V/±5 V/±1 V/±0.1 V,当被测信号的幅值是±0.8 V 时,应当设置采集卡的输入范围为±1 V。

采集卡的分辨率和输入范围决定了采集卡的编码宽度,它代表的是信号变化时系统能检测到的最小变化值。编码宽度的计算公式如下：

$$编码宽度=设备输入范围/2^{分辨率}$$

例如，一个 16 位分辨率的数据采集卡，在±10 V 输入范围下的编码宽度是 305 μV，在±1 V 输入范围下的编码宽度是 30.5 μV。更小的输入范围和更高的分辨率才可以检测出更小的电压变化。

3.精度因素

采集卡的绝对精度指的是实测值和理论值之间的误差，它定义了整体测量的不确定性。精度的误差来源于采集卡内部放大器、ADC 的增益误差和偏移误差，以及系统噪声。采集卡的手册一般会列举出不同输入范围下的绝对精度，采集卡的模拟输入绝对精度表见表 15.5。

表 15.5　采集卡的模拟输入绝对精度表

标成满量程/V	满量程绝对精度/μV
10	1 660
5	870
2	350
1	190
0.5	100
0.2	53
0.1	33

15.3　数据采集卡的软件编程

本节主要介绍如何使用 C#语言开发数据采集卡程序，包括模拟输入、模拟输出、数字 IO 和计数器的使用方法。

15.3.1　USB-101 硬件介绍

简仪科技提供的 USB-101 是一款体积小、价格便宜、使用灵活的 USB 2.0 数据采集模块，具有两个模拟输入通道、两个模拟输出通道、四个数字输入输出通道及两个计数器输入输出通道，并且可以接收外部数字触发信号。USB-101 的设计以教学为目标，是基于开源测控平台的基础教学工具，可适用于数据采集、虚拟仪器、模拟电路及创新传感器应用等课程的设计。USB-101 驱动下载、程序范例及实验课内容可以访问简仪科技的官网链接 http://www.jytek.com/usb101。图 15.11 所示为 USB-101 采集卡的外观，它的主要特点如下。

(1)尺寸为 71 mm×30 mm，USB 总线供电。

(2)2 通道±5 V 电压差分输入（100 KS/s，12 位），数字信号触发。

(3)2 通道±5 V 电压输出（100 KS/s，12 位）。

(4)4 通道数字输入输出。

(5)2 通道 16 位计数器输入输出。

(6)支持 Windows 7/8/10 x64/x86 和 Linux。

图 15.11　USB-101 采集卡的外观

USB-101 的引脚定义和说明如图 15.12 所示,可以看到模拟输入和模拟输出通道是独立的,而数字通道和计数器通道是双向的。

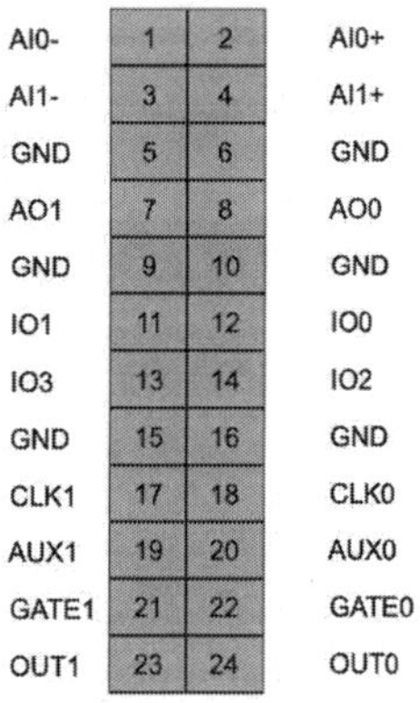

信号	引脚	引脚	信号
AI0-	1	2	AI0+
AI1-	3	4	AI1+
GND	5	6	GND
AO1	7	8	AO0
GND	9	10	GND
IO1	11	12	IO0
IO3	13	14	IO2
GND	15	16	GND
CLK1	17	18	CLK0
AUX1	19	20	AUX0
GATE1	21	22	GATE0
OUT1	23	24	OUT0

信号名称	信号参考	方向	功能描述
GND	—	—	模拟输入、模拟输出、数字IO、计算器的参考地
AI0+, AI0- AI1+, AI1-	GND	输入	差分模拟输入通道
AO<0,1>	GND	输出	模拟输出通道
IO<0..3>	DGND	输入/输出	数字IO
CLK<0, 1>	DGND	输入	计算器的时钟源端
GATE<0, 1>	DGND	输入	计算器的门端
OUT<0, 1>	DGND	输出	计算器的输出端
AUX<0, 1>	DGND	输入	控制计数方向

图 15.12　USB-101 的引脚定义和说明

安装完 USB-101 的硬件驱动后,打开设备管理器,在通用串行总线控制器下面可以看到 JYTEK USBDAQ 101 Device,设备管理器中的硬件显示如图 15.13 所示,说明采集卡已经可以正常使用了。采集卡的 C#驱动路径位于 C:\SeeSharp\JYTEK\Hardware\DAQ\JYUSB101\Bin\JYUSB101.dll,在接下来的编程中会调用到这个 DLL。

通用串行总线控制器
- Generic USB Hub
- Intel(R) 82801FB/FBM USB Universal Host Controller - 2658
- Intel(R) 82801FB/FBM USB2 Enhanced Host Controller - 265C
- JYTEK USBDAQ 101 Device
- Renesas USB 3.0 可扩展主机控制器 - 1.0 (Microsoft)
- USB Composite Device
- USB Composite Device
- USB Root Hub
- USB Root Hub
- USB 打印支持
- USB 根集线器(USB 3.0)

图 15.13　设备管理器中的硬件显示

15.3.2　USB-101 C#驱动介绍

C#驱动程序是一组.NET 类库,是仪器在 C#中的应用程序编程接口。硬件底层驱动程序通常为动态链接库(DLL),支持各种开发语言,C#驱动程序是在基于设备的底层驱动程序开发生成的。底层的驱动程序一般是面向过程的设计,而且不同的设备提供的函数差异可能很大。而 C#驱动程序是面向对象的设计,以任务为对象封装层次清楚的属性和方法,对每一个设备封装一组专属独立驱动类。对于不同设备的相同类型任务,调用方式高度近似,大大提高了驱动的互换性。典型多功能数据采集硬件的 C#驱动架构如图 15.14所示,可以看到对于硬件的每个功能分别装了单独的类库,简单易用并且互不干扰。

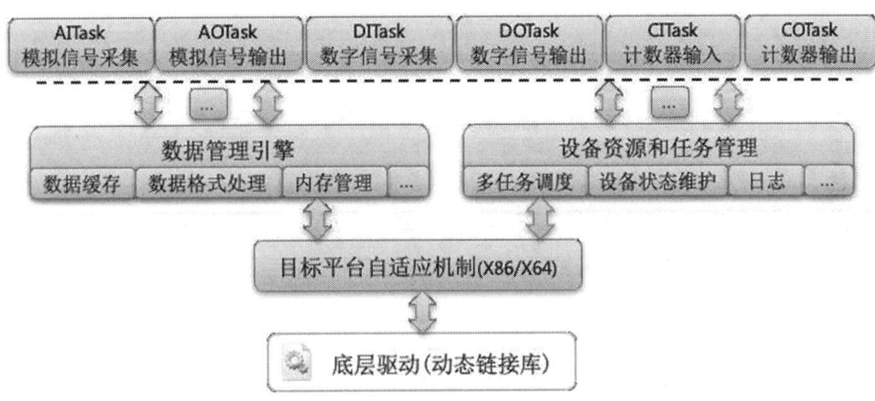

图 15.14　典型多功能数据采集硬件的 C#驱动架构

两款不同参数的 PXI 多功能采集卡模拟输入通道的编程代码如图 15.15 所示,其中 JYPXI62010AITask 和 JYPXI62205AITask 分别是这两款硬件的模拟输入任务类,可以看出在具体编程时代码几乎完全一致。

图 15.15　两款不同参数的 PXI 多功能采集卡模拟输入通道的编程代码

JYUSB101.dll 中按照功能为对象同样封装了 AITask、AOTask、DITask、DOTask、CITask 和 COTask 这几个类库,下面的小节会对每个类库的用法进行详细介绍,从而熟悉面向对象的 C#驱动的使用方法。需要强调的是，以上类库的介绍也同样适用于任意型号的其他多功能采集卡，只要它们都是按照相同的面向对象的 C#驱动和统一的属性、方法进行封装的即可。

15.3.3 模拟输入

JYUSB101AITask 类主要用于模拟输入操作，JYUSB101AITask 类中主要的属性和方法见表 15.6。

表 15.6 JYUSB101AITask 类中主要的属性和方法

属性			
序号	属性名称	数据类型	功能描述
1	SampleRate	double	每通道采样率，最大值取决于硬件参数
2	SamplesToAcquire	double	每通道采样点数，在有限点模式下有效
3	Mode	AIMode	采样模式，分为 Single/Finite/Continuous/Record 四种
4	AvailableSamples	int	当前缓冲区内可以读取的点数
5	Trigger.Type	AITriggerType	触发类型选择，分为 Digital/Immediate

方法		
序号	方法名称	功能描述
1	JYUSB101AITask(int boardNum)	构造函数，根据板卡号新建模拟输入任务
2	void AddChannel (int chnId) AddChannel (int[ ] chnsId)	添加物理通道，支持添加单通道或多个通道
3	void ReadSinglePoint(ref double readValue) ReadSinglePoint(ref double[ ] buffer)	单点非缓冲式读取，支持读取单通道或多通道数据
4	void ReadData (ref double [ ] buf, int timeout) void ReadData(ref double[,] buf, int timeout)	按列从缓冲区中读取数据，支持读取单通道或多通道数据，默认超时时间为-1(表示永不超时)，时间单位为 ms
5	void ReadRawData (ref short [ ] buf, int timeout) void ReadRawData (ref short [,] buf, int timeout)	按列从缓冲区中读取二进制原始数据，支持读取单通道或多通道数据，默认超时时间为-1，时间单位为 ms
6	void RemoveChannel(int chnId)	删除指定通道号的通道，为-1 则删除所有通道
7	void Start( )	启动采集任务
8	void Stop( )	停止采集任务
9	bool WaitUntilDone(int timeout)	等待当前任务完成

表 15.6 中的 Mode 属性代表了模拟输入任务的采样模式，它决定了采集卡的工作方式和编程方式。这里主要介绍 Finite（有限点采集）和 Continuous（连续采集）两种模式，其余模式可以参考硬件的完整范例。

计算机内存中用于暂时保存采集或生成数据的空间称为缓冲区，有限点采集和连续采集都是带缓冲的硬件定时采集，硬件根据软件中设定的采样率执行采集任务。在采集任务开始后，ADC 的采样数据会先保存在设备的板载内存中，然后通过设备总线（对于 USB-101 来说就是 USB 总线）传输至电脑内存的缓冲区中，缓冲区的数据可通过调用读取函数复制到应用程序中。

有限点采集模式中采集任务只执行一次，当采集卡根据设定的采样率采集到指定的采样点数后任务就自动结束。整个过程分为创建任务、添加通道、配置任务、开始任务、读取数据五个步骤。下面是具体的代码实现，其中配置部分的代码不分先后顺序，只需要在任务开始前配置完成即可。代码如下：

```
private void Button_startFinite_Click(object sender,EventArgs e)
{
    //创建模拟输入任务,默认板卡号为 0
    JYUSB101AITask aiTask = new JYUSB101AITask(0);
    //添加输入通道 0
    aiTask.AddChannel(0);
    //配置任务,设置采样模式、采样率、采样点等参数
    aiTask.Mode = AIMode.Finite;
    aiTask.SampleRate = 10000;
    aiTask.SamplesToAcquire = 10000;
    //开始采集任务
    double[] data = new double[aiTask.SamplesToAcquire];
    aiTask.Start();
    //读取数据
    aiTask.ReadData(ref data);
    easyChartX1.Plot(data);
}
```

与有限点采集相比，连续采集模式将读取数据的步骤放在了循环中，设定的采样点数决定了循环每次执行读取的采样点数。注意，采集卡的初始化、配置和停止步骤建议要放在循环的外面，因为这些步骤只需要执行一次即可，在循环中重复执行会影响程序的执行效率。在连续采集过程中，有时会产生缓冲区溢出的错误，这表示从 PC 缓冲区读取数据的速度不够快，一般有以下三种解决方案。

（1）增加循环每次的读取点数，一般设置为采样率的 1/4～1/2。

（2）提高循环执行的速度。

（3）尽量减少在读取循环中进行耗时操作，如复杂的信号处理和数据存储等。

连续采集时读取数据的第一种方式是使用定时器。代码主要分为三部分，分别在开始事件、停止事件及定时器的 Tick 事件中。

开始事件中的代码与有限点采集部分类似,主要是对采集卡进行初始化和配置,差别在于要把采集卡的工作模式设置为 Continuous,并且在采集任务开始后启动定时器,从而触发定时器的 Tick 事件进行数据读取。代码如下:

```
private void Button_startTimer_Click(object sender,EventArgs e)
{
    //创建模拟输入任务,默认板卡号为 0
    aiTask = new JYUSB101AITask(0);
    //添加输入通道 0
    aiTask.AddChannel(0);
    //配置任务,设置采样模式、采样率、采样点等参数
    aiTask.Mode = AIMode.Continuous;
    aiTask.SampleRate = 10000;
    aiTask.SamplesToAcquire = 5000;
    data = new double[aiTask.SamplesToAcquire];
    aiTask.Start();
    //启动定时器
    timer1.Enabled = true;
}
```

停止事件中的代码用于停止采集卡任务和定时器的工作,代码如下:

```
private void Button_stopTimer_Click(object sender,EventArgs e)
{
    timer1.Enabled = false;
    //判断是否任务存在
    if (aiTask != null) aiTask.Stop();
}
```

Timer 的 Tick 事件中主要是读取数据部分代码,在读取之前需要首先判断当前缓冲区的数据是否达到了待读取数组的长度,一般等于 SamplesToAcquire 这个属性的值。代码如下:

```
private void Timer1_Tick(object sender,EventArgs e)
{
    timer1.Enabled = false;
    //如果本地缓冲区数据足够则读取数据并显示,如果不够,返回
    if (aiTask.AvailableSamples >= data.Length)
    {
        aiTask.ReadData(ref data);
        easyChartX2.Plot(data);
    }
    timer1.Enabled = true;
}
```

连续采集时读取数据的第二种方式是使用线程来进行读取的,尤其在高采样率情况下推荐使用线程而不是定时器。代码也是分为三部分:开始事件、停止事件及读取线程。

开始事件中的代码和定时器例子中类似，区别在于要初始化循环停止标志位和读取线程。需要注意的是，要先启动采集任务，再开始读取线程，否则会产生采集卡方法调用顺序有误的报错。代码如下：

```
private void Button_startThread_Click(object sender,EventArgs e)
{
    //创建模拟输入任务，默认板卡号为 0
    aiTask = new JYUSB101AITask(0);
    //添加输入通道 0
    aiTask.AddChannel(0);
    //配置任务，设置采样模式、采样率、采样点等参数
    aiTask.Mode = AIMode.Continuous;
    aiTask.SampleRate = 10000;
    aiTask.SamplesToAcquire = 5000;
    data = new double[aiTask.SamplesToAcquire];
    //设置循环停止标志位为 False
    isStopped = false;
    //初始化读取线程
    thread = new Thread(ReadThread);
    //先启动采集任务，再开始读取线程
    aiTask.Start();
    thread.Start();
}
```

停止事件中的代码也需要遵循一定的先后顺序，首先要设置停止标志位为 true，也就是停止读取循环的运行，然后销毁读取线程，最后再停止采集任务。代码如下：

```
private void Button_stopThread_Click(object sender,EventArgs e)
{
    //停止读取循环
    isStopped = true;
    //判断线程是否存在
    if (thread ! = null) thread.Abort();
    //判断是否任务存在
    if (aiTask ! = null) aiTask.Stop();
}
```

线程方法主要用于数据的连续读取，在方法中使用了一个 while 循环，循环的停止条件就是刚才的停止标志位为 true。需要注意的是，在线程中更新窗体的控件需要使用 Invoke()方法。每次循环的最后设置线程的休息时间。代码如下：

```
private void ReadThread()
{
    while(! isStopped)
    {
        aiTask.ReadData(ref data);
```

```
            //使用 Invoke 方法在线程中更新界面控件
            Invoke(new Action(() =>
            {
                easyChartX3.Plot(data);
            }));
            Thread.Sleep(10);
        }
    }
```

15.3.4 模拟输出

JYUSB101AOTask 类主要用于模拟输出操作,JYUSB101AOTask 类中主要的属性和方法见表 15.7。

表 15.7 JYUSB101AOTask 类中主要的属性和方法

属性			
序号	属性名称	数据类型	功能描述
1	UpdateRate	double	每通道更新率,最大值取决于硬件参数
2	SamplesToUpdate	double	每通道更新点数,在有限点模式下有效
3	Mode	AIMode	输出模式,分为 Single/Finite/ ContinuousNoWrapping / ContinuousWrapping 四种
4	AvaliableLenInSamples	int	本地缓冲区当前每通道可容纳的样点数(当前每通道可写入缓冲区的样点数)
5	Trigger.Type	AOTriggerType	触发类型选择,分为 Digital/Immediate

方法		
序号	方法名称	功能描述
1	JYUSB101AOTask(int boardNum)	构造函数,根据板卡号新建模拟输出任务
2	void AddChannel (int chnId) void AddChannel(int[] chnsId)	添加物理通道,支持添加单通道或多个通道
3	void WriteSinglePoint(ref double buf) void WriteSinglePoint(ref double[] buf)	单点输出,支持单通道或多通道,不经过缓冲区
4	void WriteData (ref double [] buf, int timeout) void ReadData(ref double[,] buf, int timeout)	按列将数据写入到缓冲区,支持单通道或多通道数据写入,默认超时时间为-1,时间单位为 ms
5	void WriteRawData (ref short [] buf, int timeout) void WriteRawData (ref short [,] buf, int timeout)	按列将原始数据写入到缓冲区,支持单通道或多通道数据写入,默认超时时间为-1,时间单位为 ms

续表 15.7

方法		
序号	方法名称	功能描述
6	void RemoveChannel(int chnId)	删除指定通道号的通道,为-1 则删除所有通道
7	void Start( )	启动输出任务
8	void Stop( )	停止输出任务
9	void WaitUntilDone(int timeout)	等待当前任务完成,时间单位为 ms

表 15.7 中的 Mode 属性代表模拟输出任务的输出模式,它决定了采集卡的工作方式和编程方式,这里主要介绍 Finite(有限点输出)、ContinuousNoWrapping(连续非环绕输出)、ContinuousWrapping(连续环绕输出)这三种模式,它们使用的都是板卡的时钟进行硬件定时输出,也称带缓冲的输出。单点输出模式比较简单,不需要建立缓冲区,可以参考硬件范例。

先介绍下带缓冲的模拟输出任务的执行过程,包括有限点输出和连续输出。首先会在代码中生成数组数据,数据会先写入上位机 PC 缓冲区,然后通过某种总线形式传递到 DAQ 设备的板载内存中,数据传输的速率就是代码中设定的更新率属性,它是由板卡的硬件电路产生的时钟,速率要比软件定时快得多。可以使用 9.2.1 节中介绍的信号生成类来生成标准波形,如正弦波、方波、三角波、白噪声等,在 Generation( )方法中可以指定输出波形的频率或周期数。当然也可以自己编写自定义波形或者使用其他波形生成类库。

有限点输出模式和上一节介绍的有限点采集类似,任务只执行一次,输出任务的执行时间等于更新点数除以更新率,输出指定长度的点数后任务自动停止。这里使用 WaitUntilDone( )方法阻塞任务。代码如下:

```
private void Button_startFinite_Click(object sender,EventArgs e)
{
    button_startFinite.Enabled = false;
    //创建模拟输出任务,默认板卡号是 0
    aoTask = new JYUSB101AOTask(0);
    aoTask.AddChannel(0);
    //配置任务,设置输出模式、更新率、更新点数等参数
    aoTask.Mode = AOMode.Finite;
    aoTask.UpdateRate = 10000;
    aoTask.SamplesToUpdate = 10000;
    //向缓冲区中写入预设的数据
    double[] data = new double[aoTask.SamplesToUpdate];
    Generation.SineWave(ref data,1,0,50,aoTask.UpdateRate);
    aoTask.WriteData(data);
    aoTask.Start();
    //阻塞直到输出任务完成或者达到超时时间
    aoTask.WaitUntilDone(10000);
```

```
        aoTask.Stop( ) ;
        button_startFinite.Enabled = true;
    }
```

连续输出模式分为环绕输出和非环绕输出两种,环绕输出指在程序运行过程中重复输出之前写入的波形数据,无法实时对输出波形进行修改。非环绕输出指在程序运行过程中可以不断地向缓冲区写入新数据,从而更新输出波形,类似于波形重生成的概念。这种模式下在程序一开始之后需要先写入部分采样点将缓冲区填满,然后在循环中不断写入新数据。

环绕输出的代码与有限点输出类似,只要把输出模式设置为 ContinuousWrapping 即可,并且无须调用 WaitUntilDone( )方法,需要停止输出任务时,直接使用 Stop( )方法即可。代码如下:

```
    private void Button_startWrapping_Click( object sender,EventArgs e)
    {
        //创建模拟输出任务,默认板卡号是 0
        aoTask = new JYUSB101AOTask(0) ;
        aoTask.AddChannel(0) ;
        //配置任务,设置输出模式、更新率、更新点数等参数
        aoTask.Mode = AOMode.ContinuousWrapping;
        aoTask.UpdateRate = 10000;
        aoTask.SamplesToUpdate = 10000;
        //在软件中生成需要输出的数据
        double[ ] data = new double[ aoTask.SamplesToUpdate] ;
        Generation.SineWave( ref data,1,0,50,aoTask.UpdateRate) ;
        //向缓冲区中写入预设的数据
        aoTask.WriteData( data) ;
        aoTask.Start( ) ;
    }

    private void Button_stopWrapping_Click( object sender,EventArgs e)
    {
        if ( aoTask ! = null) aoTask.Stop( ) ;
    }
```

与环绕输出相比,非环绕输出仅仅是多了一个循环。如果产生报错“用户写入的数据不够”,需要降低更新率、提高每次写入点数或者增加写入频率(循环执行速率)。部分代码如下:

```
    private void Button_startNoWrapping_Click( object sender,EventArgs e)
    {
        //创建模拟输出任务,默认板卡号是 0
        aoTask = new JYUSB101AOTask(0) ;
        aoTask.AddChannel(0) ;
        //配置任务,设置输出模式、更新率、更新点数等参数
```

```
        aoTask.Mode = AOMode.ContinuousNoWrapping;
        aoTask.UpdateRate = 10000;
        aoTask.SamplesToUpdate = 10000;
        //在软件中生成需要输出的数据
        data = new double[aoTask.SamplesToUpdate];
        Generation.SineWave(ref data,1,0,50,aoTask.UpdateRate);
        //向缓冲区中写入预设的数据
        aoTask.WriteData(data);
        aoTask.Start();
    }

    private void Button_stopNoWrapping_Click(object sender,EventArgs e)
    {
        timer1.Enabled = false;
        if (aoTask ! = null) aoTask.Stop();
    }

    private void Timer1_Tick(object sender,EventArgs e)
    {
        //在定时器循环中不断向缓冲区写入新数据
        timer1.Enabled = false;
        Generation.SineWave(ref data,2,0,50,aoTask.UpdateRate);
        aoTask.WriteData(data);
        timer1.Enabled = true;
    }
```

模拟输出任务也可以支持触发模式,USB-101 板卡可以支持外部数字触发,其余硬件板卡可能会支持更多触发模式。设置方式如下:

```
aoTask.Trigger.Type = AOTriggerType.Digital;//设置触发模式为数字触发
aoTask.Trigger.Digital.Edge = AODigitalTriggerEdge.Rising;//设置触发条件为上升沿触发
```

15.3.5　数字 IO

JYUSB101DOTask 和 JYUSB101DOTask 类主要用于数字输入和输出操作,使用起来比较简单,因此这里一起介绍。JYUSB101DOTask 和 JYUSB101DOTask 类的主要方法见表 15.8。

表 15.8　JYUSB101DOTask 和 JYUSB101DOTask 类的主要方法

序号	方法名称	功能描述
1	JYUSB101DITask(int boardNum) JYUSB101DOTask(int boardNum)	构造函数,根据板卡号新建数字任务

续表15.8

序号	方法名称	功能描述
2	void AddChannel(int chnId) void AddChannel(int[] chnsId)	添加物理通道,支持添加单通道或多个通道,数组为空则添加整个端口
3	void ReadSinglePoint(ref bool[] buf) void WriteSinglePoint(bool[] buf)	每通道读取或输出更新一个点,非缓冲式
4	void RemoveChannel(int lineNum) void RemoveChannel(int[] lineNum)	删除指定通道或多个通道,如果数组为空则删除整个端口

在数字 IO 的应用中,有些专业的术语需要简单介绍。

(1)线。端口中的一路独立信号,也就是一个数字通道。

(2)端口。数字线的集合(通常 4 或 8 路)。

(3)端口宽度。端口的数字线数目(通常 4 或 8 路)。

USB-101 一共有一个端口,包括四个数字通道,每个通道都是既可以作为输入也可以作为输出,所以说是双向的,根据创建的任务类型可以对应添加。由于仅有一个端口,因此在 AddChannel()方法中只需要添加通道即可,有些板卡数字通道较多,在添加时还需要指定端口号。从上述表格中可以看到有添加单通道或多通道的重载方法。有两种方法可以添加所有四个通道,除依次添加通道 0~3 外,还可以添加一个空数组,如下:

```
ditask.AddChannel(new int[] {0,1,2,3});
ditask.AddChannel(new int[0]);
```

数字输入任务的代码如下:

```
//新建数字输入任务
JYUSB101DITask ditask = new JYUSB101DITask(0);
//添加所有通道
ditask.AddChannel(new int[0]);
//读取通道数据
ditask.ReadSinglePoint(ref readValue);
```

数字输出任务的代码如下:

```
//新建数字输出任务
JYUSB101DOTask dotask = new JYUSB101DOTask(0);
//添加所有通道
dotask.AddChannel(new int[0]);
//写入输出数据
dotask.WriteSinglePoint(writeValue);
```

USB-101 上的数字通道只能支持软件定时,没有专门用于数字输入输出应用的时钟。部分板卡含有数字 I/O 专用的板上采样时钟,原理与带缓冲的模拟输入输出原理相同,可以采集或输出比软件定时更高频率的数字信号,具体可以参考相关板卡的硬件手册。

15.3.6　计数器

计数器可以接收和生成 TTL 信号，它不仅与信号的高低电平状态有关，也与不同状态之间的转换有关。计数器的两个基本功能如下。

(1)基于输入信号(门和源)的比较，进行计数。

(2)基于输入和寄存器值，生成脉冲。

计数器的主要组成部分如图 15.16 所示。USB-101 有两个独立的计数器，对应的管脚图如图 15.12 所示，每个计数器都有 CLK、GATE 和 OUT 三个接线端，分别代表源、门和输出。每个部分的功能介绍如下。

图 15.16　计数器的主要组成部分

(1)计数寄存器。保存当前计数值。

(2)源。改变当前计数的输入信号；改变计数的输入信号有效边沿(上升或下降)；选择计数在有效边沿增加或减少。

(3)门。控制计数发生时机的输入信号；当门信号为高、低或在上升沿和下降沿的不同组合之间时，计数可以进行。

(4)输出。输出信号用于生成脉冲。

计数器还有以下专用术语。

(1)分辨率。按位定义的计数寄存器大小，典型的分辨率是 16 位、24 位和 32 位，计数寄存器大小 $=2^{分辨率}-1$，USB-101 的分辨率是 16 位。

(2)最终计数。在计数器归零之前的最后计数值。例如，USB-101 的计数器是 16 位，因此最终计数就是 $2^{16}-1=65\ 535$，当前计数超过这个数值时计数器就会翻转，从零开始重新计数。

(3)时基。可引至源的内部信号，USB-101 的板载时基是 8 MHz，时基频率越高，可以检测的脉宽越窄。

由计数器基本的边沿计数功能可以衍生出许多其他应用，如时间测量、周期测量频率测量、位置测量、速度测量和编码器测量等。具体每种板卡的计数器所支持的功能需要参考硬件手册。

JYUSB101CITask 类主要用于计数器输入操作，JYUSB101CITask 类中主要的属性和方法见表 15.9。

表 15.9 JYUSB101CITask 类中主要的属性和方法

属性			
序号	属性名称	数据类型	功能描述
1	Mode	CIMode	输入模式,分为 Counter 和 Measure 两种模式
2	Counter.InitialCount	uint	初始计数值
3	Counter. ClockEdge	CIClockEdge	计数的时钟边沿,分为 Rising/Falling
4	Counter. ClockSource	CIClockSource	计数或测量的时钟源选择,分为 Internal/External
5	Counter.Direction	CountDirection	计数的方向,Up/Down
6	Measure.Type	MeasureType	测量类型,分为 SinglePeriodMSR/ SinglePulseWidthMSR/ EdgeSeparationMSR

方法		
序号	方法名称	功能描述
1	JYUSB101CITask(int boardNum,int chnId)	构造函数,根据板卡号和通道号新建任务,通道号 0 和 1 有效
2	void ReadCounter(ref uint buf)	读取计数值
3	void ReadMeasure(ref double buf)	读取测量到的频率/周期数值
4	void Start()	启动任务
5	void Stop()	停止任务

表 15.9 中的 CIMode 代表计数器输入任务的工作模式,有计数和脉冲测量两大类,每个类都包含各自的属性和方法。前者就是简单边沿计数,后者又分为单周期测量、单脉宽测量和双边沿分离检测三种类型。这里主要介绍简单边沿计数和单周期测量。

1.边沿计数

边沿计数是计数器最基础的应用,计数寄存器会在未知频率的源信号的有效边沿增加计数或减少计数,有效边沿可以是上升沿或下降沿,软件可选。当源端没有连接外部信号时,计数器会对内部时基进行计数。此应用中不需要用到门端和输出端。由边沿计数衍生出的一个应用是时间测量,此时连接到源的信号是频率已知的外部时基,已用时间等于时基周期乘以计数值。简单边沿计数和时间测量如图 15.17 所示。

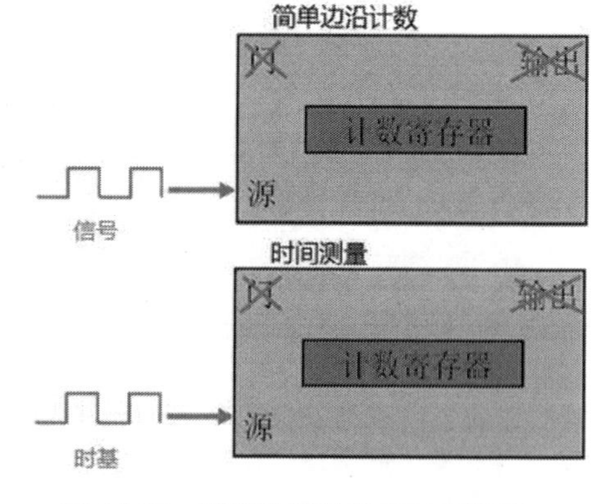

图 15.17 简单边沿计数和时间测量

简单边沿计数的部分代码如下,在开始按钮的事件中进行计数器任务的配置,包括任务的实例化、模式选择、计数类参数的设置等,然后开始计数器任务并启动定时器。在定时器中读取当前计数寄存器的值并显示在窗体中。代码如下:

```
private void button_startCounting_Click(object sender,EventArgs e)
{
    counterValue = 0;
    //新建计数器输入任务,板卡号 0,通道 0
    citask = new JYUSB101CITask(0,0);
    //应用模式为计数
    citask.Mode = CIMode.Counter;
    //初始计数值为 0
    citask.Counter.InitialCount = 0;
    //设置计数方向
    citask.Counter.Direction = (CountDirection)Enum.Parse(typeof(CountDirection), comboBox_
        cntDIR.Text);
    citask.Start();
    timer1.Enabled = true;
}

private void button_stopCounting_Click(object sender,EventArgs e)
{
    if (citask != null) citask.Stop();
    timer1.Enabled = false;
}

private void timer1_Tick(object sender,EventArgs e)
{
    timer1.Enabled = false;
    citask.ReadCounter(ref counterValue);
    textBox_cntValue.Text = counterValue.ToString();
    timer1.Enabled = true;
}
```

2.单周期测量

脉冲测量主要是使用已知频率的计数器内部时基测量未知信号的特性,被测脉冲需要连接到计数器的门端,源的频率是已知的,因此再结合计数寄存器的值可以知道脉冲特性,如脉冲宽度和脉冲周期,脉冲测量如图 15.18所示。

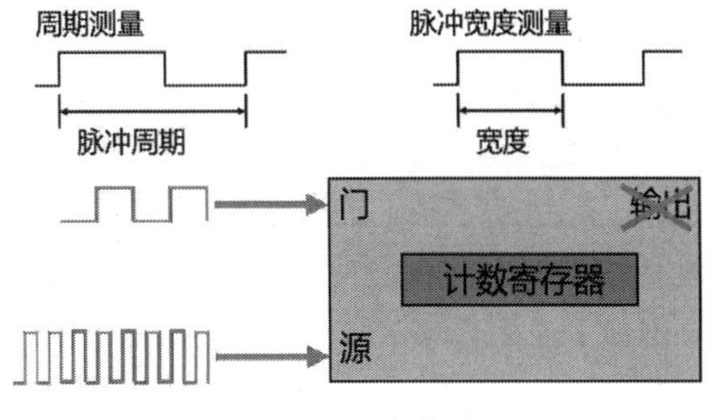

图 15.18　脉冲测量

单周期测量的代码如下,代码与之前的边沿计数部分也比较类似,示例代码是有限点单周期测量,如果需要连续测量,则把读取部分放到定时器中即可。读取到的数值时间单位是 s,换算成频率只需取倒数即可。代码如下:

```
private void button_startMeasure_Click(object sender,EventArgs e)
{
    measureValue = 0;
    citask = new JYUSB101CITask(0,0);
    //应用模式为测量
    citask.Mode = CIMode.Measure;
    //测量类型为单周期测量
    citask.Measure.Type = MeasureType.SinglePeriodMSR;
    citask.Start();
    button_startMeasure.Enabled = false;
    citask.ReadMeasure(ref measureValue);
    textBox_measureValue.Text = measureValue.ToString("f6");
    button_startMeasure.Enabled = true;
}
```

计数器不仅可以测量 TTL 信号,还可以生成 TTL 信号,使用计数器生成 TTL 信号的过程也称脉冲生成。脉冲是指信号的幅值在短时间内从闲时值变为活动值。计数器使用内部时基在输出引脚上生成 TTL 脉冲或脉冲序列,脉冲序列生成如图 15.19 所示。

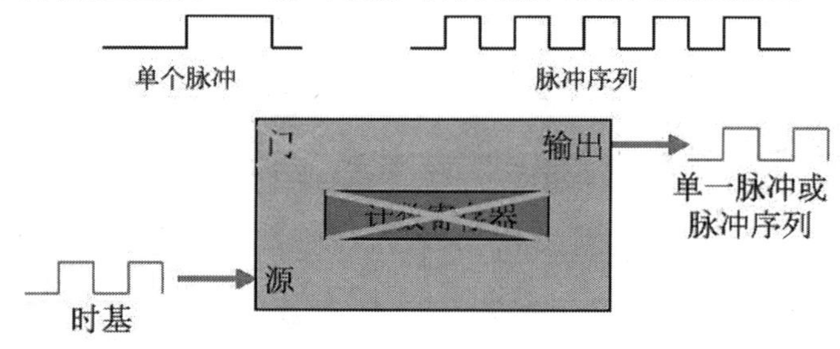

图 15.19　脉冲序列生成

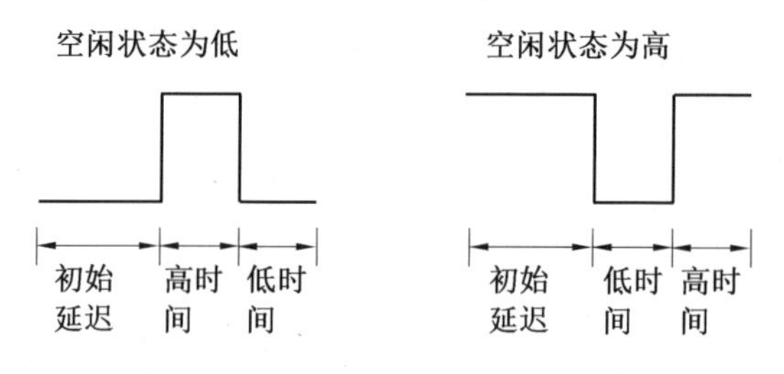

图 15.20　脉冲的参数表征

在介绍脉冲生成的代码编程之前,需要了解下脉冲的特性参数表征方式。脉冲分为低空闲状态和高空闲状态,包含三个部分:高时间、低时间和初始延迟。脉冲的参数表征如图 15.20 所示。由此,可以衍生出脉冲参数的计算公式,如图 15.21 所示。

JYUSB101COTask 类主要用于计数器输出操作,JYUSB101COTask 类中主要的属性和方法见表15.10。

脉冲周期 = 高电平时间 + 低电平时间
脉冲频率 = $\frac{1}{脉冲周期}$
占空比 = $\frac{高时间}{脉冲周期}$

图 15.21　脉冲参数的计算公式

表 15.10　JYUSB101COTask 类中主要的属性和方法

属性

序号	属性名称	数据类型	功能描述
1	Mode	COMode	输出模式,有 ContGatedPulseGen 等八种模式
2	IdleState	COSignalLevel	闲置状态(输出开始前和输出完成后输出端的电平状态)
3	Clock.Edge	CISignalEdge	时钟边沿,分为 Rising/Falling
4	Clock.Source	COClockSource	时钟源选择,分为 Internal/External
5	Pulse.Count	uint	输出脉冲的个数(仅针对 MultipleGatedPulseGen 模式)
6	Pulse.Type	COPulseType	脉冲参数设置方式,有 DutyCycleFrequency/HighLowTime/HighLowTick 三种
7	Pulse. DutyCycle Frequency	DutyCycleFrequency	输出脉冲的占空比和频率
8	Pulse.Time	Time	输出脉冲的高低电平时间设置
9	Pulse.Tick	Tick	输出脉冲的高低电平 tick 设置
10	Pulse.InitialDelay	double	输出脉冲的初始延迟

方法

序号	方法名称	功能描述
1	JYUSB101COTask (int boardNum, int chnId)	构造函数,根据板卡号和通道号新建任务,通道号 0 和 1 有效
2	void Start( )	启动任务
3	void Stop( )	停止任务

表 15.10 中的 COMode 代表计数器输出任务的工作模式,一共有八种模式,包括 Gate 使能单脉冲生成、可重触发单脉冲生成、触发连续脉冲生成、Gate 使能连续脉冲生成和触发连续脉冲 PWM 生成等,这里以 Gate 使能连续脉冲生成模式为例进行介绍,其他七种模式可以参考 USB-101 板卡的完整范例。

连续脉冲输出的代码如下,脉冲参数设置方式有三种,分别是占空比频率、高低电平时间和高低电平 tick,其中时间设置单位为 s,tick 的单位是一个时基周期,对于USB-101 来讲,时基频率是 8 MHz,因此一个 tick 的时间就是 1/8 MHz = 125 ns。示例代码是按照高低电平时间方式设置脉冲参数的，使用其他两种方式的话需要修改对应的 Pulse.Type 属性。代码如下：

```
private void button_startPulseGen_Click(object sender,EventArgs e)
{
    //新建计数器输出任务,板卡号 0,通道 1
    cotask = new JYUSB101COTask(0,1);
    // 输出模式为连续脉冲生成
    cotask.Mode = COMode.ContGatedPulseGen;
    // 设置输出脉冲的初始延迟,单位是 tick,也就是一个时基周期
    cotask.Pulse.InitialDelay = (int)numericUpDown_PulseDelay.Value;
    // 设置输出脉冲参数的方式以及高低电平时间
    cotask.Pulse.Type = COPulseType.HighLowTime;
    cotask.Pulse.Time.High = Convert.ToDouble(numericUpDown_HighLevel.Value);
    cotask.Pulse.Time.Low = Convert.ToDouble(numericUpDown_LowLevel.Value);
    // 启动脉冲输出
    cotask.Start();
    button_startPulseGen.Enabled = false;
}

private void button_stopPWM_Click(object sender,EventArgs e)
{
    if (cotask != null) cotask.Stop();
    button_startPulseGen.Enabled = true;
}
```

15.4 仪器控制

计算机硬件与仪器设备有两种通信方式：一种是基于寄存器，另一种是基于消息。它们也都称为直接 I/O，都是比较偏向底层的通信方式，而具体采用哪种方式由仪器本身决定。PXI 和 VXI 等模块化仪器都采用基于寄存器的通信方式，这种方式可以在底层直接对仪器的控制寄存器读写二进制信息。GPIB、串口、USB、以太网等其他仪器使用基于消息的通信方式，这些仪器发送的命令和回读的数据都是 ASCII 码格式的字符串信息，仪器本身的处理器负责解析字符串命令和发送字符串数据。15.4.2 节中将要介绍的 SCPI 就是一种标准的可编程仪器命令集。若想从底层直接与仪器通信，用户必须了解寄存器的配置方式或消息的具体格式，这样就增加了系统开发的难度，仪器驱动就是为了解决这个问题而出现的。本节主要介绍仪器驱动的概念和使用仪器驱动进行仪器控制的多种方法。

15.4.1 仪器驱动

仪器驱动是用来控制某种可编程仪器或者仪器类型的一套软件程序。每个程序都对应着一种可编程操作类型,如配置仪器、发送命令、读取数据和配置触发等。仪器驱动将底层的寄存器配置或消息命令封装起来,用户只须要调用封装好的函数库就可以轻松地使用仪器的任何功能。仪器驱动使得用户无须学习每种仪器的底层编程协议,简化了仪器控制的过程,缩短了测试程序的开发时间。另外,同类型仪器的仪器驱动具有通用的函数库和结构,使得仪器之间的互换性变得更加方便。主要的仪器驱动架构有 VISA 和 IVI 两种类型,可以使用多种编程语言来开发,如 C、.NET、LabWindows/CVI、LabVIEW 等。

从 20 世纪 70 年代开始,程序设计人员使用与设备相关的指令对仪表进行计算机控制。这种方式缺乏标准化,甚至同一家厂商的两种万用表都可能使用不同的控制指令。20 世纪 90 年代初一些仪器厂商共同开发了可编程仪器标准命令(SCPI),这个命令集使用标准化和一致性的 ASCII 码来控制仪器。在 1993 年,VXIplug&play 系统联盟创建了名为“VXI 即插即用驱动”的仪器驱动规范。不同于 SCPI,这些驱动程序并不定义如何去控制某个单独仪器,而是去具体说明某类仪器的通用之处。这些仪器驱动通过在编程语言中调用子程序的方式来控制仪器,无须像 SCPI 那样对 ASCII 字符串进行格式化。如果使用 ASCII 来测量直流电压,标准的 SCPI 命令是“MEASURE:VOLTAGE:DC?”,用户需要向仪器发送这条命令,然后读取仪器返回的一个字符串,并且提取其中的数值信息。而使用仪器驱动只需要调用 MeasureDCVoltage()方法,把返回的值放到变量中就可以了。

为满足仪器控制和测试应用的不同需求,有两种不同类型的仪器驱动程序,分别是即插即用(Plug-In)驱动程序和 IVI 驱动程序。前者通过一个标准的、适用所用驱动程序的简单编程模型,简化了仪器驱动和控制过程;后者主要适用于需要互换性、仪器仿真等更为复杂的测试应用。理想情况下,仪器驱动应当提供一个最优的接口用于它们所使用的每个开发环境。例如,一套.NET 类用于 C#和 Visual Basic.NET,一套 C++类用于 Visual C++,或者作为 LabVIEW VI 的子集以用于 LabVIEW 中。如果某个仪器没有对应的仪器驱动(比如用户自己开发的硬件),就需要使用直接 I/O 了。编程者需要对照编程指南找到正确的 SCPI 命令和准确的语法定义。

IVI、即插即用仪器驱动和直接 I/O 之间的关系如图 15.22 所示,可以看出 IVI 直接提供函数库,使用起来最简单,但是灵活度和扩展性不如即插即用驱动程序和直接 I/O。直接 I/O 可以实现仪器的所有功能,性能最强大,但是使用难度也最大。

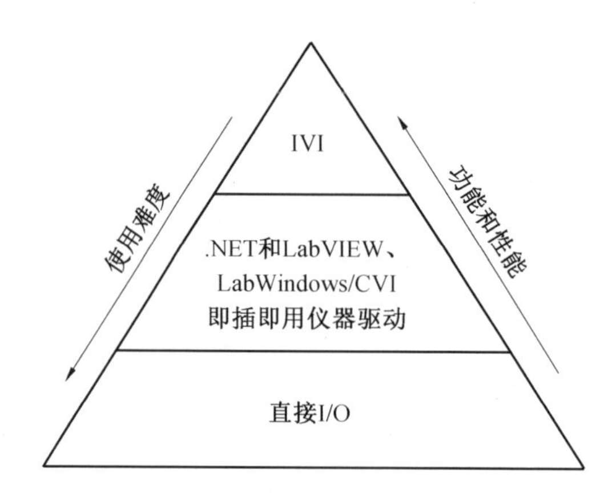

图 15.22　IVI、即插即用仪器驱动和直接 I/O 之间的关系

15.4.2　SCPI

上一节中提到过 SCPI,它定义了一套用于控制可编程测试测量仪器的标准语法和指令。SCPI 规范在 IEEE 488.2 通用指令集的基础上,定义一个单一、可理解、适合于所有仪器的指令集。例如,通用的指令,如配置仪器参数的指令 CONFigure、测量指令 MEASure 等。这些指令可用于任意仪器,并且同一类的指令属于同一子系统里。SCPI 同时也定义了若干仪器的种类,如任何可编程电源都会实现 DCPSUPPLY 基本功能类型。仪器的类别规定了它们会去实现什么样的子系统,当然也包括针对仪器的特定功能。

需要注意的是,SCPI 并未定义物理层的传输信道的实现方法,它只是一个规范,与硬件无关。虽然它最开始是与 IEEE 488.2(即 GPIB)一起面世的,但 SCPI 控制指令也可用于串口、以太网、USB、VXI 等若干硬件总线。SCPI 指令也与编程语言无关。

如果已经熟练掌握了一种仪器的指令集,就很容易掌握另一种仪器的指令集。同一类型的指令集是相似的,如不同型号的万用表读取电压的指令是一样的,而不同类型仪器的同种功能的指令也是类似的。例如,示波器、信号源的初始化和关闭指令就是一样的。

SCPI 指令大致分为两种功能:控制指令(如打开或关闭电源输出)和查询指令(如读取输出电压值)。查询指令一般以问号(?)结尾。有些指令既可以用来进行设置,也可以用来查询仪器。相似的指令可以被归类成一种层状或树状结构,如任何读取仪器测量结果的指令均可以 MEASure 开头。特定的子指令以冒号同上级指令分隔开。例如,测量直流电压的指令是 MEASure:VOLTage:DC?,测量交流电流的指令是 MEASure:CURRent:AC?。有些指令需要额外的参数,参数一般跟在指令的后面,以空格隔开。例如,将某个仪器的触发模式设为 normal 的指令可写为 TRIGer:MODe NORMal,上述指令里 NORMal 即为参数。多个指令可用一条语句发送至仪器,使用一个冒号和一个分号来连接这些指令。例如,测量直流电压和交流电流的指令可以合并为 MEASure:VOLTage:DC?;:MEASure:CURRent:AC?。

某些厂商提供的工具可以直接输入 SCPI 指令访问仪器,如 NI 公司提供的 MAX 和仪器 I/O 助手都可以直接向仪器发送指令。目前,SCPI 协会已经加入 IVI 基金会,完整的

SCPI 规范可以访问 https://www.ivifoundation.org/scpi/。

15.4.3　GPIB

通用接口总线(General Purpose Interface Bus,GPIB)是由 IEEE 协会规定的一种 ANSI/IEEE488 标准。GPIB 为 PC 机与可编程仪器之间的连接系统定义了电气、机械、功能和软件特性。在独立仪器中,GPIB 是一种最常见的 I/O 接口。GPIB 是 8 位并行数字通信接口,数据传输速率高达 8 Mbit/s。一个 GPIB 控制器总线可以最多连接 14 个仪器,其布线距离小于 20 m,但是可以通过使用 GPIB 扩展器和延长器克服这些限制。GPIB 比串口控制提高了传输速率和同时支持的设备总数,但是在测试行业中已经越来越多地被传输速率更快、支持设备总数更多的以太网接口替代。传统的台式仪器一般都会集成 GPIB 接口用于计算机的自动化控制,新型的仪器也会同时集成 GPIB 接口和以太网接口,用户可以自行选择连接方式。

虽然 GPIB 不是一个 PC 工业总线,很少用于 PC 上,但是可以使用板卡或外部转换器,如 PCI 转 GPIB、USB 转 GPIB 等,将 GPIB 仪器控制功能添加到 PC 上。对于 PXI 系统,一般而言 PXI 控制器上都会集成有 GPIB 接口而无须有外部转换器。

通过 GPIB 控制卡可以将计算机和一台或多台仪器组成自动化测试系统,使测试测量工作变得快捷、简便、精确和高效。通过 GPIB 电缆的连接,可以方便地实现星型组合、线型组合或二者的组合。

一个基本的 GPIB 仪器控制系统由四个部分组成,分别是计算机、GPIB 控制器、GPIB 电缆和 GPIB 仪器。系统的使用分为以下四个步骤。

(1)设置计算机。基于计算机的 GPIB 控制器提供计算机和 GPIB 仪器之间的简单无缝桥接。此外,独立式 GPIB 控制器通过串行接口、USB 或以太网进行通信。

(2)配置控制器。取决于不同的 GPIB 控制器制造商,在设备运行之前需要安装制造商提供的硬件驱动,安装完毕后可以在计算机的设备管理器中看到 GPIB 控制器。

(3)把 GPIB 控制器连接至仪器。一旦控制器被安装并且正常工作,GPIB 电缆可以从控制器连接至仪器。根据 IEEE 488.2 标准,用户可以通过单个控制器控制多达 14 个不同的通过菊花链或者星型拓扑进行连接的仪器。

(4)进行仪器通信。有以下两种方式可以实现 GPIB 实现 GPIB 与仪器间的通信。

①GPIB 控制器厂商一般会提供现成的软件工具,如 NI 公司的 MAX 和是德科技的 Keysight Connection Expert 等。如果仪器符合 SCPI 标准,打开软件后可以很方便地找到仪器的 GPIB 的地址并且建立仪器通信。可发送 *IDN? 命令来查询其识别信息,仪器通常会返回生产厂商名称、型号名以及生产厂商用来追踪固件版本的字母和数字构成的字符,MAX 软件中查询一个 GPIB 控制器的厂商信息。

②GPIB 可以使用任何编程语言(如.NET、VC、C++)实现电脑对仪器的控制。当然也有某些仪器制造商自己开发的语言支持 GPIB,如 Keithley 公司的 TestPoint 和 NI 公司的 LabVIEW 等。制造商通常会提供多种语言的范例程序,用户可以根据自己的习惯选择对应的语言支持,同样使用标准的 SCPI 命令对仪器进行控制。有些仪器驱动对底层指令做

了封装,只需要提供仪器的 GPIB 地址就可以直接调用函数库与仪器进行通信。

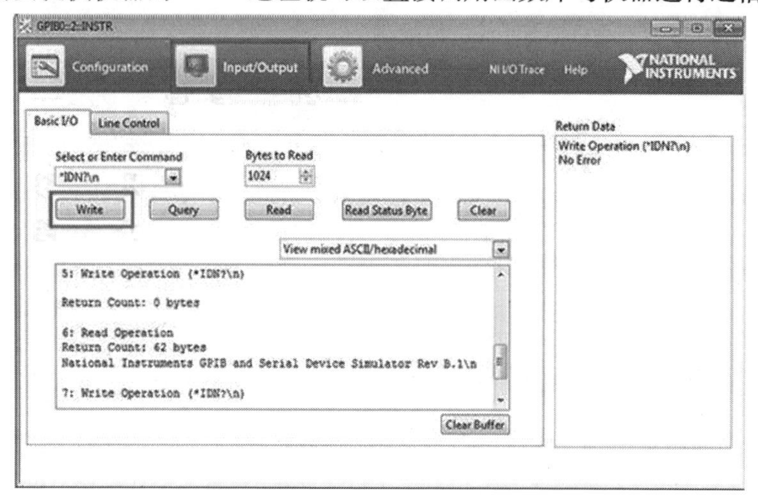

图 15.23　MAX 软件中查询一个 GPIB 控制器的厂商信息

15.4.4　VISA

VISA 的全称是 Virtual Instrument Software Architecture,即虚拟仪器软件结构,是 VXI plug&play 联盟制定的 I/O 接口软件标准及其规范的总称,现在此标准规范已经由 IVI 基金会来维护。VISA 提供用于仪器编程的标准 I/O 函数库,称为 VISA 库。VISA 函数库驻留在计算机系统内,是计算机与仪器的标准软件通信接口,计算机通过它来控制仪器。VISA 这一架构的目的在于统一 GPIB、串口、以太网、IEEE 1394 和 USB 仪器的通信,简化仪器控制应用。VISA 有以下几个优势。

(1)接口独立性。VISA 提供了一个单一的 API 以相同的方法与仪器通信,而无须考虑仪器接口类型。如果将 ASCII 字符串写入基于消息的仪器,VISA 命令都是相同的,用户只需学习一种编程语言即可使用不同的接口编程仪器。使用 VISA 控制不同接口的仪器如图 15.24所示。

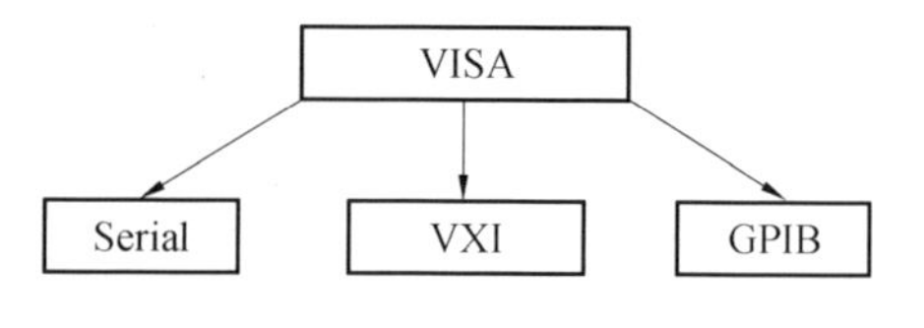

图 15.24　使用 VISA 控制不同接口的仪器

(2)调用 VISA 函数编写的程序可以轻松地实现跨平台。VISA 通过定义自己的数据类型来实现这一点,这样就可以防止一些问题,如从一个平台移动到另一个平台时因整数长度大小不同而可能导致的问题。换句话说,基于 VISA 调用的应用程序可以轻松移植到另一个支持此应用程序的平台。VISA 支持多种操作系统,包括 Windows、MAC OS 和 Linux 系统。

(3)VISA 是一种面向对象的架构,可以非常方便地适应未来开发的仪器接口。

VISA 提供非常简单易用的 API,这种 API 的大部分 I/O 功能都不受总线限制。VISA 只需少量的命令集即可提供最常用的仪器功能,因此不需要学习多种总线类型的低层通信协议。一方面,对初学者或是简单任务的设计者来说,VISA 提供了简单易用的控制函数集,在应用形式上相当简单;另一方面,对复杂系统的组建者来说,VISA 提供了非常强大的仪器控制功能与资源管理。

VISA 语言中最重要的对象是资源。VISA 资源是指系统中的任何仪器(包括串行和并行端口)。如果多个资源连接到一个 GPIB 控制器,则每个仪器都视为一个 VISA 资源。资源的确切名称为资源仪器描述符(Instrument Descriptor),它指定了接口类型(GPIB、串行、USB)、设备地址(逻辑地址或主地址)和 VISA 会话类型(INSTR、事件或 INTFC)。VISA 会话是与 VISA 资源通信的路径,因此要与仪器进行 VISA 通信,必须先打开 VISA 会话。VISA 别名是 VISA 资源的别称,如对于地址为[GPIB0::3::INSTR]的函数发生器,可以取 VISA 别名为"Function Generator",然后在应用程序中可以直接调用"Function Generator",而不必使用仪器描述符。

典型的 VISA 应用程序执行以下步骤。

(1)打开与指定资源的会话。

(2)对指定资源进行配置(设置波特率、终止字符等)。

(3)对设备执行写入和读取。

(4)关闭与资源的会话。

(5)处理可能发生的任何错误。

下面介绍如何使用 C#语言进行 VISA 的编程。IVI 基金会仅仅定义了 VISA 标准和规范,并没有提供所依赖的函数库安装文件。这些依赖的库函数会集成到每个仪器厂商自己的 VISA 驱动中,一般使用较多的是 NI 公司的 NI-VISA 和是德科技的 Keysight IO Libraries Suite。无论使用哪家的 VISA 类库,都可以与任意符合 SCPI 标准的仪器进行通信。

NI-VISA 中的 VISA.NET Library 提供了.NET 环境下使用 VISA 进行仪器控制的相关类库,并且与 IVI 基金会的 VISA 标准兼容。NI-VISA 可以在 NI 官网下载,在安装时需要勾选对.NET 框架的支持。安装完成后会有基于 C#的范例程序,编程时需要添加命名空间 NationalInstruments.Visa。

使用 VISA.NET 类库编写的一个 C#应用程序,该程序首先打开与 GPIB 仪器的会话,然后执行"*IDN? \n"写入,最后查询设备的响应。这种格式也可用于其他编程语言,如 C++或 LabVIEW。如果仪器采用的是串行、USB、以太网、IEEE-1394 或 VISA 支持的任何其他总线,也将完全遵循这种格式。唯一需要更改的只是连接到 Open()方法的仪器描述符。完整的代码如下:

```
using System;
using System.Windows.Forms;
using NationalInstruments.Visa;

namespace _15._4._4
{
    public partial class Form1 : Form
    {
```

```
private MessageBasedSession mbSession;
private string lastResourceString = null;

public Form1()
{
    InitializeComponent();
}

private void button_openSession_Click(object sender,EventArgs e)
{
    using (var rmSession = new ResourceManager())
    {
        try
        {
            // 创建一个 VISA I/O 资源会话
            mbSession = (MessageBasedSession)rmSession.Open(textBox_resourceName.
                Text);
        }
        catch (Exception ex)
        {
            MessageBox.Show(ex.Message);
        }
    }
}

private void button_closeSession_Click(object sender,EventArgs e)
{
    mbSession?.Dispose();
}

private void button_query_Click(object sender,EventArgs e)
{
    textBox_readString.Text = string.Empty;
    try
    {
        string textToWrite = textBox_writeString.Text.Replace("\\n","\n").Replace("\\r",
            "\r");
        // 写入 VISA 指令
        mbSession.RawIO.Write(textToWrite);
        // 读取返回字符
        textBox_readString.Text = mbSession.RawIO.ReadString().Replace("\n","\\n").
          Replace("\r","\\r");
```

```
                }
                catch (Exception ex)
                {
                    MessageBox.Show(ex.Message);
                }
            }
        }
    }
```

代码的运行结果如图 15.25 所示,输入资源的名称字符串(不同总线接口格式会有所差异),点击“打开会话”,然后写入查询命令,点击“查询”就可以看到仪器返回的信息。

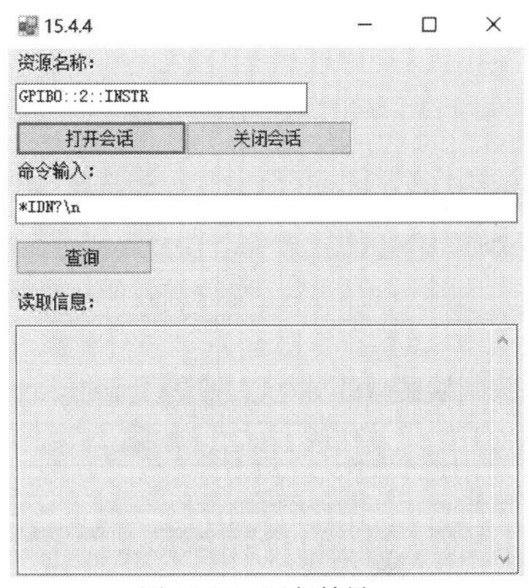

图 15.25　运行结果

虽然 VISA 是一门非常容易掌握的语言,但是对于特定的应用来讲,如果仅是需要使用某些固定的仪器设备,还是应当首先去查看这些仪器是否有提供即插即用的仪器驱动。如果尚未有现成的仪器驱动或者需要的功能在驱动中没有包含,再去尝试使用 VISA。

15.4.5　IVI

IVI 驱动程序是更为复杂的仪器驱动程序,它的特点在于为那些需要可互换性、状态缓存或仪器仿真的更为复杂的测试应用提高了性能和灵活性。IVI 驱动程序是基于由 IVI 基金会开发的工业标准上的。成立 IVI 基金会的目的是创建一个仪器驱动程序的标准,它基于 VXI 即插即用标准,但也提供一些高级特性,如仪器可互换性、仿真、状态缓存和多线程安全等。

IVI 驱动定义了一个开放的驱动架构、一组仪器类库和共享软件组件,为高级应用提供了一致性和易用性。IVI 驱动中定义了 13 种通用仪器的类库实现方式,包括万用表、示波器、任意波形发生器/函数发生器、直流电源、交流电源、开关、功率计、频谱仪、射频信号发生器、上变频器、下变频器、数字化仪和计数器/定时器等。每一类仪器都有各自的类驱动程序(IVI Class Driver),类驱动程序包含了该类仪器通用的各种属性和操作函数。运行时,类驱动程序通过调用每台仪器的专用驱动程序(IVI Specific Driver)中相应的函数来控制仪器。IVI 也为不在上述 13 种仪器内的其他仪器提供了自定义驱动,如网络分析仪的驱动就是一个自定义驱动,但是自定义驱动无法实现驱动互换性。

为支持所有流行的编程语言和开发环境,IVI 基金会为 IVI 驱动定义了两种结构,分别是 IVI-C 和 IVI-COM。两种体系结构设计成可共同存在而不是相互排斥的,而且功能也是类似的。前者基于 ANSI-C,适合用于面向过程的文本语言;后者基于 Microsoft 组件对象模型(COM)技术,更适合于面向对象的编程环境,如.NET。现在 IVI-COM 已经逐渐被 IVI.NET 取代,IVI.NET 增加了更多原生的.NET 的特性,提供了更丰富的数据类型,如集合、复数枚举等，驱动源码更易于修改和维护更新，事件和错误处理更清晰等。本节后面的内容也将围绕 IVI.NET 来进行。

IVI-C 驱动扩展自 VXI 即插即用驱动，因此使用也是类似的。IVI-COM 和 IVI.NET 驱动通过方法和属性与仪器轻松进行交互。电脑中只能存在一个版本的 IVI-C 或 IVI-COM驱动，但是可以存在多个版本的 IVI.NET 驱动。

在使用 IVI 驱动之前，还需要安装一些附加软件，它们的安装顺序如下。

（1）IVI 共享组件。由 IVI 基金会提供，从而在应用中兼容不同厂家的驱动和软件。IVI 共享组件可以单独在 IVI 基金会网站上下载，某些厂商的 IVI.NET 驱动或 VISA 中也会把组件集成进去。

（2）VISA。IVI 驱动需要 I/O 函数库与仪器进行通信，对于 GPIB 或者 VXI 接口的仪器 IVI 驱动需要使用 VISA I/O 函数库，从而保证驱动对于所有支持 VISA 的仪器的适用性。如果是以太网、USB 等其他接口，驱动可能会使用其他类库。某些 PXI/PXIe 模块化仪器使用单独的 I/O 类库而无须使用 VISA，不同厂商提供的 VISA 类库都可以与 IVI 驱动兼容。

（3）IVI 驱动。IVI 驱动由厂商提供，需要根据使用的仪器类型来选择下载，IVI 基金会官网提供了所有符合标准的 IVI 驱动的下载链接，需要根据自己的编程语言和开发环境选择下载。IVI 基金会官网的 IVI 驱动如图 15.26 所示。当然，也可以前往厂商的网站自己搜索仪器型号下载驱动。

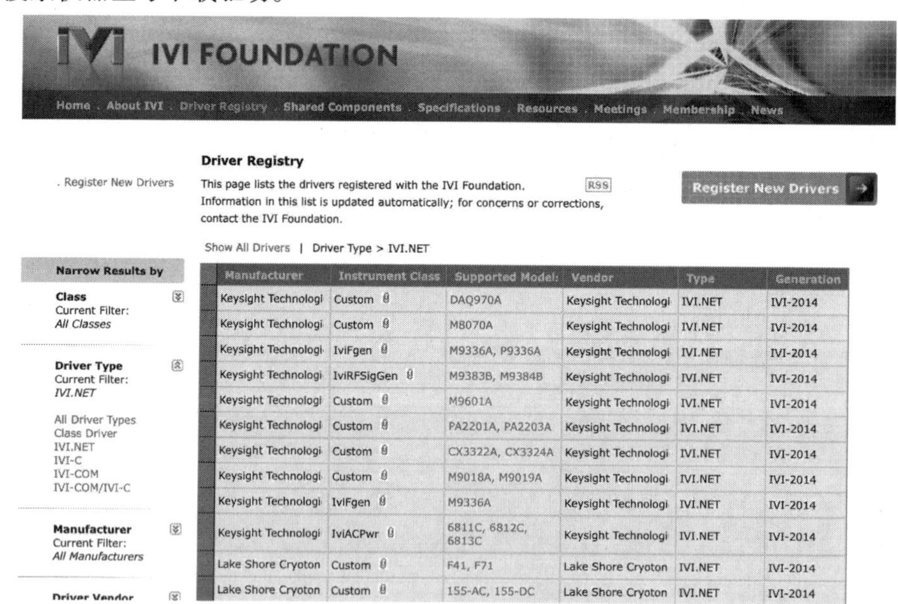

图 15.26　IVI 基金会官网的 IVI 驱动

对于 IVI.NET 驱动而言，安装完成后可以在以下路径查找文件，包括驱动类库、范例及帮助文件。

（1）32 位系统。Program Files/IVI Foundation/IVI/Microsoft.NET/Framework64/…。

（2）64 位系统。Program Files（x86）/IVI Foundation/IVI/Microsoft. NET/ Framework32/…。

其中,/…里可能有不同的 IVI.NET 驱动版本,如 2.x、3.0、3.5、4.0 等。

IVI.NET 驱动的编程基本遵循以下步骤。

(1)对驱动进行实例化,获得 I/O 会话的对象。

(2)对仪器进行配置。

(3)获取仪器的属性。

(4)进行测量。

(5)获取测量结果。

(6)检查错误处理。

(7)关闭 I/O 会话。

使用 IVI.NET 驱动与是德科技的交流电源分析仪进行通信,这是一个自定义的驱动,并不在之前介绍的 13 种通用仪器中,但是使用方式都是类似的。下载以下驱动并按照顺序进行安装,后面三个驱动的链接都可以在 IVI 基金会官网找到。

(1)NI-VISA 或 Keysight IO Libraries Suite。

(2)IVI 基金会的 IviSharedComponents(64 位)。

(3)IVI 基金会的 IviNetSharedComponents(64 位)。

(4)Keysight IntegraVision IVI.NET 驱动(64 位)。

创建好 C#项目后,首先需要添加对类库的引用。打开引用管理器后,在程序集下选择"扩展",选择"IVI Driver Assembly"和"Keysight.KtIntegraVision",安装完的 IVI 驱动类库都会显示在列表中。注意,可能同时存在多个版本的驱动,建议选择最新版本的 64 位驱动。添加 IVI 驱动类库如图 15.27 所示。

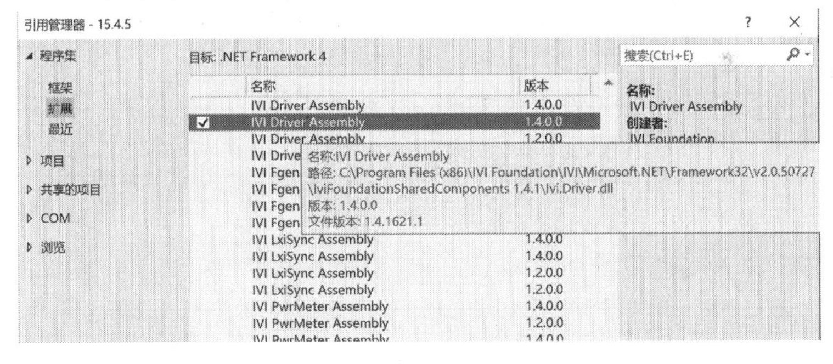

图 15.27　添加 IVI 驱动类库

完整的代码如下:

```
using System;
using Keysight.KtIntegraVision;
using Ivi.Driver;


namespace _15._4._5
{
    class Program
    {
```

```
static void Main(string[] args)
{
    var driver = (KtIntegraVision)null;
    var options = "QueryInstrStatus=True,Simulate=true,DriverSetup= ";
    try
    {
        // 实例化驱动,仿真模式下仪器资源名会被忽略
        driver = new KtIntegraVision("MyVisaAlias",true,true,options);
        Console.WriteLine("Identifier:{0}",driver.Identity.Identifier);
        Console.WriteLine("Simulate:{0}",driver.DriverOperation.Simulate);
        // 设置通信的超时时间
        driver.System.IOTimeout = PrecisionTimeSpan.FromSeconds(10);
        // 设置通道 1 的耦合方式为直流耦合
        driver.Channels["Channel1"].Coupling = ChannelVerticalCoupling.DC;
        // 使能通道 1 的所有功能
        driver.Channels["Channel1"].EnableAll();
        // 自动配置仪器所有参数
        driver.RunControl.AutoSetup();
        // 设置触发参数
        driver.Trigger.Configure(Keysight.KtIntegraVision.TriggerSource.Current,1,0.1,
            TriggerSlope.Positive);
        driver.Measure.SetSource(MeasureSource.Power,1);
        // 读取测量结果
        double max = driver.Measure.Maximum;
        Console.WriteLine("Max: {0}",max);
        double min = driver.Measure.Minimum;
        Console.WriteLine("Min: {0}",min);
        // 检查错误
        ErrorQueryResult result;
        Console.WriteLine();
        do
        {
            result = driver.Utility.ErrorQuery();
            Console.WriteLine("ErrorQuery: {0}, {1}",result.Code,result.Message);
        } while (result.Code != 0);
        driver.Close();
    }
    catch (Exception ex)
    {
        Console.WriteLine("Exception: " + ex.Message);
    }
    Console.ReadLine();
```

```
            }
        }
    }
```

针对上述代码,有以下几点说明。

(1)IVI 驱动支持仿真模式,可以在实例化时对可选字符串赋值,此时无须硬件就可以运行代码。仿真模式下,资源字符串的值会被忽略。

(2)对于多通道的仪器,需要使用通道集合来进行不同通道的属性配置,IVI 驱动称为 Repeated Capabilities。是德科技的这款仪器需要使用“Channel1”这样的格式,其他仪器也许会使用 Output1 或者 Ch1,具体字符串格式要参考对应仪器的编程手册。

(3)虽然.NET 最终会自动销毁驱动实例对象,仍然建议遵循编程规范在程序末尾调用 Close()方法关闭 I/O 会话。

代码的运行结果如下:

```
Identifier:KtIntegraVision
Simulate:True
Max: 0
Min: 0

ErrorQuery: 0,No error.
```

可以看出,返回了仪器的标识符和工作模式,仿真模式下所有的测量结果返回值都是 0。

第 16 章　C#跨平台

对于习惯了 Windows 开发的便捷特性的工程师来说，如果要去学习一种新的开发工具或开发语言，无疑会花费大量的时间，如果能够把已有的工作很方便地移植到用户需要的另外一个平台，则会节约大量时间，提高已有成果的重复利用率。因此，跨平台是编程语言非常有用也非常重要的一个特性。本章将会介绍 C#程序在 Windows 和 Linux 系统之间的移植方法。除此之外，开发者还可以将代码移植到 Mac OS X、iOS 和 Android 等其他平台。

16.1　开发环境介绍

16.1.1　Linux

Linux 是一套免费使用和自由传播的类 Unix 操作系统，是一个基于 POSIX 和 UNIX 的多用户、多任务、支持多线程和多 CPU 的操作系统。它能运行主要的 UNIX 工具软件、应用程序和网络协议，支持 32 位和 64 位硬件。Linux 继承了 Unix 以网络为核心的设计思想，是一个性能稳定的多用户网络操作系统。Linux 操作系统的种类繁多，目前用户较多的主要有 Ubuntu、CentOS、Open SUSE 和 Debian 等。每种 Linux 操作系统的应用场景也是不同的，如在大物理领域就较多的使用了 CentOS 系统。

在测试测量应用中，相比于 Windows 操作系统，Linux 主要有以下几个优点。

(1)长时间稳定运行。测试测量很多应用都需要进行长时间监测，这就要求整个系统能够长时间稳定运行，而 Linux 恰好具有较高的稳定性，能够保证长时间稳定可靠，因此成为长时间监测的首选操作系统。

(2)较好的实时性。测试测量中，有些应用要求系统具有一定的实时性，Linux 加上 RT-Preempt Patch 补丁正好具有较高的实时特性，满足大多数需要有一定实时特性的测试测量应用的需求。

(3)国产化的需求。当前国家对国产的要求越来越强烈，很多项目都要求国产化，尤其是军工行业，因此测试测量系统的高国产化率，更加有利于市场的开辟。操作系统方面，只有 Linux 具有国产化的特性，麒麟、红旗等都是国产化的 Linux 操作系统。

Linux 本身是非实时系统，RT-Preempt Patch 是在 Linux 社区 kernel 的基础上加上相关的补丁，以使 Linux 满足实时系统的需求。

16.1.2　Ubuntu

Ubuntu(友帮拓、优般图、乌班图)是一个以桌面应用为主的开源 Linux 操作系统，Ubuntu 是基于 DebianGNU/Linux，支持 x86、amd64(即 x64)和 ppc 架构，由全球化的专业开发团队打造的，是目前主流的 Linux 系统之一。

Ubuntu 系统的安装步骤与 Windows 类似，可以前往官网下载需要版本的 ISO 镜像文件，注意区分 32 位还是 64 位系统。然后使用 UltraISO(或其他 ISO 镜像制作软件)将安装包镜像写入 U 盘作为启动盘。具体安装步骤如下。

(1)打开 UltraISO 软件，在菜单栏的文件中选择打开，然后选中下载好的 Ubuntu 镜像文件。

(2)在菜单栏的启动中选择写入硬盘镜像，在硬盘驱动器一栏中选择启动 U 盘，其余按照默认设置，点击“写入”。在 UltraISO 软件中写入硬盘镜像如图 16.1 所示。

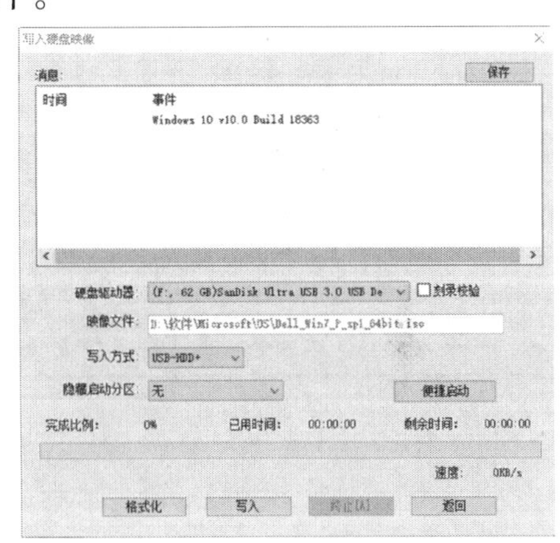

图 16.1　在 UltraISO 软件中写入硬盘镜像

(3)将 U 盘插入需要安装 Ubuntu 系统的计算机，在进入 BIOS 之前按 F7 键(大多 PXI 控制器都是 F7 键，其他台式计算机确切的按键见启动系统时屏幕下方的提示)，进入启动设置界面。

(4)将刚才插入的 U 盘设置为第一启动顺序，保存设置并重启计算机会自动进入 Ubuntu 的安装界面，根据安装提示进行选择即可。

如果计算机中已有 Windows 或 Mac 系统，可以使用 VirtualBox 或 Parallel Desktop 软件将 Ubuntu 系统以虚拟机的形式进行安装。具体安装步骤可以参考上述两个软件的使用说明。

16.1.3　Mono 和 MonoDevelop

Mono 是一个由 Xamarin 公司主持的自由开放源代码项目。该项目的目标是创建一系列匹配 ECMA 标准(Ecma-334 和 Ecma-335)的.NET 工具，包括 C#编译器和通用语言架构。与微软的.NET Framework 不同，Mono 项目不仅可以运行于 Windows 系统上，还可以运行于 Linux、FreeBSD、Unix、OS X 和 Solaris，甚至一些游戏平台，从而实现应用程序近乎无缝的跨平台移植。

MonoDevelop 是 Mono 官方提供的适用于 Linux、Mac OS X 和 Microsoft Windows 的开放源代码集成开发环境，主要用来开发 Mono 与.NET Framework 软件。MonoDevelop 集成了很多 Eclipse 与 Microsoft Visual Studio 的特性，如 Intellisense、版本控制和 GUI 与 Web 设计工具。另外，还集成了 GTK#GUI 设计工具。目前支持的语言有 Python、C#、Java、Visual Basic .NET、C、C++等。

在 Ubuntu 系统中，MonoDevelop 开发环境是通过命令行来安装的，在安装之前首先要获取 root 权限，然后可以访问以下网址按照步骤进行操作：https://www.monodevelop.com/download/#fndtn-download-lin-ubuntu。

在 Mono 下开发应用的方式与 C#基本相同，一些基本的配置如.NET 版本可以在工程属性中配置。MonoDevelop 项目的属性配置如图 16.2 所示。

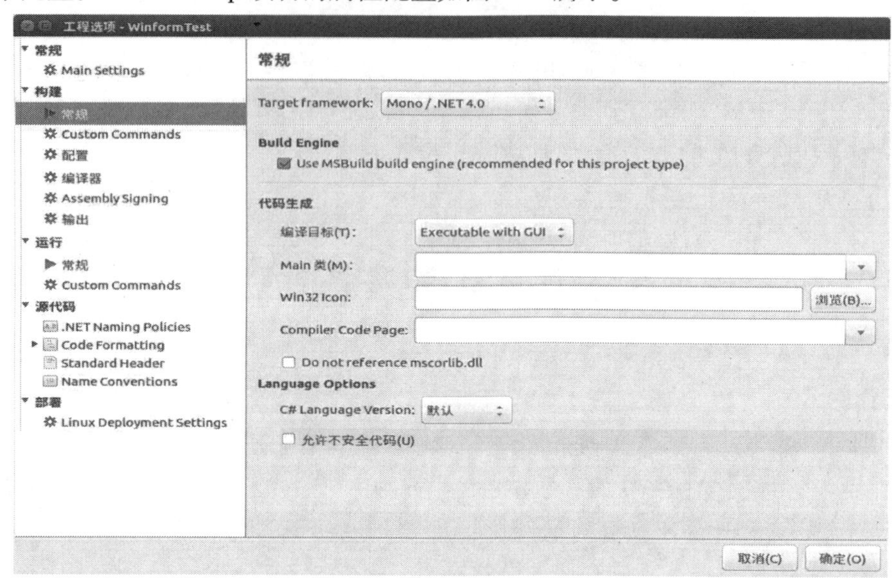

图 16.2　MonoDevelop 项目的属性配置

16.2　在 Linux 中开发 C#程序

C#作为可以跨平台移植的一种开发语言，在 Linux 操作系统中通过 Mono 可以很容易地运行起来，并且在 Windows 中用 Visual Studio 开发的程序，大多数情况下都可以直接移植到 Linux 中用 Mono 编译运行。虽然 Mono 中有 GTK#工具可以用于设计界面，但对于习惯了 Windows 编程的工程师来说，如果能够把已经有的 WinForm 程序很方便地移植到 Linux 运行，无疑会节省大量开发时间。下面以一个简单的 WinForm 程序为例来说明 C#编写的程序如何在 Linux 中使用。

首先在 VS 中创建一个 Windows Form 的 Project（具体创建过程这里不详述），然后加入 SeeSharpTools.JY.GUI.dll 库的引用，并添加其中的 EasyChartX 和 EasyButton 两个控件到界面上，双击 Button 生成其单击的事件函数，添加代码如下：

```
private void EasyButton1_Click(object sender,EventArgs e)
{
    double[] sinWaveform = new double[10000];
    for (int i = 0; i < sinWaveform.Length; i++)
    {
```

```
        sinWaveform[i] = Math.Sin(2 * Math.PI * 10 * i / sinWaveform.Length);
    }
    easyChartX1.Plot(sinWaveform);
}
```

以上代码的作用是生成 10 000 点，共 10 个周期的正弦波，并通过控件显示波形。Windows 中的程序运行结果如图 16.3 所示。

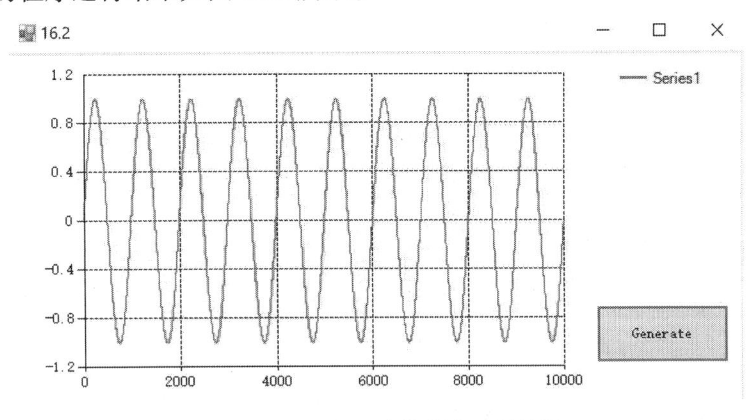

图 16.3　Windows 中的程序运行结果

那么刚才创建的 Windows Form 项目如何在 Linux 中运行呢？答案是直接拷贝到 Linux，然后用 Mono 打开解决方案，编译并运行即可，甚至项目中引用的第三方类库在 Linux 中都不用重新编译就可以直接使用。Linux 中的程序运行结果如图 16.4 所示。

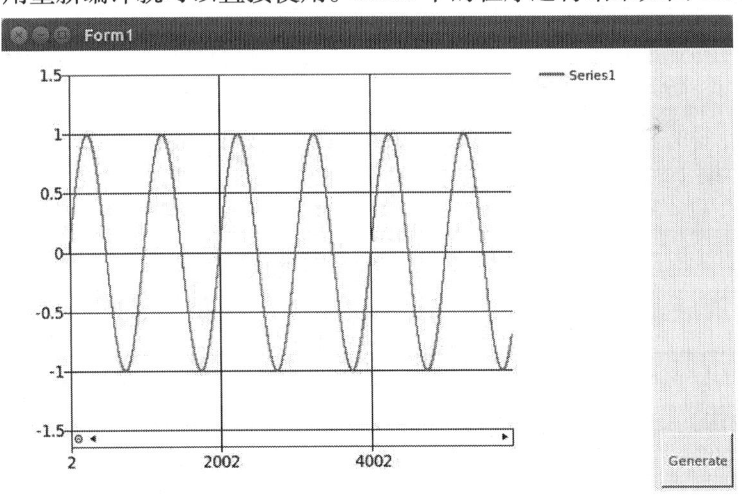

图 16.4　Linux 中的程序运行结果

通过以上的例子，可以看到 C#实现跨平台的强大能力，这样一来用户就可以借助 Windows 中 Visual Studio 界面设计的强大功能，先将应用程序界面设计好，然后直接到 Linux 去调试和布局应用程序。因此，C#的移植性是非常好的，这对于需要在 Linux 中开发应用的项目来说是非常方便的。

第 17 章　C#设计模式

设计模式(Design Pattern)代表了最佳的实践,通常被经验丰富的面向对象的软件开发人员采用。设计模式是软件开发人员在软件开发过程中面临的一般问题的解决方案,这些解决方案是众多软件开发人员经过相当长的一段时间的试验和错误总结出来的,它们的目的是适应变化,提高代码复用率,使软件更具有可维护性和可扩展性。本章将介绍和测试测量应用相关的四种设计模式,希望能够在中大型程序的设计方面提供一些帮助和参考。

17.1　设计模式和软件架构

软件模式是将模式的一般概念应用于软件开发领域,即软件开发的总体指导思路或参照样板。软件模式并非仅限于设计模式,还包括架构模式、分析模式和过程模式等。实际上,在软件生存期的每个阶段都存在着一些被认同的模式。

设计模式的总原则是开闭原则,即对扩展开放,对修改关闭。在程序需要进行拓展时,不能去修改原有的代码,而是扩展原有代码,实现一个热插拔的效果。因此,一句话概况就是为使程序的扩展性好、易于维护和升级。想要达到这样的效果,用户需要使用继承和抽象类。第 4 章中已经介绍过继承和抽象类的使用方法,接下来的部分设计模式中也会用到这两个概念。

在测试测量应用中可能会涉及多种功能,测试测量应用中的常用功能模块如图 17.1 所示。整个软件架构的最上层是人机界面及测试结果的报表生成;中间层是各种业务逻辑,如算法的实现、数据的管理等;最底层与硬件进行交互,包括各种测量设备的管理和调用、IO 控制、与外接设备的通信等。

之前介绍的许多章节内容都是整个软件架构的各种组成部分,具体总结如下。

(1)WinForm。Windows 桌面端 GUI 开发框架。

(2)SeeSharpTools。简仪科技提供的软件工具包,包括常见信号处理算法、数据统计、窗体控件、数组操作、文件操作等开源类库。

(3)Math.NET。常用的各种数学运算和信号处理算法。

(4).NET 框架提供的组件。

①文件相关。System.IO 命名空间,如 File/FileStream/StreamWriter 类。

②串口通信。System.IO.Ports,如 SerialPort 类。

③网络通信。System.Net.Sockets,如 Socket/TCPClient/TCPListener 类。

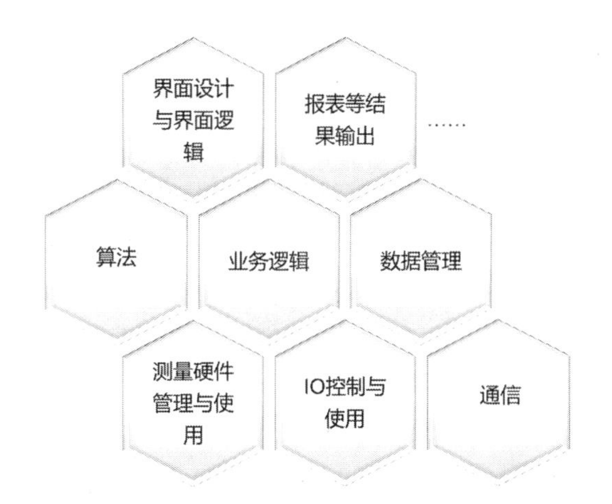

图 17.1　测试测量应用中的常用功能模块

④多线程。Thread/Task/Parallel/ThreadPool/CancellationToken 类。

⑤数据库相关。ADO.NET、EntityFramework 类。

对于简单的单窗体测试测量应用而言,图 17.2 所示的单窗体程序的软件架构就是最常用的软件架构,前面章节的许多实例也是按照这个架构编写的,对于业务量较为复杂或者数据量较大的应用,可以参考后续小节介绍的设计模式。

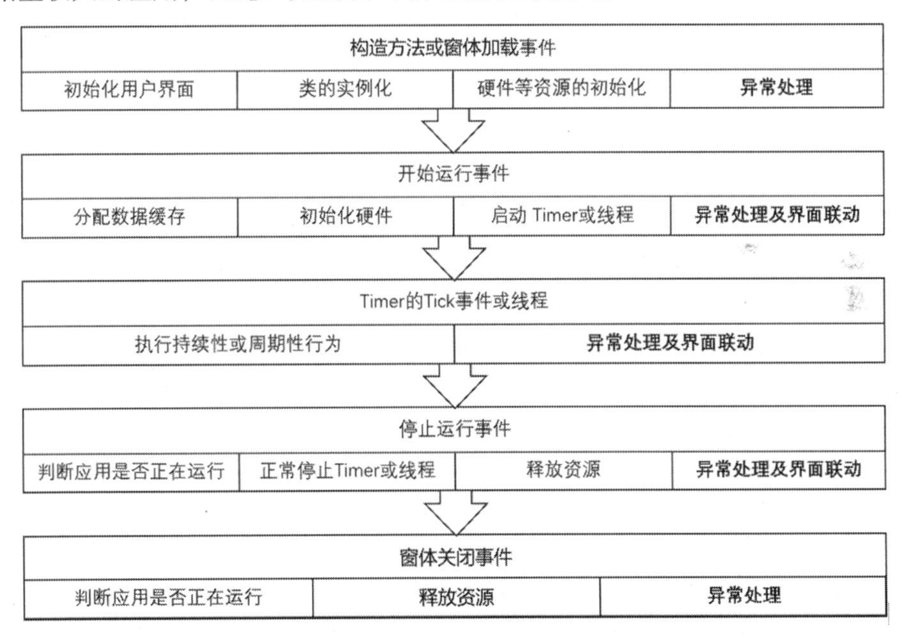

图 17.2　单窗体程序的软件架构

17.2　生产者/消费者模式

什么是生产者/消费者模式？某个模块负责产生数据,这些数据由另一个模块来负责处理(此处的模块是广义的,可以是类、方法、线程、进程等)。产生数据的模块,就形象地称为生产者;而处理数据的模块,就称为消费者。在生产者与消费者之间在加个缓冲区,形象地称为仓库,生产者负责往仓库进商品,而消费者负责从仓库里拿商品,这就构成了生产者/消费者模式。生产者/消费者模式实现框图如图 17.3 所示。本节将会介绍生产者/消费者模式的概念、应用,以及在 C#中的代码实现。

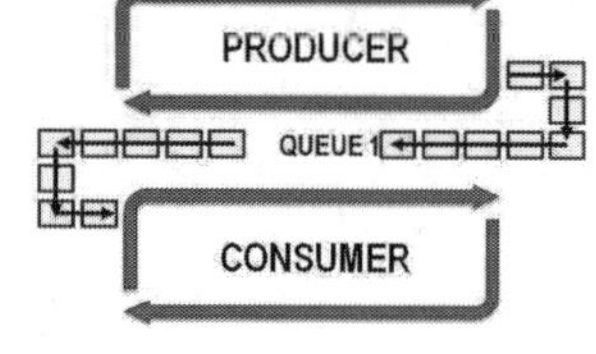

图 17.3　生产者/消费者模式实现框图

17.2.1　概念和应用

生产者/消费者模式旨在加强以不同速率运行的多个循环之间的数据共享,用于隔开具有不同数据生成和消耗速率的进程。生产者/消费者设计由并行循环组成,这些循环分为生产者循环和消费者循环两类,数据队列用于在循环之间传递数据。这些队列提供了一个优势,即生产者和消费者循环间的数据缓冲。队列遵循先进先出(First In First Out)的原则,所以消费者总是按照生产者向队列添加数据的顺序对数据进行分析,从而保证了数据的完整和正确性。

在采集需按顺序处理的多组数据时,通常采用生产者/消费者模式。假设要编写一个应用程序,该应用程序在接收数据的同时,还要按照接收顺序处理数据。由于这些数据的排队(生产)速度比实际处理(消费)速度高出很多,因此生产者/消费者设计模式最适合此应用程序。下面用两个例子来具体说明。

(1)大数据量的数据采集。这类应用程序需要通过数据采集硬件实时采集数据,在软件中对数据进行分析和处理并将结果显示在界面上,最后还需要把数据存储到本地硬盘或者上传到服务器的数据库中。这些操作执行的速度都是不同的,而采集过程一般是最快的,如果把所有操作都放到一个循环里面,必须等全部操作运行一次之后才会执行下一次循环,采集部分的速度将会变得很慢,但是硬件的采样率是不变的,这样就会导致数据积压在缓冲区中来不及读取,产生程序报错。因此,用户需要按照类似流水线的方式对上述功能进行切割,分成采集循环、处理循环、显示循环和存储循环等,当然部分循环根据执行速度也可以进行合并。通过这种方法,每个循环可以按自己的速率处理数据,同时采集循环也可以实时地把数据压入队列中。

(2)网络通信。这类应用程序需要两个进程同时以不同的速度运行:第一个进程不断轮询网络线路并检索数据包;第二个进程采集第一个进程检索到的数据包并对其进行分析。在这个应用中,第一个进程充当生产者,它向第二个进程提供数据,而第二个进程则充当消费者。使用生产者/消费者设计模式为该应用程序带来好处。并行的生产者循环和消费者循环要同时检索和分析网络外数据,两个循环之间的排队通信可以对检索到的网络数据包进行缓存。这种缓冲在网络通信繁忙时将会变得非常重要。借助缓存,数据包的检索和传输速度可以超过分析速度。

17.2.2　线程安全队列

SeeSharpTools 中提供了线程安全队列用于生产者/消费者设计模式，命名空间是 SeeSharpTools.JY.ThreadSafeQueue。ThreadSafeQueue 继承于 C#自带的 Queue，是一种线程安全的队列，可以保存数据的引用（非值拷贝），所有数据都以 object 类型保存在队列中，在出队列后仍为 object 类型。由于读写非 object 数据时需要类型的强制转换，因此在进行数据转换时要保证原始数据类型一致。该队列在容量不够时会自动扩展。

ThreadSafeQueue 除继承原有队列的有功能外，还增加了阻塞和超时的功能。当队列容器已满时，生产者线程会被阻塞，直到队列未满才可以向队列中压入新数据；当队列容器为空时，消费者线程会被阻塞，直至队列非空时才可以从队列中取出数据。此外，ThreadSafeQueue 在内部已经做好了锁机制，帮助在使用过程中避免出现竞争状态。ThreadSafeQueue 类中的常用属性和方法见表 17.1。

表 17.1　ThreadSafeQueue 类中的常用属性和方法

属性			
序号	属性名称	数据类型	功能描述
1	Count	int	只读属性，获取当前队列中的元素数
2	Destroyed	bool	只读属性，判断当前队列是否已经被销毁

方法		
序号	方法名称	功能描述
1	ThreadSafeQueue( )	创建一个安全线程队列
2	ThreadSafeQueue(int capacity)	创建一个安全线程队列，并设定队列最大可容纳的元素个数
3	ThreadSafeQueue (int capacity, float growFactor)	创建一个安全线程队列，并设定队列最大可容纳的元素个数和队列容量的扩展因子
4	void Clear( )	移除队列中所有元素
5	void Reset ( )	重置队列至初始状态
6	object Dequeue(int timeout)	获取队列中最前端的数据，指定超时时间
7	void Enqueue(object obj)	添加一个元素到队列末尾中
8	bool Contains(object obj)	确定某元素是否在队列中，返回类型是 bool
9	void Dispose( )	销毁队列
10	object[ ] DequeueLeftElements( )	在队列销毁后取出队列中剩余所有元素
11	object Peek( )	返回位于队列开始处的元素但不将其从队列移除

使用多线程和 while 循环具体实现此设计模式，创建两个线程，生产者线程模拟数据生成，把带噪声的方波信号不停地添加到队列中，消费者线程从队列中读取数据，进行

FFT 分析并显示结果。

开始事件中，创建一个线程安全队列，新建生产者线程和消费者线程并启动，代码如下：

```
private void button_start_Click(object sender,EventArgs e)
{
    button_start.Enabled = false;
    cts = new CancellationTokenSource();
    threadSafeQueue = new ThreadSafeQueue(); //创建一个线程安全队列
    Task.Factory.StartNew(() => Consumer()); //开启消费者线程
    Task.Factory.StartNew(() => Producer()); //开启生产者线程
}
```

生产者方法进行数据生成，在原始的方波信号上添加白噪声，然后把数据添加到队列末尾，代码如下：

```
private void Producer()
{
    while (! cts.IsCancellationRequested)
    {
        Generation.SquareWave(ref squareSignal,1.0,50.0,signalFrequency,samplingRate);
        Generation.UniformWhiteNoise(ref noise,0.5);
        ArrayCalculation.Add(squareSignal,noise,ref squareSignal);
        //把波形数据添加到队列末尾
        threadSafeQueue.Enqueue(squareSignal);
        Thread.Sleep(100);  //控制生产者线程的执行速度
    }
}
```

消费者方法中，数据从队列末尾被取出，进行 FFT 分析后，在界面上显示时域波形和频域波形，代码如下：

```
private void Consumer()
{
    try
    {
        while (! cts.IsCancellationRequested)
        {
            //从队列最前端取出一个元素，强制转换成 double 数组类型
            DequeuedData = (double[])threadSafeQueue.Dequeue(5000);
            Spectrum.PowerSpectrum(DequeuedData,samplingRate,ref spectrum,out df);
            //通过委托更新 UI 界面
            Invoke(new Action(() =>
            {
                easyChartX1.Plot(squareSignal);
                easyChartX2.Plot(spectrum,0,df);
```

```
                }));
                Thread.Sleep(10); //控制消费者线程的执行速度
            }
        }
        catch (ObjectDisposedException)
        {
            //队列销毁时会产生 ObjectDisposedException 异常
        }
    }
```

停止按钮事件中，使用 Cancel( )方法向线程发送取消请求，而不是用线程终止方法，代码如下：

```
private void button_stop_Click(object sender,EventArgs e)
{
    if (cts ! = null && ! cts.IsCancellationRequested)
    {
        cts.Cancel(); //发送一个取消请求
    }
    threadSafeQueue?.Dispose();
    button_start.Enabled = true;
}
```

程序的运行结果如图 17.4 所示，可以看到方波的原始波形及经过 FFT 分析后的频域波形。最后对此程序补充两点说明。

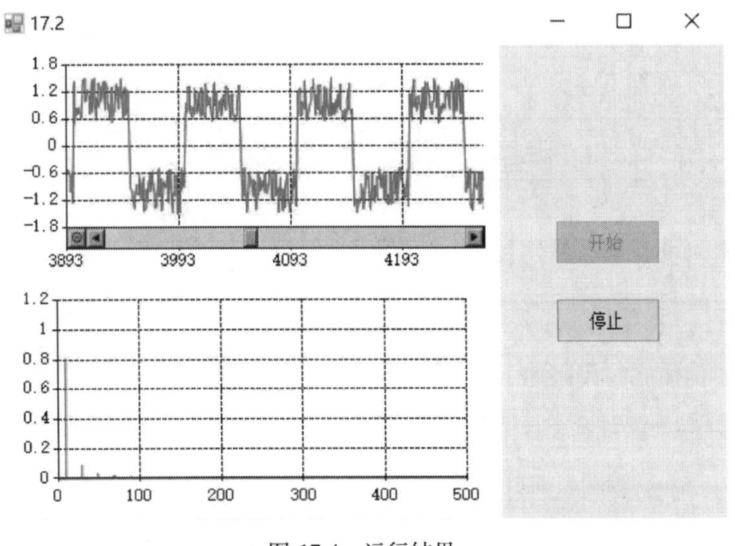

图 17.4　运行结果

(1)代码中使用第 10 章介绍的协作方式来取消线程，线程中循环的执行标志位都是 cts.IsCancellationRequested，当收到取消请求时循环停止，然后将队列销毁。

(2)实例中只介绍了两个循环，如果要扩展到更多的循环，需要建立新的队列在新循环中进行数据的传递。

17.3 单例模式

对于系统中的某些类来说,只有一个实例很重要。例如,一个系统中可以存在多个打印任务,但是只能有一个正在工作的任务;一个系统只能有一个窗口管理器或文件系统;一个系统只能有一个计时工具或ID(序号)生成器。如何保证一个类只有一个实例并且这个实例易于被访问呢?一个解决方案是使用第3章中介绍过的全局变量,它可以确保对象随时都可以被访问,但是过多地使用全局变量有以下几个缺点。

(1)变量名的冲突。编程者必须小心维护变量名规则,必须分析每一个变量的名称是否有重复和冲突。

(2)耦合度。全局变量增加了函数和模块之间的耦合度,访问某个全局变量的多个函数被该变量牢牢结合在一起,无法拆分开来。

(3)多线程访问。当多个并发的线程都需要访问某些全局变量时,必须使用各种同步机制来保护这些变量,防止陷入并发冲突,提高了代码的复杂度。

一个更好的解决办法是让类自身负责保存它的唯一实例。这个类可以保证没有其他实例被创建,并且提供一个访问该实例的方法,这就是单例模式存在的原因。单例模式其实是将需要用到的全局变量全部放到一个类中,当需要使用时直接在类中添加就可以了。单例模式的定义为:单例模式确保某一个类只有一个实例,而且自行实例化并向整个系统提供这个实例,这个类称为单例类,它提供全局访问的方法。

第4章中介绍了使用new关键字对类进行实例化,这种方式并没有对实例化对象的个数进行限制。在单例模式中使用GetInstance()方法来生成唯一的实例,它的特点如下。

(1)new每次都要生成一个新对象并分配内存。GetInstance可以把一个已存在的对象给用户使用,这在效能上优于new,不浪费系统资源,节省内存空间。

(2)GetInstance通常创建的是static静态实例方法,保证每次调用都返回相同的对象。

(3)GetInstance不适合需要多个实例的情况。

完整的单例模式的代码如下:

```
public class Singleton
{
    //定义一个静态变量来保存类的实例
    private static Singleton uniqueInstance;
    //定义一个标识确保线程同步
    private static readonly object syncRoot = new object();
    //定义私有构造函数,使外界不能创建该类实例
    private Singleton() { }
    //定义公有方法提供一个全局访问点,同时你也可以定义公有属性来提供全局访问点
```

```
        public static Singleton GetInstance( )
        {
            //当第一个线程运行到这里时,此时会对 locker 对象 "加锁",
            //当第二个线程运行该方法时,首先检测到 locker 对象为"加锁"状态,该线程就会挂起等待第一个线程解锁
            // lock 语句运行完之后(即线程运行完之后)会对该对象"解锁"
            if (uniqueInstance == null)
            {
                lock (syncRoot)
                {
                    //如果类的实例不存在则创建,否则直接返回
                    if (uniqueInstance == null)
                    {
                        uniqueInstance = new Singleton( );
                    }
                }
            }
            return uniqueInstance;
        }
    }
```

为使 GetInstance( )方法在同一时间只运行一个线程,上述代码在每个线程都会对线程辅助对象 locker 加锁之后再判断实例是否存在。17.5 节中会结合一个更实际的应用来进一步熟悉单例模式。

17.4　工厂模式

工厂,顾名思义就是创建产品,根据产品是具体产品还是具体工厂可分为简单工厂模式和工厂方法模式。本节将结合实例介绍这两种模式。

17.4.1　简单工厂模式

在现实生活中,工厂是负责生产产品的,在设计模式中,简单工厂模式也可以理解为负责生产对象的一个类。平常编程中,当使用 new 关键字创建一个对象时,该类就依赖于这个对象,即它们之间的耦合度高,当需求变化时,用户就不得不去修改此类的源码,此时可以运用面向对象中一条很重要的原则去解决这个问题,该原则就是封装变化。既然要封装变化,自然也就要找到变化的代码,然后把变化的代码用类来封装,这样的一种思路就是简单工厂模式的实现方式。

简单工厂模式是由一个工厂对象决定创建出哪一种产品类的实例,简单工厂模式类图如图 17.5 所示。在简单工厂模式中有以下三个角色。

(1)工厂(Creator)。简单工厂模式的核心,它负责实现创建所有实例的内部逻辑。工厂类的创建产品类的方法可以被外界直接调用,创建所需的产品对象。

(2)抽象产品(Product)。简单工厂模式所创建的所有对象的抽象基类,它负责描述所有实例所共有的公共接口。

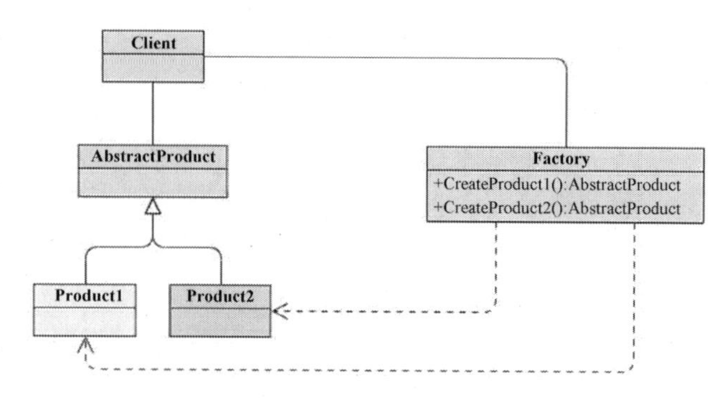

图 17.5　简单工厂模式类图

(3)具体产品(Concrete Product)。这是简单工厂模式的创建目标,所有创建的对象都是充当这个角色的某个具体类的实例。

简单工厂模式有以下两个优点。

(1)简单工厂可以有效地降低客户端和具体对象的耦合,将 new 具体对象的任务交给一个简单工厂类。

(2)可以有效地进行代码复用。例如,客户端 A 和客户端 B 都需要一个具体对象,客户端 A 和客户端 B 可以通过同一个简单工厂来获取具体类型的实例。

以一个生产鼠标的工厂为例介绍简单工厂模式的编程实现。这个工厂负责生产戴尔和惠普两种品牌的鼠标,所以首先新建一个鼠标抽象类 Mouse 类,在其中定义 Print()方法用于打印输出,抽象类的方法会在子类中实现。另外,再新建 DellMouse 和 HpMouse 这两个子类,都继承自 Mouse 类,在各自的类中重写 Print()方法。代码如下:

```
//鼠标抽象类
public abstract class Mouse
{
    public abstract void Print();
}

//戴尔鼠标
public class DellMouse : Mouse
{
    public override void Print()
    {
        Console.WriteLine("生产了一个 Dell 鼠标!");
    }
}

//惠普鼠标
public class HpMouse : Mouse
{
    public override void Print()
```

```
        {
            Console.WriteLine("生产了一个 Hp 鼠标!");
        }
    }
```

接下来创建一个简单工厂类专门来创建 Mouse 的实例,而无须在主程序中通过 new 再进行实例化,从而降低了代码的耦合度。这里通过 switch case 语句来创建对应品牌的实例,传入的 brand 是字符串,也可以设置成枚举类型。代码如下:

```
public class MouseFactory
{
    private Mouse mouse = null;
    public Mouse CreateMouse(string brand)
    {
        switch (brand)
        {
            case "dell":
                mouse = new DellMouse();
                break;
            case "hp":
                mouse = new HpMouse();
                break;
            default:
                break;
        }
        return mouse;
    }
}
```

实现工厂类后,下面介绍 Main 函数中的代码。这里只需要对工厂类进行实例化即可。向工厂类的 CreateMouse()方法传入对应的品牌字符串就创建了对应的实例。代码如下:

```
static void Main(string[] args)
{
    //实例化一个工厂类
    MouseFactory mouseFactory = new MouseFactory();
    //通过工厂类创建鼠标
    Mouse mouse1 = mouseFactory.CreateMouse("dell");
    Mouse mouse2 = mouseFactory.CreateMouse("hp");
    mouse1.Print();
    mouse2.Print();
    Console.ReadKey();
}
```

上述代码的运行结果如下:

生产了一个 Dell 鼠标!

生产了一个 Hp 鼠标!

简单工厂模式也存在着缺点,在增加产品时需要修改简单工厂类,违背了设计模式中的开闭原则。例如,上述例子中新增加一个鼠标品牌,就需要工厂类的 CreateMouse( )方法中新增加一个 case 语句分支。17.4.2 节介绍的工厂方法模式就避免了这一缺点。

17.4.2 工厂方法模式

与简单工厂模式中工厂负责生产所有产品相比,工厂方法模式将生成具体产品的任务分发给具体的产品工厂。也就是定义一个抽象工厂,其定义了产品的生产接口,但不负责具体的产品。将生产任务交给不同的派生类工厂,这样不用通过指定类型来创建对象。工厂方法模式类图如图 17.6 所示。

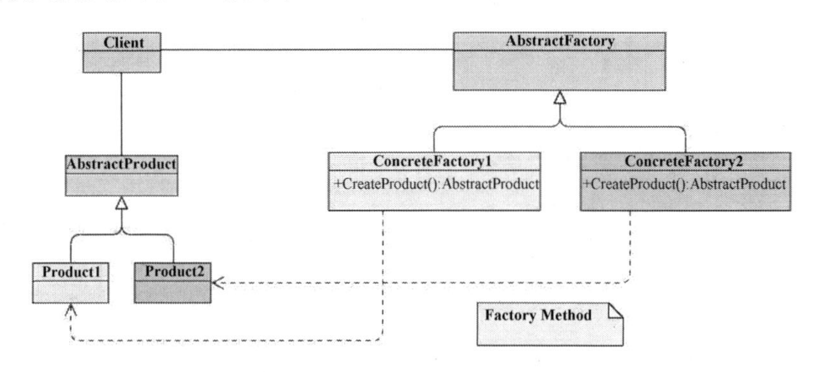

图 17.6 工厂方法模式类图

下面对上一节的代码进行修改。鼠标类部分的代码不变,只对工厂类部分进行重写。工厂类只提供生产鼠标的抽象方法或接口,其子类生产具体的产品。例如,戴尔鼠标工厂继承于鼠标工厂,它只生产戴尔鼠标;惠普鼠标工厂只生产惠普鼠标。代码如下:

```
// 鼠标工厂抽象类
public abstract class MouseFactory
{
    public abstract Mouse CreateMouse( );
}

// 戴尔鼠标工厂
public class DellMouseFactroy : MouseFactory
{
    public override Mouse CreateMouse( )
    {
        return new DellMouse( );//在具体的工厂中实例化产品
    }
}
```

```
// 惠普鼠标工厂
public class HpMouseFactory : MouseFactory
{
    public override Mouse CreateMouse()
    {
        return new HpMouse();//在具体的工厂中实例化产品
    }
}
```

在主函数中，生产一个具体产品时，首先要获取这个产品对应的具体工厂实例，然后通过具体工厂来实例化产品。代码如下：

```
static void Main(string[] args)
{
    // 生产一个戴尔鼠标
    MouseFactory dellMouseFactory = new DellMouseFactroy();
    Mouse dellMouse = dellMouseFactory.CreateMouse();
    dellMouse.Print();
    // 生产一个惠普鼠标
    MouseFactory hpMouseFactory = new HpMouseFactory();
    Mouse hpMouse = hpMouseFactory.CreateMouse();
    hpMouse.Print();
    Console.ReadKey();
}
```

代码的运行结果与简单工厂模式完全相同。通过工厂方法模式添加新产品只有添加的操作，而不会去修改以前的代码，符合开闭原则。例如，若想生产苹果鼠标，要添加一个苹果鼠标工厂类 AppleMouseFactory 和苹果鼠标类 AppleMouse，然后在主函数通过以下代码来生产苹果鼠标：

```
MouseFactory appleMouseFactroy = new appleMouseFactroy();
Mouse appleMouse = appleMouseFactory.CreateMouse();
```

17.5　硬件抽象层模式(HAL)

很多测试系统会遇到整个系统的生命期要比系统的组成部分还要长得多的问题，有时被测产品需要持续供应长达几十年，但是对应的测试仪器可能在五年甚至更短的时间内就会被淘汰了。另一种情形是被测产品只有几个月的生命期就要迅速迭代更新，如手机，而现有的测试系统却无法满足新功能的测试要求。这两种情况都是测试系统和测试仪器生命期不匹配的例子。

当出现生命期不匹配的情况时，需要在尽可能减少改动测试系统的前提下更新过时的硬件。更新整个测试系统需要开发新的测试软件，重新验证并且测试，这个过程需要花费大量的时间和精力。为尽可能减少迁移或更新测试系统的时间和成本，可以使用硬件抽象层(Hardware Abstraction Layer,HAL)模式来设计测试系统。

硬件抽象层旨在让测试软件适应不同的硬件。测试序列通常采用针对特定设备的代码模块。与之不同的是,抽象层可将测量类型和针对特定仪器的驱动与测试序列分离开。本节将主要介绍 HAL 的架构、特点及代码实现。

17.5.1 HAL 分类

HAL 模式分为三种,分别是行业标准、厂商定义和用户自定义。行业标准的 HAL 由行业标准机构定义并维护;厂商定义的 HAL 由某个单一厂商提供并维护;用户自定义的 HAL 由测试系统的最终开发者自己定义并维护。以下是这三种类型的介绍。

(1)行业标准的 HAL。一个众所周知的行业标准的 HAL 就是由 IVI 基金会所维护的 IVI 标准(可替换虚拟仪器)。IVI 为测试测量行业中应用最为广泛的 13 种仪器设备提供了一个标准的应用程序接口,在第 15 章中已经详细介绍过了。IVI 规范定义了多种 API 选项,包括基础类型、扩展类型以及特定仪器类型的 API 函数,范围检查,仪器仿真等多种特点,使得仪器升级变得更加容易。但是,由于用户难以对现有的 IVI 仪器驱动进行功能扩展,因此只能使用目前已定义好的特定仪器驱动中的功能。

(2)厂商定义的 HAL。可以认为是厂商针对不同的仪器类型和模型提供的中间插件系统,可以持续在设计、生产、技术支持和维护方面进行投资。但是,这种 HAL 将受限于厂商系统的扩展性,一种情况就是是否可以支持竞争对手的仪器。另外,厂商可能只关注自己的仪器在系统中的性能,而忽略了其他仪器的兼容性和整个系统的性能。最后,如果厂商没有提供源代码,开发者将很难向测试系统中添加新的仪器,这增加了系统的风险性。

(3)用户自定义的 HAL。它由开发者自己设计、定义并且维护,可以适应独特的需求,并且方便优化性能,但是对开发者的系统开发能力会有一定的要求。一个具备很好架构的 HAL 将会有利于测试系统的开发,提高代码的复用率。后面的介绍和实例也是围绕用户自定义的 HAL 来展开的。

上述三种 HAL 模式都会提供两种 API 函数接口,分别是以仪器为中心的 API 和基于特定应用的 API。

(1)以仪器为中心的 API 使用一系列特定仪器的仪器驱动将不同仪器的差异抽象出来。例如,IVI 就使用了这种方式,顶层的测试应用会调用以仪器为中心的 API,这样所有的同类仪器使用起来都是类似的,如 IviScope_ConfigureAcquisitionType 这样的 API 就可以配置所有示波器的采集模式。如果用户自定义的 HAL 使用仪器为中心的 API,可以使用“myDMM”或者“StandardSiGen”这样的名字作为抽象层的函数名称。

(2)测试应用也可以调用和测试类型相关的使用基于特定应用的 API,如 LED 测试、PCB 测试等。自定义的 HAL 可能更适合使用基于特定应用的 API,因为它们可以将仪器的复杂度和硬件差异抽象出来,把特定被测对象的参数和可重用的逻辑分离开。

17.5.2　用户定义的 HAL 架构

用户自定义的 HAL 架构如图 17.7 所示。顶层是测试应用，开发者只需要了解需要运行哪些测试、测试条件及测试硬件的参数（如采样率、分辨率）等，而无须了解实际使用的仪器型号。对于 C#窗体程序来讲，主窗体一般就是顶层的测试应用，它将会直接调用 HAL 中的方法。HAL 中一般有两层架构，分别是测试应用调用的应用分离层（Application Separation Layer，ASL）和 ASL 调用的基于特定设备的软件插件（Device-specific Software Plug-in，DSSP）。

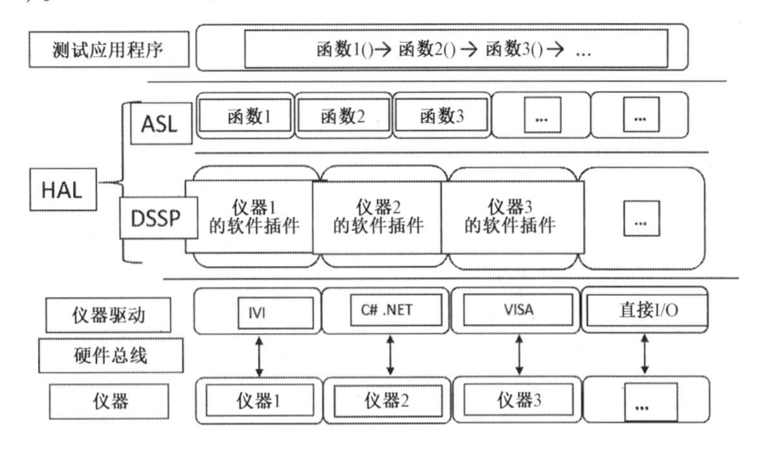

图 17.7　用户自定义的 HAL 架构

ASL 提供了基于特定应用的函数接口，如初始化硬件、开始采集、扫描输出等。这些接口是上层的，方便复用和维护，并没有显示出底层某个特定的仪器如何操作等细节部分。ASL 会调用 DSSP 层的 API。

DSSP 提供了用来管理仪器之间差异特性的基于特定设备的模块，包括驱动类型、驱动接口、可用函数、定时、数据格式等。DSSP 的实例可以使用现有的仪器驱动，可以直接和仪器进行交互（Direct I/O），也可以使用 IVI 或者 VISA。DSSP 层使得仪器硬件的互换性变得可能。

在使用 HAL 时，需要遵循以下几点原则。

（1）将测试逻辑从通用测试方法中分离。与 DUT（Device Under Test）相关的测试逻辑应当从更通用的模块中分离出来，这样可以提高代码的复用率，降低重复验证的成本。每个测试层之间的解耦合模块化会有助于改善系统架构，有利于测试系统的扩展和维护。例如，可以把特定 DUT 的测试限度（代码不可复用）从真实的限度测试（代码可复用）中分离出来。

（2）将通用测试方法从仪器驱动和硬件中分离。这种分离使得 ASL 会获取相同的测试结果，无论底层硬件是什么。例如，如果绝大部分的万用表都可以支持连续测试，而有一款只能支持单点测试，开发者可以向 DSSP 层的代码部分添加一个循环，这样从 ASL 层代码看起来这款万用表工作起来就和其他万用表一样。

(3)将测试系统的参数从测试逻辑中分离。这种分离可以减少对仪器或者 DSSP 层的硬编码,很多测试参数可以和硬件的类型无关。由于在改变测试硬件的同时无须再修改代码部分,因此可以把测试应用层的代码编译成可执行文件。

(4)静态/动态互换性。静态互换即需要定义公共的接口类/抽象类,不同的实现需要定义对应的实现类来实现该接口规范下对对应功能的调用,如数据保存在数据库、文件、网络通信中的不同实现。静态互换调用简单,代码易于维护,但扩展性较差,新增组件需要修改应用或组件本身的代码。动态互换指运行过程中可以选择不同的 DSSP 实例,对应着不同的仪器类型。C#面向对象的特点就很适合进行硬件的动态互换,每种硬件会有各自的类,可以为每种硬件创建独立的窗体配置界面,运行时选择不同的窗体就可以动态切换硬件。

17.5.3 HAL 实例分析

本节将通过一个实例介绍 HAL 模式在数据采集应用中的代码实现方式,需要指出的是出于简化代码的目的,在程序中并没有进行任何错误处理操作,而实际项目中错误处理的步骤是必不可少的。实例实现了一个数据采集的软面板,具有以下的功能。

(1)对模拟输入通道进行参数配置,包括板卡 ID、采样率、采样模式等。

(2)对模拟输出通道进行配置,包括板卡 ID、更新率、输出波形等。

(3)对采集到的波形进行 FFT 和 FRF 分析。

整个程序的实现架构如图 17.8 所示,每部分的介绍如下。

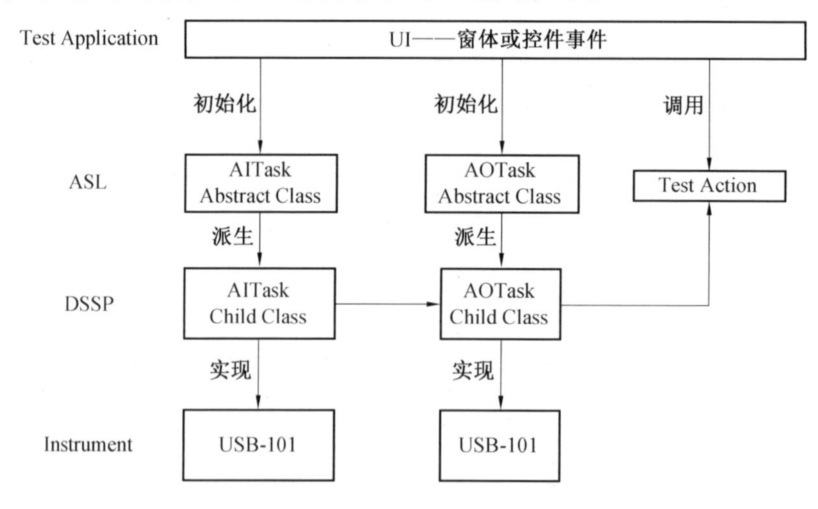

图 17.8　程序的实现架构

(1)Test Application。顶层测试应用就是 C#程序的主窗体,窗体中将会通过各种按钮的事件调用 ASL 层的各个子模块,但是不会直接调用最底层的硬件驱动。

(2)ASL。这一层中定义了两个抽象类,分别用于数据采集卡的模拟输入和模拟输出两种任务。用户也可以根据实际应用自行添加其他硬件任务,如电源任务、开关任务等。

(3)DSSP。这一层是每个抽象类的子类实现,会直接调用硬件的驱动进行编程。

(4) Instrument。实际的底层硬件,这里是一张型号为 USB-101 的采集卡,在第 15 章中介绍过它的使用方法。除实际硬件外,还会在代码中再增加一张仿真板卡用于测试。

解决方案的文件夹布局和每个文件的功能如图 17.9 所示,这里的文件是按照硬件功能来区分的。如果板卡种类较多,如有 DAQ、Switch 和 SMU,可以按照抽象类、配置、硬件实现类等进行归类。

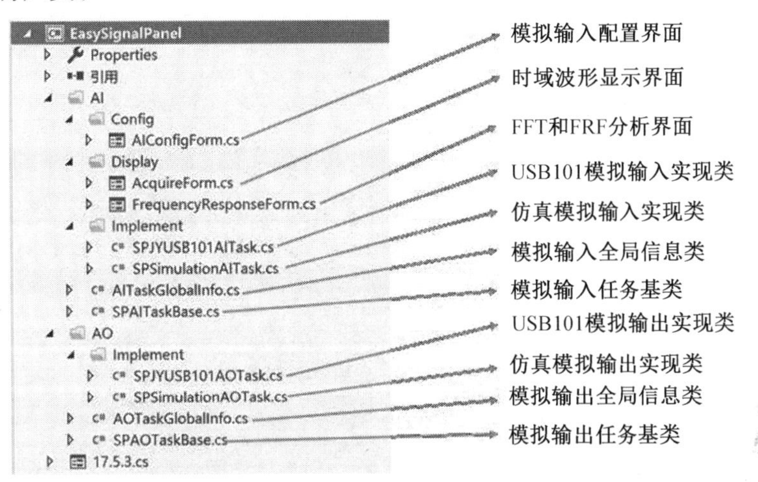

图 17.9　解决方案的文件夹布局和每个文件的功能

程序的主界面比较简单,如图 17.10 所示。整个程序是一个多窗体结构,通过全局信息类在窗体之间进行数据传递。主窗体的布局用到了第 12 章中介绍的 DockPanelSuite 开源组件用于动态显示其他窗体中的数据。

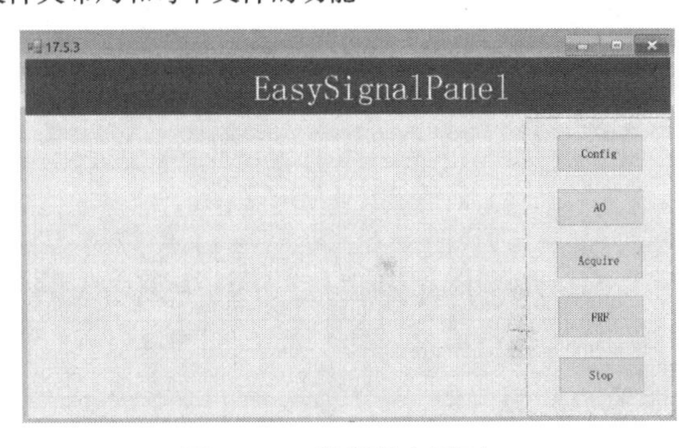

图 17.10　程序的主界面

下面分析具体的代码实现。首先看下全局信息类,以 AITaskGlobalInfo 为例。这里用到了 17.3 节中介绍的单例模式,但是对代码进行了简化。这个类中主要定义了一些变量,这样在主窗体的代码中可以通过 AITaskGlobalInfo 类的实例来访问这些变量的值。AOTaskGlobalInfo 类中的代码也是类似的,代码如下:

```
public class AITaskGlobalInfo
{
    public SPAITaskBase AITask { get; set; }
    public int[ ] Channels { get; set; }
    public string BoardName { get; set; }
    public bool IsDaqRunning { get; set; }
    public bool IsDaqReady { get; set; }
    public double[ ,] ViewData { get; set; }
```

```
    private AITaskGlobalInfo() { }

    //在内部定义一个实例,一定要用 static 修饰
    private static readonly AITaskGlobalInfo _instance = new AITaskGlobalInfo();
    //此静态方法供外部访问
    public static AITaskGlobalInfo GetInstance()
    {
        return _instance;
    }
}
```

下面介绍 SPAITaskBase 这个类,它是所有模拟输入任务的基类,也是一个抽象类,所有实际硬件的模拟输入任务包括仿真都是继承自这个基类。类中定义了 AI 任务的常用属性和方法,同样这里所有的方法都是空方法,在对应的派生类中进行重写。代码如下:

```
public abstract class SPAITaskBase
{
    public abstract double SampleRate { get; set; }
    public abstract int SamplesToAcquire { get; set; }
    public abstract string Mode { get; set; }
    public abstract void AddChannel(int[] chnID, int lowRange, int highRange);
    public abstract void RemoveChannel(int chnID);
    public abstract void Start();
    public abstract void ReadData(ref double[,] buf, int timeOut);
    public abstract void Stop();
}
```

SPAITaskBase 基类与它的派生类之间的关系如图 17.11 所示,可以看到派生类重写了基类的所有方法,如果有新的模拟输入硬件添加进来,也是按照这种架构进行派生类的创建。

SPJYUSB101AITask 类中主要调用 USB101 的硬件驱动进行基类的重写,代码如下:

```
public class SPJYUSB101AITask : SPAITaskBase
{
    public JYUSB101AITask AIRawTask { get; }

    public SPJYUSB101AITask(object boardNum)
    {
        AIRawTask = new JYUSB101AITask(Convert.ToInt32(boardNum));
    }

    public override double SampleRate
    {
        get
        {
```

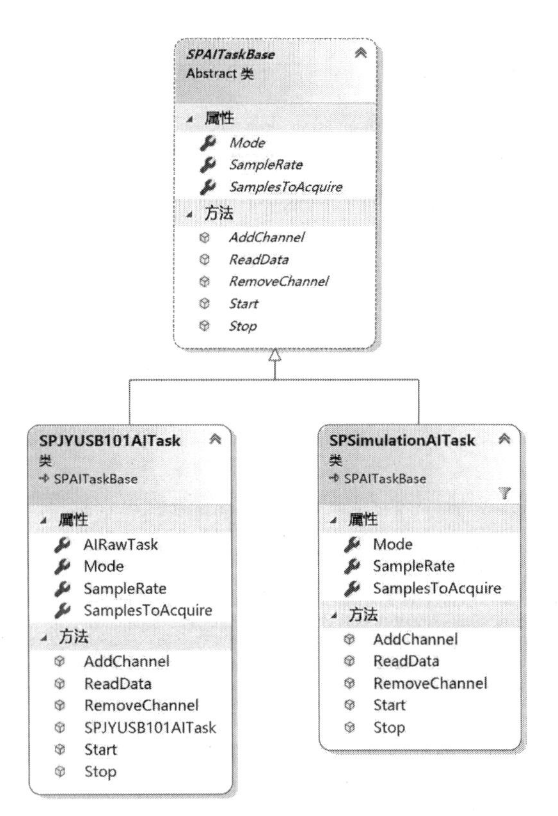

图 17.11　SPAITaskBase 基类与它的派生类之间的关系

```
        return AIRawTask.SampleRate;
    }
    set
    {
        AIRawTask.SampleRate = value;
    }
}

public override int SamplesToAcquire
{
    get
    {
        return AIRawTask.SamplesToAcquire;
    }
    set
    {
        AIRawTask.SamplesToAcquire = value;
    }
}
```

```
    public override string Mode
    {
        get
        {
            return AIRawTask.Mode.ToString();
        }
        set
        {
            AIRawTask.Mode = (AIMode)Enum.Parse(typeof(AIMode),value);
        }
    }

    public override void AddChannel(int[] chns,int lowRange,int highRange)
    {
        AIRawTask.AddChannel(chns);
    }

    public override void RemoveChannel(int chns)
    {
        AIRawTask.RemoveChannel(chns);
    }

    public override void Start()
    {
        AIRawTask.Start();
    }

    public override void Stop()
    {
        AIRawTask.Stop();
    }

    public override void ReadData(ref double[,] buf,int timeOut)
    {
        AIRawTask.ReadData(ref buf,timeOut);
    }
}
```

SPSimulationAITask 类中是仿真板卡的代码实现，这里不再介绍。下面来看 AIConfig 的窗体以及代码实现，这个窗体对应于图 17.10 中的“Config”按钮，主要是对采集硬件参数的配置，包括板卡类型、采样率、采集模式等。采集硬件的 AI 配置窗口界面如图 17.12 所示。

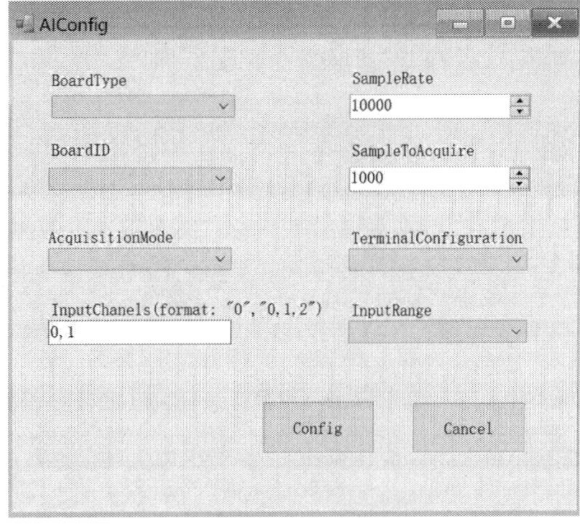

图 17.12　采集硬件的 AI 配置窗口界面

在代码中首先需要通过 GetInstance( ) 方法获取到 AITaskGlobalInfo 的实例，然后根据界面上的板卡类型再创建对应的板卡任务。代码如下：

```
public partial class AIConfigForm : Form
{
    private AITaskGlobalInfo aITaskGlobalInfo;

    public AIConfigForm()
    {
        InitializeComponent();
        aITaskGlobalInfo = AITaskGlobalInfo.GetInstance();
    }

    private void JYUSB101AIConfigForm_Load(object sender,EventArgs e)
    {
        if (cbTerminal.Items.Count == 0)
        {
            cbTerminal.Items.AddRange(Enum.GetNames(typeof(AITerminal)));
        }
        cbMode.SelectedIndex = 1;
        cbTerminal.SelectedIndex = 0;
        cbRange.SelectedIndex = 0;
        comboBox_boardName.SelectedIndex = 0;
        comboBox_boardNum.SelectedIndex = 0;
    }

    private void button_Check_Click(object sender,EventArgs e)
    {
        //根据选择的板卡类型创建任务
        switch (comboBox_boardName.Text)
        {
            case "JYUSB101":
                aITaskGlobalInfo.AITask = new SPJYUSB101AITask(comboBox_boardNum.Selecte-
                  dIndex);
                aITaskGlobalInfo.BoardName = "JYUSB101";
                break;
            case "Simulation":
                aITaskGlobalInfo.BoardName = "Simulation";
                aITaskGlobalInfo.AITask = new SPSimulationAITask();
```

```
                break;
            default:
                MessageBox.Show("不支持该硬件");
                break;
        }
        string[] channels = tbx_ChannelsConfig.Text.Split(',').ToArray();
        int[] chns = new int[channels.Length];
        for (int i = 0; i < channels.Length; i++)
        {
            chns[i] = Convert.ToInt32(channels[i]);
        }
        if (comboBox_boardName.Text == "JYUSB101")
        {
            aITaskGlobalInfo.AITask.RemoveChannel(-1);
            aITaskGlobalInfo.AITask.AddChannel(chns,-10,10);
        }
        //基本参数配置
        aITaskGlobalInfo.AITask.Mode = cbMode.Text;
        aITaskGlobalInfo.AITask.SampleRate = (double)numSampleRate.Value;
        aITaskGlobalInfo.AITask.SamplesToAcquire = (int)numSampleToAcq.Value;
        aITaskGlobalInfo.IsDaqReady = true;
        aITaskGlobalInfo.Channels = chns;
        Close();
    }

    private void button_cancel_Click(object sender,EventArgs e)
    {
        Close();
    }
}
```

下面来看下主窗体中 Acquire 按钮对应的子窗体实现。界面很简单,就是一张图显示波形,从下面的代码中可以看出这里通过线程的方式从 AITaskGlobalInfo 类的实例中读取数据,并且每点击一次 Acquire 都可以创建一个独立的窗体和线程用于数据显示。代码如下:

```
public partial class AcquireForm : WeifenLuo.WinFormsUI.Docking.DockContent
{
    private bool isTaskDone = false;
    private AITaskGlobalInfo aITaskGlobalInfo;
    private Thread thread;
    public AcquireForm()
    {
```

```
        InitializeComponent( ) ;
    }
    private void AcquireForm_Load( object sender, EventArgs e)
    {
        isTaskDone = false;
        aITaskGlobalInfo = AITaskGlobalInfo.GetInstance( ) ;
        thread = new Thread( Consumer) ;
        thread.Start( ) ;
    }
    private void AcquireForm_FormClosing( object sender, FormClosingEventArgs e)
    {
        isTaskDone = true;
        thread.Abort( ) ;
    }
    private void Consumer( )
    {
        while ( aITaskGlobalInfo.IsDaqRunning = = true && ! isTaskDone)
        {
            if ( aITaskGlobalInfo.ViewData ! = null)
            {
                Invoke( new Action( ( ) = >
                {
                    Invoke( new Action( ( ) = > easyChartX1.Plot( aITaskGlobalInfo.ViewData) ) ) ;
                }) ) ;
            }
            Thread.Sleep( 100) ;
        }
    }
}
```

FRF 按钮对应的子窗体是 FrequencyResponseForm,主要对数据进行后处理,包括 FFT 分析和频率响应的计算,后者是通过已知激励和反馈回来的响应得到一个系统的特性。这里就不对这部分代码进行说明了。用户也可以在主界面添加更多的按钮,对应到新的子窗体,对数据进行更多其他的后处理操作。

最后来看下主窗体的程序。主窗体中的代码就是对各种按钮做出响应,这里仅以 Acquire 按钮对应的代码为例,首先创建了一个采集线程并启动,然后调用 DockPanel 控件的属性,将 Acquire 子窗体显示到 DockPanel 控件中。代码如下:

```
private void button_acquire_Click( object sender, EventArgs e)
{
    //打开采集线程
    aITaskGlobalInfo.IsDaqRunning = true;
    aiThread = new Thread( DaqLoop) ;
```

```
    aiThread.Start( ) ;
    dockPanel1.DocumentStyle =
        WeifenLuo.WinFormsUI.Docking.DocumentStyle.DockingWindow;
    AcquireForm acquireForm = new AcquireForm( ) ;
    acquireForm.AutoScroll = true;
    acquireForm.Show( dockPanel1) ;
}
```

下面来看下代码的运行结果。运行程序后,首先点击“Config”按钮进行配置,如果手头没有硬件,在“BoardType”选项中直接选择“Simulation”即可,其余使用默认配置,点击“Config”按钮关闭窗口。在配置界面中选择仿真模式如图 17.13 所示。

然后在主窗体点击“AO”按钮使能模拟输出,模拟输出部分在程序中并没有建立单独的子窗体,输出的波形都是在主窗体的事件中配置的。点击“Acquire”按钮,就可以看到采集的时域波形,点击“FRF”按钮就可以看到频域波形和频率相应的计算结果,运行结果如图 17.14 所示。

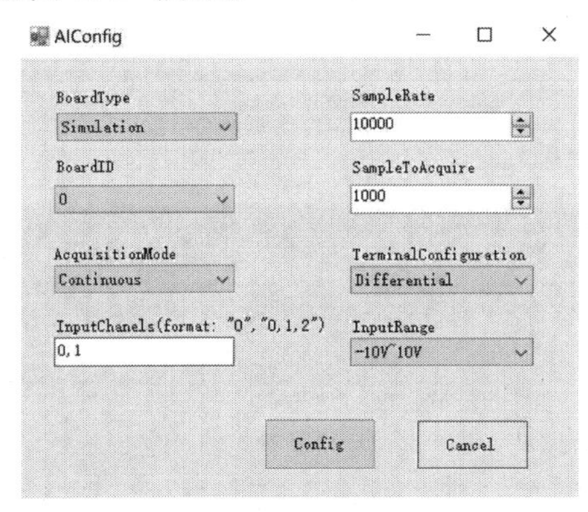

图 17.13　在配置界面中选择仿真模式

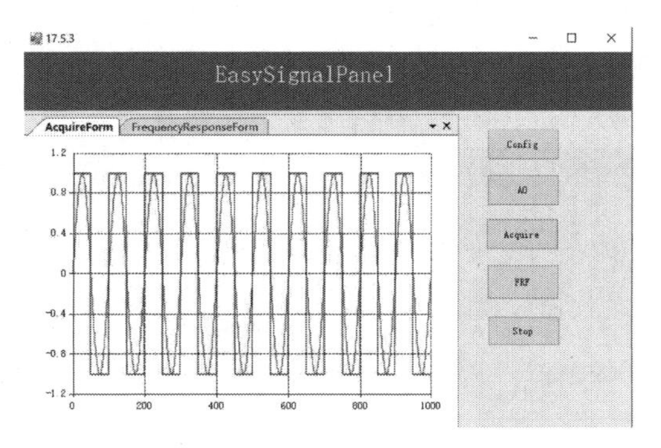

图 17.14　运行结果

第 18 章　发布应用程序

当用户编写好应用程序后，有可能需要把应用程序发布出去。在发布程序时，不需要每台计算机都安装 Visual Studio 开发环境，而只需要发布独立的应用程序以及必要的依赖包即可。公司在发布软件产品时，不希望把源代码提供给客户，此时也是以应用程序的方式进行发布的。

使用 Visual Studio 可以非常方便地生成可执行程序和安装包，也可以生成 DLL 类库。它们的区别如下。

(1)独立可执行应用程序(EXE)。在 Windows 系统中常见的以.exe 为后缀名的文件，用户无法查看或修改源代码，使用 Visual Studio 生成的 EXE 程序依赖于对应版本的.NET Framework组件才可以运行。

(2)安装程序(installer)。通过 installer 可以将可执行文件和依赖文件安装到指定目录，并在菜单中生成启动项。一般会有步骤引导界面，从而简化安装流程。也可以在桌面设置快捷方式。

(3)类库(DLL)。Visual Studio 中的类库项目是无法生成应用程序的，但是可以生成标准的 DLL 类库。DLL 可以在其他编程语言如 C++、MATLAB、LabVIEW 中调用，当然也可以被其他 C#程序使用。第 11 章的混合编程中对此已经做过介绍了。

18.1　生成可执行程序

窗体应用程序生成 EXE 非常简单，运行程序或者在解决方案中右键点击项目选择“生成”，在项目路径下的 bin/Debug(或者 Release)文件下就可以找到生成的 EXE 文件。如果项目中只用到了.NET 自带的类库而没有用到任何第三方库文件，文件夹下只会有一个 EXE 程序，直接拷贝到其他地方其实是可以独立运行的(前提是计算机需要安装对应版本的.NET Framework)。但是很多情况下，项目中会用到多个第三方类库，比如前面章节介绍的 SeesharpTools、Math.NET 类库等，此时 EXE 的运行是依赖于这些类库的，用户需要拷贝整个文件夹才可以给 EXE 提供需要的运行环境，也就是说需要将编译形成的 EXE 文件和 DLL 文件共同发布。

新建一个窗体应用程序，在窗体中放入 SeesharpTools 工具包中的 EasyChartX 控件和 Button 控件，在按钮的 Click 事件中生成一段正弦波形并显示在 EasyChartX 中。代码如下：

```
private void button_plot_Click(object sender,EventArgs e)
```

```
{
    double[] data = new double[1000];
    Generation.SineWave(ref data,1,0,100,10000);
    easyChartX1.Plot(data);
}
```

程序的运行结果如图 18.1 所示。

然后选择“生成项目”,这样就可以在 Debug 文件夹中看到新增加的 DLL 类库以及 XML 注释文件,Debug 文件夹中的内容如图 18.2 所示。其中,pdb 文件和 vshost 文件是用于调试的,对外发布时一般会删除;EXE 文件的运行依赖于 SeeSharpToos.JY.GUI.dll 和 SeeSharpTools.JY.DSP.Fundamental.dll 这两个类库;xml 文件是类库的注释信息。

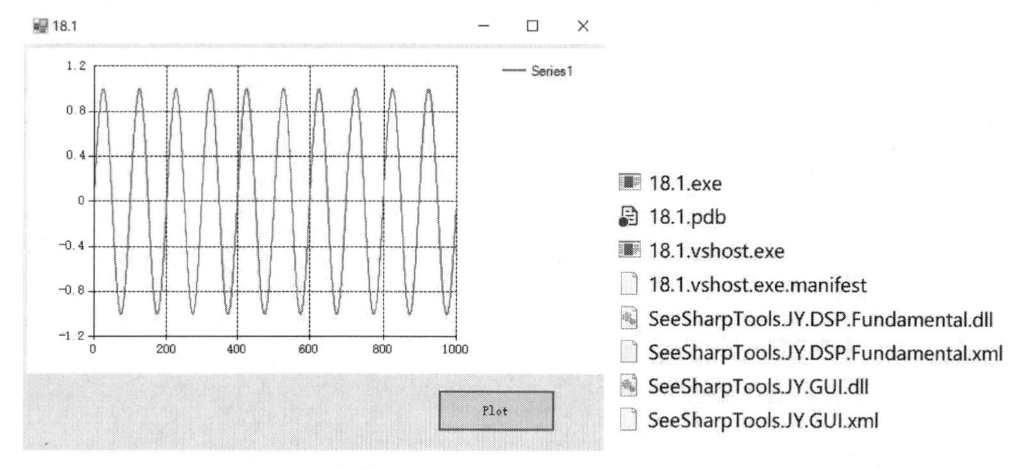

图 18.1　运行结果　　　　图 18.2　Debug 文件夹中的内容

为使应用程序的发布更加方便,微软提供了一个官方开源免费的工具 ILMerge,可以将多个.NET 程序集合并为单个程序集,其中输入程序集列表中的第一个程序集就是主程序集。当主程序集是可执行文件时,则将目标程序集创建为具有与主程序集相同的入口点的可执行文件。ILMerge 可以通过 NuGet 进行安装,这个项目的 GitHub 地址是 https://github.com/dotnet/ILMerge。

下面介绍如何使用 ILMerge 对 EXE 和多个 DLL 进行合并。首先在 NuGet 的搜索框中输入“ILMerge”,找到第一个项目,在右侧选中项目并安装,这里安装的是最新版本 v3.0.29。在 NuGet 中安装 ILMerge 如图 18.3 所示。

安装完成后,在项目路径下的 packages\ILMerge.3.0.29\tools\net452 文件夹中可以看到 ILMerge.exe 文件,稍后就是用这个程序进行打包。然后需要把如图 18.2 所示的窗体程序 Debug 目录下的 EXE 和 DLL 文件拷贝到这个文件夹中。拷贝 EXE 和 DLL 到 ILMerge 文件夹如图 18.4 所示,这里仅保留主程序和 DLL,其余文件已经被手动删除。

打开 cmd 命令,进入到图 18.4 中的目录,输入以下命令:

```
ilmerge /targetplatform:v4 /target:winexe /out:Merged.exe 18.1.exe SeeSharpTools.JY.GUI.dll SeeSharpTools.JY.DSP.Fundamental.dll
```

命令中参数的含义如下。

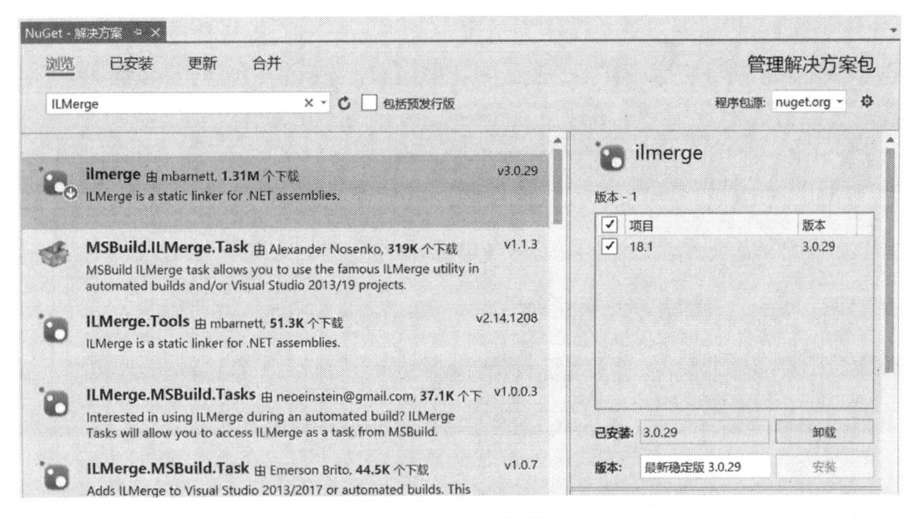

图 18.3　在 NuGet 中安装 ILMerge

Chapter18 › packages › ILMerge.3.0.29 › tools › net452

名称	修改日期
18.1.exe	2020/3/4 13:03
ILMerge.exe	2019/4/10 18:07
SeeSharpTools.JY.DSP.Fundamental.dll	2019/9/6 10:50
SeeSharpTools.JY.DSP.Fundamental.xml	2019/9/6 10:50
SeeSharpTools.JY.GUI.dll	2019/9/6 10:50
SeeSharpTools.JY.GUI.xml	2019/9/6 10:50
System.Compiler.dll	2019/4/10 18:07

图 18.4　拷贝 EXE 和 DLL 到 ILMerge 文件夹

(1)Targetplatform 代表.NET Framework 的版本,v4 代表.NET Framework4.0。

(2)Target 代表目标类型,可以分为以下三种,这里设置为第一种 winexe。

①winexe。合并为应用程序文件。

②library。合并为库文件。

③exe。合并为 exe 文件,不同的是打开时会带有 cmd 命令。

(3)out 后面的参数依次是生成目标 EXE 的名称、原 EXE 名称和依赖的 DLL 文件(可多个)。

按下回车后,生成成功后目录会多出两个文件。其中,pdb 文件主要是放程序调试信息的,可以忽略。Merged.exe 文件就是最终的目标程序,内部已经对 18.1.exe 和它依赖的两个 DLL 文件进行了打包,所以文件大小会稍微大一些。ILMerge 合并完成的程序集如图 18.5 所示。

18.1.exe	2020/3/4 13:03	应用程序	13 KB
ILMerge.exe	2019/4/10 18:07	应用程序	67 KB
Merged.exe	2020/3/13 14:42	应用程序	1,220 KB
Merged.pdb	2020/3/13 14:42	Program Debug Da...	1,052 KB
SeeSharpTools.JY.DSP.Fundamental.dll	2019/9/6 10:50	应用程序扩展	22 KB
SeeSharpTools.JY.DSP.Fundamental.xml	2019/9/6 10:50	XML 文档	40 KB
SeeSharpTools.JY.GUI.dll	2019/9/6 10:50	应用程序扩展	1,088 KB
SeeSharpTools.JY.GUI.xml	2019/9/6 10:50	XML 文档	339 KB
System.Compiler.dll	2019/4/10 18:07	应用程序扩展	718 KB

图 18.5　ILMerge 合并完成的程序集

将刚才封包好的 Merged.exe 程序拷贝到桌面并运行,结果与直接在 Debug 文件夹中运行 18.1.exe 程序的效果是一样的,只是前者把所有的依赖项都已经封装起来了。

ILMerge 工具是基于命令行的,使用起来多有不便。开源社区上也提供了一个可视化操作版本 ILMergeGUI,可以直接在界面上选择需要合并的 EXE 和 DLL,使用起来会方便很多。ILMergeGUI 运行界面如图 18.6 所示,项目的地址是 https://archive.codeplex.com/? p=ilmergegui。

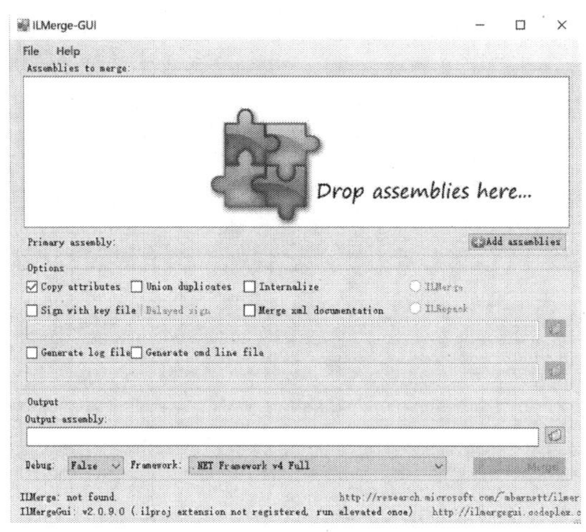

图 18.6 ILMergeGUI 运行界面

18.2 生成安装程序

成功生成可执行文件后,可以将它与相关支持软件(如.NET Framework、设备硬件驱动等)打包在一起作为一个应用程序发布,这样可以避免用户再分别独立安装。C#打包桌面应用程序的方式有很多,如 InstallShield Limited Edition,它取代了原来的 Windows Installer 技术,提供了传统的 Visual Studio Installer Project 没有的高级安装功能,如 TFS 和 MSBuild 的整合、支持建立新的 Web 网站等。而通过安装 Visual Studio 安装程序项目扩展,可以继续使用在早期版本的 Visual Studio 中创建的 Windows Installer 项目。本节主要介绍 Visual Studio Installer Project 的使用方法。

1.安装扩展

Visual Studio 2015 及以后的版本可以在 VS 扩展中安装工具。在扩展菜单栏中选择管理扩展,界面默认显示的是已安装的内容,都是微软官方提供的工具。点击左侧的“联机”,然后在右上角搜索框中输入“Windows Installer”,选中第一个“Microsoft Visual Studio Installer Projects”,点击下载按钮(Download)会下载此扩展工具。在 VS 扩展中安装 Installer Project 如图 18.7 所示。下载完成后,关闭 Visual Studio 并重新打开。扩展也可以在 Visual Studio Marketplace 网站下载后离线安装。

图 18.7　在 VS 扩展中安装 Installer Project

安装完成后需要重启 VS 环境。创建项目时在左侧依次选择“其他项目类型”→“Visual Studio Installer”,在其中选择名为“Setup Project”的项目模板,指定项目名称和位置并点击确定即可完成项目模板的创建。创建 Setup Project 项目模板如图 18.8 所示。

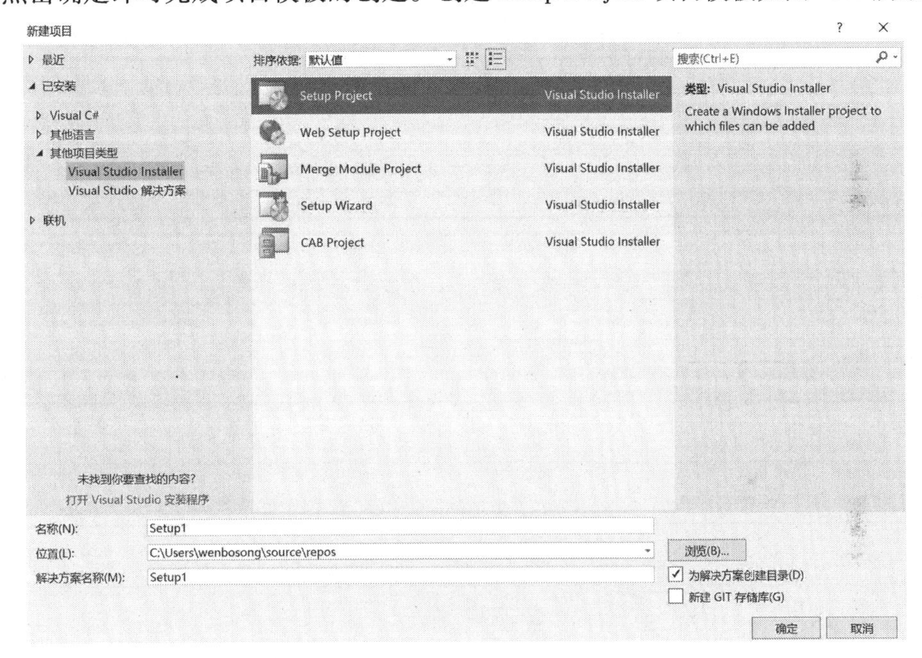

图 18.8　创建 Setup Project 项目模板

项目文件打开后,可以看到左边窗口有三个文件夹图片,项目文件夹概览如图 18.9 所示,内容如下。

(1)Application Folder。应用程序包含的文件设置。

(2)User's Desktop。用户桌面快捷方式设置。

(3)User's Programs Menu。用户启动菜单的快捷方式设置。

图 18.9　项目文件夹概览

2.添加项目

右键点击 Application Folder,选择“Add”→“项目输出”。在弹出的“添加项目输出组页面”对话框中选择需要添加的项目。目前解决方案下只有一个项目,所以项目选择中只有一个选项。添加项目输出如图 18.10 所示。

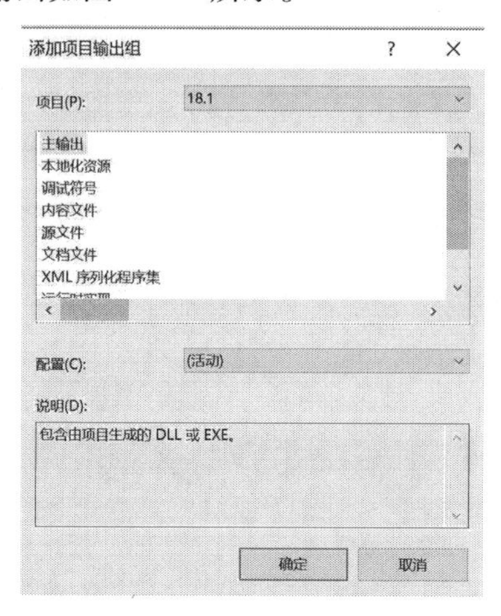

图 18.10 添加项目输出

点击“确定”,就成功地把项目主输出添加进来了。可以看到,主程序所依赖的两个 DLL 文件也一同被添加进来了。添加完成的项目主输出如图 18.11 所示。

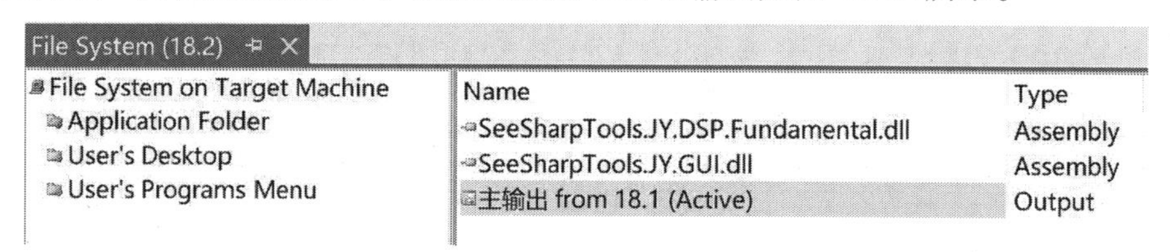

图 18.11 添加完成的项目主输出

此时的安装文件是最基础的安装文件,下面为安装文件增加桌面快捷方式图标和开始菜单的快捷方式,并且修改可执行文件的作者、描述等信息。

3.项目属性

首先进行安装文件的基础信息更改。左键选中项目,然后打开属性窗口,可以修改作者、公司信息和描述等。项目属性窗口如图 18.12 所示。注意:如果是打包 x64 的应用程序,需要将 TargetPlatform 设置为 x64。

4.桌面快捷方式

现在设置安装程序的快捷方式。右键点击“User's Desktop”,选择“Create Shortcut to User's Desktop”。添加桌面快捷方式如图 18.13 所示。

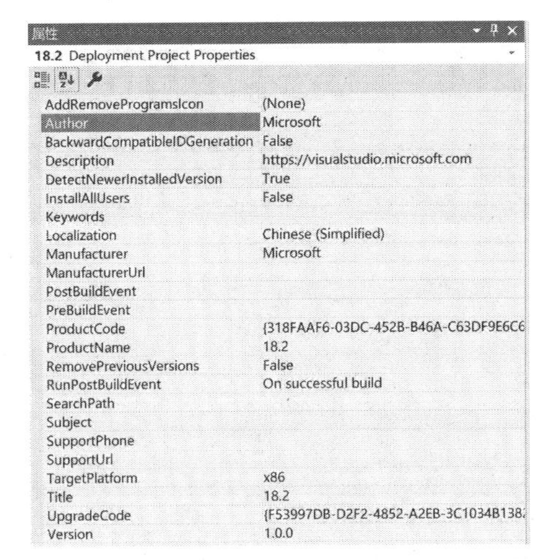

图 18.12　项目属性窗口

图 18.13　添加桌面快捷方式

在中间窗口会生成名为“18.1”的快捷方式，然后在属性窗口中修改快捷方式的名字、图标，另外需要把 Target 和 WorkingFolder 都设置为“Application Folder”。修改快捷方式属性如图 18.14 所示。

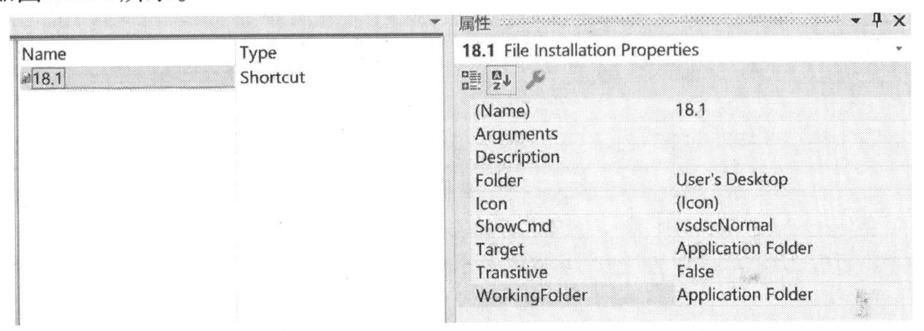

图 18.14　修改快捷方式属性

5.用户菜单快捷方式

用户菜单的快捷方式在 User's Programs Menu 里设置，其设置的方法与桌面快捷方式的设置方法是一模一样的，这里不去设置。

6.依赖文件

在打包应用程序时，有时候会需要一些依赖文件，这些文件并不能被主程序引用，但还需要和主程序在同一个安装路径下，那么在打包时，也就需要额外把这些文件也打包进来。添加额外依赖文件的方法很简单，选择“Application Folder”，在其对应的右侧窗体空白处，右键选择“Add”→“文件或者 Add”→“程序集”，然后在弹出的选择文件对话框中浏览选择即可。

7.依赖框架

有时，应用程序需要安装到一个没有安装.NET Framework 的电脑上，那么就需要在打包时把.NET Framework 也打包进来，或者在用户安装时提示对方下载。右键点击项目选择“属性”,然后在弹出的属性页中点击“Prerequisites”。项目属性页如图 18.15 所示。

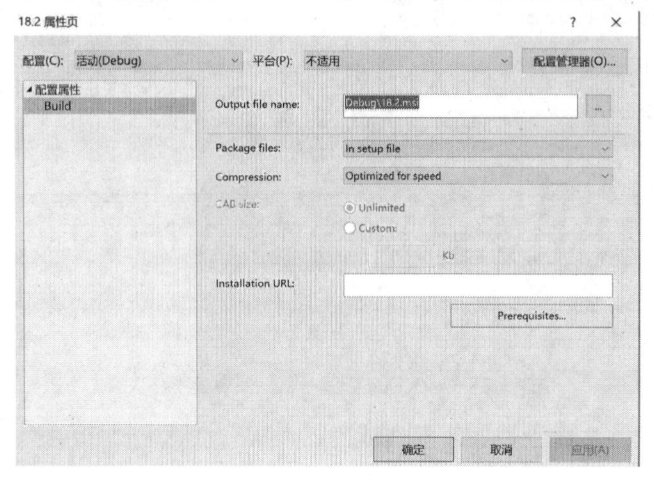

图 18.15　项目属性页

在系统必备的窗体中勾选.NET Framework 4.6.1,再选择“从组件供应商的网站上下载系统必备组件”。这样,当可执行文件在运行时,就会提示客户去微软官网下载.NET Framework 4.6.1 了。添加系统必备组件如图 18.16 所示。当然,也可以把事先把需要的组件包下载下来,然后选择“从下列位置下载系统必备组件”,此时置灰的“浏览”按钮就可以使用了。

这样就完成了项目的配置工作。右键点击项目名称选择“生成”,生成成功后就可以看到 Debug 文件夹中生成的名为 18.2.msi 的安装文件。双击此文件,通过指示一步步安装即可。安装向导界面如图 18.17 所示。安装完成后可以看到安装路径中的 18.2.exe 及依赖项,桌面也会生成此文件夹的快捷方式。程序的卸载在 Windows 的控制面板中进行。

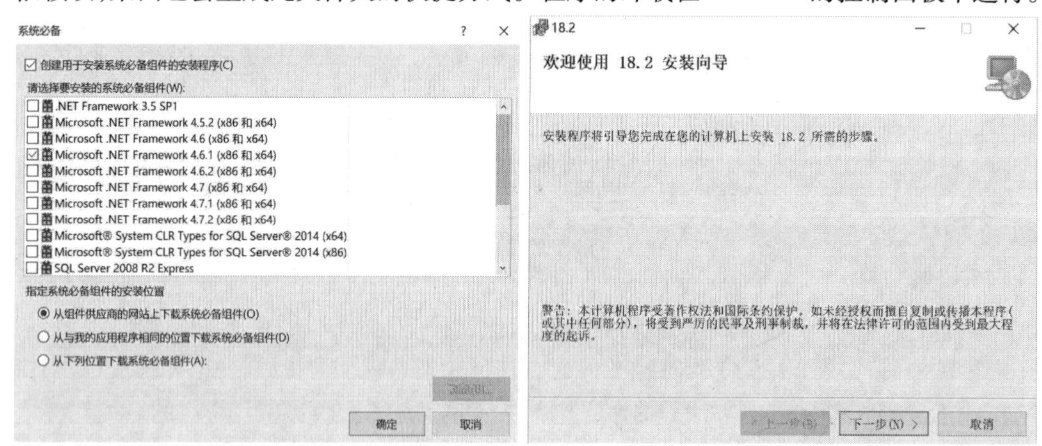

图 18.16　添加系统必备组件　　　　图 18.17　安装向导界面